生物产业高等教育系列教材（丛书主编：刘仲华）

酶 工 程

方 俊 刘仲华 姚 斌 主编

科 学 出 版 社

北 京

内 容 简 介

本书系统介绍酶工程的理论与应用，全书共十章，内容涵盖绪论、酶学基础、酶的生产、酶与细胞的固定化、酶的非水相催化、酶反应器、酶的修饰和模拟、酶的设计与改造、核酸类酶及酶的应用。本书结合国内外最新研究成果，深入浅出地阐述了酶工程的核心技术和前沿进展，旨在为读者提供全面的理论知识和实践指导。

本书可作为高等院校生物工程、生物技术、生物科学、生物化工及发酵工程等专业学生的教材和参考书，同时也可作为相关领域的教学工作者、科研人员及工程技术人员的参考书。

图书在版编目（CIP）数据

酶工程 / 方俊，刘仲华，姚斌主编. --北京：科学出版社，2025. 2.
ISBN 978-7-03-080366-5

I. Q814

中国国家版本馆 CIP 数据核字第 2024DQ1483 号

责任编辑：刘　丹　林梦阳　赵萌萌 / 责任校对：严　娜
责任印制：肖　兴 / 封面设计：图阅盛世

科学出版社 出版

北京东黄城根北街 16 号
邮政编码：100717
http:// www.sciencep.com

北京富资园科技发展有限公司印刷
科学出版社发行　各地新华书店经销
*

2025 年 2 月第　一　版　　开本：787×1092　1/16
2025 年 2 月第　一　版　　印张：20 3/4
字数：490 000

定价：89.00 元

（如有印装质量问题，我社负责调换）

《酶工程》编写委员会

前　言

在生物技术和生命科学的快速发展中，酶工程作为一个重要的研究领域，引领着众多创新应用的潮流。酶是催化生化反应的生物大分子，它们在细胞代谢、工业生产及环境保护等诸多方面发挥着不可或缺的作用。随着对酶的理解不断深入，科学家逐渐掌握了如何通过工程方法来设计、优化和改造酶，从而提高其催化效率和特异性。

本书旨在系统地介绍酶工程的基本概念、原理及其在各个领域中的实际应用，探讨了酶的结构与功能、酶的动力学特征、酶的稳定性、酶的修饰与改造、新兴的酶设计与筛选技术及酶的应用，主要分为以下五大部分。

第一部分为酶工程学的基础（第一、二章），简要介绍了酶学与酶工程学的核心知识，包括酶的结构、功能、分类及催化机制。同时，回顾了酶工程的发展历程，为本书的后续内容奠定理论基础。

第二部分为酶的生产（第三章），其内容主要包括酶的生产方法概述、产酶微生物、微生物发酵产酶工艺及其控制、酶的分离纯化及酶制剂的生产。

第三部分为酶的工程技术（第四至六章）。其中，第四章酶与细胞的固定化介绍了酶与细胞的固定化方法的基本原理、该技术对酶性质的影响及在各领域的应用进展。第五章探讨了酶的非水相催化，系统全面地讲述了非水相催化的介质体系，酶在非水相介质中的催化特性、反应类型、影响因素及非水相介质中酶催化反应的实际应用。第六章从酶反应器的基本结构着手，详细介绍了多种类型的酶反应器及其原理与应用。这些酶工程技术为酶更好地应用于大规模工业化催化过程提供了理论基础和操作指南。

第四部分为酶的修饰与改造（第七至九章）。其中，第七章讨论了酶的修饰与模拟，旨在通过对酶进行化学修饰和模拟，改善现有酶的催化特性并探索新型酶的潜能。第八章聚焦于酶的设计与改造，通过阐述酶的定点突变及定向进化，介绍基因工程技术在酶工程中的应用，包括酶分子的基因克隆与重组表达、酶的改造、抗体酶及杂合酶等。第九章则专注于核酸类酶，讲述了核酶的类型与特点、核酸类酶的筛选与进化，以及脱氧核酶在实际应用中的潜力。这些章节共同为研究者提供了增强酶功能和拓展酶应用领域的重要理论基础与实践指导。

第五部分为酶的应用（第十章），主要包括酶在医药、农业、食品、轻工化工、环保及能源开发和分子生物技术研究这6个领域中的最新应用进展。

参与本书编写工作的人员有方俊、刘仲华、姚斌、冯光富、何海伦、李浩、张楠、汪慧芳、张琛、饶德明、田锡炜、杨江科、聂尧、蒋红梅、孙运军、金明飞、程云辉、吴昊及张惠莹（排名不分先后）。全书由方俊、刘仲华及姚斌统稿并最终定稿。本书在编写过程中得到了各编写单位领导和科学出版社的大力支持、充分理解与无私帮助，在此由衷表示最诚挚的谢意！

在本书编写过程中，我们始终秉持科学、新颖、系统、准确及实用的原则，但由于学科发展迅速及编者自身水平和经验有限，书中难免存在不足之处，敬请广大读者批评指正。

编 者

2024 年 10 月

目　　录

《酶工程》教学课件索取单

凡使用本书作为授课教材的高校主讲教师，可获赠教学课件一份。欢迎通过以下两种方式之一与我们联系。

1. 关注微信公众号"科学EDU"索取教学课件

扫码关注→"样书课件"→"科学教育平台"

2. 填写以下表格，扫描或拍照后发送至联系人邮箱

姓名：	职称：	职务：
手机：	邮箱：	学校及院系：
本门课程名称：		本门课程选课人数：
您对本书的评价及修改建议：		

联系人：刘丹 编辑　　　电话：010-64004576　　　邮箱：liudan@mail.sciencep.com

第一章 绪 论

🔍 学习目标

1. 掌握酶的基本概念和酶的类型。
2. 初步了解蛋白类酶与核酸类酶。
3. 了解酶工程的具体内容。
4. 了解酶工程的地位和发展趋势。

酶是具有生物催化功能的生物分子，在生物系统中具有能量转换的能力，具有高效性、专一性和作用条件温和等特点。按照分子中起催化作用的主要组分的不同，自然界中天然存在的酶可以分为蛋白类酶（proteozyme, protein enzyme，P 酶）和核酸类酶（RNA enzyme，R 酶）两大类别。蛋白类酶分子中起催化作用的主要组分是蛋白质；核酸类酶分子中起催化作用的主要组分是核糖核酸（RNA）。

酶工程是利用酶的催化功能，借助工程手段将酶或细胞置于生物反应器中，将相应的原料转化为有用物质并应用于社会生产的一门技术，其主要目标是提高酶的使用效率，最终形成高效、经济的酶工程产业。酶工程既包含酶的基本理论和方法，又包含工程学的原理和过程，具有跨学科和覆盖面广的特点，包含酶的生产、改性及应用等内容。

酶的生产（enzyme production）是经过预先设计，通过人工操作获得所需酶的过程。生产方法有提取分离法、生物合成法和化学合成法。各种动物、植物、微生物细胞在适宜的条件下都可以合成各种各样的酶。人们可以利用各种适宜的细胞，在条件受控的生物反应器中生产多种多样的酶，然后通过各种生化技术分离纯化获得所需的酶。

酶的改性（enzyme modification）是通过各种方法改进酶的催化特性的技术过程，主要包括酶分子修饰、酶的固定化、酶的非水相催化和酶定向进化等。酶的改性通过人为地改变天然酶的一些性质，创造天然酶所不具备的某些优良特性甚至创造出新的酶活性，解决天然酶的稳定性较差、催化效率不够高、游离酶通常只能使用一次等问题，以此扩大酶的应用领域，以促进酶的优质生产和高效应用。

酶的应用（enzyme application）是通过酶的催化作用获得人们所需的物质，除去不良物质，或者获取所需信息的技术过程。随着我国经济社会的快速发展和酶工程产品市场需求的快速增加，酶产业发展形势大好，前景十分广阔。酶在医药、食品、轻工化工、环保、能源和生物工程等领域被广泛应用。酶工程的主要研究方向包括定向酶进化、固定化、修饰及杂交等；研究内容包括微生物发酵产酶、动物细胞培养产酶、酶的提取与分离纯化、酶分子修饰、酶的固定化、酶的非水相催化、酶定向进化、酶反应器和酶的应用等。酶工程的主要任务是经过预先设计，通过人工操作，生产获得人们所需的优质酶，并通过各种方法改进酶的催化特性，充分发挥其催化功能，对酶进行高效应用。

第一节　酶的基本概念与研究历史

一、酶的基本概念

酶（enzyme）是生命活动中必不可少的物质，在食品、酿酒、纺织、医疗和药品生产中发挥着重要的作用，其具体的应用如加酶洗衣粉、凝血酶、麦芽中的淀粉酶、用酶生产的抗生素等。随着现代科学技术不断发展，人们对酶的探究也不断深入，在不断实践中发现酶、研究酶、改造酶。酶，这种由细胞产生的具有催化能力的有机物，其类别主要有蛋白类酶（proteozyme，protein enzyme，P 酶）和核酸类酶（RNA enzyme，R 酶），在促进新陈代谢和化学反应中发挥重要的催化作用。

酶是一种专一性强、催化效率高、活性可调节、反应条件温和及稳定性差的生物大分子。

1. 专一性强　　酶专一性强是指在同一媒介中，一种酶能作用于一种或一类具有相似结构的底物，催化特定的化学反应并产生特定的产物。酶根据其专一性程度不同可分为绝对专一性和相对专一性。

（1）绝对专一性　　指某些酶只能催化特定的一种底物，这种对底物选择的高度专一性称为绝对专一性。

此外，当底物中存在不对称碳原子时，酶只能对异构体的一种进行催化，这种现象称为酶的立体化学专一性。立体化学专一性又可细分为旋光异构专一性、顺反异构专一性和前手性专一性。

当底物存在旋光异构体时，酶只能催化其中的一种形式，这种专一性被称为旋光异构专一性。例如，乳酸脱氢酶只催化 L-乳酸，L-氨基酸氧化酶只能催化 L-氨基酸脱氨。酶对作用底物的顺反异构体也存在选择性，当底物具有几何异构结构时，酶只能作用于其中一种，称为顺反异构专一性（几何异构专一性），如顺乌头酸酶只作用于顺乌头酸。酶可选择性地催化前手性底物形成具有一定立体构型的产物，称为前手性专一性，如顺乌头酸酶催化前手性分子柠檬酸转化生成手性异柠檬酸。

（2）相对专一性　　指一种酶能够催化结构相似的一类底物，这种专一性称为相对专一性。相对专一性可细分为基团专一性、族专一性和键专一性。

键专一性是指对所催化底物的化学键具有一定的选择性，如二肽酶作用于肽键。基团专一性是指对底物的化学键及键一侧或两侧的基团有特定要求。一般具有该特性的酶对底物化学键两侧的基团一个要求严格，另一个要求不严格，如胰蛋白酶和 α-D-葡萄糖苷酶。

2. 催化效率高　　酶是一种能在常温、常压下进行反应的特异性高效生物催化剂，具有降低活化能、减少反应时间等特性，其催化的反应称为酶促反应。酶的催化效率是指在最适条件下，一定量的酶在单位时间内所能催化的底物分子数。酶的催化效率可以通过催化常数（K_{cat}）/米氏常数（K_m）来衡量。K_{cat} 越大，说明酶转化底物的速率越快；K_m 越小，说明酶与底物之间亲和力越大。在最适条件下，酶的催化效率通常比非酶的催化效率要高得多。酶可以通过降低反应活化能来提高反应速率。在较温和的条件下就能使底物达到过渡态，通过降低能量阈值（E_A）来加速反应进程，但并不会改变自由能 ΔG。

3．活性可调节　　基于酶是一种生物大分子，其本身的生物活性因为要适应复杂的生物机体反应环境而具有可调节性。酶的活性调节主要包括 7 种方式：酶浓度调节、激素调节、共价修饰调节、限制性蛋白酶水解作用调节、抑制剂的调节、反馈调节、金属离子和其他小分子化合物的调节。

4．反应条件温和　　不同于一般的催化反应需要高温高压及强酸强碱等剧烈的反应条件，酶催化作用一般在比较温和的条件下即可进行。

5．稳定性差　　酶主要由蛋白质构成，只要是能使蛋白质变性或失活的理化因素均能影响酶的活性，甚至使酶失活。在酶促反应过程中温度、酸碱度、酶的浓度、被催化物质的浓度等反应环境的变化均可影响酶的活性。

二、酶的研究历史

人类对酶的认识起源于生产与生活实践，这经历了一个不断探索、逐步完善的过程。

（一）古代对酶的应用

早在几千年前，勤劳又充满智慧的古人善于利用酶来酿酒、制造食品及治疗疾病等。例如，6000 多年前的巴比伦人就已经学会酿造啤酒，5000 多年前的阿拉伯人能利用羊胃中的凝乳酶制造干酪。我国在酶的应用方面也有源远流长的历史。4000 多年前的夏禹时代就已经掌握了利用天然霉菌和酵母酿酒的技术。3000 多年前的周朝就能用豆类制造酱，用麦曲做饴糖等。周朝著作《尚书》记载到"若作酒醴，尔惟曲蘖"。发霉的谷物称为"曲"，发芽的谷物则称为"蘖"，它们是最原始的酒曲，在酿酒中起着发酵的作用。《左传》里记载了"曲""蘖"可以用于治病等内容，反映了春秋战国时期的人们已用"曲"治疗消化不良等疾病。在不断生产与生活实践中，古人对酶的应用更加娴熟，但依赖于观察和重复实践，仅属于对酶的无意识应用。

（二）对酶的科学认识

1684 年，比利时医生赫尔蒙特（Hellmont）发现，在酿酒过程中会产生一种气体，他将引起发酵过程中物质变化的因素称为酵素。1773 年，意大利科学家斯帕兰扎尼（Spallanzani）发现鹰的胃液可以消化肉块，并首次引入了"消化液"一词，但由于当时实验条件、方法等受限，并未弄清胃液中的什么物质能消化食物。1814 年，德国物理学家基希霍夫（Kirchhoff）研究了酶的水解现象，他指出淀粉经稀酸加热后可以水解为葡萄糖，并首次朦胧意识到，酶是一种可溶性物质。

1833 年，法国化学家帕扬（Payen）和佩尔索（Persoz）首次发现了酶——淀粉酶制剂（diastase），同时他们的研究指出了无细胞制剂的催化作用和不稳定性，初步涉及酶的一些本质问题。

1836 年，德国生理学家施旺（Schwann）对消化过程进行了研究，并从胃液中分离出一种能参与消化作用的物质，将其命名为胃蛋白酶（pepsin），从此揭晓了 60 多年前胃液的消化之谜。

1857 年，法国科学家巴斯德（Pasteur）对乙醇发酵进行了深入研究，指出酵母细胞中存在一种活性物质，可以将糖发酵成乙醇，在无氧条件下反应也能进行。1878 年，德国生理学家威廉·屈内（Wilhelm Kühne）首次给这种在酵母中促使乙醇发酵的物质赋予了一个统一的名词，即"酶"（enzyme），enzyme 一词来自希腊文，意为"在酵母中"。我国将 enzyme 正式译为"酶"，日本使用"酵素"表示酶。

　　1897 年，德国化学家布赫纳（Buchner）利用磨砂方法将酵母细胞磨碎得到无细胞滤液，他发现这种不含酵母细胞的提取液也能使糖发酵生成乙醇，证明了是酶引起发酵。Buchner 的发现解决了 19 世纪中后期 Pasteur 和李比希（Liebig）之间关于发酵性质的争论。这项"无细胞发酵"的发现开创了酶学研究，推动了对酶本质的探索，并打开了现代生物化学的大门，为 20 世纪生物化学的蓬勃发展奠定了坚实基础。为此，Buchner 由于"生物化学的研究及无细胞发酵的发现"荣获 1907 年的诺贝尔化学奖。

（三）酶的本质及结构的探究

　　在认识到酶的催化反应不依赖活体细胞后，人们开始对酶的生化组成成分、结构及催化机制进行深入探究。

　　1894 年，德国化学家费歇尔（Fischer）针对酶的专一性提出了著名的锁钥模型（lock and key model），该模型把酶比作锁，酶的活性中心比作锁眼，底物比作钥匙，而酶活性中心与底物在形状上是互补的。该模型可较好地解释酶与底物的高度专一性，但存在一定的局限性：即将酶和底物的结构视为刚性结构，不符合催化反应过程中酶与底物构象发生变化的事实。1902 年，巴黎索邦大学的亨利（Henri）在探究蔗糖酶水解蔗糖的实验中发现酶与底物之间存在某种关系，提出了酶与底物的作用是通过酶与底物生成络合物而进行的，并提出了酶与底物中间复合物学说。

　　1913 年，米凯利斯（Michaelis）和门滕（Menten）在亨利的中间复合物学说的基础上建立了米氏学说，推导出著名的酶催化反应的基本动力学方程——米氏方程（Michaelis-Menten equation），为后期酶动力学的发展奠定了基础。

$$V = \frac{V_m[S]}{K_m + [S]}$$

　　1926 年，美国生物化学家萨姆纳（Sumner）以刀豆粉为原料，经过分离纯化首次得到脲酶结晶（生物化学史上第一个结晶酶），证明了酶的本质是蛋白质。这一发现促使人们对酶的蛋白质本性和催化机制展开了深入研究。1930 年，美国生物化学家诺思罗普（Northrop）和斯坦利（Stanley）对胰凝乳蛋白酶、胰蛋白酶及胃蛋白酶等消化蛋白进行了深入探究，明确证明了酶是蛋白质，由此酶的本质是蛋白质被普遍接受。1937 年，萨姆纳（Sumner）得到了过氧化氢酶的结晶，并提纯了几种其他的酶，与诺思罗普（Northrop）、斯坦利（Stanley）一同获得 1946 年诺贝尔化学奖。

　　1965 年，结构生物学奠基人菲利普斯（Phillips）利用 X 射线衍射技术，获得了第一个晶体结构解析的酶分子——溶菌酶，该结构显示了多肽链（129 个氨基酸残基）形成 α-螺旋和 β-折叠的完整路径。他不仅进行了溶菌酶与其抑制剂结合的研究，还提出了溶菌酶的催化机制。这项工作首次展示了蛋白质结晶学在物理和化学方面解释蛋白质生物功能的能力，并标志着酶结构生物学领域研究的开始，帮助人们在分子水平上解析酶的工作机制。

自此之后，人们相继弄清了牛羧肽酶 A、胰凝乳酶、多元淀粉酶 A 等的结构及作用原理。

1982 年，切赫（Cech）等发现四膜虫中的 26S rRNA 前体具备自我剪接功能。次年，阿尔特曼（Altman）发现核糖核酸酶 P（RNase P）由蛋白质和 RNA 这两部分组成，当将 RNA 去除时，RNase P 活性丧失，而将 RNA 重新加入后该酶活性恢复，证实了 RNA 是活性酶的重要组成部分。1986 年，Cech 等进一步证实四膜虫的内含子 L-19IVS 具有催化功能，并将这类拥有催化能力的 RNA 称为核酶（ribozyme，Rz）。核酶的发现，彻底打破了只有蛋白质才具有催化功能的传统观念，拓展了对酶本质的认识，被认为是 1950 年后生命科学领域最重要和最显著的两大发现之一。为此，Cech 和 Altman 二人共同获得 1989 年诺贝尔化学奖。

此后越来越多的核酶被发现，随着对核酶的进一步研究，1994 年乔伊丝（Joyce）等报道了一个人工合成的具有催化活性的 DNA，并提出了"脱氧核酶"（deoxyribozyme，DNAzyme，Dz）这一概念。脱氧核酶的发现进一步拓展了酶的概念，由此引出"酶是具有生物催化功能的生物大分子（蛋白质或核酸类物质）"的新概念。

第二节 蛋白类酶与核酸类酶

酶是一种生物催化剂，迄今为止已发现自然界中所存在的天然酶高达几千种。随着生物化学、分子生物学等技术的不断发展，未来还会发现更多的酶。

一、蛋白类酶

1961 年，国际生物化学协会（International Union of Biochemistry，IUB）中的酶学委员会（Enzyme Commission，EC）公布了蛋白类酶及其分类的报告。所有的酶依照催化的反应类型被国际生物化学与分子生物学联合会（IUBMB）统一分成六大类。2018 年 8 月，在原有基础上又增加了转位酶分类，变成七大酶类，即氧化还原酶（EC1）、转移酶（EC2）、水解酶（EC3）、裂合酶（EC4）、异构酶（EC5）、连接酶（EC6）和转位酶（EC7）。

1. 氧化还原酶（oxidoreductase） 指催化底物进行氧化还原反应的酶。

2. 转移酶（transferase） 指催化底物的某些功能基团转移的酶，即催化供体化合物的某一基团转移到受体化合物上。

3. 水解酶（hydrolase） 指催化各种化合物发生水解反应的酶。

4. 裂合酶（lyase） 指催化一个化合物裂解为两个化合物及其逆反应的酶。

5. 异构酶（isomerase） 指催化各种同分异构体之间相互转化的酶。

6. 连接酶（ligase） 又称合成酶，指催化两种物质合成一种物质，同时还必须与 ATP 分解相偶联的酶。

7. 转位酶（translocase） 指构建的膜包埋的蛋白质传导通道，其前蛋白通过该通道穿过膜，以 ATP 和质子动力势（PMF）形式的代谢能量为动力，将离子或分子从膜的一侧转移到另一侧的酶类。

二、核酸类酶

在 1982 年，T. Cech 和 S. Altman 首次发现在大肠杆菌核糖核酸酶 P 复合物中的核酸组分——M1 RNA 具有酶的活性，这一发现打破了酶是蛋白质的传统观念。1986 年，Cech将这类具有生物催化功能的 RNA 正式定义为核酶（ribozyme，Rz）。核酶（ribozyme，RNA 酶）又称酶 RNA、非蛋白类酶，其是一类具有催化功能的 RNA 分子。大部分核酶通过催化磷酸二酯键水解反应参与 RNA 自身剪切、加工过程。核酸类酶包括核酶与脱氧核酶。目前已发现核酶在治疗各种遗传病、肿瘤及病毒性疾病中的潜力。核酶在疾病治疗中充当分子剪刀的作用，通过破坏相关病毒的 DNA 或者 RNA 使病毒失去活性来发挥其抗病毒作用，或通过抑制有害基因的表达来治疗一些遗传性疾病。与蛋白类酶相比，核酶也存在切割效率低、难以引入体内或稳定性较低等缺点，尚需进行深入研究。但不可否认，核酶具有巨大的应用前景。

第三节　酶工程的研究内容与发展历程

一、酶工程的研究内容

酶是一种具有生物催化功能的生物大分子，它可以降低反应所需活化能，进而加快反应速率。然而酶的活性极易受到温度、pH、溶剂、金属离子等外界环境的影响，导致在胞外环境下难以发挥其高效、专一等优点。为应对上述不足，充分发挥酶的优点，以满足应用需求，造福人类社会，科学技术的发展催生了酶工程学科。

酶工程是研究酶的生产、改性及应用技术过程的一门学科，是将酶、生物细胞或细胞器等置于特定的生物反应器中，利用酶的生物催化功能，借助工程手段将相应的原料转化成所需物质，并应用于社会生活的学科，也是一门集成了酶学、微生物学和化学工程技术、环境科学、医学等学科而产生的综合科学技术。它通过基因工程、蛋白质工程、蛋白质设计和酶分子定向进化等技术，改变或优化了酶的结构、功能和特性，使酶服务于特定生产需求或提高其在工业、医学和其他领域应用中的效率和适应性。

酶工程研究内容涉及酶的生产、酶反应器、酶与细胞的固定化、酶的设计与改造、酶的提取与分离纯化、酶的应用等。酶工程的首要任务是通过各种工程技术手段，对酶进行修饰或改性，从而充分发挥酶的催化功能，实现对酶的高效应用。

二、酶工程的发展历程

酶的生产和应用促进了酶工程的发展。1894 年，日本的高峰让吉（Takamine）率先采用麸皮培养米曲霉，制备了淀粉酶，用作助消化剂，开启了酶工程的先河。1908 年，德国的罗姆（Rohm）获取胰酶，用于皮革软化；1911 年，沃勒斯坦（Wallerstein）从木瓜中获取木瓜蛋白酶，用于酒液澄清；1913 年，法国比奥登（Bioden）用枯草杆菌生产淀粉酶，用于棉布退浆；1917 年，法国人将枯草杆菌产生的淀粉酶用作纺织工业上的退浆剂。在随后的岁月里，酶的生产与应用逐渐发展。然而，由于当时生产条件有限，酶工程仍停滞在开发生产动植物体中获得的酶，而且天然酶在生物体内含量较低，再加上当时分离纯化技术有限，酶制剂的成本居高不下，从而在大规模工业化生产方面受到了一定的限制。

1949 年，液体深层培养法已用于生产 α-淀粉酶，酶制剂的生产和应用进入工业化阶段。1960 年，法国科学家莫诺（Monod）和雅各布（Jacob）提出操纵子学说，该理论使人们更深入地理解了基因调控的机制，进而能够更准确地控制酶的合成和表达。在酶的发酵生产中，依据操纵子学说，通过合理设计、改造和优化酶合成的基因组，可显著提升酶的产量，改善酶的特性，使酶工程技术得到进一步发展，其应用范围进一步扩大。

固定化酶技术的工业应用是酶工程发展的重要转折点。固定化酶技术是通过将酶固定在载体或支持物上，以保护其自身的催化活性，并且能对酶进行回收、重复利用的一种技术方法。固定化酶技术能够解决酶应用过程中的一些不足之处，如因对环境条件（如温度、pH 变化等）敏感导致的稳定性较差、酶在反应后难以从反应混合物中分离和纯化等问题。固定化技术最早可以追溯到 1916 年，美国的内尔松（Nelson）和格里芬（Griffin）发现蔗糖酶可以吸附到骨炭上，并且仍保持催化活性。1969 年，千畑一郎应用固定化氨基酰化酶拆分 DL-氨基酸，这是固定化酶技术应用于工业的开端。此后，人们利用"酶工程"一词来表达酶的生产应用。1971 年，第一届国际酶工程会议在美国新罕布什尔州的汉尼克（Henniker，New Hampshire）召开，其主题即固定化酶，当时酶制剂已广泛用于工业。由此，酶工程学科和技术体系正式形成。

20 世纪 70 年代，固定化细胞技术在固定化酶基础上逐渐发展起来。固定化细胞技术指采用物理、化学手段固定得到可在一定载体空间范围内进行生殖代谢的动植物或微生物细胞。1976 年，法国首次采用固定化酵母细胞生产乙醇和啤酒。1978 年，日本的铃木等使用固定化细胞生产 α-淀粉酶。此后，发展了固定化原生质体技术，成功解决了由细胞壁引起的胞内产物无法分泌到细胞外的问题，为工业、农业、医药等领域的发展提供了新思路和新途径。

20 世纪 80 年代以来，酶分子修饰技术发展迅速，其主要通过各种理化手段使酶分子的结构发生一定的改变，进而改变酶的某些理化性质或生物活性。酶分子修饰方法有主链修饰、侧链基团修饰、组成单位置换修饰、金属离子置换修饰和物理修饰等。

1984 年，克利巴诺夫（Klibanov）等进行了酶在有机介质中的催化研究，他们明确指出酶可以在与水互溶的有机介质中进行催化反应，且与酶在水溶液中的催化相比，酶在有机介质中的催化能力更强更稳定。

20 世纪 90 年代以来，酶定向进化技术已经成为改进酶催化特性的强大工具，它是由易错 PCR（error-prone PCR）技术、DNA 重排（DNA rearrangement）技术等体外基因随机突变技术发展而形成的。这一技术模拟了酶的自然进化过程，人为在体外进行基因的随机突变，构建突变基因库，从而得到优良的酶突变体。1993 年，阿诺德（Arnold）通过多轮易错 PCR 技术对枯草杆菌蛋白酶进行突变与筛选，最终得到具有更高活性的突变体。基于此，阿诺德提出了"酶的定向进化"概念，这便是酶定向进化的开端。1997 年，德国科学院院士弗雷德雷茨（Manfred T. Reetz）首次在有机化学领域将酶的定向进化概念和方法应用于酶的手性改造，并创立了用于酶选择性改造的组合活性中心饱和突变技术和迭代饱和突变技术，成为定向进化行业的先行者。

　　酶工程的最终目标是充分发挥酶在人类生活中的催化潜能。经历了 100 多年的发展，当前酶工程已经渗透到人类生活的各个领域，如农业、医药、轻工化工领域等，在世界科技和经济的发展中起着重要作用。可以相信，随着生物技术不断发展，能获得更经济、更高效的生物酶，这些酶可继续在各行各业发光发热。

第四节　酶工程在现代生物工程中的地位

　　生物工程（bioengineering）是 20 世纪 70 年代初开始兴起的在分子生物学和细胞生物学基础上发展起来的一门新兴综合性应用学科。以基因工程为核心，以生物技术研究成果为基础，通过工程技术实现产业化，是现代生物工程学科的基本任务。酶工程是现代生物工程的主要内容之一。随着酶学研究的迅速发展，尤其是酶在各个领域的广泛应用，酶学和工程学逐渐相互渗透和融合，同时酶学、微生物学的基本原理与化学工程有机结合，促使酶工程发展成为一门新的技术科学。酶工程是一门以应用为目标的研究工程，其领域主要涉及在特定的生物反应装置中利用酶、微生物细胞、动植物细胞和细胞器等，通过酶的生物催化功能及工程手段，将特定原料转化为有用物质，并将其应用于社会生活的技术。酶工程和发酵工程、细胞工程、基因工程、蛋白质工程等是相互依存、相互促进的。细胞工程和基因工程技术获得优质的菌株用于酶的生产，而酶的生产离不开发酵工程技术，蛋白质工程技术是开发工程酶的重要手段，抗体酶的研制开发也需要利用细胞工程技术（单克隆抗体技术），相应地，生物工程中，离不开各种工具酶或酶制剂。可以说，没有基因工程工具酶，就没有基因工程和蛋白质工程。

　　发酵工程，是指利用微生物的某些特定功能，通过现代工程技术手段生产有用的产品，或直接把微生物应用于工业生产过程的一种新技术。在发酵过程中，酶能够促使底物转化为产物，加速发酵反应速率。同时，酶对底物有较高的特异性，能够选择性催化特定反应，从而减少副产物生成，有助于提高产品质量。酶通常在较温和的条件下工作，这有助于维持发酵过程中的生物体系稳定性，减少能量消耗，避免对反应物的不可逆损伤。此外，酶具有可循环使用的特性，这意味着它们可以在多个反应周期中重复利用，有助于降低生产成本。因此，酶工程在发酵工程中的地位不仅体现在能够提高生产效率和产品质量，还有助于实现可持续和经济的发酵生产。

　　细胞工程，是运用细胞生物学和分子生物学的理论和方法，按照人们的设计蓝图，在细胞水平进行遗传操作，并大规模培养细胞和组织的技术。通过基因工程技术调控酶的表达水平或引入外源酶，可以改变细胞内代谢通路，实现对特定产物合成途径的优化。此外，酶工程通过引入具有特定催化功能的酶，可以使细胞具备新的底物转化能力，从而拓展细胞的应用范围。引入特定的酶可以使细胞对环境中的有毒底物或产物具有更好的适应性和抗性。引入可控性的酶可以使细胞对外界刺激更为敏感，从而实现对细胞行为的更精准调控。总体而言，酶工程在细胞工程中的地位体现在提高细胞功能、优化代谢途径、拓展细胞应用范围及实现对细胞行为的精准控制等方面。

　　基因工程，是基于分子遗传学理论，利用生物技术通过合理地设计和改造有机体基因组从而改变细胞遗传物质的技术。酶工程常用于基因克隆与表达，通过选择性引入特定基因，可以在宿主细胞中产生目标酶。通过基因工程手段对酶的基因序列进行改造，能改进酶的性能、稳定性和催化效率。此外，通过基因合成、突变或融合等技术，可以获得更适合特定应用需求的酶。同时新的基因编辑技术如 CRISPR/Cas9，为酶工程提供了更强大的工具，可以精准修改宿主细胞的基因组，以实现对酶的精细调控。综合来说，酶工程通过基因工程的手段，能够精确控制和优化酶的性质，以满足不同领域的需求。

蛋白质工程是以天然蛋白质大分子的结构信息及其生物学功能为基础，利用各种科学技术手段进行基因水平的修饰和合成，从而对蛋白质结构和功能定向改造，以满足人类的各种需求。酶是一种具有催化活性的蛋白质，通过蛋白质工程可以改变酶的催化性能，提高其催化效率、特异性和稳定性。蛋白质工程可以通过改变酶的氨基酸序列，调整其与底物的相互作用，从而提高酶对特定底物的特异性。通过蛋白质工程手段，可以增强酶对不利环境条件的耐受性，提高其稳定性。蛋白质工程还可以通过引入新的功能模块或改变蛋白质结构来赋予酶新功能。此外，蛋白质工程技术可用于将不同的酶基因融合，以形成新的融合蛋白，创造具有多种催化活性的酶。总体而言，酶工程在蛋白质工程中的地位主要体现在通过精确调控蛋白质的结构和性质，实现酶的性能优化，以满足不同领域对催化剂的特定需求。

总之，酶工程在现代生物工程中扮演着重要角色，具有广泛应用。无论是发酵工程、细胞工程，还是基因工程、蛋白质工程，酶工程的发展都推动着现代生物工程领域的创新和进步，为各种应用领域提供了强有力的支持。

第五节　现代酶工程的发展趋势

随着现代生物科学技术的迅速发展，酶工程学应运而生。为顺应生物技术革命席卷全球并加速融入经济社会发展的时代浪潮，国家发布《"十四五"生物经济发展规划》政策，推动生物技术和信息技术融合创新，加快发展生物医药、生物育种、生物材料、生物能源等产业，做大做强生物经济。迅猛发展的酶工程作为加快生物制造技术、赋能生物能源和生物环保产业部署的重要理论学科基础之一，高速推动了酶制剂产业创新发展。酶工程紧密地结合了生物物理、基因工程、蛋白质工程、细胞工程、发酵工程等多个学科，展现了科学技术与时俱进的特点。在当前的发展背景下，酶工程的发展受到了广泛关注。在全球气候变化和环境保护的大背景下，酶工程中的绿色生物催化技术成了研究的热点。通过利用酶的高效催化特性，实现低能耗、低污染的工业生产过程，有助于推动可持续发展目标的实现。此外，在疫情防控等公共卫生领域，酶工程也发挥着重要作用。例如，通过设计和优化特定的酶，实现对病毒等病原体的快速检测和有效灭活，为疫情防控提供了有力支持。

酶作为一种生物催化剂具有许多优点，如反应条件温和、特异性强等，但由于其制造和储存成本高、转移或修饰不稳定及对恶劣物理化学条件敏感等问题，天然酶很少适合工业及医学用途。为了克服这些障碍，将这种优质生物催化剂用于人类应用需求，现代酶工程发展了多种策略，主要包括理性设计、定向进化、半理性设计和人工智能辅助设计等。理性设计基于酶的催化机制和结构等先进知识进行改造，通过改变酶分子中个别氨基酸和结构域，从而获得具有新功能和新性状的酶分子。酶工程学技术领域为了突破理性设计所面临的知识壁垒，随之催生了定向进化技术，通过构建突变文库和高通量筛选，成功地提升了目标酶的稳定性和活性等性质。1993 年，阿诺德（Arnold）开创性地利用进化的自然原理对酶进行改造，即将其从体内环境中分离出来，通过特定的手段改变其催化和功能特性，获得具有理想属性的酶，这一技术被称为定向进化。阿诺德因此获得了 2018 年的诺贝尔化学奖。酶的定向进化包括随机诱变、易出错 PCR、体外同源重组技术和交错延伸技术等手段，通过产生突变体文库，进行反复的遗传多样化，然后对文库进行高通量筛选和选择，以鉴定携带所需特征的突变体。1994 年，另一位先驱威廉·施特默尔（Willem P. C. Stemmer）利用 DNA 重排（DNA rearrangement）技术加速了有益突变的积累和多个优化参数的组合，进一步推动了定向进化技术的发展。定向进化已经成为进化或修改任何酶、代谢途径甚至整个生物体的最成功的技术之一。

半理性设计方法是指将理性设计加入定向进化之中的一种设计方法，通过借助计算方法对蛋白质某些氨基酸进行改造，并构建简洁的突变文库以降低筛选工作量并提高效率。近几年，人工智能在酶工程领域的应用逐渐成为一种新的发展趋势。该领域通过直接学习自然界中存在的蛋白质序列、共进化信息和结构，利用深度神经网络解决许多类型的酶工程问题。人工智能这种划时代的工具在酶工程中的应用，对酶工程具有重大意义。这一发展是合成生物学领域中生物、计算机和人工智能等多个学科交叉深化的结果。随着酶工程数字化计算设计的不断进步，未来将有更多的创新和应用。

新兴的深度学习模型在准确预测共同进化效应方面显示出巨大潜力，显著推进了酶工程领域的发展。但深度学习模型的预测性能在很大程度上依赖于数据的多样性和库的大小。此外，大多数深度学习方法的黑箱特性对理解序列空间的规则和约束构成障碍，使改进模型的设计周期变得复杂，并且在某种程度上限制了从一个酶工程应用转移到其他酶工程应用的可转移知识的数量。这些问题对预测共同进化效应的模型的大规模应用及所生成知识的有效提取和转移提出了挑战。为了克服这些挑战并充分发挥数据驱动方法的潜力，未来的研究应关注如何有效地将酶工程和残基协同进化的理论和实践观点相结合。这需要科学家深入理解酶的结构和功能关系，并利用这些新兴的数据驱动方法来指导酶的优化和设计。

随着纳米技术的不断发展，新一代人工酶——纳米酶横空出世。纳米酶被定义为具有内在酶样活性的纳米材料，它们具有转化多种底物的催化活性。由于其易于修饰、制造成本较低及有更高的催化稳定性等优点，纳米酶广泛应用于生物医学应用领域。通过模拟天然酶的催化结构和行为变化，以及利用纳米技术、生物技术和纳米材料科学的显著进步，在纳米酶领域中取得了很大的进展。纳米酶的发现和研究为酶工程领域带来了新的机遇和挑战。未来研究需要进一步探索纳米酶的催化机制和活性，以及如何利用纳米酶构建高效、稳定的酶模拟系统，为酶工程领域的发展注入新的活力。

随着现代生物科学技术的飞速发展，各国都采取了一系列的措施以促进酶工程技术的创新并推动其产业发展。在国际层面，各国政府积极参与国际科技合作与交流，推动酶工程领域的国际标准制定和技术共享。同时，国际组织也发挥着重要作用，如联合国环境规划署（UNEP）和世界卫生组织（WHO）等，致力于制定生物技术安全和酶工程规范，以保障人类健康和环境安全。在应对气候变化和可持续发展的挑战方面，政府鼓励酶工程技术的应用，推动绿色生产和清洁能源的发展。通过支持生物能源和生物可降解材料等项目，积极促进酶工程技术在环保和可持续发展领域的应用，推动经济社会可持续发展的进程及酶工程领域的技术创新和产业发展，促进酶工程技术更广泛地应用于工业生产和医学治疗。尽管酶工程技术已取得许多进步，但如何充分发挥酶的生物催化剂作用仍是一个挑战。为了满足商业和大规模工业水平日益增长的需求，需要探索新的酶的生产来源和技术。另外，利用现有酶工程技术进行蛋白质序列的突变仍然是一项复杂的任务，需要大量的结构重塑研究和快速熟练的选择程序的开发。因此，未来的研究需要结合先进实验和计算工具，以开发具有稳定结构、广泛底物特异性、新颖和多功能活性的工程酶或设计酶。《"十四五"生物经济发展规划》制定了生物经济发展阶段目标：到2025年，生物经济成为推动高质量发展的强劲动力，总量规模迈上新台阶，科技综合实力得到新提升，产业融合发展实现新跨越，生物安全保障能力达到新水平，政策环境开创新局面。到2035年，按照基本实现社会主义现代化的要求，我国生物经济综合实力稳居国际前列，基本形成技术水平领先、产业实力雄厚、融合应用广泛、资源保障有力、安全风险可控、制度体系完备的发展新局面。因此，需大力加速未来酶工程的研究，结合先进智能设计工具和学科先进手段技术，以开发具有稳定结构、广泛底物特异性、新颖和多功能活性的工程酶或设计酶为小目标，创新发展我国的酶制剂产业，把握核心技术。这样的努力将有助于实现全球所需的工业应用，并进一步推动我国酶工程领域及国际酶工程领域的发展。

本章小结

本章主要介绍了酶学与酶工程学的基础知识。从酶的基本概念、特点、分类与命名入手，结合酶的研究历史，建立对酶的科学认识，这对酶及酶工程的学习及研究至关重要。接着重点介绍了酶工程的研究内容、发展历程及酶工程在现代生物工程中的地位，构建了酶工程学习的系统脉络。酶工程和其他生物工程学一样，技术的不断革新，学科之间愈发深入交叉，都给其带来了新鲜血液，日益丰富其研究内容。这些新技术如人工智能辅助设计、深度学习模型、纳米酶技术等的加入，都为酶工程的未来研究与应用开启了新的方向。

复习思考题

1. 简述酶和酶工程的定义。
2. 酶具有哪些显著特点？
3. 酶工程包括哪些研究内容？
4. 试述酶及酶工程发展历史上的主要节点。
5. 简述酶工程在现代生物工程中的地位。
6. 试述酶工程的未来发展前景。

参 考 文 献

陈守文. 2015. 酶工程. 北京：科学出版社.

杜翠红，方俊，刘越. 2014. 酶工程. 武汉：华中科技大学出版社.

郭勇. 2005. 酶工程原理与技术. 北京：高等教育出版社.

郭勇. 2009. 酶工程. 3 版. 北京：科学出版社.

郭勇. 2016. 酶工程. 4 版. 北京：科学出版社.

居乃琥. 2011. 酶工程手册. 北京：中国轻工业出版社.

康里奇，谈攀，洪亮. 2023. 人工智能时代下的酶工程. 合成生物学，4（3）：524-534.

林松毅，孙娜. 2022. 食品酶学. 北京：科学出版社.

马延和. 2022. 高级酶工程. 北京：科学出版社.

吴敬，殷幼平. 2013. 酶工程. 北京：科学出版社.

吴天飞，潘建洪，方从申，等. 2020. 固定化细胞技术应用进展. 浙江化工，51（3）：10-13.

由德林. 2011. 酶工程原理. 北京：科学出版社.

赵蕾. 2018. 酶工程. 北京：科学出版社.

Gu J, Xu Y, Nie Y. 2023. Role of distal sites in enzyme engineering. Biotechnology Advances, 63: 108094.

Marcel W, Frederic C, Mehdi D D . 2022. Learning epistasis and residue coevolution patterns: current trends and future perspectives for advancing enzyme engineering. ACS Catalysis, 12 (22): 14243-14263.

Sharma A, Gupta G, Ahmad T, et al. 2019. Enzyme engineering: current trends and future perspectives. Food Reviews International, 37 (02): 121-154.

Zhang L, Wang H, Qu X. 2023. Biosystem-inspired engineering of nanozymes for biomedical applications. Advanced Materials, 36(10): e2211147.

第二章 酶 学 基 础

🔍 **学习目标**

1. 掌握酶的化学本质，包括它们作为蛋白质的组成和结构及酶活性中心的概念。
2. 了解不同类型的酶催化机制及酶催化动力学。
3. 认识酶活性的调控方式，包括底物浓度、pH、温度、抑制剂或激活剂的影响。

酶是一类对底物具有高度特异性和高度催化效能的蛋白质或 RNA。对于绝大多数酶，按其化学组成可分为单纯酶和结合酶。单纯酶由氨基酸组成，而结合酶包含蛋白质和辅助因子（如金属离子或小分子有机物），只有结构完整才具催化活性。酶的活性中心由特定氨基酸残基形成，负责与底物特异性结合并催化反应。酶的命名通常基于习惯命名法和系统命名法，前者基于底物或反应类型，后者基于反应类型的系统化名称。

酶基于其催化反应的性质，可分为氧化还原酶、转移酶、水解酶、裂合酶、异构酶、连接酶和转位酶。每种酶都有特定的酶学委员会（EC）编号，以描述其催化反应的详细性质。酶的催化能力源于其降低化学反应的活化能，通过多种机制，如诱导契合模型、酸碱催化、共价催化和金属离子催化等，从而提高其反应速率。酶的动力学研究揭示了关键参数，如米氏常数（K_m）、最大速率（V_{max}）和转换数（也叫催化常数，K_{cat}）等，以帮助理解酶活性和调控机制。酶活性受多种因素调控，如底物浓度、pH、温度、抑制剂和激活剂等。

酶在生物体内的功能多样，包括催化、调节代谢途径、响应环境变化等。酶的多功能性是生物进化的结果，有助于提高生物体的代谢效率和适应性。酶的活性和功能受多种因素调节，包括酶原激活、同工酶的存在、别构调节和共价修饰等。通过深入理解酶的结构、功能和调控机制，可以使其在生物化学领域和医药开发中得到更有效的应用。

第一节 酶的分类、命名与组成

酶作为生物体内的催化剂，负责加快化学反应的速率，而其不被消耗。至今，科学家已经鉴定出超过 8000 种酶，预计在自然界中存在的酶种类数远超这一数字。随着生物化学与分子生物学等生命科学的不断进步，新酶的发现仍在持续。为了方便研究和应用，对已知酶进行分类和命名变得尤为重要。

一、酶的分类

1961 年，国际生物化学协会的酶学委员会基于酶催化的化学反应类型，提出了一套系统的酶分类方法。每个酶都有一个独特的编号，以"EC"（Enzyme Commission 的缩写）开头，后跟 4 个数字，这些数字逐级细化地描述了酶的分类。例如，三肽氨基蛋白酶的 EC 编号为 EC3.4.11.4，其中"EC3"代表该酶属于水解酶类，即通过水分子参与分解的酶；

"EC3.4"特指那些作用于肽键的水解酶;"EC3.4.11"专指那些从多肽链的氨基端释放氨基酸的水解酶;而"EC3.4.11.4"则更具体地指明是从三肽中释放氨基端氨基酸的酶。值得注意的是,EC 编号并不是用来区分不同种类的酶,而是用以标识特定的催化作用。因此,即使在不同生物中,只要催化相同的化学反应,它们的酶都会被赋予相同的 EC 编号。基于这种分类方法,所有已知的酶被分为氧化还原酶、转移酶、水解酶、裂合酶、异构酶、连接酶和转位酶七大类别。

(一)氧化还原酶类

氧化还原酶(oxidoreductase)催化电子从一个分子(电子供体)传递到另一个分子(电子受体)的化学反应。这类酶在生物体内的能量代谢、解毒过程及生物合成中扮演着关键角色。氧化还原酶通常依赖辅因子(如 $NADP^+$ 或 NAD^+)参与电子的传递,如乳酸脱氢酶、细胞色素氧化酶、过氧化物酶等都属于氧化还原酶类。氧化还原酶在 EC 编号中分类为 EC1,并细分为 22 个子类,如 EC1.1 包括催化 CH—OH 供体团的氧化还原酶;EC1.2 包括催化醛或氧化供体团的氧化还原酶;EC1.3 包括催化 CH—CH 供体团的氧化还原酶等。如果一种酶能够催化如下的反应就是氧化还原酶。

$$A^-（供体）+B（受体）\longrightarrow A（氧化供体）+B^-（还原受体）$$

在这个反应中,A 是还原剂(电子供体),B 是氧化剂(电子受体)。

然而在生物化学反应中,氧化还原反应有时会较难界定,如糖酵解。

$$Pi+G\text{-}3\text{-}P+NAD^+\longrightarrow NADH+H^++1,3\text{-}BPG$$

在这个反应中,NAD^+ 是氧化剂(氢受体),而 G-3-P(3-磷酸甘油醛)是还原剂(氢供体)。

(二)转移酶类

转移酶(transferase)是一类专门促进特定官能团从一个分子转移到另一个分子的酶。在这个过程中,供体分子失去一个官能团并将其转移给受体分子,从而使受体分子发生结构变化。这些官能团可以是甲基、糖基、磷酸基、氨基、羧基或其他多种化学基团。转移酶在生物体内的多种代谢途径中发挥着关键作用,包括合成和分解代谢,能量转换,信号转导及 DNA、RNA 和蛋白质的修饰等。它们对于细胞的正常功能和生物体的整体健康至关重要。

$$A-X+B\longrightarrow A+B-X$$

在这个反应中,A 是供体,B 是受体,转移酶催化供体 A 的官能团(如甲基或磷酸基团等)转移至受体 B。这种转移反应中,供体分子的特定官能团被转移到受体分子上,同时供体分子本身发生改变,形成一个新的产物。反应通常需要消耗能量,可能是以 ATP 的水解形式提供,或者涉及其他高能化合物。通过对这些酶的精确调控,可以实现对复杂生物分子的精细修饰,从而影响细胞的行为和功能。常见的转移酶有甲基转移酶、氨基转移酶、乙酰转移酶、硫转移酶、激酶和多聚酶等。转移酶在 EC 编号中分类为 EC2,再细分为 9 个子类。

转移酶参与细胞中的多种反应。例如,辅酶 A 转移酶能催化转移硫醇酯;N-乙酰转移酶在色氨酸代谢途径中负责将乙酰基团转移给色氨酸,形成 N-乙酰色氨酸;丙酮酸脱氢酶能将丙酮酸转化为乙酰 CoA。在蛋白质生物合成的过程中,转移酶同样扮演着至关重要的角色,特别是在肽链的延伸过程中,肽酰转移酶(peptidyl transferase)负责将氨基酸链从一个 tRNA 分子转移到另一个 tRNA 分子。具体来说，这个转移过程涉及从核糖体的 A 位点（氨基酸添加位点）上的 tRNA 中移除正在增长的氨基酸链，并将其连接到 P 位点（肽链延伸位点）上的 tRNA 携带的氨基酸残基上。

（三）水解酶类

水解酶（hydrolase）是一类专门催化底物与水分子反应，从而分解底物的酶。这些酶的作用通常涉及将一个水分子（H_2O）的氢原子（H）加到一个底物分子上，同时将水分子的羟基（—OH）加到另一个底物分子上，从而实现底物的分解。例如，一种酶催化以下的化学反应就是水解酶。

$$A-B+H_2O \longrightarrow A-OH+B-H$$

根据所水解的底物不同，水解酶可分为蛋白酶（蛋白水解酶）、核酸酶、脂肪酶和糖苷酶等。蛋白酶专门水解蛋白质中的肽键，根据其作用部位，可进一步分为内肽酶和外肽酶。同样，核酸酶也可分为核酸外切酶和核酸内切酶。水解酶在 EC 编号中分类为 EC3，并以其分解的键细分为 9 个子类。

水解酶在细胞的生命活动中扮演着至关重要的角色，它们通过将大分子分解成小分子，从而促进生物体内的多种代谢过程。这些小分子不仅是细胞能量供应的基础，也是合成新分子的前体。例如，脂肪酶（lipase）将脂肪和脂蛋白等大分子分解成较小的脂肪酸和甘油，这些产物不仅为细胞提供能量，还参与其他物质的合成。酯酶（esterase）能够切割脂质中的酯键，以参与脂质代谢。糖苷酶（glycosidase）负责从碳水化合物中移除糖分子，这对于糖类的代谢和利用非常重要。肽酶（peptidase）通过水解肽键，参与蛋白质的降解。通过水解酶的作用，细胞能够有效调节内部环境，维持生命活动所需的能量和物质平衡。这些酶的精确调控对于细胞的正常功能和生物体的整体健康至关重要。

（四）裂合酶类

裂合酶（lyase）是一类特殊的酶，它们催化底物去除一个基团并形成一个双键，或催化其逆反应，即在双键处添加一个基团以打开双键。这类反应通常不涉及水分子，也不包括氧化还原反应。裂合酶的作用通常会导致新的双键或环状结构的形成，因此如果底物通过裂合酶的作用形成了新的双键或环状结构，这种酶就属于裂合酶类。裂合酶在生物体内的代谢途径中非常重要，尤其是在合成和分解代谢中，它们有助于调节和平衡细胞内的代谢活动。例如，催化以下反应的腺苷酸环化酶就是裂合酶。

$$ATP \longrightarrow cAMP+PPi$$

裂合酶与其他酶的不同之处在于，它们在一个方向的反应中仅需要一种底物，但在逆反应中需要两种底物。常见的裂合酶包括脱水酶、脱羧酶、醛缩酶、水化酶等。裂合酶在 EC 编号中分类为 EC4。

（五）异构酶类

异构酶（isomerase）的主要功能是催化分子内部的结构重排，使得分子从一种异构体转变为另一种异构体。这一过程涉及化学键的断裂和重新形成，但不改变分子的总化学组成。异构酶不仅能催化基团的位置移动，还能促进几何异构体和光学异构体之间的转换，以及醛基和酮基之间的互变。异构酶催化的反应特点是，底物转化后的产品与底物具有相同的分子式，但分子内部的键连接方式或原子的空间排列发生了变化。这种转化通常不涉及其他小分子的加入或释放，而是纯粹的分子内重排。

例如，葡萄糖异构酶（glucose isomerase）能够催化葡萄糖-6-磷酸中醛基和酮基之间的互变，生成果糖-6-磷酸。这类酶在生物体内的糖类代谢中起着关键作用，通过催化糖类分子的结构变化，参与能量的产生和储存（图 2-1）。

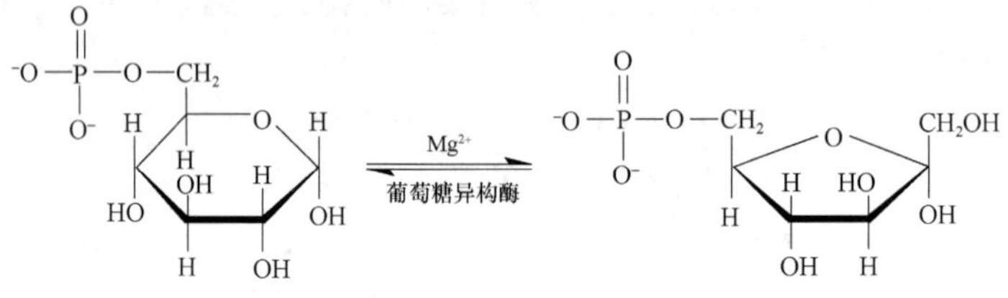

图 2-1 异构酶催化的反应（朱圣庚和徐长法，2017）

结构异构体	结构式
正己烷	CH$_3$CH$_2$CH$_2$CH$_2$CH$_2$CH$_3$
2-甲基戊烷	CH$_3$CH$_2$CH$_2$CHCH$_3$ （上方 CH$_3$）
2,2-二甲基丁烷	CH$_3$CHCH$_2$CH$_3$ （上方 CH$_3$，下方 CH$_3$）
3-甲基戊烷	CH$_3$CH$_2$CHCH$_2$CH$_3$ （上方 CH$_3$）
2,3-二甲基丁烷	CH$_3$CH$_2$ CH$_3$ （上方 CH$_3$ CH$_3$）

图 2-2 己烷的 5 种异构形式

异构酶所催化的异构体本身存在多种形式，但一般可分为结构异构体或立体异构体。结构异构体具有不同的键顺序和/或不同的键连接方式，如己烷的 5 种异构形式（正己烷、2-甲基戊烷、3-甲基戊烷、2,2-二甲基丁烷和 2,3-二甲基丁烷）（图 2-2）。立体异构体则具有相同的键顺序和相同的连接方式，但键和原子的三维排列不同。例如，2-丁烯有顺式-2-丁烯和反式-2-丁烯两种异构形式，包含消旋酶、差向异构酶和顺反异构体的异构酶在内的异构酶均可催化立体异构体相互转化。

常见的异构酶类包括变位酶、表异构酶、异构酶和消旋酶等，催化许多生物过程的反应，如糖酵解和碳水化合物代谢。异构酶在 EC 编号中分类为 EC5，并细分为消旋酶、差向异构酶、顺反异构酶、变位酶、分子内氧化-还原酶和分子内消去-加成酶等 6 个亚类。

（六）连接酶类

连接酶（ligase）通过形成新的化学键来催化两个分子的连接，这些酶在生物体内的多种代谢途径中发挥着关键作用，尤其是在合成大分子如蛋白质、核酸和其他聚合物的过程中。连接酶通常参与两种类型的反应：一是催化两个分子间的缩合反应，形成新的共价键；二是催化同一分子的两个末端连接，形成环状结构。在这些反应中，连接酶通常需要水解核苷三磷酸（如 ATP）作为能量来源，以推动连接过程。在催化连接反应时，连接酶通常会催化以下类型的脱水反应，从而将分子 A 和分子 B 连接起来。

$$A-OH+BH+NTP \longrightarrow A-B+Pi+H_2O$$

此类酶包括 DNA 连接酶、氨基酰 tRNA 合成酶、谷氨酰胺合成酶等。这种类型的反应在合成生物大分子如 DNA 和 RNA 的核苷酸链时尤为重要。例如，DNA 连接酶（DNA ligase）在 DNA 复制和修复过程中连接断裂的 DNA 链，而 RNA 连接酶（RNA ligase）则参与前体 mRNA 的剪接过程。需要注意的是，在生物化学命名中，合酶（synthase）和合成酶（synthetase）曾经有所区分。合酶通常指催化形成新键且不需要 NTP 供能的酶，而合成酶则通常指需要 NTP（如 ATP）水解提供能量的酶。然而，根据生物化学命名联合委员会（Joint Commission on Biochemical Nomenclature，JCBN）的规定，"合酶"这一术语现在被广泛用于描述所有催化合成反应的酶，无论它们是否利用 NTP。因此，合酶也属于连接酶类的一部分。

二、酶的命名

（一）习惯命名法

1961 年以前使用的酶的名称都是根据习惯命名的，称为习惯名，这种命名方式主要依据以下两个原则。

1. 根据酶作用的底物命名　　酶的命名通常基于它们所催化的特定反应类型和作用的底物。这种命名方式直观地反映了酶的主要功能和作用对象。例如，催化淀粉水解的酶叫淀粉酶，催化蛋白质水解的酶叫蛋白酶，催化纤维素水解的酶叫纤维素酶。当同一类酶在不同生物或不同组织中存在时，它们的名称可能会加上来源以示区分，如胃蛋白酶、胰蛋白酶等。

2. 根据酶催化反应的性质及类型命名　　这种命名方式有助于科学家和研究人员快速识别酶的功能和作用机制，如水解酶、转移酶、氧化酶等。氧化酶催化氧化反应，即电子从一个分子转移到另一个分子的过程通常涉及氧的参与，又如细胞色素氧化酶（cytochrome oxidase）在细胞呼吸链中催化电子传递。

有些酶的名称结合了上述两个原则，既指明了反应性质，又指明了底物。例如，琥珀酸脱氢酶（succinate dehydrogenase）不仅指明了它催化的底物（琥珀酸），也表明了它催化的反应类型（脱氢反应）。

习惯命名法基于酶的直观功能或特性，是一种直观且历史悠久的命名方式。尽管这种命名方式缺乏系统性，但它简单易懂，因此在科学界仍然广泛使用。例如，醇脱氢酶（alcohol dehydrogenase）催化乙醇氧化为醛的反应，而乳酸脱氢酶（lactate dehydrogenase）则催化乳酸和丙酮酸之间的相互转化。随着科学的发展，酶的命名也在不断完善，以更好地反映酶的多样性和复杂性。

（二）系统命名法

酶的系统命名法是国际生物化学协会（IUB）于 1961 年提出的，旨在为每种酶提供明确且唯一的名称，便于科学交流和文献检索。这种命名法基于酶催化的化学反应类型，并详细描述了酶的所有底物及催化反应的性质。如果一种酶催化两个底物起反应，应在它们的系统名称中包括两种底物的名称，并以冒号（：）将其分隔，若底物之一是水，则可以省略不写。例如，草酸氧化酶的系统命名为"草酸：氧氧化酶"，表明该酶催化草酸与氧之间的氧化反应。

系统命名法提供了一种标准化的方式来标识酶，有助于避免习惯命名法导致的混淆。习惯命名法虽然简单易记，但有时会出现一个酶有多个名称或一个名称对应多个酶的情况。系统命名法通过提供结构化的命名方式，清晰地区分不同的酶，并反映酶的化学功能和作用机制。例如，EC2.7.1.1 代表了前面提到的 ATP：葡萄糖磷酸转移酶，这是一种转移酶，具体属于以羟基为受体的磷酸转移酶亚类中的特定酶。

这种系统命名原则及编号相当严格，每种酶只可能有一个名称和一个编号。所有新发现的酶，都能按此系统得到适当的编号。从酶的编号可了解到该酶的类型和反应性质。通过这种系统命名法和分类编号，科学家可以准确地识别和引用特定的酶，从而促进了生物化学领域的研究和发展。

三、酶的化学本质及组成

酶是生物体内广泛存在的生物催化剂，具有催化化学反应的关键作用。酶能够降低生物体内化学反应的活化能，从而加速反应速率。了解酶的化学本质和组成对于理解生物体内的代谢过程和生物学功能具有重要意义。

（一）酶的化学本质

酶是由活细胞产生的生物大分子，具有特殊的催化活性和特定空间构象。大部分酶为蛋白质，少数为核酸。蛋白质本质的酶由氨基酸残基通过肽键连接形成长链分子，这些氨基酸残基按照特定方式折叠和排列，以形成特定的三维结构，这一结构对于酶的功能至关重要。

一些酶由单个多肽链组成，如溶菌酶、脲酶、胃蛋白酶和核糖核酸酶，这类酶称作单体酶（monomeric enzyme）。然而，大多数酶由两条或多条肽链组成，如果糖二磷酸酶、磷酸果糖激酶各含两个亚基，己糖激酶、乳酸脱氢酶各含 4 个亚基，这类酶称为寡聚酶（oligomeric enzyme）。有些酶由几种酶彼此嵌合形成复合体，称多酶复合体（multienzyme complex），它们催化一系列反应连续进行。多酶复合体的分子质量很高，一般在几百万道尔顿以上，如丙酮酸脱氢酶复合体、脂肪酸合成酶复合体。根据酶的组成成分，酶可分为单纯酶和结合酶两大类。单纯酶的分子组成全部为蛋白质，如胰蛋白酶、唾液淀粉酶、胰脂肪酶等，其催化活性由蛋白质的结构所决定。结合酶不仅含有蛋白质成分，还包括非蛋白质物质。蛋白质成分称为酶蛋白，非蛋白质物质称为辅因子。酶蛋白和辅因子单独存在时都没有催化活性，只有结合形成全酶后才能发挥催化活性。在催化反应中，酶蛋白决定与特定底物的结合，辅因子决定催化反应的类型。

核酶是具有催化特定生化反应作用的 RNA 分子，包括基因表达中的 RNA 剪接，类似于蛋白酶的作用。一些核酶由单一的 RNA 链组成，如核糖核酸酶 P（RNase P），其催化活性由核酸分子的结构所决定，这类核酶可以独立完成催化功能。然而，有些核酶需要与蛋白质或其他分子形成复合体来完成其催化作用，如剪接体（spliceosome），它由 RNA 和蛋白质共同组成，负责 RNA 剪接。核酶不仅在生物催化中起重要作用，而且在基因表达和调控中也具有关键意义。它们的结构和功能研究对揭示生命过程的分子机制具有重要的科学价值。

（二）酶的组成

1. 辅因子 结合酶的辅因子包括金属离子和小分子有机化合物。常见的金属离子辅因子有 K^+、Na^+、Mg^{2+}、Zn^{2+}、Fe^{3+}（Fe^{2+}）、Cu^{2+}（Cu^+）、Mn^{2+} 等。有的金属离子与酶结合比较牢固，这些酶称为金属酶（metalloenzyme），如羧基肽酶（Zn^{2+}）等。有的金属离子与酶结合不牢固，纯化过程中易丢失，需加入金属离子方具有酶活性，这些酶称为金属激活酶（metal-activated enzyme），如己糖激酶（Mg^{2+}）等。金属离子在酶促反应中扮演着多重角色：①它们帮助维持酶分子特定的三维结构；②它们参与电子的转移过程及在酶与底物之间充当连接的纽带；③它们还有助于中和底物的负电荷，从而减少反应过程中的静电排斥。

小分子有机化合物是一些化学性质稳定的小分子物质，其分子结构中常含有 B 族维生素衍生物或卟啉化合物，它们的主要作用是参与酶的催化过程，在酶促反应中起着传递电子、质子或转移基团（如酰基、氨基、甲基、羧基等）的作用。

2. 活性中心 酶的活性中心是其分子结构中特定的区域，能够与底物结合并催化反应。活性中心通常由特殊氨基酸残基构成，这些氨基酸残基能够与底物形成特定的化学键，从而促进反应的进行。

酶分子中氨基酸残基的侧链具有不同的化学基团，这些基团并非都与酶的催化作用直接相关，其中与酶活性密切相关、为酶活性所必需的基团，称为酶的必需基团（essential group）。常见的必需基团包括组氨酸的咪唑环、丝氨酸和苏氨酸的羟基、半胱氨酸的巯基、酸性氨基酸的羧基及碱性氨基酸的氨基。尽管在酶的一级序列中这些基团可能相隔甚远，但通过肽链的折叠形成三维结构，它们在空间上相互靠近，共同构成了酶的活性中心（active center）。这个中心区域能够特异性地识别并与底物结合，进而催化底物转化为产物。例如，在糜蛋白酶中，与催化活性有关的化学基团位于 57 位组氨酸残基、102 位天冬氨酸残基、195 位丝氨酸残基上。尽管它们在酶蛋白的一级结构中相距较远，但在空间结构上相互靠近，形成了糜蛋白酶的活性中心，参与与底物结合并催化底物生成产物。酶活性中心的必需基团可分为两类：一类是能够直接与底物结合的结合基团（binding group），另一类是催化底物发生化学变化并转化为产物的催化基团（catalytic group）。有些必需基团可兼有这两方面的功能。酶分子中除直接参与形成活性中心的化学基团外，还有一些基团虽然不直接构成活性中心，但它们对于保持活性中心所需的三维空间结构至关重要，这些基团被称为活性中心外的必需基团。在某些结合酶中，辅酶或辅基也是活性中心的一部分，它们参与催化过程，对维持酶的活性和功能发挥着重要作用。

酶活性中心是酶催化作用的关键部位，不同的酶由于各自的活性中心结构不同，因此对底物的催化具有高度特异性。活性中心往往位于酶分子表面，或为裂缝，或为凹陷，其形成以酶蛋白分子的特定构象为基础（图 2-3），活性中心一旦被其他物质占据或被某些理化因素破坏了空间构象，酶则丧失其催化活性。

3. 底物 底物是酶催化反应中被转化的物质，它与酶的活性中心结合形成酶-底物复合物（图 2-4）。底物在酶的作用下发生化学变化，生成产物。酶通过降低化学反应的活化能，加大了底物转化的速率。在酶促反应中，底物与酶的关系具有一定的专一性，即酶

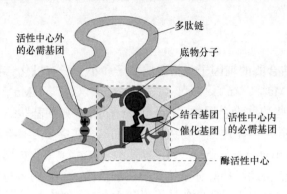

图 2-3 酶活性中心示意图（周春燕和药立波，2018）

只能催化某一种或某一类物质反应，比如蛋白酶的底物是蛋白质，过氧化氢酶的底物是过氧化氢。

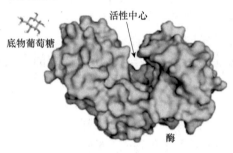

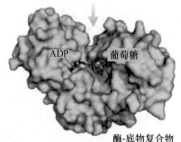

图 2-4 酶与底物结合示意图（David and Michael，2021）

此外，生物体内还存在一类假底物（pseudo-substrate），它可以特异地结合到酶的活性中心，但不被催化，并且可以阻止真底物的结合。有些酶具有能结合假底物的结构域，其特定氨基酸序列或残基是假底物结合酶的活性部位。当这些序列或残基与假底物结合后，酶的活性会被抑制。然而，当酶与其配基结合并发生构象变化以释放假底物后，酶的催化活性便会恢复。因此，假底物是体内调节酶活性的一种重要物质。

第二节　酶的结构特点及其结构解析方法

一、酶的结构特点

酶大多是球状蛋白，以单体或复合物对反应进行催化。和其他蛋白质一样，酶的三维结构是通过多肽链折叠形成的。酶的结构主要包括 4 个层次：一级结构、二级结构、三级结构和四级结构（图 2-5）。

（一）蛋白类酶的结构层次

1. 一级结构　酶的一级结构是指其氨基酸残基的线性排列顺序。这些氨基酸残基的种类和排列顺序决定了酶的基本结构和功能。酶的一级结构通常由几百个甚至几千个氨基酸残基组成，并通过肽键连接成长链。

2. 二级结构　酶的二级结构是指氨基酸残基之间的局部空间排列，主要包括 α-螺旋和 β-折叠。这种局部的空间排列由氢键和其他非共价键的相互作用决定。α-螺旋是一种

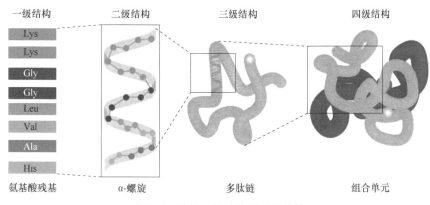

图 2-5 酶的一级结构到四级结构

螺旋形式的结构，氢键形成了螺旋的螺线，使得螺旋结构具有一定的稳定性。β-折叠是由两个或多个氨基酸残基的链段通过氢键形成的平行或反平行的折叠结构。

3．三级结构 酶的三级结构是指整个多肽链在空间上的折叠形态，由氨基酸残基之间的远距离相互作用所决定。这些相互作用包括疏水效应、静电作用、氢键等。疏水效应促使疏水性氨基酸残基聚集在蛋白质的内部，而亲水性残基则暴露在蛋白质的表面。静电作用则涉及带电残基之间的相互作用，包括阳离子和阴离子之间的吸引力及相同电荷之间的排斥力。

4．四级结构 酶的四级结构是指多肽链之间的相互作用所形成的最终功能性结构。有些酶需要多个多肽链相互作用才能发挥功能，这种情况下就需要四级结构的组织。四级结构可以是由多个多肽链相互作用形成的复合物，也可以是单个多肽链的完全折叠形态。

（二）酶结构和功能的相关性

酶的结构特点对于其功能和催化活性至关重要。首先，酶的特定结构使其能够与特定的底物结合，并催化特定的化学反应。酶的活性中心通常是其特定结构中的一部分，具有高度立体特异性，只能与特定的底物结合并进行催化。其次，酶的结构特点影响其在生物体内的稳定性和活性。一些酶对温度、pH 和离子浓度等因素非常敏感，其结构的变化可能会导致酶的活性丧失。因此，了解酶的结构特点有助于优化酶的功能和应用。最后，酶的结构特点还决定了其在生物体内的功能调控。许多酶的活性受到其他分子的调控，这种调控通常涉及酶结构的变化，如构象改变或辅因子的结合。

尽管"结构决定功能"是一条具普适性的规则，但单凭结构无法完全预测一种新酶的活性。酶通常比底物大得多。酶的肽链长度变化很大，如 4-草酰巴豆酸异构酶含有 62 个氨基酸残基，而动物脂肪酸合酶单体长度超过 2500 个氨基酸残基。在酶的复杂结构中，仅有一小部分区域由 2~4 个氨基酸残基构成，承担着催化反应的关键作用，这一区域被称作催化位点。这些催化位点往往与一个或多个底物结合位点相邻接，两者协同作用，共同构成酶的催化位点。酶分子的其余部分则主要起到稳定活性位点结构、确保其正确的空间取向及优化其动力学特性的作用。一些酶也可能包含别构位点，小分子与别构位点的结合可引起酶的构象改变，进而调节酶的活性，使其降低或升高。酶的结构并不是刚性的、恒定不变的,而是会发生复杂的动力学变化。蛋白质的性质由处于各种运动状态的、各自具有独立构象的集合共同决定,这种动态构象的集合被称为构象系统。在反应过程中,酶的结构可能发生变化,单个氨基酸残基、一个转角、一个二级结构单位乃至整个结构域的位置都可能改变。这种变化使得差异度不大且能发生互变的多种构象体在热力学平衡状态下共存,形成所谓的构象系统。在不同状态下,酶的每一结构状态或者构象体都可能与酶功能的某一部分有关。举例来说,二氢叶酸还原酶的不同构象就分别与底物结合、催化、辅因子释放、产物释放相关。

(三)核酶

核酶能够催化特定的化学反应,如磷酸转移、RNA 剪接等。这些反应通常涉及 RNA 分子内部的特定序列,这些序列形成活性中心,能够与底物特异性结合并催化反应(图2-6)。核酶可能单独发挥催化作用,也可能在与蛋白质结合成复合物的条件下发挥催化作用。在这些复合物中,蛋白质通常提供结构支持,而 RNA 部分负责催化活性。最常见的核酶是核糖体,核糖体是蛋白质及具有催化活性的 RNA 组成的复合物。核酶通过形成特定的三维结构来创建活性中心,这些结构类似于蛋白类酶的活性中心。核酶的催化机制通常涉及金属离子的结合,以及 RNA 分子内部的碱基配对和碱基催化。核酶的存在对于理解早期生命形式的起源和 RNA 世界的假说具有重要意义。在 RNA 世界假说中,早期的生命形式可能依赖 RNA 分子来存储遗传信息并执行催化反应。

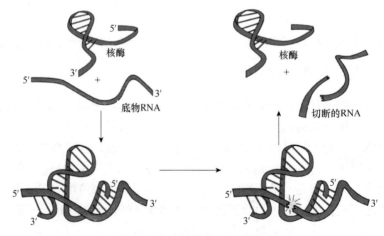

图 2-6 核酶的催化过程模式图

二、酶的结构解析方法

酶的结构解析是利用各种科学技术和方法来确定酶分子的空间构型和原子级别的结构细节,对于理解酶的功能、催化机制及与其他分子的相互作用至关重要。酶的结构直接决定其功能和催化活性。通过解析酶的结构,可以揭示酶分子的构造与其催化活性之间的关系,确定酶与底物之间的结合方式、反应中间体的形成及催化活性中心的构成,从而深入理解酶的功能和催化机制。另外,通过了解酶的结构,可以设计和优化药物分子或抑制剂,以调控酶的活性,同时也有助于进行酶工程,设计更高效的工业酶或改造酶的特性以满足特定需求。下面介绍几种常用的酶结构解析方法。

（一）X射线晶体衍射

X射线晶体衍射是一种常用于解析蛋白质结构的方法，也适用于酶的结构解析。该方法通过利用X射线测定衍射谱线强度随角度的变化关系来确定蛋白质晶体中原子的排列，以提供高分辨率的结构信息，揭示酶的原子级别的结构细节，从而解析酶与底物、抑制剂等分子的结合方式，有助于理解酶的催化机制和针对性药物设计。但X射线的局限性在于需要获得高质量的蛋白质晶体，这对于许多酶来说是一项挑战，特别是对于一些分子质量巨大的蛋白质复合体或膜蛋白来说，晶体学可能并不适用。下面介绍X射线解析酶结构的具体步骤。

1. 结晶化过程 首先需要纯化目标酶，通常通过色谱等方法获得高纯度的酶样品。接着进行结晶条件筛选，通过实验不同的结晶条件（如盐浓度、pH、温度等），找到最适合酶结晶的环境。在优化的条件下，酶分子会自发组装成有序的晶体结构。

2. 数据收集 一旦获得了足够好的酶晶体，就可以进行X射线衍射实验。晶体被放置在X射线束下，X射线穿过晶体并被探测器捕获。衍射图像提供了X射线与晶体中原子相互作用的信息，通过分析衍射图案，可获得原子间的距离和角度。

3. 数据处理 通过处理衍射数据，可以计算出衍射图案中的强度和相位信息。这一步是解析结构的关键，因为它提供了有关晶体中原子位置和排列的信息。常用的方法包括傅里叶变换和模式匹配。

4. 相位问题的克服 X射线晶体学中的一个关键挑战是相位问题，即在衍射图案中无法直接测量相位信息。常用的解决方法包括分子替代法、同晶置换法和直接法。分子替代法是利用已知相似结构的相位信息来预测目标酶的相位。同晶置换法是通过在晶体中引入重原子或改变化学环境来改变衍射强度，从而解决相位问题。直接法是通过分析衍射数据的统计特性，直接求解相位。

5. 结构建模 通过衍射数据和求解相位，可以构建酶的三维结构模型。这涉及将酶的氨基酸残基和其他原子放置在晶体中的适当位置，并调整它们，以最好地匹配观察到的衍射数据，然后对模型进行优化，通过迭代精修过程，调整原子位置、最小化与实验数据的偏差。

6. 结构验证和优化 使用各种统计指标（如R因子、Rfree等）来评估模型的准确性，以进一步调整模型，确保所有原子都符合几何和化学规则。解释结构模型，揭示酶的功能和催化机制。将模型与实验数据进行比较，确保一致性，并进行结构精细化和优化，以提高模型的质量，最终生成结构文件，通常为PDB格式。

（二）核磁共振谱学

核磁共振（NMR）谱学是一种可以解析溶液中分子结构的方法，可用于解析酶的结构和动态特性。NMR通过观察分子中核自旋的行为来获取关于分子结构和相互作用的信息。NMR谱学可以提供高分辨率的酶结构信息，其分辨率可达到原子水平。这意味着可以获得酶分子中每个原子的位置和化学环境信息，从而揭示酶的三维结构。

核磁共振谱图提供了丰富的信息，包括化学位移、耦合常数、弛豫时间等。通过分析这些谱图，可以推断酶分子的结构信息。化学位移提供了关于原子的化学环境信息，不同原子在不同化学环境下具有不同的化学位移值，因此可以推断出酶中不同原子的位置和相互作用。核磁共振谱图中的耦合常数可以提供关于化学键的信息，如键的类型和长度，从而帮助确定酶的分子结构。弛豫时间提供了关于分子动力学的信息，可以揭示酶分子的动态性和构象变化。此外，NMR 谱学可以用于研究酶与配体、抑制剂等分子的相互作用。通过监测酶和配体之间的化学位移变化、交叉饱和转移等现象，可以确定酶与配体的结合方式和结合强度。

与 X 射线晶体学不同，NMR 谱学可以研究溶液中酶的结构。这种优势使得 NMR 谱学能够捕捉酶在生理条件下的真实构象和动态特性，更贴近生物体内的情况。通过 NMR 谱学，可以研究酶的构象变化和动态特性，包括构象的转变、结构的动态性及酶与配体之间的相互作用，这对于理解酶的功能和催化机制至关重要。

当然，NMR 谱学也存在一定的局限性，对于大型蛋白质和复杂蛋白质来说，NMR 谱学的分辨率可能较低。对于某些酶来说，获取高质量的 NMR 谱图可能需要大量样品和长时间的数据收集。NMR 谱学数据的解释和结构建模需要专业的知识和经验，涉及复杂的数据处理和计算。

（三）电子显微镜技术

电子显微镜（EM）是一种直接观察生物大分子结构的仪器，近年来在酶的结构解析中得到了广泛应用。电子显微镜可以直接观察酶分子的形态和结构。通过对酶样品进行电镜样品制备和成像，可以获得关于酶的外形、大小、形状等信息。利用电子显微镜的单颗粒分析技术，可以获取大量的酶颗粒的电子投影图像。这些图像可被用来重建酶的三维结构。通过将多个颗粒的投影图像进行匹配和整合，可以生成高分辨率的三维密度图，揭示酶的整体结构。

随着技术的进步，冷冻电子显微镜技术（cryo-electron microscopy，Cryo-EM）已经成为结构生物学领域的一项革命性技术，尤其在 2017 年三位科学家因此技术获得诺贝尔化学奖之后，其重要性得到了广泛认可。冷冻电子显微镜技术是一种强大的生物分子结构解析技术，它特别适用于那些难以通过 X 射线晶体学或核磁共振（NMR）谱学方法解析的结构。Cryo-EM 的关键特点是在低温条件下对样品进行快速冷冻。通常是通过将样品浸入液氮冷却的乙烷或其他类似的溶剂中，避免冰晶的形成，使样品保持在接近原生状态。Cryo-EM 的主要优势包括无须晶体、更接近生理条件、可单颗粒分析、可高分辨率成像、可以进行动态和柔性结构研究及能够捕捉到不同构象状态下的图像，非常适合用于酶结构和功能的研究。当然目前 Cryo-EM 也存在一些局限性，如样品制备过程中可能会有冰晶形成的问题，对样品局部化学环境和 pH 的控制也较为有限。此外，Cryo-EM 的数据处理和三维重建需要专业的软件和高水平的计算资源。尽管面临这些挑战，Cryo-EM 依然为研究者揭示生物分子的复杂性和多样性提供了一种强大的工具，这对理解生命过程中的分子机制具有重要意义。

（四）生物信息学方法

生物信息学方法包括蛋白质序列比对和同源建模、蛋白质结构预测和模拟、结构域和功能预测、分子对接和相互作用预测及序列与结构的功能注释等，可以为酶的结构解析提供重要的参考信息。通过同源建模、序列比对和结构预测等方法，可以推断酶的结构和功能。虽然生物信息学方法不像 X 射线晶体衍射或核磁共振（NMR）谱学那样直接提供酶的实验结构，但它们可以为理解酶的结构和功能提供有价值的信息。以下是生物信息学方法在解析酶结构方面的应用。

1. 蛋白质序列比对和同源建模　　通过生物信息学方法，可以对酶的氨基酸序列进行比对和分析，用于识别保守的结构域、功能基团和重要的残基。同源建模技术允许根据与目标酶相似的已知结构模板，预测目标酶的结构。当酶与已知酶蛋白存在大于 30% 的序列同源性时，就可以进行同源建模。这种方法在缺乏实验结构的情况下，提供了对酶结构的近似描述。常用的同源建模工具包括 SWISS-MODEL、Phyre2 等。

2. 蛋白质结构预测和模拟　　生物信息学方法可以用于预测酶的三维结构。除同源建模外，还有一些基于物理化学原理的蛋白质结构预测方法，如基于碳 α 的蛋白质折叠模拟和从头建模等。当待测酶蛋白与已知酶同源性小于 30% 时，只能进行从头建模。近年来，AlphaFold 和 RoseTTAFold 等高精度蛋白质结构预测工具就属于对蛋白质进行从头建模，AlphaFold 其实是由深度学习和传统算法混合而成的。

3. 结构域和功能预测　　生物信息学方法还可用于预测酶的结构域和功能区域。通过分析氨基酸序列的特征和保守区域，识别酶的结构域、活性位点、配体结合位点等关键功能区域。这些预测对于理解酶的催化机制、指导实验设计及药物开发具有重要价值。

4. 分子对接和相互作用预测　　分子对接是一种计算化学方法，广泛用于预测和模拟酶与其底物、抑制剂或其他小分子之间的结合亲和力和具体相互作用的模式。进行分子对接时，首先需要构建酶的三维结构模型（如果结构未知，可以通过同源建模等方法预测），其次，将潜在的配体分子放置在酶的活性位点附近，通过迭代搜索算法探索可能的结合姿态。在此过程中，需计算分子间的相互作用能，如氢键、疏水作用、范德瓦耳斯力和电荷相互作用，以评估不同结合模式的稳定性。完成对接后，通常会得到一系列可能的结合姿态，它们根据结合自由能或其他评分函数进行排序。这些评分函数综合考虑了分子间的相互作用、溶剂效应、构象熵等因素，以预测最可能的结合模式。

这些信息有助于理解酶的催化机制，为研究酶的调控和抑制提供理论基础。随着计算资源的增加和算法的不断改进，分子对接技术在生物医学研究中的应用越来越广泛，成为研究酶与分子相互作用的重要工具。

5. 序列与结构的功能注释　　生物信息学方法可以对酶的序列和结构进行功能注释。通过比对酶的序列和结构与已知的数据库和功能注释工具，可以推断酶的功能、进化关系和结构特征，从而深入理解酶的生物学功能和结构基础。使用 BLAST、Pfam、InterPro 等工具对酶序列进行比对，以识别保守的序列模体和功能域。利用已知的酶结构或通过同源建模获得的结构，分析其活性位点、结合位点和结构域。结合序列、结构信息及文献、实验数据，对酶的功能进行注释，包括其催化活性、底物特异性和生物学功能。

（五）质谱法

质谱法是一种用于分析和表征生物大分子（包括蛋白质）的方法。质谱法通过测量生物分子的质荷比来确定其分子质量和结构信息，尤其是在分析酶的组成、质量、修饰和与其他分子的相互作用方面发挥重要作用。以下是质谱法解析酶结构的作用机制。

1. 确定酶的分子质量和组成　　质谱法可以用于直接测量酶分子的分子质量，并确定其氨基酸序列。这对于确定酶的标识和纯度非常重要。

2. 鉴定酶的修饰和变异　　质谱法可以用于鉴定酶分子中存在的各种修饰和变异，包括糖基化、磷酸化、甲基化等化学修饰，以及突变和多态性等遗传变异。通过质谱分析确定各种修饰和变异的具体位置和类型，从而揭示酶结构和功能上的差异。

3. 确定酶的结合配体和底物　　质谱法可以用于确定酶与配体和底物之间的相互作用。通过质谱分析，可以观察酶与配体或底物之间的特征性质谱峰，从而确定它们之间的结合位点和结合强度。

4. 确定酶与抑制剂的相互作用　　质谱法可以用于确定酶与抑制剂之间的相互作用。通过质谱分析，可以观察酶与抑制剂之间质谱峰的变化，从而确定抑制剂的结合位点和结合方式及与酶的结合强度。

5. 分析酶的解离和反应动力学　　质谱法可以用于分析酶与其他分子的解离动力学和反应动力学。通过观察反应前后酶和底物/产物的质谱峰的变化，可以推断酶催化反应的动力学参数，如反应速率常数、解离常数等。

6. 质谱成像技术　　质谱成像技术结合了质谱法和电子显微镜技术，可以在空间上分辨酶在细胞或组织中的分布和分子水平的变化，为研究酶在生理和病理过程中的作用机制提供重要信息。

总之，质谱法在解析酶的结构中发挥着重要作用，可以提供丰富的信息，包括酶的组成、结构、修饰、相互作用，以及在生理和病理过程中的功能。这对于深入理解酶的生物学功能和药物设计具有重要意义。

（六）荧光成像技术

荧光成像技术在解析酶的结构方面有独特的优势。尽管荧光成像技术不像核磁共振（NMR）谱学或 X 射线晶体衍射那样直接提供酶的原子级别结构信息，但它在研究酶的位置定位、结构变化、活性状态与其他生物分子的相互作用方面具有重要作用。以下是荧光成像技术解析酶结构的作用机制。

1. 观察酶的分布和定位　　荧光成像技术可以在活细胞或活组织水平上实时观察酶的位置和分布。通过荧光探针标记酶分子或与酶相关的分子（如亚基、配体等），可以准确定位酶在细胞或组织中的分布情况。

2. 研究酶的活性状态　　荧光成像技术可以用于研究酶的活性状态。例如，可以使用荧光探针标记酶的活性中心，通过监测荧光信号的变化来评估酶的活性状态，进而了解酶在不同生理或病理条件下的活性调控机制。

3. 监测酶的功能状态　　荧光成像技术可以实时监测酶的功能状态，包括酶的活性、底物结合和产物释放等。通过设计合适的荧光探针或底物类似物，可以动态观察酶的活动过程，揭示酶的功能机制。

4. 研究酶与底物、配体等分子的相互作用　　荧光成像技术可以用于研究酶与底物、配体等分子的相互作用。通过荧光探针标记底物或配体分子，可以实时监测酶与底物或配体的结合过程，揭示酶与这些分子之间的相互作用机制。

5．实时监测酶的活动过程 荧光成像技术可以提供实时监测和定量分析，可以在细胞或组织水平上动态观察酶的活动过程，这种实时性和动态性对于理解酶的功能和调控机制非常重要。

总之，酶的结构解析是一项复杂而多样化的工作，合适的方法取决于酶的特性、研究目的及实验条件等因素，通常也需要结合多种方法共同进行，以获得全面准确的结构信息。

第三节 酶的催化机制

一、酶的高催化能力及催化机制的分类

酶能显著降低化学反应的活化能。在一个反应体系中，底物分子具有不同的能量水平。当分子相互碰撞的一瞬间，只有那些能量达到或超过某个特定阈值的分子（称为活化分子或过渡态分子）才能发生化学反应。活化分子数量越多，反应速率越快。在一定条件下，底物分子从初态转变成过渡态所需要的自由能称为活化能（activation energy）。活化能是化学反应的能障，降低活化能可以相对增加反应体系中的活化分子数量，从而提高化学反应速率。酶与一般催化剂一样，都是通过降低反应的活化能来加快化学反应速率的，只不过酶的作用更强，这是因为酶可以先和底物结合成酶-底物复合物（过渡态），进而转化为产物，这个过程所需要的能量较少（图 2-7）。

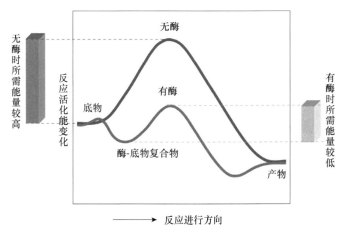

图 2-7 酶降低反应活化能的解析图

有关酶促反应的机制，至今尚未完全阐明，主要有下列几种学说。

1．诱导契合学说 酶与底物的结合不是锁与钥匙式的机械结合关系。酶促反应开始时，酶分子的构象与底物的分子结构并不完全吻合，而是需要经过一个相互诱导变化的过程才能相互结合。当底物与酶分子相互接近时两者相互诱导，使酶构象发生改变，同时底物也发生变形，酶活性中心与底物靠近，生成酶-底物复合物，进而引起底物分子发生相

应的化学反应。这种酶与底物相互接近时，双方在结构上相互诱导、相互变形、相互适应进而相互结合的过程称为酶的诱导契合（induced-fit）。诱导契合学说是酶-底物复合物形成的重要机制（图 2-8）。目前实验研究已获得若干酶-底物复合物的结晶。酶催化反应正是酶-底物复合物的形成改变了原来化学反应的途径，从而大幅度地降低了酶促反应所需的活化能，使化学反应速率加快。

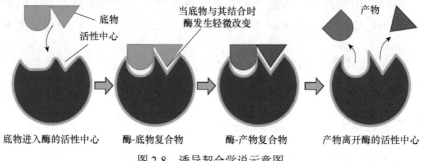

图 2-8　诱导契合学说示意图

　　诱导契合学说描述了酶与底物相互作用的动态过程。初始阶段，酶与底物之间的结合较为松散，但这种初步的结合迅速触发酶分子结构的调整，使两者之间的结合变得更加牢固。这种紧密的结合有助于稳定酶-底物复合物，从而凸显出诱导契合机制的优势。底物结合机制可分为两种类型：一种是一致结合，此时酶与底物之间的结合极为紧密；另一种是差别结合，酶对过渡态的底物结合更为紧密。一致结合增强了酶与底物及过渡态的亲和力，而差别结合则仅增强了酶对过渡态的亲和力。这两种机制都是酶在长期进化过程中形成的，目的是降低化学反应的活化能。在酶已经达到饱和状态，即与底物高度亲和时，差别结合机制尤为关键，因为它有助于降低活化能。对于尚未与酶结合的底物分子，酶可以采用一致结合或差别结合机制。大多数酶倾向于使用差别结合机制，因为这种机制能显著降低活化能，使酶对过渡态具有很高的亲和力。差别结合的实现依赖于诱导契合机制：底物首先与酶形成较弱的结合，随后酶的结构发生改变，增强了与过渡态的结合力，使过渡态变得稳定，从而降低了形成过渡态所需的能量。

　　需要注意的是，诱导契合学说虽然有助于解释当竞争和干扰存在时可通过构象校对机制保证分子识别的精确性，但并不能科学说明化学催化的具体机制。化学催化的本质是水中非酶促（无酶）情况下活化能（E_a）降低，而诱导契合仅表示在酶结合状态下活化能壁垒降低，并没有解释壁垒降低的具体原因。

　　2. 过渡态的稳定机制　　在酶与底物发生结合后，一种或多种催化机制可以降低反应过渡态的能量。目前有以下 7 种可能的"越过壁垒"或"通过壁垒"的催化机制。

　　（1）键扭曲催化　　这种作用主要影响诱导契合结合。在该情况下，酶对过渡态底物的结合力比对底物本身的结合力要强。酶通过诱导底物结构重排，将底物的键扭曲成一种接近过渡态的构象，从而降低底物与过渡态之间的能量差距，促进反应进行。

　　事实上，称这种扭曲为"基态失稳效应"比"过渡态稳定效应"更贴切。此外，酶具有很高的柔性，自己不会有较大的形变效应。除底物中的键扭曲外，酶本身也可以通过键扭曲以激活活性中心的残基。图 2-9 是溶菌酶的底物、结合底物与过渡态构象，底物在与酶结合时，由典型的己糖环"椅式构象"被扭曲为"半椅式构象"，在形状上与过渡态更相似。

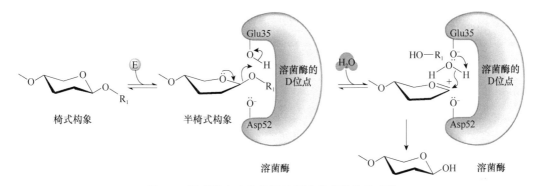

图 2-9 溶菌酶与底物作用过程中的底物构象变化

（2）邻近效应与定向效应 这种效应是使酶与底物相互作用的反应化学基团对齐并将它们靠在一起，从而加快反应速率。这减少了反应物的熵，使得连接反应或加成反应进行更顺利。当两个反应物变为单个产物时，总体的熵损失就会减少，其可类比为增加了反应物浓度的效应。酶与底物形成复合物后，底物与底物之间，酶的催化基团与底物之间结合于同一分子，而使有效浓度得以极大地升高，从而使反应速率大大增加。如果相似的反应是在分子内进行，那么反应会大大加快，如图 2-10 所示，在分子内反应中，乙酸盐的有效浓度估计可以达到 $k_2/k_1=2\times10^5$。然而，现代计算研究表明，传统的邻近效应可能与酶的熵效应并无直接联系，此外，早期熵理论对催化定向效应的贡献也被高估了。

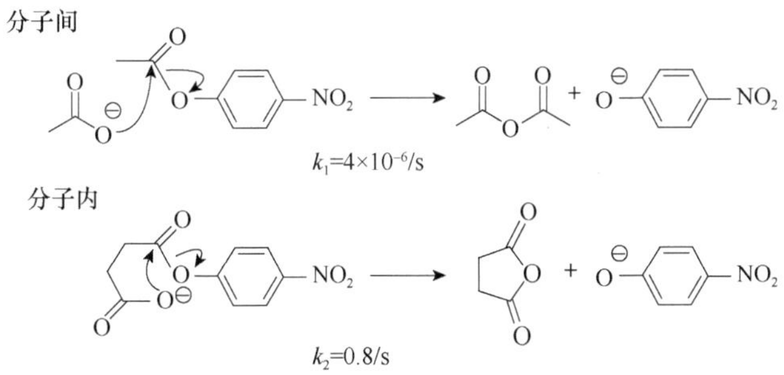

图 2-10 酶-底物相互作用的分子内与分子间反应速率对比

（3）酸碱催化 作为质子的供应者和接受者，酸和碱能够分别释放或吸收质子，这一过程有助于维持化学反应过渡态中的电荷平衡。这种机制不仅能够激活亲核和亲电基团，促进它们参与反应，还能稳定那些在反应中离开的基团，从而推动反应的顺利进行。组氨酸是一种常见的参与酸/碱反应的氨基酸残基，因为其解离常数（pK_a）接近中性，在正常生理条件下可以既作为质子的受体又作为质子的供体。许多涉及酸/碱催化的反应机制中，氨基酸残基的 pK_a 会发生变动，这种变动可以通过改变残基的局部微环境来实现。一定程度上，在某些溶液中，原本碱性的残基也可能会充当质子供体，反之亦然（表 2-1）。

表 2-1　常见的参与酸碱催化的氨基酸基团

活性中心常见的氨基酸残基	活性基团	质子供体	质子受体
Glu、Asp	侧链羟基	R—COOH	R—COO$^-$
Lys、Arg	侧链氨基	R—NH$_3^+$	R—NH$_3^+$
Cys	巯基	R—SH	R—S$^-$
His	咪唑基	（咪唑阳离子结构）	（咪唑结构）
Ser	羟基	R—OH	R—O$^-$
Tyr	酚羟基	R—（苯环）—OH	R—（苯环）—O$^-$

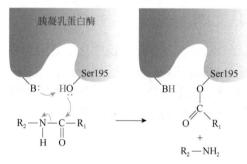

图 2-11　胰凝乳蛋白酶（丝氨酸蛋白酶）通过酸碱催化使肽键断裂（周春燕和药立波，2018）

如图 2-11 所示，在丝氨酸蛋白酶的催化过程中，第一步是活性位点的组氨酸残基接受来自丝氨酸残基的质子，这一变化将丝氨酸转变为一个强大的亲核试剂，使其能够进攻底物中的酰胺键。具体过程是丝氨酸残基（pK_a 为 14）释放的质子转移到组氨酸残基（pK_a 6）上。这种质子转移是由活性位点微环境的碱性条件促成的。pK_a 的变化本质上是由静电作用驱动的。在丝氨酸蛋白酶的催化机制中，催化效率的提升主要归因于氧阴离子的 pK_a 降低和组氨酸的 pK_a 升高。尽管如此，丝氨酸向组氨酸的质子转移对于催化效率的贡献并不显著，因为它并不直接决定反应的活化能，这是影响反应速率的关键因素。

（4）静电催化　活性中心电荷的分布可用来稳定酶促反应的过渡态。酶使用自身带电基团去中和一个反应过渡形成时产生的相反电荷而进行的催化称为静电催化。有时，酶还可以通过与底物的静电作用将底物引入活性中心。带电过渡态的稳定也可以通过使活性中心的残基与中间产物形成离子键（或局部离子电荷相互作用）而达到。这些键可来自氨基酸（如赖氨酸、精氨酸、天冬氨酸、谷氨酸等）的酸性或碱性侧链，或来自金属辅助因子。金属离子尤其有效，它们可以显著降低水的 pK_a，使其成为有效的亲核试剂。

系统计算机模拟研究表明，静电效应对催化作用贡献最大，它可以使反应速率提高多达 10^7 倍，尤其是实践已证明酶提供的环境比水更具极性，固定的偶极子可以稳定离子过渡态。这与水中过渡态的稳定情况很不相同，在水中，水分子必须付出"重组能"才得以使离子态和过渡态达到稳定。

图 2-12 所示是羧肽酶催化机制，四面体中间产物是被锌离子与氧原子上的负电荷之间的离子键所稳定起来的。

（5）共价催化　共价催化涉及底物与酶活性中心残基或辅因子形成暂时的共价键。这使反应中增加了一个额外的共价中间体，有助于降低后续过渡态的能量。酶的某些氨基酸残基侧链，作为亲核或亲电基团与底物形成高活性的共价中间体酶，常见的亲

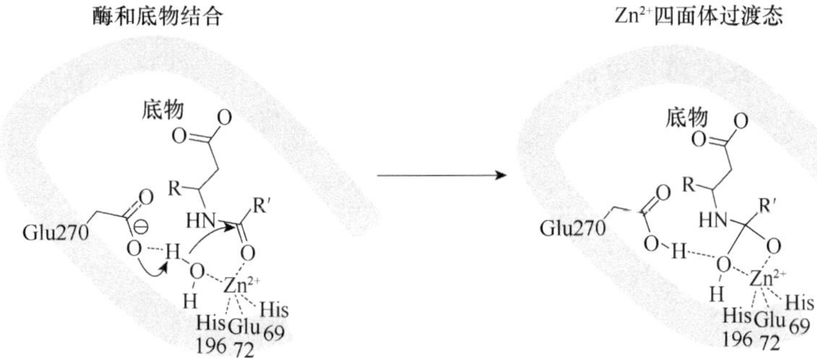

图 2-12　羧肽酶催化机制

核基团有 Ser-羟基、Cys-巯基、His-咪唑基等。底物的亲电中心可以是磷酰基 $[O=P(OH)_2]$、酰基（R—C=O）、糖基（Glc—O—）等。在反应的后期，这些共价键必须断裂，使酶再生。一些酶，如磷酸吡哆醛（PLP）或硫胺素焦磷酸（TPP）之类的非氨基酸辅因子与反应物分子间反应形成共价中间体。这些共价中间体的功能是降低后续过渡态的能量，类似底物与酶活性中心氨基酸残基形成的共价中间体，都是为了达到稳定。但有所不同的是辅因子有着允许带着产物离开酶的功能，而氨基酸残基则不行。酶利用这样的辅因子的例子包括依赖磷酸吡哆醛的天冬氨酸转氨酶（图 2-13）和依赖硫胺素焦磷酸的丙酮酸脱氢酶。

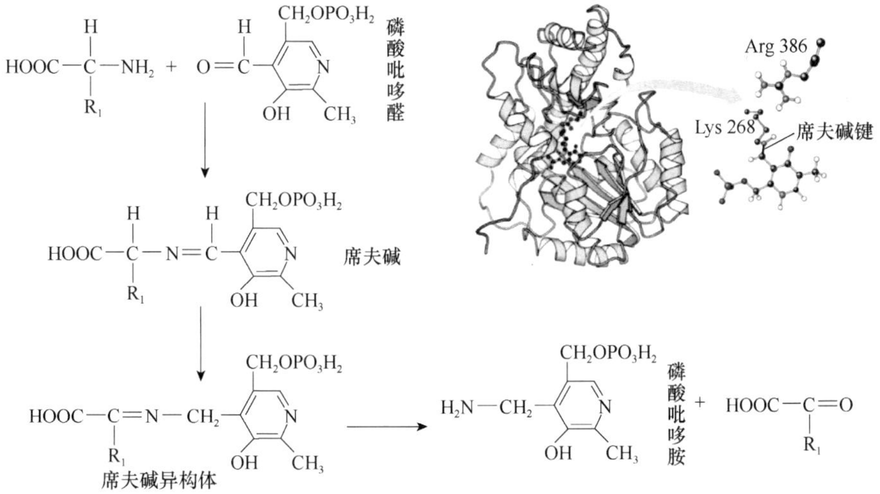

图 2-13　依赖磷酸吡哆醛的天冬氨酸转氨酶

（6）离子催化　　一些酶需要金属离子的协同作用才能发挥催化功能，这些酶被称为金属酶。金属酶通过金属离子与其配体之间的配位作用实现催化功能。金属离子可以提供氧化还原反应所需的电子，或者通过与反应物分子形成化学键来降低反应能量，促进反应进行。此外，金属离子还可以调节酶的构象，从而提高酶的催化效率和选择性。不同金属离子在酶中的作用各不相同。常见的金属酶常含有 Fe^{2+}、Cu^{2+}、Zn^{2+}、Mn^{2+}、Co^{3+} 等。例如，锌离子通常用于催化羟化反应，铜离子可以催化氧化反应，镁离子可以促进磷酸化反应等。另外，还有一类酶是金属激活酶（metal-activated enzyme），如 Na^+、K^+、Mg^{2+}、Ca^{2+} 可以激活这类酶的活性。这些金属离子主要起到通过结合底物为反应定向，通过自身价数的改变参加氧化还原反应，或是屏蔽底物或酶活性中心的负电荷作用。例如，多种激酶都需要 Mg^{2+} 的参与来屏蔽负电荷的影响（图 2-14）。

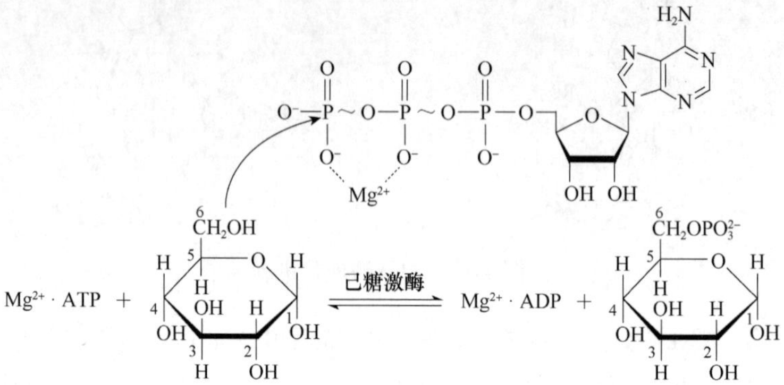

图 2-14　己糖激酶催化过程中 Mg^{2+} 的作用机制（Mg^{2+} 可以屏蔽负电荷，使氧更容易靠近磷原子）

　　金属酶在生物体内的应用非常广泛。例如，葡萄糖异构酶需要锌离子的协同作用才能催化葡萄糖异构化反应，乳酸脱氢酶需要镁离子的协同作用才能催化乳酸脱氢反应，DNA 聚合酶需要镁离子的协同作用才能催化 DNA 合成反应等。这些酶的催化作用对维持生物体内的代谢平衡和生命活动具有重要的意义。

　　（7）量子隧穿效应　　量子隧穿效应是酶催化反应中的一个重要机制，在酶促反应中，量子隧穿可以解释一些经典理论难以解释的现象。量子隧穿效应允许粒子穿越一个高于其能量的能量势垒。在酶催化的化学反应中，这意味着反应物分子中的原子或分子片段可以穿越通常需要更高能量才能克服的能量障碍，从而在没有足够激发能量的情况下发生反应。在酶的活性中心，底物分子被精确地定位，酶通过降低反应的活化能来加速反应。量子隧穿在这里发挥作用，使得氢原子或电子等可以"隧穿"过原本需要更多能量才能跨越的能量障碍，从而促进了反应的进行。此外，一些研究指出，酶的某些特定氨基酸残基，如组氨酸和色氨酸，可能与量子隧穿效应有关，它们在活性中心附近形成微环境，有助于稳定反应过渡态并促进量子隧穿。值得注意的是，尽管量子隧穿效应在理论上被广泛接受，但在实验上直接观察这一现象却极具挑战性。然而，随着科学技术的发展，已经有实验观察到量子隧穿效应，如在氧化色胺的芳香胺脱氢酶中观察到了质子的量子隧穿效应。

二、酶催化机制的研究实例

（一）磷酸丙糖异构酶

　　磷酸丙糖异构酶，也称丙糖磷酸异构酶（triose-phosphate isomerase，TPI 或 TIM）能够催化磷酸二羟丙酮和甘油醛-3-磷酸两种异构体的相互转换。

　　磷酸丙糖异构酶在糖酵解过程中起着重要作用，对于高效生成能量来说必不可少。几乎所有的生物体中都发现了该酶的存在，包括动物、植物和大多数细菌。而一些不进行糖酵解的细菌，如解尿支原体则缺乏该酶。磷酸丙糖异构酶是一种极其高效的酶，其催化反应速率比在溶液中自然发生的反应速率快数十亿倍。这种反应效率之高使其被称为完美催化剂，其催化的反应速率仅受限于底物进入和离开酶活性中心的速率。

磷酸丙糖异构酶是由相同亚基构成的二聚体,每个亚基大约由 250 个氨基酸残基组成。亚基三维结构的外部含 8 个 α-螺旋,内部含 8 个平行的 β-折叠,如图 2-15 所示,这种结构基序被称为 α/β 桶状结构,或称为 TIM 桶状结构,是迄今为止观察到的最常见的蛋白质折叠形式。该酶的活性中心位于桶的中心,催化机制涉及一个谷氨酸残基和一个组氨酸残基。在已知的所有磷酸内糖异构酶中,活性位点周围的序列都是保守的(图 2-15)。磷酸丙糖异构酶的结构对其功能起着重要贡献,除精确定位的谷氨酸和组氨酸残基可形成烯二醇外,TPI 的第 166 至 176 位氨基酸残基也会形成一个闭合环来稳定中间体。这个闭合环与底物的磷酸基团形成氢键来相互作用。这一机制不仅稳定了烯二醇中间体,也稳定了反应途中的其他过渡态。

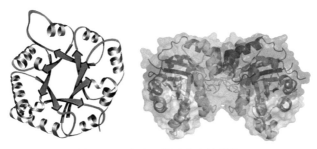

图 2-15 磷酸丙糖异构酶的结构

除使反应在动力学上可行外,TPI 还隔离了反应性的烯二醇中间体,以防止其分解为甲基乙二醛和无机磷酸盐。酶与底物磷酸基团之间的氢键使得这种分解在立体电子学上难以发生。甲基乙二醛是一种毒素,如果生成,将通过乙二醛酶系统去除。失去高能磷酸键和糖酵解的其余底物使得甲基乙二醛的形成效率低下。

研究表明,靠近活性中心的一个赖氨酸残基(在第 12 位处的氨基酸)对酶的功能也至关重要。在生理 pH 下质子化的赖氨酸可能有助于中和磷酸基团的负电荷。当这个赖氨酸残基被一个中性氨基酸替换时,TPI 将失去所有功能,但具有不同带正电氨基酸的变种会保留一些功能。

磷酸丙糖异构酶催化磷酸二羟丙酮和 D 型甘油醛-3-磷酸之间可逆转换的机制涉及烯二醇的中间体形成。每个基态和过渡态的相对自由能已通过实验确定,结果如图 2-16 所示。

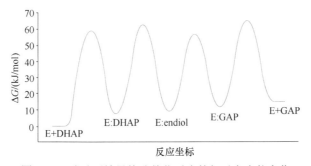

图 2-16 磷酸丙糖异构酶催化反应的相对自由能变化

E+DHAP:反应的起始状态,其中 E 代表磷酸丙糖异构酶,DHAP 是磷酸二羟丙酮底物,表示酶与底物 DHAP 结合,开始催化反应;E:DHAP:酶与底物结合后的复合物状态,表示磷酸丙糖异构酶和 DHAP 形成的复合物;E:endiol:反应的中间状态,指的是形成的烯二醇中间体,这个中间体是 DHAP 转变为甘油醛-3-磷酸(GAP)的过渡物;E:GAP:酶与产物甘油醛-3-磷酸(GAP)结合后的复合物状态,表示酶已经催化生成了 GAP;E+GAP:反应的最终状态,表示反应完成,酶与产物 GAP 分离具体来说，TPI 第 165 位亲核谷氨酸残基使底物去质子化，而第 95 位亲电组氨酸残基会提供质子以形成烯二醇中间体。当去质子化时，烯二醇被分解，并从第 165 位质子化的谷氨酸中提取质子，形成甘油醛-3-磷酸。该酶对逆反应的催化作用与正反应相似，同样生成烯二醇。但在逆反应中，烯二醇在 C2 位置被氧气分解。

（二）胰蛋白酶

胰蛋白酶是一种存在于十二指肠的酶，它催化蛋白质中肽键水解，通过将肽链切割成更小的片段来开始蛋白质的消化。作为蛋白酶体激活因子（proteasome activator，PA）超家族中的一种丝氨酸蛋白酶，它在许多脊椎动物的消化系统中发挥作用。胰蛋白酶水解生成的短肽，被其他蛋白酶进一步水解成氨基酸，使其可被吸收到血流中。由于蛋白质通常太大而无法通过小肠内壁吸收，因此胰蛋白酶的消化是蛋白质吸收的必要步骤。

胰蛋白酶的结构是其功能的基础，其结构在进化过程中高度保守。它由单个多肽链组成，含有 240～260 个氨基酸残基。三维结构呈现出典型的丝氨酸蛋白酶家族的特征，包括多个 α-螺旋和 β-折叠，形成紧密折叠的立体构型，活性位点位于中心位置，以确保与底物的有效相互作用。胰蛋白酶的活性位点包含特定的丝氨酸残基，在酶的催化过程中起着关键作用。当然，活性位点周围的氨基酸残基也在酶的催化机制中起重要作用，它们通过与底物的特定相互作用以促进催化反应的进行，这一精确的空间排列和相互作用使胰蛋白酶在蛋白质的消化过程中发挥了高效的催化功能。

胰蛋白酶是一种肽链内切酶，具有很强的底物特异性，它能够识别并水解蛋白质氨基酸链中赖氨酸（Lys）和精氨酸（Arg）残基的羧基端肽键。然而，如果脯氨酸（Pro）残基紧邻这些切割位点的羧基端，胰蛋白酶则不会进行水解作用。胰蛋白酶的酶促机制与其他丝氨酸蛋白酶（如胰凝乳蛋白酶、弹性蛋白酶和枯草杆菌蛋白酶等）相似，均具有类似由 His-57、Asp-102 和 Ser-195 组成的 Ser-His-Asp 催化三联体。催化三联体以前被称为电荷中继系统，意味着质子从丝氨酸转移到组氨酸，再从组氨酸转移到天冬氨酸。但由 NMR 提供的证据表明，所得的丝氨酸醇盐形式将对质子产生更强的拉力。尽管质子比组氨酸的咪唑环更重要，但目前的观点认为，丝氨酸和组氨酸实际上各自具有相等的质子份额，并通过形成短的低势垒氢键来协同作用。通过这些机制，活性位点丝氨酸的亲核性增强，有利于其在蛋白质水解过程中对酰胺碳的攻击。胰蛋白酶催化的酶促反应在热力学上是有利的，但需要大量的活化能。此外，胰蛋白酶含有由 Gly-193 和 Ser-195 的骨架酰胺氢原子形成的"氧阴离子孔"，该孔通过氢键稳定在平面酰胺碳亲核攻击后在酰胺氧上积累的负电荷。丝氨酸氧使碳呈现四面体几何形状，这种稳定的四面体中间体有助于降低其形成的能量壁垒，并且伴随着过渡态自由能降低。优先结合过渡态是酶催化的一个关键特征。此外，丝氨酸蛋白酶表面的裂缝和口袋决定了酶的专一性。位于胰蛋白酶催化袋（S1）中带负电的天冬氨酸残基（Asp-189）负责吸引和稳定带正电的赖氨酸和/或精氨酸，因此决定了胰蛋白酶的特异性，主要在赖氨酸和精氨酸的羧基侧（C 端侧）裂解蛋白质。而胰凝乳蛋白酶存在能容纳芳香环残基的口袋，弹性蛋白酶存在大而浅的口袋，可容纳 Ala、Gly 等较小的残基，这就形成了酶与特定底物的结合并催化其反应（图 2-17）。

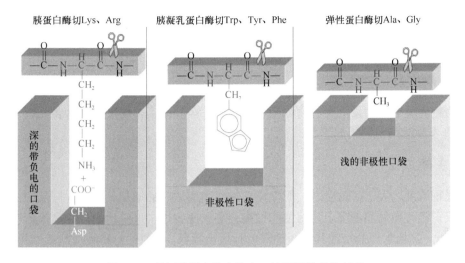

胰蛋白酶切Lys、Arg
胰凝乳蛋白酶切Trp、Tyr、Phe
弹性蛋白酶切Ala、Gly
深的带负电的口袋
非极性口袋
浅的非极性口袋
Asp

图 2-17 丝氨酸蛋白酶家族专一性不同的结构基础

（三）磷酸酶

磷酸酶是专门移除分子上的磷酸基团的酶类，它们通过催化磷酸酯键的水解作用，将磷酸根离子和羟基分离出来。这一过程与激酶的功能相反，后者负责将磷酸基团加到底物分子上，通常以 ATP 作为磷酸供体。

磷酸酶分为两大类，其中一类依赖于半胱氨酸的活性。这类磷酸酶通过形成磷酸半胱氨酸的中间产物来实现磷酸酯键的断裂。例如，在去磷酸化一个酪氨酸残基的过程中，酶活性位点的半胱氨酸巯基攻击磷酸基团的磷原子，形成一个中间产物。然后，一个酸性氨基酸残基（如天冬氨酸）或水分子提供质子，促使 P—O 键发生质子化，形成磷酸半胱氨酸中间产物。最终，这个中间产物通过水分子的作用水解，释放出磷酸基团，同时恢复酶的活性，使其能够进行下一轮的去磷酸化作用（图 2-18）。

Cys
pTyr
Asp

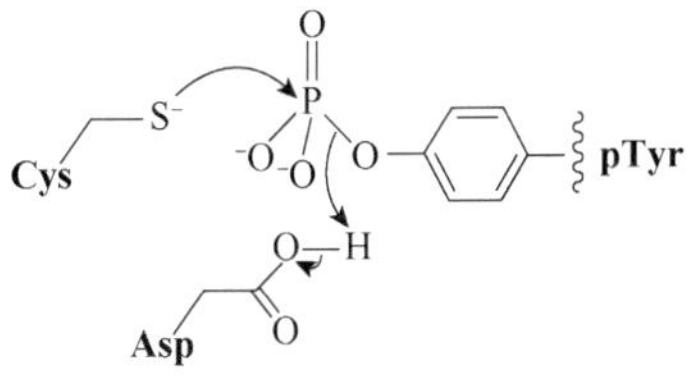

图 2-18 半胱氨酸依赖的磷酸酶催化酪氨酸去磷酸化的机制

另一类是金属磷酸酶，它们的活性依赖于活性位点上结合的两个金属离子。尽管目前对于这两个金属离子的具体种类尚未有统一的认识，但研究表明这些金属离子可以是镁、锰、铁或锌等。这两个金属离子通过一个氢氧根离子相连，而氢氧根离子被认为参与了对磷酸酯键中磷原子的亲核攻击，促进了水解反应的进行。

磷酸酶的功能与激酶相反，它通过去磷酸化来调节酶的活性和蛋白质间的相互作用。激酶和磷酸酶在信号转导通路中至关重要，它们通过控制蛋白质的磷酸化状态来调节细胞功能。重要的是，磷酸化或去磷酸化并不总是直接对应于酶的激活或抑制。一些酶，如周期蛋白依赖性激酶（CDK），具有多个磷酸化位点，每个位点的磷酸化状态都可能影响酶的活性。磷酸化和去磷酸化可以调控蛋白质的功能，它们通常起到相反的作用，即如果磷酸化导致激活，则去磷酸化一般导致抑制。

第四节　酶反应动力学

一、影响酶促反应的因素

影响酶促反应的因素主要有酶浓度，底物的种类和浓度，缓冲液的种类、离子强度和pH，温度，激活剂与抑制剂等。

（一）酶浓度

在底物浓度远大于酶浓度时，酶促反应速率随酶浓度的增加而增加，即反应速率与酶的浓度成正比。在病理情况下，酶浓度过高会导致底物过早过量地消耗，从而影响酶活性测定。因此，需用生理盐水或其他缓冲液进行适当稀释，但要注意稀释对测定结果的影响。例如，当酶的浓度较低时，酶容易解离成单体，而单体通常比多聚体更容易失活。

（二）底物的种类和浓度

有些酶专一性较差，可作用于多种底物，这时必须根据实际需求选择合适的底物。在研究酶的生理作用时，通常选择 K_m 最小的最佳底物。而在临床酶学测定时，应优先考虑有较高诊断价值的底物。对于专一性强的酶，如果其催化的反应是可逆的，则需要像处理专一性不强的酶一样，从测定技术和实用角度考虑，选择速度较快的正向或逆向反应。

（三）缓冲液的种类、离子强度和 pH

酶的催化效率和底物结合能力受溶液 pH 的显著影响。只有在适宜的 pH 条件下，酶才能发挥最佳催化作用。每种酶都有其最适 pH，即在这个 pH 下，酶的催化速率达到峰值。

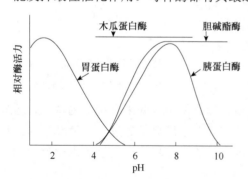

图 2-19　不同酶的相对酶活力-pH 曲线
（朱圣庚和徐长法，2017）

酶对 pH 变化非常敏感，一旦 pH 偏离最适值，其活性就会显著下降。酶的活性与 pH 之间的关系通常表现为一种特定的相对酶活力-pH 曲线。典型的曲线形状类似于一个较窄的钟形，表明在最适 pH 附近酶活性最高，而在两端 pH 较低或较高时活性降低。然而，并非所有酶的相对酶活力-pH 曲线都严格遵循这一模式，有些酶的曲线可能与典型的钟形曲线有所不同，如胆碱酯酶在 pH 7～10 都保持较高的酶活性（图 2-19）。

一般来说，植物和微生物酶的最适 pH 多在 4.5～6.5，动物酶多在 6.5～8.0。但也有例外，例如，胃蛋白酶在酸性环境中活性最佳，它们的最适 pH 为 1.5～2（图 2-19）。而胰蛋白酶这类酶在小肠中发挥作用，其最适 pH 则接近中性或略偏碱性，为 7.5～8.5。另外，许多参与细胞代谢的酶如各种脱氢酶，其最适 pH 接近中性，约为 7。

酶的活性受 pH 影响的原因是 pH 改变可能导致酶分子中氨基酸残基的电荷发生变化，

影响酶的三维结构和活性位点的形状，进而影响底物结合和催化反应的进行。如果 pH 偏离最适值太远，酶可能会失活，因为其结构可能发生不可逆的变化。因此，在实际应用中，控制酶促反应的 pH 非常重要。

最适 pH 并非酶的特征性常数，易受缓冲液的种类、离子强度及底物浓度等不同因素影响。临床酶学测定时发现，用不同种类的缓冲液配制相同 pH 介质，所测得的酶活性并不一致。缓冲液的离子强度也可影响酶的活性。需要注意的是，各种体液样品本身也是缓冲液，与底物混合后可能改变原有的 pH，从而影响酶活性的测定结果。因此，应严格控制测定样品与底物的比例，一般来说，测定样品在总体积中的比例不应超过 10%。

（四）温度

酶促反应的速率通常随着温度的升高而加快，这与普通化学反应相似。当反应速率在一定温度范围内达到峰值时，这个温度点被称为该酶促反应的最适温度（T_m）。在接近最适温度之前，温度每上升 10℃，酶促反应速率可能会增加 1～2 倍（Q_{10} 值）。虽然温度的升高可以加快酶促反应的速度，通常表现为 Q_{10} 值为 1.5～2.5，但过高的温度却可能导致酶失活。值得注意的是，不同类型的酶具有不同的最适温度。一般来说，动物来源的酶最适温度为 35～40℃，人体大多数酶的最适温度为 37℃左右。反之，酶在 20℃以下时几乎无催化活性。而植物和微生物来源的酶最适温度则为 30～60℃。某些特殊的酶，如某些细菌产生的淀粉酶，其最适温度可能超过 90℃，在高温下仍能保持较高的酶活性。

（五）激活剂与抑制剂

能够提高酶活性的物质被称为激活剂（activator），大多数激活剂都是离子或简单的有机化合物。例如，Mg^{2+} 是多种激酶和合成酶的激活剂，动物唾液中的 α-淀粉酶则受到 Cl^- 的激活。酶通常对激活剂具有一定的选择性，并需要适当的浓度。同一种物质对不同酶产生不同效果，即对酶 A 是激活剂的物质，有可能是酶 B 的抑制剂。此外，当激活剂的浓度超过一定范围时，它也可能产生抑制作用。酶抑制剂（inhibitor）是那些能够降低酶活性但不会使其变性的物质。与导致酶失活的变性因素不同，如强酸、强碱造成的酶失活被称为酶的钝化，并不能将这些因素称为抑制剂。抑制剂主要分为两大类，不可逆性抑制剂和可逆性抑制剂。不可逆性抑制剂通过与酶的必需基团形成共价键，导致酶永久性地失去活性。这类抑制剂的例子包括有机磷化合物、有机汞化合物、砷化物、重金属盐、烷化剂、氰化物及一氧化碳等。可逆性抑制剂则通过非共价键与酶可逆结合。可逆性抑制又分为竞争性抑制、反竞争性抑制、非竞争性抑制和混合性抑制。它们之间的差别在于抑制剂与酶的结合方式不同。可逆性抑制剂与酶以非共价键结合，在用透析等物理方法除去抑制剂后，酶的活性能恢复（图 2-20）。

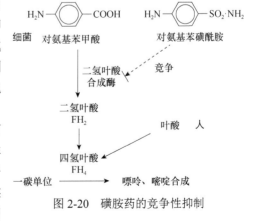

图 2-20 磺胺药的竞争性抑制

二、酶活力及其测定

（一）酶活力

1. 酶活力定义　　酶的活性，也就是酶催化特定化学反应的能力，可以通过测量在特定条件下反应的速率来衡量。简而言之，如果一个酶催化反应的速率较快，那么它的活性就较高；相反，如果催化反应的速率较慢，其活性则较低。

2. 酶促反应速率　　指在单位时间、单位体积内，底物被消耗或产物生成的量，其单位通常表示为浓度除以时间。值得注意的是，随着反应的持续进行，酶促反应的速率往往会逐渐降低。因此，在进行酶促反应速率的研究时，通常会选择测定反应刚开始时的初始速率，因为这个速率更能准确反映酶的催化能力。以避免产物浓度增加加速逆反应的进行，以及对酶的抑制或激活作用。此外，随着时间的延长，酶本身部分分子也可能失活。

3. 酶的活力单位（U）

（1）U　　酶活力单位，又称酶单位，表示在一定条件下、一定时间内将一定量的底物转化为产物所需的酶量。

（2）IU　　用统一的国际单位（IU）表示酶活力。在最适反应条件（温度 25℃）下，把每分钟催化 1 微摩尔（μmol）底物转化为产物所需的酶量定为一个酶活力单位，即 $1IU = 1μmol/min$。

（3）Kat　　另外一种新的酶活力国际单位是 Kat 单位（Kat）。在最适条件（温度 25℃）下，每秒钟催化 1 摩尔（mol）底物转化为产物所需的酶量，定为 1Kat 单位，即 $1Kat = 1mol/s$。Kat 单位与 IU 单位之间的换算关系如下：

$$1Kat = 6.0 \times 10^7 IU$$

$$1IU = 16.7nKat$$

4. 酶的比活力　　酶的比活力是评价酶纯度的一个关键指标，按照国际酶学委员会的标准，用每毫克蛋白质中所含酶活力单位的数量来衡量。对于相同种类的酶，比活力的数值越高，表明其纯度越高。比活力的计算公式为

$$比活力（IU/mg）= 总活力（IU）/总蛋白量（mg）$$

（二）酶活力的测定

酶活力的测定是生物化学研究中的基本技术之一，涉及多种方法。酶活力的测定是一个复杂的过程，需要根据具体的酶和反应类型选择合适的方法。

1. 分光光度法　　分光光度法是利用测量溶液中底物或产物的光吸收变化来评估酶活性。这种方法通常适用于那些产物或底物在可见光或紫外光区域有明显吸收峰的反应。例如，使用 NADH 作为底物的氧化还原酶就可以通过测量在 340nm 波长下的 UV 吸光度的降低来测定。

2. 直接偶联测定　　直接偶联测定是利用一种酶反应的产物作为另一种易于检测的反应的底物。这种方法可以在不需要对产物进行分离的情况下连续监测反应的进行。例如，使用葡萄糖-6-磷酸脱氢酶偶联测定己糖激酶的活性。

3. 荧光法 荧光法基于荧光分子在吸收特定波长的光后发出不同波长光的原理进行酶活测定。这种方法通常比分光光度法更灵敏，但可能受到杂质的干扰和荧光化合物的不稳定性影响。例如，NADH 和 NADPH 的氧化和还原形式具有不同的荧光性质，可以用于测定涉及这些辅酶的反应。

4. 量热法 量热法是测量化学反应释放或吸收热量的方法。这种方法非常通用，因为许多反应都伴随热变化。使用微量热计可以进行精确测量，而且不需要大量的酶或底物。

5. 化学发光法 化学发光法是通过化学反应产生的光来检测产物形成的一种方法。这种方法非常敏感，其产生的光可以在数天或数周内被照相胶片捕获。例如，常用辣根过氧化物酶的增强化学发光（enhanced chemiluminescence，ECL）检测蛋白质印迹中的抗体。

6. 光散射法 光散射法是通过测量溶液中大分子的光散射强度来评估酶活性的方法。这种方法不需要酶，可以用于蛋白质动力学的测定。

7. 微尺度热泳（MST） 微尺度热泳是一种新兴技术，通过测量分子在热梯度中的运动来评估酶活性。这种方法的材料消耗少，可以实时测量酶活性和酶抑制的速率常数。

三、单底物酶促反应动力学

单底物酶促反应动力学是指在酶催化下，只有一个底物参与反应的动力学过程。在单底物酶促反应中，底物与酶结合形成酶-底物复合物，经过一系列的反应步骤最终生成产物。

（一）米氏方程的推导

1902 年，Henri 在特定蔗糖酶浓度的实验条件下，研究了底物（蔗糖）浓度是如何影响酶催化反应速率的（图 2-21）。实验观察到，蔗糖酶与蔗糖之间的反应速率关系呈现出矩形双曲线的模式。在底物浓度较低时，随着底物浓度的逐步增加，反应速率显著提升，与底物浓度成正比，显示出一级反应的特性。但当底物浓度继续升高，反应速率的增加开始变得减缓，不再与底物浓度成正比。进一步增加底物浓度时，反应速率达到一个稳定状态，不再随底物浓度的增加而变化，这表明酶的催化速度已经达到其最大值，即出现了饱和现象，此时的反应表现为零级反应。值得注意的是，所有酶最终都会达到饱和状态，但

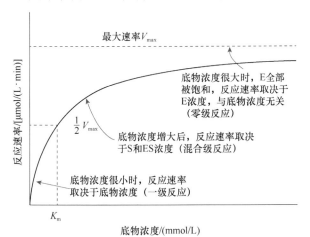

图 2-21 酶反应速率与底物浓度的关系图（朱圣庚和徐长法，2017）

不同酶的饱和底物浓度不同。酶催化反应的过程包括酶与底物结合形成中间产物，随后中间产物分解生成最终产物和游离酶。为了解释酶饱和现象，Michaelis 和 Menten 通过大量定量实验研究，建立了描述酶促反应动力学的著名方程式——Michaelis-Menten 方程，即米氏方程，为理解酶动力学提供了重要的理论基础。

$$E+S \underset{k_2}{\overset{k_1}{\rightleftharpoons}} ES \xrightarrow{k_3} P+E$$

1. 米氏方程建立在三个假设的基础上

1）反应初期，产物的生成量极少，E+P→ES 可忽略不计。

2）$[S] \gg [E]$，$[S] - [ES] \approx [S]$。

3）反应系统处于稳态平衡状态，即 ES 的形成速度等于 ES 的分解速度。

$$d[ES]/dt = -d[ES]/dt$$

假定 E+S→ES 迅速建立平衡，底物浓度远远大于酶浓度下，$k_3 \ll k_2$ 即 k_3 反应特别慢，可以忽略不计。K_s 为底物解离常数（底物常数）。

$$K_s = \frac{k_2}{k_1} = \frac{([E]-[ES])[S]}{[ES]}$$

Michaelis 和 Menten 推导酶促反应速率公式时，认为 ES 的积累是快速平衡的结果，而没有考虑 ES→E+P 这一步。而 Briggs 认为应当考虑这一步，因为并不总是 $k_3 \ll k_2$，ES→E+P 这一步也可能速度很快，这时 E、S 和 ES 将不能处于一个平衡状态。Briggs 提出稳态平衡假说。快速平衡假说与稳态平衡假说的实质区别可以理解为"稳态平衡＝快速平衡＋慢速平衡"，当 ES→P+E 极慢（k_3/k_1 极小）时，稳态平衡才基本等于快速平衡。

2. Briggs 提出以下假设

1）反应开始时，$[P]=0$，不足以产生逆反应。测定酶的反应速率一般是测定反应的初速度，即产物浓度变化在 5% 以内的速度。

2）$[S_0] \gg [E]$ 即反应中 $[S] \approx [S_0]$。

3）反应开始后，反应立刻进入稳态，ES 浓度处于稳定状态，ES 的形成速度等于其分解速度，因此 ES 的形成速度为

$$d[ES]/dt = k_1[E][S]$$

ES 的分解速度：

$$-d[ES]/dt = (k_2+k_3)[ES]$$

稳态平衡下，

$$k_1[E][S] = (k_2+k_3)[ES]$$

即

$$[E][S]/[ES] = (k_2+k_3)/k_1 = K_m$$

式中，K_m 为米氏常数；而 $[E] = [E_t] - [ES]$。

代入上式得

$$[ES] = [E_t][S]/(K_m+[S])$$

式中，$[E_t]$ 表示酶的总浓度。

而酶促反应的生成速度即产物的生成速度：

$$V=k_3[ES]=k_3[E_t][S]/(K_m+[S])$$

式中，V 为在某一底物浓度时相应的反应速率。$V_{max}=k_3[E_t]$，即酶促反应可达到的最大反应速率。

代入上式则得出米氏方程

$$V=\frac{V_{max}[S]}{K_m+[S]}$$

当 $V=V_{max}/2$，则

$$V_{max}/2=[S]/(K_m+[S])，则 K_m=[S]$$

因此，K_m 为当酶反应速率达到最大反应速率一半时的底物浓度。

从米氏方程可知：当底物浓度很低时，即 $[S]\ll K_m$，则 $V\cong V_{max}[S]/K_m$，反应速率与底物浓度成正比；当底物浓度很高时，$[S]\gg K_m$，此时 $V\cong V_{max}$，反应速率达最大，底物浓度再增高也不影响反应速率。

（二）米氏方程的意义

1. K_m 的意义

1）K_m 值是酶动力学中的一个关键参数，它表示了在酶促反应达到其最大反应速率一半时的底物浓度。

2）K_m 值还可以表示酶与底物的亲和力。在米氏方程推导过程中，假设当 $k_2\gg k_3$ 时，即酶-底物复合物解离成 E 和 S 的速度远远大于产物 P 生成的速度时，k_3 可以忽略不计。此时 K_m 值可近似看成底物解离常数 K_s，在这种情况下，K_m 值可用来表征酶与底物的亲和力。

$$K_m=\frac{k_2+k_3}{k_1}=\frac{k_2}{k_1}+\frac{k_3}{k_1}=K_s+\frac{k_3}{k_1}$$

K_m 值越大，酶与底物的亲和力越小；反之，K_m 值越小，两者亲和力越大。K_m 小则说明不需要很高的底物浓度，酶促反应便可达到最大反应速率。值得注意的是，并非所有酶促反应中 k_3 值都远小于 k_2，所以 K_m 值的含义与 K_s 仍有所不同，不能完全互相代替。

3）K_m 值是酶的特征性常数。K_m 值与酶的性质、底物和反应条件（如温度、pH、有无抑制剂等）有关，与酶浓度无关。不同的酶 K_m 值不同，同一种酶催化不同底物时，K_m 值也不同。各种酶的 K_m 值为 $10^{-6}\sim10^{-1}$mol/L。

2. K_m 在实际应用中的意义

（1）鉴定酶　　可通过测定 K_m 值，鉴别不同来源或相同来源但处于不同发育阶段及不同生理状态下催化相同反应的酶是否属于同一种类。

（2）最佳底物判断　　一种酶可作用于几个底物，就有几个 K_m 值，其中 K_m 最小时的底物就是酶的最优底物。例如，蔗糖酶既可催化蔗糖水解（K_m=28mmol/L），又可催化棉子糖水解（K_m=350mmol/L），前者 K_m 值更小，即蔗糖酶的天然底物应是蔗糖。

（3）底物浓度计算　　可利用 K_m 值计算在一定速率下的底物浓度。例如，某一反应要求反应速率达最大反应速率的99%，则 $[S]$=99%K_m。

（4）体内底物浓度水平评估　　一般来说，体内酶的天然底物的浓度 $[S]_{体内}\approx K_m$，当

[S]$_{体内}$≪K_m时，则 V_0≪V_{max}，细胞中的酶处于"浪费"状态，反之，[S]$_{体内}$≫K_m时，则 V_0≈V_{max}，底物浓度失去生理意义，也不符合实际状态。

（5）反应方向或趋势判断　催化可逆反应的酶，其正逆反应的两个 K_m 不同，当正逆反应的底物浓度相近时，则反应趋向于向 K_m 小的底物的反应方向进行。

3. V_{max} 的意义　酶促反应的最大反应速率 V_{max} 是指酶完全被底物饱和时的反应速率，与酶浓度成正比，即 $V_{max}=k_3[E]$。V_{max} 不是酶的特征性常数，因为它与酶浓度有关，是一个反应体系速度的极限值。

4. K_{cat} 的意义　k_3 表示酶被底物饱和时每个酶分子每秒内转换底物的分子数，称酶的转换数（turnover number，TN）或催化常数（K_{cat}）。K_{cat} 越大，说明酶的催化效率越高。酶浓度已知且底物浓度远高于酶浓度时，酶对特定底物的最大反应速率（V_{max}）为常数，此时 $V_{max}=k_3[E]$。例如，如果 10^{-6}mol/L 碳酸酐酶溶液在底物过饱和情况下，每秒钟可催化生成 0.6mol/L 的 H_2CO_3，则意味着每个碳酸酐酶分子每秒钟可催化生成 $6.0×10^5$ 个 H_2CO_3 分子。总之，酶的催化效率可用酶的转换数来表示。

5. K_{cat}/K_m 的意义　K_{cat}/K_m 表示酶的实际催化效率。实际上，在生理条件下，大多数酶不会被底物完全饱和。体内［S］/K_m 的值通常在 0.01～1。K_{cat}/K_m 的上限是 k_1，即生成 ES 复合物的速度（酶促反应的速度不会超过 ES 的生成速度 k_1）。因此，K_{cat}/K_m 才是客观比较不同酶或同一种酶催化不同底物的催化效率指标（图 2-22）。

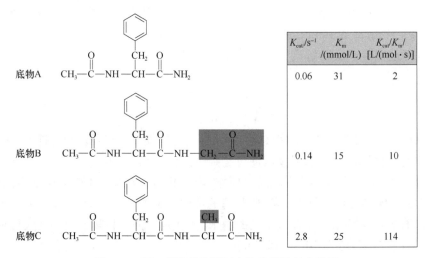

图 2-22　同一种酶催化不同底物的催化效率比较

（三）米氏常数的求法

以米氏方程直接作图，底物浓度与反应速率的关系表现为矩形双曲线。理论上，曲线当中纵坐标为 $V_{max}/2$ 处的数据点对应的横坐标数值即为 K_m 值。然而，V_{max} 是渐近性的极限值，在作图时易受主观因素的影响，导致难以准确测得 K_m 值和 V_{max} 值。为了更方便而且准确地用图解法求得 K_m 值和 V_{max} 值，测定过程中需对米氏方程进行某种变换，将曲线作图改为直线作图。以下是两种经典的米氏方程变换策略。

1. 双倒数作图法（double-reciprocal plot）　又称为林-贝氏作图法（Lineweaver-Burk plot），顾名思义，将米氏方程等号两边各取倒数，即可得到相应的直线方程。该法最为简便且最常用。以 $1/V$ 对 $1/[S]$ 作图，得一直线，其斜率为 K_m/V_{max}，纵轴上的截距为 $1/V_{max}$，横轴上的截距为 $-1/K_m$（图 2-23）。双倒数作图法不仅简化了计算，提高了准确度，还能用于区分不同类型的可逆性抑制作用，是实际工作中常用的方法之一。然而，这种方法也有其缺点：实验点过于集中在直线的左下方，而低底物浓度时的实验点因倒数操作误差较大，往往偏离直线较远，从而影响 K_m 和 V_{max} 的准确测定。

2. Hanes-Woolf 作图法　　Hanes-Woolf 作图法的基本原理是对米氏方程进行变换，以便在双对数坐标纸上绘制出一条直线。

首先将米氏方程 $V=V_{max}[S]/(K_m+[S])$ 变换为 Hanes-Woolf 形式：

$$\frac{V}{[S]}=\frac{V_{max}}{K_m}\left(\frac{1}{[S]}-\frac{1}{V_{max}}\right)$$

变换后的方程中，Y 轴为 $V/[S]$（即每单位底物浓度的反应速率），X 轴为 $1/[S]$（底物浓度的倒数）。这样，当底物浓度增加时，$1/[S]$ 增加，而在酶饱和的情况下，V 接近 V_{max}，因此 $V/[S]$ 接近 V_{max}/K_m。

以 $[S]/V$ 对 $[S]$ 作图，横轴上的截距为 $-K_m$，直线的斜率为 $1/V_{max}$（图 2-24）。此法克服了双倒数作图法当中以 $1/[S]$ 为横坐标而导致的数据点分布不均等问题，因而得到的 K_m 准确度较高，是比较理想的方法。

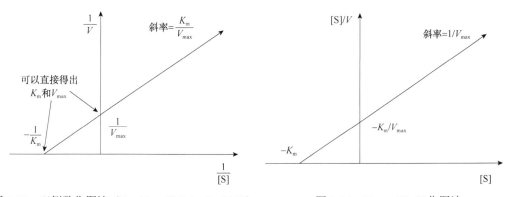

图 2-23　双倒数作图法（David and Michael，2021）　　图 2-24　Hanes-Woolf 作图法

3. 使用 SoftMax Pro 软件中的米氏动力学模板　　使用 SoftMax Pro 软件中的米氏动力学模板可以方便地进行数据分析。模板在 Protocol Manager-Protocol Library-Binding and Enzymology 中的最后一个，单击打开。选择米氏方程的变形公式 $y=Ax/(x+B)$，这个方程是以底物浓度作为 x 变量，反应速率作为 y 变量，其中 A 表示最大反应速率，B 表示米氏常数 K_m，并以矩形双曲线作图，得到底物浓度 x 和反应速率 y 之间关系的一元二次方程。接下来在模板编辑器（template editor）中进行样品的定义，包括底物名称、底物的起始浓度、递增倍数。读板后，绘制反应速率与底物浓度的关系图，以底物浓度为 X 轴，反应速率为 Y 轴，进行矩形双曲线拟合（图 2-25）。最后可以在模板的总结（summary）中更直观地看到本次实验的结果，包括米氏方程计算出的米氏常数 K_m、最大反应速率 V_{max} 和拟合优度 R^2。

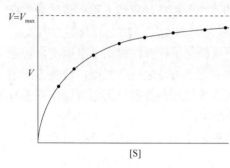

图 2-25 反应速率与底物浓度关系拟合图

四、酶的抑制作用及其动力学

（一）不可逆抑制剂

不可逆抑制剂是一类与酶结合后无法解离并永久性破坏酶活性的抑制剂。它们通常通过共价键与酶的活性位点结合，导致酶永久失去活性。根据结合的酶不同，不可逆抑制剂又可分为非专一性和专一性两大类。

1. 非专一性不可逆抑制剂　非专一性不可逆抑制剂是一类能够与多种不同类型的酶结合并致其永久失活的抑制剂。这些抑制剂通常通过与酶的活性位点中的氨基酸残基形成共价键，从而破坏酶的结构和功能。它们与酶分子中一类或几类基团相互作用，不论是否是必需基团，都可能共价结合。由于结合基团中也有必需基团，因此就造成了酶的失活。例如，某些重金属（如 Pb^{2+}、Cu^{2+}、Hg^{2+}）及对氯汞苯甲酸等化合物，可与巯基酶（以巯基作为必需基团的酶）的巯基发生不可逆共价结合，进而抑制酶的活性。巯基化合物，如二巯基丙醇（british antilewisite，BAL）或二巯基丁二酸钠，能夺取已与酶结合的重金属，络合成不易解离的毒性低的环状金属化合物，从而减轻对巯基酶的影响。此外，氰化物也是一种常见的非专一性不可逆抑制剂，它可以与多种酶中的半胱氨酸残基形成氰化物-半胱氨酸共价键，导致酶永久性失活。

2. 专一性不可逆抑制剂　专一性不可逆抑制剂是针对特定酶的活性位点设计的抑制剂，与该酶特定的氨基酸残基形成共价键，导致酶永久性失活。这种抑制剂通常具有高度的选择性，只能与特定酶的活性中心或必需基团共价结合，从而抑制酶的活性，但不影响其他酶的活性。例如，有机磷能专一作用于胆碱酯酶活性中心的丝氨酸残基，使其磷酰化而不可逆地抑制酶的活性。磷酰化的乙酰胆碱不能及时被分解成乙酸和胆碱，导致乙酰胆碱在生物体内堆积，使得某些以乙酰胆碱为传导介质的神经系统处于过度兴奋状态，引发神经中毒症状。碘解磷定类仅对形成不久的磷酰化胆碱酯酶有作用，但如经过数小时，磷酰化胆碱酯酶已完全变性，酶活性难以恢复，故应用此类药物治疗有机磷中毒时，中毒早期用药效果较好，治疗慢性中毒则无效。阿司匹林也是一种专一性不可逆抑制剂，它能够与血小板中的环氧化酶形成共价键，抑制血小板凝集素的合成，从而抑制血小板凝集作用。

（二）可逆抑制剂

可逆抑制剂是指在与酶结合后能够解离并恢复酶活性的抑制剂。可逆抑制剂分为竞争性抑制剂、非竞争性抑制剂、反竞争性抑制剂和混合型抑制剂 4 种类型。

1. 竞争性抑制剂　竞争性抑制是指抑制剂能够与酶的活性位点结合，导致底物无法结合，从而抑制酶的活性。竞争性抑制作用中，抑制剂与酶形成的复合物仍可解离，因此，不影响酶的催化速率。竞争性抑制的动力学特征包括：抑制常数（K_i）较小、抑制程度与底物浓度成反比、双倒数图中抑制线与轴平行。

（1）竞争性抑制剂的特点　抑制剂 I 与底物 S 的化学结构相似，能与底物 S 竞争酶 E

分子活性中心的结合基团。例如，丙二酸、苹果酸及草酰乙酸皆与琥珀酸的结构相似，因此三者均是琥珀酸脱氢酶的竞争性抑制剂。抑制程度取决于底物浓度及酶-底物复合物（ES）和酶-抑制剂复合物（EI）的相对稳定性，增加底物浓度，可减弱甚至消除抑制作用（图 2-26）。

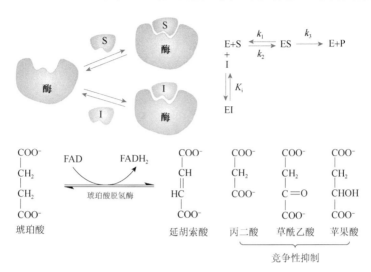

图 2-26 竞争性抑制模式图及举例（David and Michael，2021）

（2）竞争性抑制剂的动力学方程　　竞争性抑制剂的存在使得曲线与无抑制剂的曲线相交于纵坐标的 $1/V_{max}$ 处，但横坐标截距存在变小的情况。这表明竞争性抑制作用并不影响酶促反应的最大速度 V_{max}，但会增加 K_m 值（图 2-27）。许多药物作为酶的竞争性抑制剂发挥作用，如对氨基苯甲酸、二氢蝶呤和谷氨酸是细菌合成二氢叶酸的关键原料，而二氢叶酸进一步转化为四氢叶酸，对于细菌合成核酸至关重要。磺胺类药物由于其结构与对氨基苯甲酸相似，能够与二氢叶酸合成酶的活性中心竞争性结合，阻止了细菌合成二氢叶酸，从而降低了四氢叶酸的生成量，干扰了细菌的核酸合成，最终导致细菌无法繁殖（图 2-27）。此外，抗菌增效剂甲氧苄氨嘧啶（TMP）具有特异性地抑制细菌将二氢叶酸还原为四氢叶酸的能力，这种作用进一步增强了磺胺类药物的抗菌效力。通过这种机制，TMP 与磺胺药物的联合使用可以更有效地抑制细菌生长，从而提高抗菌效果。

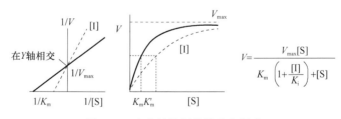

图 2-27 竞争性抑制曲线及方程式

2. 非竞争性抑制剂　　非竞争性抑制是指抑制剂与酶的非活性位点结合，抑制酶的活性。但是抑制剂 I 和底物 S 与酶 E 的结合完全独立，彼此既不排斥也不促进结合。抑制剂 I 既可以与酶 E 结合形成 EI［此 EI 可进一步与底物 S 结合，生成酶-底物-抑制剂复合物（ESI）］，也可以直接和 ES 复合物结合形成 ESI。但一旦形成 ESI 复合物，则再不能生成并释放产物 P（图 2-28）。非竞争性抑制作用中抑制剂与酶形成的复合物是稳定的，不易解离。非竞争性抑制的动力学特征包括：抑制常数（K_i）较大、不受底物浓度影响、双倒数图中抑制线在 X 轴相交。

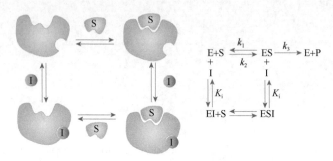

图 2-28　非竞争性抑制模式图（David and Michael，2021）

（1）非竞争性抑制剂的特点　　I 和 S 的化学结构并不相似，I 常与酶分子活性中心以外的必需基团结合，这种结合并不影响底物和酶的结合，因此增加底物浓度不能缓解 I 对酶的抑制。

（2）非竞争性抑制剂的动力学方程　　非竞争性抑制剂的存在使得曲线与无抑制剂的曲线相交于横坐标 $-1/K_m$ 处，但纵坐标的截距存在变大情况，这表明非竞争性抑制作用并不影响酶促反应的 K_m 值，但会减小 V_{max} 值（图 2-29）。

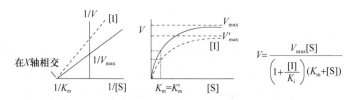

$$V=\frac{V_{max}[S]}{\left(1+\dfrac{[I]}{K_i}\right)(K_m+[S])}$$

图 2-29　非竞争性抑制曲线及方程式

3. 反竞争性抑制剂　　反竞争性抑制是指抑制剂与酶-底物复合物 ES 结合，形成稳定的三者复合物 ESI，从而抑制酶的活性。在反竞争性抑制作用下，抑制剂与酶-底物复合物形成的 ESI 复合物相当稳定，抑制剂的结合使得底物难以转化成产物 P（图 2-30）。反竞争性抑制的动力学特征包括：抑制常数（K_i）较小、不受底物浓度影响、K_m 值和 V_{max} 值都变小、双倒数图中抑制线平行（图 2-31）。

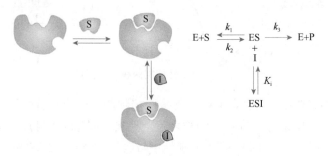

图 2-30　反竞争性抑制模式图（David and Michael，2021）

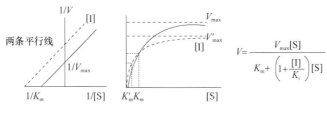

图 2-31 反竞争性抑制曲线及方程式

4. 混合型抑制剂 混合型抑制是指抑制剂可以同时与酶的活性位点和非活性位点结合,导致酶活性受到抑制。换而言之,无论底物是否与酶结合,抑制剂都可以与酶结合。但是抑制剂对游离酶和酶-底物复合物的亲和力可能存在不同。混合型抑制中既存在竞争性抑制也有非竞争性抑制。抑制剂与酶形成的复合物既可以解离,也可以稳定存在。混合型抑制的动力学特征包括:抑制常数(K_i)受底物浓度影响(增加底物浓度可降低抑制作用,但不能完全消除抑制作用)、不受抑制剂浓度影响、V_{max} 值变小但 K_m 值不定、双倒数图中抑制线不平行也不在 X 轴相交。

酶的抑制作用及其动力学是生物化学和分子生物学研究的重要内容。深入理解抑制剂如何影响酶活性,有助于更好地利用这些知识来开发新药物、治疗疾病及调控生物体内的代谢过程。了解酶抑制作用的动力学对于药物设计至关重要,因为许多药物通过抑制特定的酶来发挥作用。例如,抗生素和抗癌药物常常通过抑制细菌或癌细胞中的关键酶来抑制其生长和繁殖。在临床治疗中,通过调节抑制剂的浓度和使用时机,可以有效地控制疾病的进展和症状。

五、多底物酶促反应动力学

多底物酶促反应动力学机制比单底物酶的更为复杂,因为这类酶通常需要两个或更多的底物分子才能进行催化反应。这些底物可以相同,也可以不同,而且它们与酶的结合顺序和方式对反应动力学有显著影响。多底物酶的动力学研究对于理解其催化机制、设计有效的抑制剂及在工业和生物技术应用中具有重要意义。

(一)多底物酶的类型

1. 顺序双底物酶 在顺序双底物酶中,底物逐个结合到酶上,每结合一个底物后,酶都会经历一个构象变化,以便下一个底物能够结合。首先,领先底物(leading substrate)A 与酶结合,然后底物 B 才能结合,形成三元复合物(ternary complex)AEB,随后再转变为 QEP。在这个过程中,B 的产物 P 先释放,A 的产物 Q 后释放。如果缺少底物 A,那么底物 B 将无法与 E 结合。反应的总方向取决于 A、Q 的浓度和反应的平衡常数。苹果酸脱氢酶就是这类酶的典型例子。

$$\overset{A}{E} \overset{B}{\underset{\downarrow}{\rightarrow}} AE \overset{}{\underset{\downarrow}{\rightarrow}} AEB \rightleftharpoons QEP \overset{P}{\underset{\downarrow}{\rightarrow}} QE \overset{Q}{\underset{\downarrow}{\rightarrow}} E$$

2. 随机双底物酶 随机双底物酶允许两个底物同时或随机地结合到酶上,不需要特定的顺序。底物 A 和 B 随机与酶结合,形成三元复合物 AEB 后,再转变成 QEP,产物 P、Q 的释放顺序同样随机。限速步骤为 AEB→QEP,A 与 Q 互相竞争 E 上的底物结合部位 A，而 B 与 P 也互相竞争 E 上的底物结合部位 B，整个反应的方向取决于 A、B、Q、P 的浓度及反应的平衡常数。

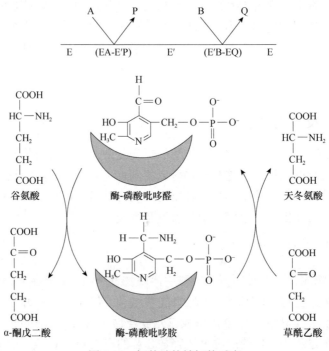

3. 乒乓机制酶 乒乓机制酶以一种交替的方式在两个底物之间进行转移。当一个底物结合并被转化后，会触发另一个底物的结合和产物释放。这种过程通常只涉及一个中间产物的形成。与此同时，整个反应过程中只有二元复合物的存在，没有三元复合物的形成。氨基酸的转氨基反应是典型的乒乓机制（图 2-32），酶首先与氨基酸作用，产生中间产物 EA，底物中的氨基转移到辅酶，使辅酶中的磷酸吡哆醛变成磷酸吡哆胺，即 EA 转变为 EP，然后放出产物 P（α-酮酸），得到酶 E′，再与另一个酮酸作用，放出产物 Q（相应的氨基酸）和酶 E。

图 2-32　氨基酸的转氨基反应

（二）动力学模型

多底物酶的动力学模型比单底物酶更为复杂，因为需要考虑底物结合的顺序和多个底物浓度的影响。以下是一些关键参数和概念。

1. 稳态假设 在多底物酶动力学中，稳态假设通常被用来简化模型，即假设酶-底物复合物的浓度在反应过程中保持相对稳定。

2．过渡态复合物 非稳定的酶中间物，本身可以单分子解离或异构化之后再解离出产物或底物，分为非中心复合物（酶未完全被底物饱和）和中心复合物（酶完全被底物饱和）。

3．动力学方程 多底物酶的动力学方程通常需要考虑所有可能的酶-底物复合物和中间产物，以及它们的形成和转化速率。对于多底物酶，每个底物都有自己的 V_{max} 和 K_m值，这些值反映了酶对每个底物的催化效率和亲和力。

（1）**乒乓机制的动力学方程** 根据乒乓机制的反应历程及稳态学说可推导出乒乓机制的动力学方程（图 2-33）。因为需要考虑多个步骤和中间状态，所以方程相对复杂。这个方程假设两个底物的转化是按顺序进行的，且酶在每一步反应后都回到初始状态。在实际情况中，可能还需要考虑酶与底物或产物形成的复合物，以及可能的共价中间产物。例如，从乒乓机制的动力学方程中可以看出，当 A 或 B 的浓度无穷大时，则转变为单底物米氏方程，乒乓机制的动力学分析通常要依赖实验数据来确定各个步骤的动力学参数，如转换数和米氏常数。这些参数可以通过测量不同底物浓度下的反应速率，并使用适当的数学模型来拟合实验数据获得。在某些情况下，乒乓机制的动力学方程可能需要进一步的复杂化，包括底物抑制、产物抑制或其他可能的调节机制。对于涉及多个中间状态的反应，可能需要使用更复杂的数学模型来描述整个催化过程。乒乓机制在生物化学中非常重要，因为它解释了许多酶是如何催化复杂的生物转化反应的，特别是在代谢途径中的关键步骤。了解乒乓机制的动力学对于设计有效的生物催化剂和药物具有重要意义。例如，在氨基酸的转氨基反应中，乒乓机制可以帮助理解酶如何在不同底物之间传递氨基基团，并通过实验数据确定关键动力学参数，从而优化反应条件和设计特异性更高的抑制剂。

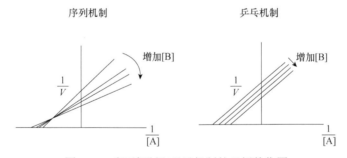

图 2-33 序列机制和乒乓机制的双倒数作图

乒乓机制的动力学方程：

$$V = \frac{V_{max}[A][B]}{K_m^A[B] + K_m^B[A] + [A][B]}$$

该方程经双倒数得到双倒数方程：

$$\frac{1}{V} = \frac{K_m^A}{V_{max}}\frac{1}{[A]} + \frac{K_m^B}{V_{max}}\frac{1}{[B]} + \frac{1}{V_{max}}$$

式中，[A]、[B] 分别为底物 A 和 B 的浓度；K_m^A为底物 A 的米氏常数；K_m^B为底物 B 的米氏常数；V_{max}为 [A] [B] 都达到饱和浓度时的最大反应速率。

（2）**序列机制的动力学方程** 在序列机制（sequential mechanism）模型中两个底物

是依次与酶结合然后依次释放产物的，所以两个底物的结合和产物的释放都是在同一酶分子上并按顺序进行的（图 2-33）。这与乒乓机制那样交替进行完全不同。

序列机制的动力学方程较为复杂，因为它需要同时考虑两个底物的结合和解离，以及酶在不同底物结合状态下的转化。这个方程假设两个底物的结合是独立的，且酶对每个底物的亲和力只取决于该底物的浓度。在实际情况中，这个方程可能需要进一步的调整，以考虑底物之间的相互作用、酶的构象变化及可能的多步骤催化过程。序列机制的动力学分析通常也依赖实验数据来确定各个步骤的动力学参数。这些参数可以通过测量不同底物浓度下的反应速率，并使用适当的数学模型来拟合实验数据获得。

在序列机制中，酶的催化活性不仅取决于每个底物的浓度和亲和力，还受到酶分子内部状态的影响。因此，理解序列机制的动力学对于设计有效的生物催化剂和药物具有重要意义，尤其是在需要精确调控多底物反应的生物工程和代谢工程领域。

序列机制的动力学方程为

$$V = \frac{V_{max}[A][B]}{K_m^A[B] + K_m^B[A] + [A][B] + K_s^A K_m^B}$$

$$\frac{1}{V} = \frac{K_m^A}{V_{max}}\frac{1}{[A]} + \frac{K_m^B}{V_{max}}\frac{1}{[B]} + \frac{1}{V_{max}} + \frac{K_s^A K_m^B}{V_{max}}\frac{1}{[A][B]}$$

式中，[A]、[B] 为底物 A 和 B 的浓度；K_m^A 为底物 A 的米氏常数；K_m^B 为底物 B 的米氏常数；V_{max} 为 A、B 都达到饱和浓度时的最大反应速率；K_s^A 为底物 A 与酶结合的解离常数。

（三）应用

多底物酶动力学是生物化学领域的一个重要分支，它研究的是酶与多个不同底物相互作用时的动力学过程。这一研究领域对于基础生物学研究、药物设计与开发、工业生物技术等方面具有重要意义。以下是多底物酶动力学在不同应用领域的详细介绍。

1. 基础生物学研究　　在基础生物学研究中，多底物酶动力学有助于揭示生物体内的代谢网络和调控机制。通过研究酶与不同底物的相互作用，科学家可以更好地理解细胞是如何调节代谢途径以适应不同的环境条件和生理需求的。例如，某些关键酶可能同时作用于多种代谢物，其活性的变化会影响整个代谢网络的平衡。系统生物学和合成生物学是新兴的研究领域，它们利用多底物酶动力学的原理来构建和优化人工生物系统。通过设计和调控多底物酶的活性，研究人员可以构建复杂的生物代谢网络，实现对生物过程的精确控制。

2. 药物设计与开发　　在药物设计领域，了解酶与多个底物的相互作用对于发现新的药物靶标和设计高效药物至关重要。通过研究酶的底物选择性和催化机制，研究人员可以设计出特异性更强、副作用更小的药物分子。此外，多底物酶的研究还可以帮助发现药物的新用途。例如，通过改变酶的底物特异性，可以将一种酶用于多种不同的药物合成过程。

3. 工业生物技术　　在工业生物技术中，多底物酶的研究可以促进高效生物催化剂的开发。这些生物催化剂可以用于合成化学品、生物燃料和生物材料等。例如，通过改造酶的底物结合位点，可以使其适用于非天然底物的转化，从而拓宽其在工业生产中的应用范围。

4. 环境生物工程　　多底物酶在环境生物工程中也有广泛应用，特别是在污染物的生物降解和环境修复方面。通过研究酶对多种污染物的降解能力，可以开发出能够同时处理多种污染物的生物处理系统，以提高环境修复的效率和效果。

5. 农业生物技术　　在农业生物技术领域，多底物酶的研究有助于提高作物的抗病性和产量。通过基因工程手段，可以将具有多底物催化能力的酶引入作物中，使其能够更有效地利用多种营养物质，增强对病虫害的抵抗力。

六、别构酶及其动力学

别构酶（allosteric enzyme）是一类具有多个活性位点的酶，其中除催化活性位点外，还有别构位点（allosteric site）。别构位点是一种非活性位点，也称调控位点，当某种调控物质（通常是小分子）结合到别构位点时，可以改变酶的构象，从而影响酶的催化活性（图 2-34）。

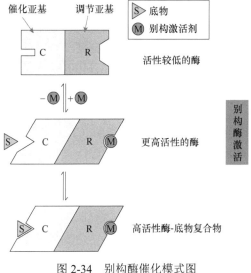

图 2-34　别构酶催化模式图
（David and Michael，2021）

（一）别构酶的性质

别构酶是一类具有特殊调节机制的酶，它们通过次级键连接形成多聚体结构，并拥有催化活性中心及别构调节中心。这些中心可能分布在不同的亚基上，或者位于同一亚基的不同区域。别构酶通常包含多个活性中心，由于底物本身也参与调节作用，因此活性中心之间可能会相互促进，产生同促效应。同时，一些别构酶还具备多个别构中心，能够响应不同代谢物（非底物）的调节作用，从而表现出异促效应。别构酶的动力学特性与传统的米氏酶不同，它们不符合米氏方程的预测。在动力学曲线上，别构酶的反应速率与底物浓度的关系通常呈现 S 形曲线，这表明正协同效应的存在，或者呈现双曲线表明负协同效应的存在。这些曲线形态反映了别构酶在底物浓度变化时反应速率的非线性变化特性（图 2-35）。

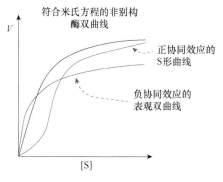

图 2-35　别构酶的动力学曲线

1. 同促正协同效应的曲线呈 S 形，负协同效应的呈表观双曲线　　当底物浓度变化较小时，别构酶可以在极大程度上调控反应速率。

米氏酶：$[S]_{0.9}/[S]_{0.1}=81$

别构酶（$n=4$）：$[S]_{0.9}/[S]_{0.1}=3$

这表明酶促反应速率对底物浓度的变化极度敏感。

当底物浓度发生较小变化时，如增加 3 倍，别构酶的酶促反应速率可以从 $0.1V_{max}$ 升至 $0.9V_{max}$。

同促效应为负协同效应的别构酶呈表观双曲线，这意味着反应速率对底物浓度变化不敏感。

2.　解释别构酶别构效应和与底物结合的协同效应的两个模型

（1）齐变模型　　该模型认为构成别构酶的亚基能够以两种不同的构象形式存在，一种构象为 R 态，另一种构象为 T 态。在一个特定的酶分子内部，亚基之间的相互作用使每一个酶分子中每一个亚基在某一个时候采取同一种构象，即要么都是 R 态，要么都是 T 态。在溶液中，这两种构象可以相互转变，并处于动态的平衡中，但转变的方式为齐变，即构成它们的亚基要么一起从 R 态变成 T 态，要么一起从 T 态变成 R 态。

（2）序变模型　　该模型认为同一个酶分子既有 R 亚基，又有 T 亚基，也就是溶液中的 R 态酶（R_4）和 T 态酶（T_4）之间存在多种混合体（R_3T_1、R_2T_2、R_1T_3），各种状态的酶处于动态平衡之中。此外，该模型还肯定了底物对酶构象有更直接的影响。在没有底物时，酶差不多都以 T 态存在，这时活性中心的构象不适合与酶结合。一旦底物进入活性中心，"诱导契合"导致与底物结合的亚基从 T 态转变成 R 态。

3.　别构酶的动力学特征

（1）亚单位相互作用　　别构酶通常是由多个亚单位组成的复合物，亚单位之间存在相互作用。调控物质的结合可以引起亚单位之间的构象变化，从而影响整个酶的活性。

（2）环境依赖性　　别构酶的活性受到环境条件的影响，如 pH、温度等。这些环境因素可以改变调控物质与别构位点的结合亲和性，进而影响酶的催化活性。

（3）反馈抑制　　别构酶的活性可以通过反馈抑制来调节。当底物的产物在反应途径中积累到一定水平时，产物可以结合到别构位点上，抑制酶的活性，从而调节反应速率。

（4）正向激活　　除反馈抑制外，别构酶还可以通过正向激活来调节活性。某些调控物质与别构酶的特定调控位点结合可以促进酶的活性，增加催化速率。

天冬氨酸转氨甲酰酶（ATCase）是嘧啶合成途径的首个关键酶，由 12 个亚基组成，包括两个由三个催化亚基组成的三聚体（C3）和三个由两个调节亚基组成的二聚体（R2），它们形成一个夹层结构。在这个结构中，催化活性中心位于相邻的催化亚基之间，而别构调节中心则位于调节亚基的另一端，通过别构机制来调控催化亚基的活性。ATCase 的活性受到胞苷三磷酸（CTP）的反馈抑制，这意味着当 CTP 水平足够高时，它会抑制 ATCase 的活性，从而减少嘧啶的合成。同时，该酶也可以被 ATP 激活，表明 ATP 的存在可以促进其催化活性。此外，底物天冬氨酸和氨甲酰磷酸对酶活性具有正协同效应，这意味着底物的结合可以促进更多底物的结合，从而提高整个酶的催化能力。

CTP 则有异促效应，可使酶的 S 形程度增大。别构激活剂 ATP 的存在使得 S 形曲线向双曲线漂移，降低了底物对酶结合的协同性。需要注意的是，ATP 和 CTP 都仅改变酶与底物的亲和力，而不影响 V_{max}。此外，琥珀酸作为天冬氨酸的类似物，在高浓度天冬氨酸时表现为竞争性抑制剂，而当天冬氨酸不足时，则可模拟天冬氨酸的正调控别构效应，成为激活剂（图 2-36）。

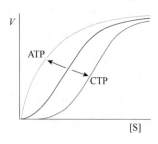

图 2-36　天冬氨酸转氨甲酰酶的别构效应（朱圣庚和徐长法，2017）

（二）S 形作图和 Hill 方程

米氏方程给出的是双曲线（V 对 [S] 作图），所以不适合描述具有底物协同性的呈 S

形曲线的别构酶。Hill 方程则能够很好地阐明别构酶的动力学。实际上，Hill 方程与米氏方程相似，主要区别在于 Hill 方程中的底物浓度 [S] 被提高到 h 数量级，h 为 Hill 系数。此外，方程的常数是 $K_{0.5}$，而非 K_m，$K_{0.5}$ 也被提高了 h 数量级。$K_{0.5}$ 类似于 K_m，也是指速率达到最大速率一半时的底物浓度。

Hill 常数 h 能够反映底物协同性的程度。如果 $h=1$，这时 Hill 方程与米氏方程相同，表明此酶不是别构酶，无底物协同性，反应速率对底物浓度的作图应为双曲线；如果 $h>1$，则反应速率对底物浓度的作图呈 S 形曲线，表明酶具有正底物协同性；如果 $h<1$，则意味着酶具负底物协同性（图 2-37）。别构酶的动力学特性受多个底物之间相互影响的调控。底物结合后可以影响另一个底物的结合或反应速率，从而调节酶的活性。动力学模型可以帮助理解别构酶的反应机制及其受到多个底物浓度调控的方式。总的来说，别构酶的动力学表现出一种非常复杂的调控机制，调控物质与别构位点的结合可以引起酶的构象变化，从而影响酶的催化活性。这种调控机制能够使别构酶对底物和环境条件做出更为灵活和精细的响应，以实现生物体内代谢通路的精确调控。

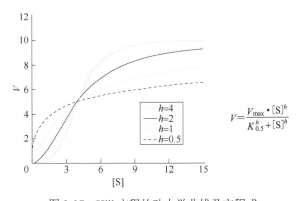

图 2-37　Hill 方程的动力学曲线及方程式

本章小结

　　酶作为生物体内化学反应的核心催化剂，通过有效降低活化能，显著提升特定反应的速率，且在整个过程中保持自身不变。它们以其独特的底物特异性和高催化效率，在维持生物体代谢网络中发挥着至关重要的作用。酶的结构复杂而精细，从氨基酸序列的一级结构到复杂的四级结构，每一级都对其活性位点的功能至关重要。活性位点的特殊空间构型和化学环境赋予了酶识别特定底物和催化反应的能力。酶的催化机制多样，包括酸碱催化、共价催化和离子催化等，这些机制通过不同途径促进反应的进行，降低反应的壁垒。酶动力学的研究，特别是 Michaelis-Menten 模型和关键参数如米氏常数（K_m）和最大速率（V_{max}），提供了深入理解酶活性和调控机制的工具。此外，酶活性受到多种因素的精细调控，包括底物浓度、pH、温度、抑制剂和激活剂等。这些调控手段确保了生物体内的代谢过程能够灵活适应外界环境和内部生理条件的变化。通过对酶学基础的深入理解，可以更好地把握生物化学领域的相关知识，为未来的研究和应用奠定坚实的基础。

复习思考题

1．解释 Michaelis-Menten 动力学，并讨论 V_{max} 和 K_m 的意义。
2．比较并对比酸碱催化和共价催化在酶反应中的作用。
3．酶的哪些特性使得它们在生物体内作为催化剂非常高效？
4．解释为什么酶的底物特异性对于生物体内的代谢途径至关重要。
5．酶的抑制剂如何影响酶的活性？区分可逆和不可逆抑制，并解释它们的区别。
6．描述一个特定的酶如何参与并调控一个生物体内的代谢途径。
7．讨论酶在药物开发中的应用，包括作为药物靶点的潜力。

参 考 文 献

方定志，焦炳华. 2023．生物化学与分子生物学. 4 版．北京：人民卫生出版社.

周春燕，药立波. 2018．生物化学与分子生物学. 9 版．北京：人民卫生出版社.

朱圣庚，徐长法. 2017．生物化学：上下册. 4 版．北京：高等教育出版社.

Banner D W, Bloomer A C, Petsko G A, et al. 1976. Structure of triose phosphate isomerase from chicken muscle. Biochem Biophys Res Commun, 72: 146-155.

David L N, Michael M C. 2021. Lehninger Principles of Biochemistry. 8th ed. New York: W. H. Freeman and Company.

第三章 酶的生产

1. 掌握酶的常用生产方法。
2. 熟悉常用的几种提取分离法。
3. 了解影响酶的提取效率的因素。
4. 熟悉生物合成法及化学合成法。

　　酶的生产是指人们通过提取、合成等手段获得酶的过程。酶的生产方法主要有提取分离法、生物合成法和化学合成法三类。其中，提取分离法是最常用的方法，蕴含了多种提取分离技术。生物合成法是 20 世纪中叶逐渐发展起来的方法，应用越来越广泛。化学合成法目前难以进行大批量生产，还停留在实验室小规模阶段。

第一节　酶的生产方法概述

一、提取分离法

　　提取分离法是采用各种提取、分离和纯化技术从动物器官、植物的组织、动物细胞或微生物细胞中将酶提取出来的方法，是最早应用的酶生产技术。虽然这种方法受生物资源、地理环境、气候条件等影响较大，但对于某些难以用生物合成法进行生产的酶，提取分离法仍然有其实用价值。

　　酶的提取是指在一定条件下，用适当的溶剂处理含酶原料，使酶充分溶解于溶剂中的过程。目标酶在生物体内存在的部位及状态不同，采取的提取方法也不同。主要提取方法有盐溶液提取、酸溶液提取、碱溶液提取和有机溶剂提取等。

　　当提取酶时，应根据其结构及性质进行溶剂的选择。比如根据亲疏水性质、相似相溶原理，亲水的酶用水溶液提取，疏水的酶用有机溶剂提取。还可以根据酸碱性进行选择，碱性的酶用酸溶液提取，反之，酸性的酶用碱溶液提取。在提取过程中，要保证酶的活性。要选择合适的温度、离子强度及 pH。

　　酶的提取分离采取各种各样的分离技术，比如过滤、离心、萃取、电泳、沉淀、离子交换色谱、层析等，使得酶与酶提取液里面的杂质分离。

　　提取分离法设备较简单，操作较方便，但是首先必须获得含酶的动物、植物的组织或细胞，或者先培养微生物，获得微生物细胞后，再从细胞中提取所需的酶。这就使该法受到生物资源、地理环境、气候等条件的限制，且工艺路线变得较为繁杂。因此，20 世纪 50 年代以后，随着发酵技术的发展，许多酶都采用生物合成法进行生产。然而，对于一些动植物资源或微生物菌体资源丰富的地区或者某些难以用生物合成法生产的酶，提取分离法仍然有其实用价值，并使用至今。例如，从动物的胰中提取胰蛋白酶、胰淀粉酶、胰脂肪酶或这些酶的混合物，从木瓜中提取木瓜蛋白酶、木瓜凝乳蛋白酶，从菠萝皮中提取菠萝蛋白酶，从柠檬酸发酵后得到的黑曲霉菌体中提取果胶酶等。

酶的提取分离技术不但在提取分离法生产酶的过程中使用，在采用其他生产方法生产酶的过程中也是不可缺少的技术，此外，在酶的结构与功能、酶的催化机制、酶催化动力学等酶学研究方面也是不可或缺的重要手段。酶的提取和分离方法将在下文介绍。

（一）提取方法

根据酶提取时采用的溶剂或溶液不同，酶的提取方法主要有盐溶液提取、酸溶液提取、碱溶液提取和有机溶剂提取等，现简介如下。

1. 盐溶液提取　　大多数蛋白类酶（P 酶）都溶于水，而且在低浓度盐存在的情况下，酶的溶解度随盐浓度的升高而增加，这称为盐溶现象。当盐浓度达到某一界限后，酶的溶解度随盐浓度的升高而降低，这称为盐析现象。因此，通常采用稀盐溶液进行酶的提取，盐的浓度一般控制在 0.02～0.5mol/L。例如，固体发酵生产的麸曲中的淀粉酶、蛋白酶等胞外酶，用 0.14mol/L 氯化钠溶液或 0.02～0.05mol/L 磷酸缓冲液提取；酵母醇脱氢酶用 0.5mol/L 磷酸氢二钠溶液提取；葡萄糖-6-磷酸脱氢酶用 0.1mol/L 碳酸钠溶液提取；枯草杆菌碱性磷酸酶用 0.1mol/L 氯化镁溶液提取等。有少数酶如霉菌脂肪酶，用不含盐的清水提取的效果较好。

盐溶液提取核酸类酶（R 酶）一般在细胞破碎后，用 0.14mol/L 氯化钠溶液提取，得到核糖核蛋白提取液，再进一步与蛋白质等杂质分离而得到 RNA 酶。

2. 酸溶液提取　　有些酶在酸性条件下溶解度较大，且稳定性较好，宜用酸溶液提取。提取时要注意溶液的 pH 不能太低，以免使酶变性失活。例如，胰蛋白酶可用 0.12mol/L 硫酸溶液提取等。

3. 碱溶液提取　　在碱性条件下溶解度较大且稳定性较好的酶，应采用碱溶液提取。例如，细菌 L-天冬酰胺酶可用 pH 11～12.5 的碱溶液提取。操作时要注意 pH 不能过高，以免影响酶的活性。同时在加入碱液的过程中要一边搅拌一边缓慢加进，以免出现局部过碱，引起酶的变性失活。

4. 有机溶剂提取　　与脂质结合牢固或含有较多非极性基团的酶，可以采用能与水混溶的乙醇、丙酮、丁醇等有机溶剂提取。例如，琥珀酸脱氢酶、胆碱酯酶、细胞色素氧化酶等采用丁醇提取，都取得了良好效果。

在核酸类酶的提取中，可以采用苯酚水溶液。一般是在细胞破碎制成匀浆后，加入等体积的 90%苯酚水溶液。振荡一段时间，结果 DNA 和蛋白质沉淀于苯酚层，而 RNA 溶解于水溶液中。

（二）影响提取的主要因素

酶的提取过程中，受到温度、pH、提取液的体积等各种外界条件的影响。这些条件的改变将影响酶在所使用的溶剂中的溶解度，以及酶向溶剂相中扩散的速度，从而影响酶的提取速度和提取效果。

1. 温度　　提取时的温度对酶的提取效果有明显影响。一般来说，适当提高温度，可以提高酶的溶解度，也可以增大酶分子的扩散速度，但是温度过高，则容易引起酶的变性失活，所以提取时温度不宜过高。特别是采用有机溶剂提取时，温度应控制在 0～10℃的低温条件下。有些酶对温度的耐受性较强，可在室温或更高一些的温度条件下提取，如酵母醇脱氢酶、细菌碱性磷酸酶、胃蛋白酶等。在不影响酶活性的条件下，适当提高温度有利于酶的提取。

2．pH 酶提取溶液的 pH 影响酶的稳定性和溶解度，不适宜的 pH 会使酶失活。由于酶分子中含有多个可以解离带电的氨基酸基团，在不同的 pH 条件下会带不同的电荷，在合适的 pH 条件下，酶的正电荷和负电荷相等，净电荷为零，该 pH 为酶的等电点。提取分离酶时要避免 pH 在酶的等电点附近，因为此时酶的溶解度最小。

3．提取液的体积 增加提取液的用量，可提高酶的提取率。但是过量的提取液会使酶的浓度降低，对进一步的分离纯化不利。所以提取液的总量一般为原料体积的 3～5倍，且最好分几次提取。此外，在酶的提取过程中，含酶原料的颗粒体积越小则扩散面积越大，有利于提高扩散速度。适当的搅拌可以使提取液中的酶分子迅速离开原料颗粒表面，从而增大两相界面的浓度差，有利于提高扩散速率。适当延长提取时间，可以使更多的酶溶解出来直至达到平衡。

在提取过程中，为了提高酶的稳定性，避免引起酶的变性失活，可以适当加入某些保护剂，如与酶作用的底物、辅酶、某些抗氧化剂等。

（三）酶分离纯化前的预处理

酶分离纯化的整个过程包括三个基本环节：预处理、纯化、制剂。首先是将酶从生物原料中抽提出来，制备成酶溶液。然后是纯化，即将酶从溶液中分离出来，或者将杂质移除。最后，将纯化的酶制备成一定的制剂形式。在整个过程中还要进行酶蛋白纯度鉴定和含量测定。酶的抽提、细胞破碎和酶液浓缩是三种常用的预处理步骤。

1．酶的抽提 在一定条件下，用适当溶剂处理含酶原料，尽可能多地提取酶，减少杂质，这是酶分离纯化之前的必需步骤。先要对动植物原料或发酵液进行预处理，如动物材料要剔除结缔组织、脂肪组织等，植物种子需去壳、脱脂，而微生物材料则要进行菌体分离。胞外酶可直接从发酵液中提取，而胞内酶先要破碎细胞。

制备酶等蛋白质的生物材料必须新鲜，如不能立即使用，则应将材料冷冻，或者制成丙酮干粉，以防止组织中蛋白水解酶对蛋白质的破坏作用，并保证蛋白质不至于因温度而变性。

从动植物原料中抽提酶主要有稀酸、稀碱、稀盐及有机溶剂抽提法。

在一定浓度盐条件的作用下，酶的溶解度会发生变化（盐溶和盐析现象）。稀盐抽提一般采用 0.02～0.5mol/L 的盐浓度。

有些酶在酸性或碱性条件下溶解度较大，则可采用 pH 远离酶等电点的稀酸或稀碱抽提，浓度一般控制在 0.05～0.2mol/L。对一些与脂质结合较牢固或分子中含较多非极性基团的酶，因为其不溶或难溶于水和稀酸、稀碱及稀盐溶液中，用有机溶剂抽提效果较好。常用的有机溶剂有乙醇、丙酮、丁醇等。其中丁醇兼具高度亲水性和亲脂性，提取效果较好。在抽提时要注意提取液的体积尽可能小（少量多次），总体积一般不超过原料的 5 倍。

2. 细胞破碎　　大多数酶是胞内酶，为了进行胞内酶的分离纯化，要根据具体情况选用适宜办法破碎细胞。细胞破碎的方法众多，可归纳为机械破碎法、物理破碎法、化学破碎法和酶破碎法。

机械捣碎法、研磨法、匀浆法等机械破碎法都是机械运动所产生的剪切力使细胞破碎。高速捣碎机利用高速旋转叶片所产生的剪切力将组织细胞破碎，多用于动物、植物材料。而研磨法利用研钵、石磨、球磨与细菌研磨器等将细胞与磨料相混合，利用研磨机械产生的剪切力而破碎细胞，加入石英砂、玻璃粉、氧化铝等助磨剂可提高研磨效果。用硬质磨砂玻璃制成的匀浆器破碎细胞是实验室常用的方法，该方法破碎程度高，对酶的破坏程度较小。

利用渗透压迅速变化而使细胞破碎的渗透压冲击法是一种物理破碎法。先将细胞悬浮在 20%左右的细胞裂解液中平衡一段时间，离心后将菌体迅速投入 4℃左右的蒸馏水等低渗溶液中。细胞外渗透压突然降低而使细胞破碎，将胞内的酶释放到胞外。

超声波破碎是空化作用使液体形成局部减压引起液体内部发生流动，旋涡生成与消失时，产生很大的压力使细胞膜破裂达到破碎细胞的效果。因其简便、快捷、效果好而成为实验室最常用的物理破碎法。超声波对破碎效果没有显著影响。输出功率和破碎时间与破碎程度有密切关系，同时也受细胞浓度、溶液黏度、pH、温度及离子强度等有关因素的影响。一般操作条件为 10~25kHz，功率为 100~150W，温度为 0~10℃，pH 为 4~7，处理 3~10min。超声波破碎时，要注意及时采取降温措施，细胞浓度一般以 1g 湿菌体加 1~2mL 缓冲液为宜。

化学破碎法是利用化学试剂与细胞膜作用而使膜结构破坏的原理来破碎细胞，常用试剂有甲苯、丙酮、丁醇、氯仿等。例如，将细胞悬浮于预冷至−20℃的 10 倍体积的丙酮中，自然沉降后抽滤所得细胞立即放入真空干燥器中，除去残余丙酮便可得到丙酮干粉（可长期保存）。用水或缓冲液可把丙酮干粉中的胞内酶提取出来。

表面活性剂可与细胞膜中的磷脂及脂蛋白作用而破坏膜结构，增加膜通透性。常用非离子型表面活性剂有曲拉通、吐温等，而离子型表面活性剂虽然更有效，但会引起酶结构破坏而使酶变性失活。加入的表面活性剂可采用凝胶层析除去，以免影响下一步分离纯化。表面活性剂处理法对可以结合细胞膜的酶特别有效。

利用外加酶或细胞本身存在的酶也可使细胞破碎。溶菌酶常用于革兰氏阳性菌的破壁，因为溶菌酶能专一作用于组成革兰氏阳性菌菌壁的肽多糖 β-1,4-糖苷键。几丁酶可用于含几丁质的霉菌细胞壁的破碎。因为加入的溶菌酶、几丁酶等价格高，而且外加酶本身成为杂质，因此只适于实验室采用。

将发酵液在一定 pH 和适宜温度条件下保温一段时间，胞内自身酶系破坏细胞以释出胞内酶的方法称为自溶法。自溶法的缺点是易引起杂菌或噬菌体感染。

3. 酶液浓缩　　抽提液（或发酵液）中酶浓度一般都很低，所以在进行纯化前往往须先予以浓缩，浓缩的方法很多。

用各种吸水剂如干燥的葡聚糖凝胶 SephadexG-50、SephadexG-25、聚乙二醇（PEG）等吸收酶液中的水分可使酶液浓缩。聚乙二醇（分子质量 20 000Da）具有强吸水性，将酶液装入透析袋，外面覆盖聚乙二醇，水分很快渗出膜外被吸收。此法简便，短时间内可由

100mL 浓缩至几毫升，但试剂较贵，一般只适于实验室处理少量样品。

超滤是在加压情况下将待浓缩液通过一层只容许水分子等小分子选择性透过的微孔超滤膜，而酶大分子则被滞留，从而达到浓缩目的的方法。超滤膜常用乙酸纤维素、硝酸纤维素、尼龙、丙烯腈等材料。超滤膜厚度一般为 0.1～5μm。孔径有多种规格，不同孔径的膜有不同的透过性，使用时可根据需要选择。超滤法可用于少量样品，也可用于工业生产规模。

减压蒸发是采用抽气减压装置使待浓缩酶液在一定真空、60℃以下的温度进行浓缩的一种方法。由于酶在高温下不稳定，容易变性失活，因此减压蒸发可以在较低温度下使溶液中部分溶剂汽化蒸发从而达到浓缩的目的。影响减压蒸发速度的因素主要有温度、压力和蒸发面积，所以在不影响稳定性的前提下，适当提高温度、增大液体蒸发面积、降低压力等都可提高浓缩速度。

减压蒸发在实验室多用旋转减压蒸发仪。在加热的同时抽真空，利用减压条件下溶液沸点降低的原理，使溶液在较低温度下沸腾蒸发，达到浓缩目的。而工业上多用薄膜蒸发器，在高度真空条件下，使酶液形成薄的液膜，蒸发面积增大，与大面积热空气接触，可在很短时间内迅速蒸发而达到酶较少失活被浓缩的目的，此法可连续操作。可根据实际情况选择升膜式、降膜式、刮板式和离心式等。

（四）沉淀分离法

沉淀分离法是最古老但仍广泛应用于工业和实验室的酶分离纯化的方法。凡是能破坏蛋白质分子水化作用或者减弱分子间同性相斥作用的因子，都有可能降低蛋白质在水中的溶解度而使它沉淀下来。根据所加入沉淀剂的不同，沉淀分离法可分为盐析法、有机溶剂沉淀法等。

1. 盐析法 酶蛋白在高浓度盐溶液中，其溶解度随盐浓度增加而减少，这被称为盐析现象。利用在某盐溶液浓度下酶蛋白与杂质的溶解度不同，可以实现分离。盐析法的优点是操作简便，但是此方法分离能力差，纯化倍数低。

现常用 Cohn 经验式来表示溶液中酶等蛋白质溶解度与溶液中盐浓度之间的关系：

$$\lg S = \lg S_0 - K_s I$$

式中，S_0 为蛋白质在无盐溶液中的溶解度；S 为蛋白质在某一离子强度溶液中的溶解度；I 为中性盐的离子强度；K_s 为盐析常数，它除与溶质结构有关外，也和盐的价数有关（价数较高时，K_s 值也较大）。用下列公式表示：

$$I = \frac{1}{2}\sum c_i z_i^2$$

式中，c_i 为溶液中第 i 种离子的摩尔浓度；z_i 为第 i 种离子的价数。

上式中 $\lg S_0$ 是一常数，如果用 β 来表示，则盐析方程式可写为

$$\lg S = \beta - K_s I$$

对某一酶而言，在确定温度、pH（即 β 确定）和所用的盐（即 K_s 确定）的情况下，蛋白质或酶的溶解度取决于溶液中的离子强度 I。所以对于含有多种酶或蛋白质的混合液，可以通过调节原酶溶液中的中性盐浓度以改变溶液离子强度，从而使不同酶和蛋白质先后

沉淀达到分离提纯的目的，这就是所谓的"K_s分段盐析法"。

　　盐析法中常用的中性盐有硫酸铵、硫酸钠、磷酸钾、磷酸钠等。由于硫酸铵在水中溶解度最大且价廉而最为常用。常用饱和度来表示待分离溶液中的硫酸铵浓度，饱和度是指溶液中饱和硫酸铵的体积与溶液总体积之比。为达到分级沉淀的目的，实际所需硫酸铵饱和度要通过实验确定。对大多数酶蛋白，当达到85%饱和度时，溶解度都小于 0.1mg/mL。为兼顾回收率和纯度，饱和度为 40%~60%。在实际操作中可以加入饱和硫酸铵溶液，也可直接加入固体硫酸铵粉末。不管采用何种方法加入，都要注意避免硫酸铵局部过浓。因为达到等电点 pH 时，S_0 数值极小，所以盐析时 pH 应调节至待沉淀的酶蛋白的等电点附近。在盐析范围内随温度上升酶等蛋白质溶解度下降，所以一般不需要降温。采用盐析法时，酶蛋白浓度须为 2.5%~3%，过低则无效。盐析得到的酶蛋白沉淀中含大量盐分，在下一步纯化之前一般需要脱盐。脱盐可采用超滤、层析等方法。

　　配制硫酸铵饱和溶液时，可于水中加过饱和量的硫酸铵，加温至 50℃，待绝大部分盐溶解，室温放置过夜后，再用 15mol/L NaOH 或 12mol/L 硫酸调节到 pH 5.5 左右。

　　各种酶蛋白沉出所要求的饱和度不同，所需添加饱和硫酸铵的量也不同。可按下式求得一定体积酶蛋白溶液应加饱和硫酸铵的毫升数：

$$\omega = \frac{a \cdot V}{100 - a}$$

式中，ω 为所加饱和硫酸铵的毫升数；a 为所需饱和度（%）；V 为蛋白质溶液的体积。

　　2. 有机溶剂沉淀法　　在待分离酶液中加入与水互溶的有机溶剂可使溶液介电常数降低，酶蛋白分子间引力增大而产生互相凝集，从而降低溶解度而析出沉淀。因为不同蛋白质在不同浓度有机溶剂中溶解度不同，所以可用来进行酶蛋白的分级沉淀，以达到分离纯化的目的。

　　有机溶剂沉淀法是工业上常用的方法。在实际操作中常用的有机溶剂有乙醇、丙酮、异丙醇和甲醇等。对多种酶蛋白分级沉淀时，有机溶剂的用量可根据不同对象通过实验确定。有机溶剂沉淀法分辨率较盐析法高，有机溶剂可回收、易除去，得到的沉淀易于离心分离或过滤，也不含无机盐，所以适于食品工业酶制剂的制备。但是，有机溶剂可能破坏酶蛋白的次级键，使其空间结构破坏而变性，所以全过程必须在低温下操作，一般在 0℃左右。因为温度越低，沉淀也越完全，所以甚至所用有机试剂也要预冷，所得沉淀应尽快进行低温离心，并立即用冷缓冲液溶解，以降低有机溶剂浓度。在有机溶剂沉淀前先进行浓缩可减少有机溶剂用量。pH 调至待分离酶的等电点附近，有助于提高沉淀效果。采用 0.05mol/L 以下的稀盐浓度可防止含盐过多而使蛋白质过度析出。

　　（五）层析分离法

　　层析分离法是一类应用十分广泛的分离方法。不管是哪一种层析方法，其基本的特征是有一个固定相和一个流动相。各种物质能够分离的最根本原因就在于它们在这两个相间具有不同的分配系数。当两相作相对运动时，这些物质在两相间进行反复多次的分配。按机制分类，有吸附层析、分配层析、离子交换层析、凝胶排阻层析与亲和层析等几种。层析分离法在生化研究中起着至关重要的作用，也是酶分离纯化的主要手段。

1. 离子交换层析 离子交换层析是利用吸附在离子交换剂上的可解离基团（活性基团）对各种物质的吸附力不同而使不同物质分离的方法。由于各种酶等蛋白质和离子交换剂在不同条件下有相应不同的解离状态，因此通过选择适当的交换剂，控制交换和洗脱条件，就可将酶和杂蛋白分离开来。其因具有成本低、设备简单、操作方便等优点而成功地应用于各种大小分子的分离纯化，在酶等蛋白质的分离提取中，主要采用柱层析法。

离子交换剂是一种不溶于酸、碱和有机溶剂的固态高分子化合物，可以分成两部分：一部分是不能移动的多价的高分子基团，构成树脂的骨架，使树脂具有不溶于水及化学稳定的性质；另一部分是可移动离子，称为活性离子，它在树脂骨架中进出而发生离子交换现象。高分子惰性骨架和单分子活性离子带有相反电荷而共处于离子交换树脂中。活性离子交换基团是离子交换剂表现功能的基础，其性质决定交换剂的类型。若活性离子为阳离子，吸附带阴电荷的离子，则称为阴离子交换树脂，相反则称为阳离子交换树脂。酶是两性电解质，故可用阳离子交换树脂或阴离子交换树脂进行分离纯化。在溶液 pH 大于酶的等电点时，酶分子带负电荷，可用阴离子交换树脂进行层析分离，而 pH 小于等电点时，酶分子带正电荷，则要采用阳离子交换树脂。

2. 凝胶排阻层析 凝胶排阻层析又称分子筛层析或者凝胶过滤分离等。用于凝胶排阻层析中的色谱柱固定相一般用亲水的多孔凝胶填充。不同分子质量的酶蛋白经过色谱柱时，受到固定相凝胶的阻滞作用不一样。分子质量小的酶蛋白阻滞作用小，移动速度较快，从而先流出色谱柱；而分子质量大的酶蛋白则阻滞作用大而后出峰。通过洗脱曲线表示分离效果。该方法需要样品和流动相的黏度很低。

3. 亲和层析 生物高分子包括酶蛋白分子，具有能和某些相对应的专一分子可逆结合的特征。例如，酶的活性部位能和底物、竞争性抑制剂、底物类似物及辅因子专一性结合。同时，改变条件又能使这种结合解除。此外，酶的别构中心与别构因子（或称效应物）之间、抗体与抗原之间、激素与受体之间、结合蛋白与结合物之间都有着类似的特性。这些被作用的对象物质称为配基。如果将配基固定在固相载体上，并且放进层析柱中，当样品通过时，由于配基和相对应的蛋白质分子间有专一性的亲和作用，将通过某种次级键将这种蛋白质分子吸附在柱中，样品中的其他组分不产生这种专一性结合，都直接漏出层析柱。然后，便可应用洗脱剂将柱中的蛋白质洗脱出来。这种利用生物高分子与配基间可逆结合和解离的原理发展起来的层析方法，就称为亲和层析法。亲和层析法具有高度的吸附专一性，而且层析过程简便、快速，是一种理想有效的分离纯化手段。

（六）电泳分离

酶蛋白等两性电解质，在不同 pH 的溶液中带有不同电荷，在直流电场中向着与本身所带电荷相反的电极移动的过程即为电泳现象。自 1937 年瑞典化学家首先开发了蛋白质电泳技术以来，电泳已成为蛋白质化学研究中必不可少的手段。

酶蛋白分子在电场中的移动方向取决于它们所带电荷的种类。在酸性溶液中，酶蛋白分子带正电，则向电场阴极移动；在碱性溶液中酶蛋白分子带负电，则向电场阳极移动。净电荷为零时则在电场中不移动。溶液的 pH 决定酶蛋白所带电荷性质及多少，pH 越远离其等电点，则泳动速度越快，当溶液 pH 等于蛋白质等电点时，其净电荷为零，泳动速度也为零。所以电泳时溶液 pH 要适宜并保持恒定。

根据电场强度的大小可将电泳分为常压电泳与高压电泳。常压电泳的电场强度一般为 2～10V/cm，电压为 100～500V，电泳时间从几十分钟至几十小时，多用于分离大分子物质。高压电泳的电场强度为 20～200V/cm，电泳时间从几分钟至几小时，多用于分离小分子物质。

在酶和酶工程领域，电泳技术主要用于酶纯度鉴定、分子量测定、等电点测定。由于电泳过程中产热，样品回收难且处理量少，所以一般不用于分离而用于分析。

1．凝胶电泳　　以多孔凝胶作为支持物的电泳技术兼具电泳和分子筛作用，分离效果相当好。目前对蛋白质分离有着高分辨率的电泳固定支持物首推聚丙烯酰胺凝胶。凝胶可制成垂直管状和水平板状，其中连续及不连续聚丙烯酰胺凝胶电泳和 SDS-聚丙烯酰胺凝胶电泳最常用。

所谓连续聚丙烯酰胺凝胶电泳是采用相同浓度的聚丙烯酰胺和交联剂，用相同的 pH、相同浓度的缓冲液制备成的连续均匀的凝胶，然后在同一条件下进行电泳。在制备聚丙烯酰胺凝胶时，单体丙烯酰胺浓度与交联剂 N,N'-甲叉双丙烯酰胺的浓度对凝胶孔径有影响，所以要根据待分离物的分子质量选择适当的聚丙烯酰胺浓度。交联剂浓度一般占总聚丙烯酰胺浓度的 2%～5%。

不连续聚丙烯酰胺凝胶电脉的凝胶由不同孔径、不同 pH 的凝胶层组成，能使稀样品在电泳过程中浓缩成层后再进入分离胶分离，从而提高分辨率。

在制备聚丙烯酰胺凝胶时，加入 1%～2%的十二烷基硫酸钠（SDS）即制成 SDS-聚丙烯酰胺凝胶。采用 SDS-聚丙烯酰胺凝胶电泳时，蛋白质分子的电泳迁移率主要取决于其分子质量大小，而与分子形状及其所带电荷无关。所以，可以通过比较某蛋白质与已知分子质量的标准蛋白质在 SDS-聚丙烯酰胺凝胶电泳中的迁移率即可测定该蛋白质或蛋白质亚基的分子质量。SDS 是阴离子去污剂，蛋白质几乎能恒定地与 SDS 结合形成 SDS-蛋白质复合物，这种复合物带有足够的负电荷而掩盖了蛋白质之间原有的电荷差别，仅表现为分子筛作用。因此 SDS-聚丙烯酰胺凝胶电泳可以按蛋白质分子大小不同将其分开。蛋白质与 SDS 的结合，是在蛋白质充分变性的状态下才能达到饱和。因此，这一过程要在巯基试剂（2-巯基乙醇或二硫苏糖醇）的存在下进行。

2．等电聚焦电泳　　当等电点不同的蛋白质分子处于一个由阳极到阴极 pH 梯度逐渐增加的介质中，并通以直流电时，"聚焦"在与其等电点相同的 pH 位置上，形成位置各异的不同区带，这种电泳方法被称为等电聚焦电泳。

等电聚焦电泳是在 1966 年 Verterberg 等合成两性电解质载体后发展起来的电泳技术，已成功地应用于酶等蛋白质的分离纯化及其等电点测定。这种方法可以区分等电点只有 0.01 pH 单位差异的蛋白质，随着电泳时间的延长，区带越来越窄，从而克服了其他电泳中的扩散作用。对于很稀的样品，最终可达到高度浓缩的效果。

电泳系统中 pH 梯度的形成取决于两性电解质载体。在电泳系统中加入不同等电点的两性电解质载体，通入直流电后，即在电场作用下形成一个由阳极到阴极连续增高的 pH 梯度。性能良好的两性电解质载体必须具备以下特性：①有足够的缓冲能力，样品存在时也能保持稳定的 pH 梯度；②有足够的导电能力，以便使一定的电流通过，而且要求各个等电点不同的两性电解质有相同的导电系数，使整个系统中电导均匀，保持 pH 梯度的稳定性；③是小分子物质，电泳后易于分开除去；④化学组成与待分离蛋白质不同，不干扰测定；⑤不会使蛋白质变性或发生相互作用。

（七）酶的结晶

结晶是指溶质分子通过氢键、离子键或其他分子间的力按规则且周期性排列的一种固体形式，可呈片状、针形、棒状。虽然酶的结晶不能成为其均一的证据，但伴随酶结晶的形成，其纯度经常有一定程度的提高，所以酶结晶既是提纯过程的结果，为酶学研究提供了合适样品，也是酶提纯的手段。此外，为酶蛋白空间结构提供 X 射线衍射的样品，也是酶结晶的重要目的之一。结晶过程主要是通过缓慢地改变母液中酶蛋白的溶解度，使酶略处于过饱和状态，再配合适当结晶条件就可能得到结晶。

二、生物合成法

20 世纪 50 年代以后，随着发酵技术的发展，许多酶采用生物合成法进行生产。该技术过程是利用微生物细胞、植物细胞和动物细胞的生命活动来获得所需的酶，其特点包括生产周期短、产率高、不受生物资源和气候条件等影响，因此成为酶的主要生产方法。

（一）微生物发酵产酶

微生物发酵产酶（enzyme production by microbial fermentation）在当前酶制剂生产中占有重要地位。根据微生物培养方式的不同，分为固体培养和液体深层培养。目前应用最普遍的是液体深层培养，包括优良产酶菌种的获得、培养基的制备和优化、发酵条件的控制及分离纯化。

采用微生物发酵产酶有以下优点：①产酶微生物种类繁多，适应能力强；②微生物繁殖快，发酵周期短；③培养基价格低廉，培养方法简便，可大规模放大生产；④微生物易改造，可通过各种手段育种。

（二）动植物细胞培养产酶

动植物细胞培养产酶（enzyme production by animal and plant cell culture）是通过特定技术获得优良动物和植物细胞，然后在人工控制的条件下进行培养，经过生命活动合成，再经过分离纯化，获得所需产品。植物细胞主要用于生产色素、药物、香精、酶等次级代谢产物。动物细胞培养主要获得疫苗、激素、多肽药物、单克隆抗体、酶等功能蛋白质。

自从 1949 年细菌 α-淀粉酶发酵成功以来，生物合成法就成为酶的主要生产方法。

生物合成法产酶首先要经过筛选、诱变、细胞融合、基因重组等方法获得优良的产酶细胞，然后在人工控制条件的生物反应器中进行细胞培养，通过细胞内物质的新陈代谢作用，生成各种代谢产物，再经过分离纯化得到人们所需的酶。例如，利用大蒜细胞培养生产超氧化物歧化酶，利用木瓜细胞培养生产木瓜蛋白酶、木瓜凝乳蛋白酶，利用人黑色素瘤细胞培养生产血纤维蛋白溶酶原激活剂等。

　　生物合成法与提取分离法比较，具有生产周期较短，酶的产率较高，不受生物资源、地理环境和气候条件等影响的显著特点。但是它对发酵设备和工艺条件的要求较高，在生产过程中必须进行严格的控制。

三、化学合成法

　　化学合成法是 20 世纪 60 年代中期出现的新技术。1965 年，我国人工合成牛胰岛素的成功，开创了多肽类化学合成的先河。1969 年，采用化学合成法得到含有 124 个氨基酸的核糖核酸酶。其后，RNA 的化学合成也取得成功，可以采用化学合成法进行核酸类酶的人工合成和改造。现在已可以采用合成仪进行酶的化学合成。然而酶的化学合成要求单体达到很高的纯度，化学合成的成本高，而且只能合成那些已经搞清楚化学结构的酶，这就使化学合成法受到限制，难以用于工业化生产。利用化学合成法进行酶的人工模拟和化学修饰、认识和阐明生物体的行为和规律、设计和合成既具有酶的催化特点又克服酶的弱点的高效非酶催化剂等却成为人们关注的课题，具有重要的理论意义和发展前景。模拟酶是在分子水平上模拟酶活性中心的结构特征和催化作用机制，设计并合成的一种仿酶体系。

　　现在研究较多的小分子仿酶体系有环糊精模型、冠醚模型、卟啉模型、环芳烃模型等大环化合物模型。例如，利用环糊精模型，已经获得了酯酶、转氨酶、氧化还原酶、核糖核酸酶等多种酶的模拟酶，取得可喜进展。环糊精（cyclodextrin）是由 6～8 个葡萄糖单位通过 1,4-葡萄糖苷键结合而成的环状寡聚糖，外侧亲水，内部疏水，类似酶的微环境。通过化学合成法，在环糊精的分子上引入催化基团，就可能成为一种模拟酶。

　　大分子仿酶体系有分子印迹酶模型和胶束酶模型等。例如，利用印迹酶模型已经成功合成了二肽合成酶、酯酶、过氧化物酶、氟水解酶等多种酶的模拟酶。分子印迹（molecular imprinting）是制备对某一种特定分子（印迹分子）具有选择性的聚合物的过程。制备过程一般包括：①选择好印迹分子；②选择好单体，让其与印迹分子互相作用，并在印迹分子周围聚合成聚合物；③将印迹分子从聚合物中除去。于是聚合物中就形成了与印迹分子形状相同的空穴，可以与印迹分子特异地结合。如果选择的印迹分子是某种酶的作用底物，此聚合物就可能是一种印迹酶。例如，莫斯巴赫（Mosbach）等以天冬氨酸、苯丙氨酸及天苯二肽为印迹分子，以甲基丙烯酸甲酯为单体，以二亚乙基甲基丙烯酸甲酯为交联剂，聚合得到具有催化二肽合成能力的二肽合成酶模拟酶。随着科学的发展和技术的进步，酶的生产技术将进一步发展和完善，人们将可以根据需要生产得到更多更好的酶，以满足世界科技和经济发展的要求。

第二节　产酶微生物

　　所有的微生物细胞在一定的条件下都能合成多种多样的酶，但是并不是所有的微生物都能够用于酶的生产。一般来说，用于酶生产的微生物有下列特点。

　　1. 酶产量高　　优良的产酶微生物首先要具有高产的特性才能有较好的开发应用价值。高产微生物可以通过多次反复的筛选、诱变或者采用基因克隆、细胞或原生质体融合等技术而获得。在生产过程中，若发现退化现象，必须及时进行复壮处理，以保持微生物的高产特性。

2. 易培养（生长速率高、营养要求低）　优良的产酶微生物必须对培养基和工艺条件没有特别苛刻的要求，容易生长繁殖，适应性强，易于控制，便于管理。

3. 遗传性能稳定，不易退化　优良的产酶微生物在正常的生产条件下，要能够稳定地生长和产酶，不易退化，一旦出现退化现象，及时进行复壮处理，可以使其恢复原有的产酶特性。

4. 易分离提纯　酶生物合成以后，需要经过分离提纯才能得到可以在各个领域应用的酶制剂。这就要求产酶微生物所产的酶易于和其他杂质分离，以便获得所需纯度的酶，满足使用者的要求。

5. 安全可靠　要求产酶微生物及其代谢产物安全无毒，不会对人体和环境产生不良影响，也不会对酶的应用产生其他不良影响。

一、产酶微生物的种类

现在大多数的酶都采用微生物细胞发酵生产。用于酶生产的微生物包括细菌、放线菌、霉菌、酵母等。有不少性能优良的微生物菌株已经在酶的发酵生产中广泛应用。

（一）细菌

细菌是在工业上有重要应用价值的原核微生物。在酶的生产中常用的细菌有大肠杆菌、醋酸杆菌、枯草杆菌等。

1. 大肠杆菌（*Escherichia coli*）　大肠杆菌细胞有的呈杆状，有的近似球状，大小为 0.5μm×（1.0～3.0）μm，一般无荚膜，无芽孢，革兰氏染色阴性，运动或不运动，运动者周生鞭毛。菌落从白色到黄白色，光滑闪光，扩展。

大肠杆菌可以用于生产多种酶。大肠杆菌产生的酶一般都属于胞内酶，需要经过细胞破碎才能分离得到。例如，大肠杆菌谷氨酸脱羧酶用于测定谷氨酸含量或用于生产 γ-氨基丁酸；大肠杆菌天冬氨酸酶用于催化延胡索酸加氨生产 L-天冬氨酸；大肠杆菌青霉素酰化酶用于生产新的半合成青霉素或头孢菌素；大肠杆菌 β-半乳糖苷酶用于分解乳糖或其他 β-半乳糖苷。大肠杆菌生产的限制性内切核酸酶、DNA 聚合酶、DNA 连接酶、外切核酸酶等，在基因工程等方面得到了广泛应用。

2. 醋酸杆菌属（*Acetobacter*）　菌体为椭圆至杆状，单个、成对或成链，革兰氏染色阴性，运动（周毛）或不运动，不生芽孢。好气。在含糖、乙醇和酵母膏的培养基上生长良好。

3. 枯草杆菌（*Bacillus subtilis*）　枯草杆菌是芽孢杆菌属细菌。细胞呈杆状，大小为（0.7～0.8）μm×（2～3）μm，单个细胞，无荚膜，周生鞭毛，运动，革兰氏染色阳性。芽孢大小为（0.6～0.9）μm×（1.0～1.5）μm，椭圆至柱状。菌落粗糙，不透明，不闪光，扩展，污白色或微带黄色。

枯草杆菌是应用最广泛的产酶微生物，可以用于生产 α-淀粉酶、蛋白酶、β-葡聚糖酶、5′-核苷酸酶和碱性磷酸酶等。例如，枯草杆菌 BF7658 是国内用于生产 α-淀粉酶的主要菌株，枯草杆菌 AS1.398 用于生产中性蛋白酶和碱性磷酸酶。枯草杆菌生产的 α-淀粉酶和蛋白酶等都是胞外酶，而其产生的碱性磷酸酶则存在于细胞间质之中。

（二）放线菌

放线菌（*Actinomyces*）是具有分枝状菌丝的单细胞原核微生物。它们主要呈丝状生长，以孢子繁殖，生存能力强，广泛分布在各种各样的生态环境中。它们能产生丰富的活性次级代谢产物，如胞外活性酶、抗生素等，与人类关系极为密切，因此放线菌被广泛用来产酶。比如存在于酒发酵用窖泥中的放线菌不仅积极参与土壤中有机物质的转化活动，而且产生许多有用物质，如纤维素酶、高温淀粉酶、蛋白酶等。

（三）霉菌

霉菌是一类丝状真菌。用于酶发酵生产的霉菌主要有黑曲霉、米曲霉、红曲霉、青霉菌、木霉、根霉、毛霉等。

1. 黑曲霉（*Aspergillus niger*）　　黑曲霉是曲霉属黑曲霉群霉菌。菌丝体由具有横隔的分枝菌丝构成，菌丛黑褐色，顶囊大球形，小梗双层，分生孢子球形，平滑或粗糙。黑曲霉可用于生产多种酶，有胞外酶也有胞内酶，如糖化酶、α-淀粉酶、酸性蛋白酶、果胶酶、葡萄糖氧化酶、过氧化氢酶、核糖核酸酶、脂肪酶、纤维素酶、橙皮苷酶和柚苷酶等。

2. 米曲霉（*Aspergillus oryzae*）　　米曲霉是曲霉属黄曲霉群霉菌。菌丛一般为黄绿色，后变为黄褐色，分生孢子头呈放射形，顶囊球形或瓶形，小梗一般为单层，分生孢子球形，平滑，少数有刺，分生孢子梗长达 2mm 左右，粗糙。米曲霉中糖化酶和蛋白酶的活力较强，因此在我国传统的酒曲和酱油曲的制造中得到了广泛应用。此外，米曲霉还可以用于生产氨酰化酶、磷酸二酯酶、果胶酶、核酸酶 S1 等。

3. 红曲霉属（*Monascus*）　　红曲霉属菌落初期白色，成熟后变为淡粉色、紫红色或灰黑色，通常形成红色色素。菌丝具有隔膜，多核，分枝甚繁。分生孢子着生在菌丝及其分支的顶端，单生或成链，闭囊壳球形，有柄，其内散生 10 多个子囊，子囊球形，内含 8 个子囊孢子，成熟后子囊壁解体，孢子则留在闭囊壳内。红曲霉可用于生产 α-淀粉酶、糖化酶、麦芽糖酶、蛋白酶等。

4. 青霉菌属（*Penicillium*）　　青霉菌属于半知菌纲。其营养菌丝体无色、淡色或具有鲜明的颜色，有横隔，分生孢子梗也有横隔，光滑或粗糙，顶端形成帚状分枝，小梗顶端串生分生孢子，分生孢子球形、椭圆形或短柱形，光滑或粗糙，大部分在生长时呈蓝绿色。有少数种会产生闭囊壳，其内形成子囊和子囊孢子，也有少数菌种产生菌核。

青霉菌种类很多，其中产黄青霉（*Penicillium chrysogenum*）用于生产葡萄糖氧化酶、苯氧甲基青霉素酰化酶（主要作用于青霉素）、果胶酶、纤维素酶等。橘青霉（*Penicilium citrinum*）用于生产 5′-磷酸二酯酶、脂肪酶、葡萄糖氧化酶、凝乳蛋白酶、核酸酶 S1、核酸酶 P1 等。

5. 木霉属（*Trichoderma*）　　木霉属是一种腐生性丝状真菌，菌落生长迅速，能在各种复杂环境中生存。目前木霉的种类超过 210 种。木霉可以用来生产 β-葡聚糖酶等，其是生产纤维素酶的重要菌株。木霉生产的纤维素酶中包含有 C1 酶、CX 酶和纤维二糖酶等。此外，木霉含有较强的 17α-羟化酶，常用于甾体转化。

6. 根霉属（*Rhizopus*） 根霉生长时，由营养菌丝产生匍匐枝，匍匐枝的末端生出假根，在有假根的匍匐枝上生出成群的孢子囊梗，梗的顶端膨大形成孢子囊，囊内产生孢子囊孢子。孢子呈球形、卵形或不规则形状。根霉可用于生产糖化酶、α-淀粉酶、蔗糖酶、碱性蛋白酶、核糖核酸酶、脂肪酶、果胶酶、纤维素酶、半纤维素酶等。根霉有较强的 11α-羟化酶，是用于甾体转化的重要菌株。

7. 毛霉属（*Mucor*） 毛霉属的菌丝体在基质上或基质内广泛蔓延，无假根。菌丝体上直接生出孢子囊梗，一般单生，分枝较少或不分枝。孢子梗顶端都有膨大成球形的孢子囊，囊壁上常有针状的草酸钙结晶。毛霉常用于生产蛋白酶、糖化酶、α-淀粉酶、脂肪酶、果胶酶、凝乳酶等。

（四）酵母

1. 酿酒酵母（*Saccharomyces cerevisiae*） 酿酒酵母是啤酒工业上广泛应用的酵母。细胞有圆形、卵形、椭圆形或腊肠形。在麦芽汁培养基上，菌落为白色，有光泽，平滑，边缘整齐。营养细胞可以直接变为子囊，每个子囊含有 1～4 个圆形光亮的子囊孢子。

酿酒酵母除主要用于酒类的生产外，还可以用于转化酶、丙酮酸脱羧酶、醇脱氢酶等的生产。

2. 假丝酵母属（*Candida*） 假丝酵母属的细胞形状多样，包括圆形、卵形或长形。无性繁殖为多边芽殖，形成假菌丝，也有真菌丝，可生成无节孢子、子囊孢子、冬孢子或掷孢子。不产生色素。在麦芽汁琼脂培养基上，菌落呈乳白色或奶油色。

假丝酵母可以用于生产脂肪酶、尿酸氧化酶、尿囊素酶、转化酶、醇脱氢酶等，具有较强的 17α-羟化酶，可以用于甾体转化。

二、产酶微生物的获得途径

产酶微生物的获得主要有两种途径：①从菌种保藏机构、科研机构、高校院所购买；②从自然环境中筛选。

（一）国内主要的菌种保藏机构

中国普通微生物菌种保藏管理中心（CGMCC）
中国农业微生物菌种保藏管理中心（ACCC）
中国工业微生物菌种保藏管理中心（CICC）
中国医学细菌保藏管理中心（CMCC）
中国抗生素微生物菌种保藏中心（CACC）
中国兽医微生物菌种保藏中心（CVCC）
中国林业微生物菌种保藏管理中心（CFCC）
中国高校工业微生物资源和信息中心
广东省微生物菌种保藏中心（GDMCC）

（二）从自然环境中筛选产酶微生物

1. 含菌样品的采集　　产酶微生物分布的大致规律：在极端的环境中，一般有耐受该极端条件的微生物；在含某种物质较丰富的地方，一般都含有能降解该物质的产酶微生物。

可以从两方面来收集菌种。一是根据微生物的生态特征，从自然界中取样，分离出所需菌种。土壤是微生物的大本营，可从土壤中采样分离。取样时，先刮除 2～3cm 的表层土壤，再垂直入土于同一水平线深度选 3～5 个点取样，每点取样约 10g，混合包装，注明采样日期和地点备用。二是从发酵生产材料中进行分离。

2. 富集培养　　当样品中所需的微生物种类含量较低时，应在控制 pH、温度和营养成分等条件下让所需微生物大量繁殖，以利于筛选。当样品中所需菌种较多时，可以直接进入纯化工作。

（1）控制营养成分　　细菌用牛肉膏蛋白胨培养基、LB 培养基，真菌用 PDA 培养基、查氏培养基，放线菌用高氏一号培养基培养。

（2）控制培养基的酸碱度　　细菌适合中性 pH，霉菌适合偏酸性 pH。

（3）添加抑制剂　　要筛选得到霉菌，可加青霉素抑制细菌。

（4）控制其他培养条件　　在合适的温度下微生物可以较快地生长。

（三）菌种的分离、纯化

菌种一般采用划线分离或稀释分离进行分离，以获得纯的菌种。

1. 划线分离　　将样品制备成适当的稀释液，用接种环蘸取样品稀释液在培养基平板上分区按顺序划线，使菌种分开。以后将培养皿在一定温度下培养一段时间，直至单一群落出现。

2. 稀释分离　　取土壤样品 1g，用无菌水稀释至 100mL，从稀释液中取 1mL，再稀释至 10mL，这样每次稀释 10 倍，至 10 000 倍以上。然后取最后稀释液 0.1～1.0mL 于培养皿中，加入琼脂培养基，摇匀后培养，或把稀释液涂布于琼脂培养基平板上培养。

（四）菌种生产性能的筛选和鉴定

1. 初筛　　平板初筛，判断是否产酶，方法主要有透明圈及变色圈等。常见酶的平板初筛方法见表 3-1。

表 3-1　常见酶的平板初筛方法

酶	底物	试剂	说明
淀粉酶	淀粉	碘	与着色的本底相比，呈现透明
蛋白酶	酪蛋白	无	透明圈
脂肪酶	三丁酸甘油酯	普鲁士蓝	变色圈
纤维素酶	纤维素	无	透明圈
	纤维素天青	无	变色圈
壳聚糖酶	几丁质	无	透明圈
支链淀粉酶	支链淀粉	乙醇、丙酮	底物沉淀中出现透明圈

续表

酶	底物	试剂	说明
木聚糖酶	木聚糖	乙醇	底物沉淀中出现透明圈
果胶裂解酶	果胶	十六烷基三甲基溴化铵	底物沉淀中出现透明圈
α-葡萄糖苷酶	p-硝基苯酚-α-D-葡萄糖苷	无	黄色菌落和变色圈

2. 复筛 比较产酶微生物之间的产酶水平,从中筛选出产酶能力较强的菌株。一般通过发酵的方式来进行。

通过平板初筛法得到的产菌株,需要进一步复筛,从中选出高产菌株。复筛时可用几种有代表性的培养基,在预定的几种培养条件下,对每个菌株进行培养,并测定其产酶能力。这样做可以避免优良菌株的漏检,但工作量很大。因此一般都用1~2种培养基,在固定培养条件下对每一个菌株进行复筛,如果菌株多,可对每一个菌株做一份试验,从中择优汰劣。如在复筛时剩下的菌株已不多,就可增加重复份数,一个菌株同时做3~5份培养和测定,以增加其精确性,经过反复多次重复,筛选出产酶水平相对较高的菌株,这种从自然界分离筛选出来的菌株,称为野生菌株。

由于同一菌株可因培养方式的不同表现出不同的产酶能力,因此适合于固体培养的菌种未必也适合于液体深层培养,反之亦然。液体深层培养筛选菌种时,一般都用摇瓶培养。将待测菌株接种在锥形瓶液体培养基中,在一定温度下振荡培养。但是摇瓶培养测定的结果也不一定与发酵罐中通气搅拌培养的结果相同,发酵罐中搅拌器造成的剪切作用对微生物中主要是真菌的生长代谢有影响。在固体培养条件下,为了使培养物均匀接触空气而翻拌,有时也会造成菌丝断裂,从而对生长及产酶带来不利影响。摇瓶培养时,培养瓶(一般是锥形瓶)中所装培养液的体积对产酶影响极大:装液量少,则通气量大(液体与空气接触面大);装液量大,则通气量小。如果在装液量多的一组试验中菌株的产酶活力高,意味着该菌株需要的通气量较少,这对生产是有利的。如果一个菌株产酶能力与装液量的多少无关,则说明该菌株对通气量的大小不敏感,这对工业生产也是有利的。当然除此之外,培养基的组成、摇瓶培养的振荡速度等对产酶都有影响。

为了减小摇瓶培养同发酵罐培养之间的差别,有人主张用小发酵罐来筛选,但在实际操作中不可能用大量的小发酵罐进行菌种的筛选,只有用摇瓶培养的办法,尽可能在各种条件(pH、温度、通气量)下进行试验,从中得到理想的菌株,再用小型发酵罐进行模拟生产试验。而且,小发酵罐与大型生产性发酵罐之间在表面积与装液体积之比、转速与搅拌条件等各方面仍存在差别,所以由小发酵罐试验所得各项参数也只能供生产性发酵罐试验时作为参考。上述方法复杂、烦琐、费时费力。因此,高通量筛选的方法应运而生。下面介绍一下酶的高通量筛选技术。

3. 酶的高通量筛选技术 全球每年创造或分离出潜在的新酶数以亿计,从中将可能获得一个新的革命性产品。因此,寻找一种种类和性质都符合标准的酶犹如大海捞针。高通量筛选(high-throughput screening,HTS)技术的引进使其变为现实。该系统将组合化学、基因组研究、生物信息和自动化仪器、机器人等先进技术进行有机组合,创造了一种发现新酶的新程序。

HTS 作为酶筛选的新方法，集计算机控制、自动化操作、高灵敏度检测、数据结果和自动采集及处理于一体，实现了酶筛选的快速、微量、灵敏和大规模，日筛选量达到数千甚至万样品次，是新酶发现技术和方法的一大进步。

第三节　微生物发酵产酶工艺及其控制

一、微生物细胞中酶生物合成的调节

迄今为止已发现的天然酶有数千种，主要分为蛋白类酶和核酸类酶两大类。除了少数具有催化活性的 RNA 分子（核酸类酶），绝大多数酶的化学本质都是蛋白质。因此，酶的生物合成遵从蛋白质生物合成的基本理论，涉及生物基因信息从核酸到多肽链的传递过程。生物体的全部遗传信息[除部分 RNA 病毒如人类免疫缺陷病毒、新型冠状病毒（SARS-CoV-2）、乙型脑炎病毒等外] 都储存在遗传信息载体 DNA 分子中。因此，微生物细胞要合成某种酶分子，该微生物细胞中一定要存在相对应的编码酶的基因。根据克里克（Crick）提出的中心法则，首先，DNA 通过复制（replication）生成与原有 DNA 含有相同遗传物质的新的 DNA；其次，经过转录（transcription）将遗传信息传递到 RNA；最后，经过翻译（translation）将遗传信息传递给蛋白质。

（一）酶生物合成的基本过程

1. RNA 的生物合成——转录　　转录是将遗传信息从 DNA 传递到 RNA 的过程，是酶蛋白生物合成的第一步。无论是真核生物还是原核生物，转录都是以双链 DNA 中的一条链为模板，在依赖于 DNA 的 RNA 聚合酶（RNA polymerase）的催化作用下，将 4 种核苷三磷酸（分别是 ATP、GTP、CTP 和 UTP）沿着 $5'{\rightarrow}3'$ 的方向按照碱基配对原则（A-U、T-A、G-C、C-G）生成 RNA。

需要注意的是，在转录过程中仅以一条链指导 RNA 的合成，这条链被称为模板链（template strand）或者反义链（antisense strand）。另一条与 RNA 具有相同序列（T 被 U 取代）的 DNA 链被称为编码链（coding strand）或有义链（sense strand）。转录并不是以 DNA 的整条链为模板，而是从 DNA 的特定区域开始。转录过程发生时，RNA 聚合酶首先识别并结合到 DNA 分子被称为启动子（promoter）的序列上，之后 RNA 聚合酶从转录起点（start point）开始沿着模板链按照碱基配对法则合成 RNA，直至遇到 DNA 分子上的终止序列即终止子（terminator）而终止转录过程。把由启动子开始到终止子结束的这段 DNA 序列称为转录单位（transcription unit）。通常把位于转录起点之前的序列称为上游序列（upstream sequence），即 $5'$ 方向，而把转录起点之后的序列称为下游序列（downstream sequence），即 $3'$ 方向。按照书写规范，对碱基位置的描述一般用数字表示，以转录起点为准，此位置为 $+1$，位于下游的碱基序列依次为 $+2$、$+3$、$+4$……，而位于上游的碱基序列依次为 -1、

－2、－3等。转录通常是从左（5′方向）向右（3′方向）进行，因此RNA的表示方式是按照5′→3′方向书写。

RNA的转录过程可分为三个阶段，即转录起始、转录延伸和转录终止。此外，转录终止后转录产物还需进一步加工才能转变成有生物功能的成熟RNA。真核生物的酶蛋白合成与原核生物的基本相同，但前者更加复杂。现以原核生物（大肠杆菌）的转录为例进行介绍。

（1）转录起始　　RNA生物合成的起始位点发生在DNA的启动子上。参与此过程的是RNA聚合酶全酶（$\beta'\beta\alpha_2\sigma\omega$），其由核心酶（$\beta'\beta\alpha_2\omega$）与$\sigma$亚基组成。实际上$\sigma$亚基是识别DNA链上启动子区域的关键因子，能引导RNA聚合酶正确地启动转录。因此，σ亚基是转录起始所必需的，又称为启动因子。RNA聚合酶全酶沿着DNA模板链移动识别启动子，并与其结合生成全酶-启动子复合物，促使启动子附近（12~17bp）的DNA双链局部解旋。之后DNA链与RNA聚合酶全酶生成稳定的酶-DNA复合物，遵照碱基配对法则结合进去的第一个核苷三磷酸（通常是嘌呤核苷酸A或G），产生第一个核苷酸键，此时转录正式开始。当RNA聚合酶成功地合成一条长度超过10bp的RNA后，便形成由酶、DNA和RNA构成的三元复合物。此时，σ亚基从RNA聚合酶全酶上解离，并与新的核心酶重新结合成为全酶，再次启动新的转录。

（2）转录延伸　　随着σ亚基的解离，全酶成为核心酶，转录延伸因子NusA与核心酶结合，转录起始终止，进入延伸阶段。在此阶段，随着转录泡与RNA聚合酶沿着模板DNA链向前滑动，DNA的双链在RNA聚合酶的中心裂隙内被持续解旋，暴露出模板DNA单链，4种底物核苷三磷酸通过固定的通道进入活性中心，按照模板上的碱基顺序以其互补原则依次被添加到新生RNA链的3′端，并通过3′,5′-磷酸二酯键聚合产生多聚核苷酸链，同时释放焦磷酸。在解链区新生的RNA链与模板DNA链形成RNA-DNA杂交序列。在解链区后面，DNA模板链与原来配对的非模板链重新缠绕成双螺旋状态，RNA链被逐渐释放。

（3）转录终止　　当RNA聚合酶到达DNA模板链上的终止序列（转录终止位点）时，便不再催化形成新的磷酸二酯键，转录泡瓦解，DNA恢复成原本的双螺旋，生成的RNA分子及RNA聚合酶都被从DNA模板上释放出来，转录过程被终止。

（4）RNA前体的加工　　经过转录获取的RNA被称为RNA前体，相比较于成熟的RNA其分子质量大。真核生物的前体mRNA需要经过5′端加帽、3′端加多聚A尾、去除内含子和外显子等剪接、修饰和编辑等加工才能变为成熟的mRNA。原核生物的mRNA分子一经转录通常立即进行翻译，一般不需要转录后加工，但tRNA和rRNA均需经过进一步加工。

2. 酶蛋白的生物合成——翻译　　酶蛋白是基因表达的最终产物，其生物合成通过翻译实现。以DNA转录生成的mRNA为模板，以各种氨基酸为底物，由ATP或GTP提供能量，在核糖体上通过tRNA、酶和辅因子的作用合成多肽链的过程称为翻译。翻译是根据遗传密码的中心法则，将由DNA转录而成的成熟的mRNA中的核苷酸序列解码，并生成对应的多肽链上特定氨基酸序列的过程。

蛋白质的生物合成（翻译）是一个比DNA复制和转录更为复杂的过程。对于不同的生物，蛋白质的生物合成过程虽然不尽相同，但基本过程大致一致，主要包括：氨基酸的活化、肽链合成的起始、肽链的延伸、肽链合成的终止和释放以及新生肽链的折叠和加工。

（1）氨基酸的活化　氨基酸与特异的 tRNA 结合形成氨酰-tRNA 的过程称为氨基酸的活化。蛋白质的生物合成以常见的 20 种游离氨基酸（AA）为底物，只有与 tRNA 相结合的氨基酸才能被准确地运送到核糖体中，参与多肽链的起始和延伸。值得注意的是，只有 tRNA 携带了正确的氨基酸，才能保障多肽链合成的准确性，因此 tRNA 与相应氨基酸的正确结合是蛋白质合成中的关键步骤。氨酰-tRNA 合成酶（aminoacyl-tRNA synthetase）具有氨基酸专一性，它可分别识别氨基酸和对应的 tRNA。此外，每一种氨基酸至少有一种氨酰-tRNA 合成酶，有些氨基酸也可以有多种与其对应的氨酰-tRNA 合成酶。因此，氨酰-tRNA 合成酶在这个过程中发挥了重要作用。

氨基酸在氨酰-tRNA 合成酶的催化作用下，由 ATP 提供能量，与特定的 tRNA 结合生成氨酰-tRNA。其反应如下：

$$AA+tRNA+ATP \xrightarrow{\text{氨酰-tRNA合成酶}} AA\text{-}tRNA+AMP+PPi$$

这个反应实际上分两步完成。第一步是氨基酸活化生成氨酰腺苷酸-酶复合物。

$$AA+ATP+E \Longrightarrow E\text{-}AA\text{-}AMP+PPi$$

第二步是氨酰基转移到 tRNA 3′端的羟基上，生成氨酰-tRNA，同时使酶游离出来。

$$E\text{-}AA\text{-}AMP+tRNA \Longrightarrow AA\text{-}tRNA+E+AMP$$

真核生物中，多肽链合成的第一个氨基酸都是甲硫氨酸（Met），起始的 tRNA 是 Met-tRNA^{Met}。大肠杆菌等原核生物，肽链合成时的第一个氨基酸为甲酰甲硫氨酸（fMet），起始的 tRNA 是 fMet-tRNA^f。

这个反应分两步完成。首先是甲硫氨酸在氨酰-tRNA 合成酶的催化作用下与 tRNA^f 结合，之后在甲酰转移酶的作用下转移一个甲酰基到 Met 的氨基上生成甲酰甲硫氨酸-tRNA^f。

$$Met+tRNA^f+ATP \xrightarrow{\text{氨酰-tRNA合成酶}} Met\text{-}tRNA^f+AMP+PPi$$

$$Met\text{-}tRNA^f \xrightarrow{\text{甲酰转移酶}} fMet\text{-}tRNA^f$$

（2）肽链合成的起始　原核生物中肽链合成是在 GTP、3 种起始因子（initiation factor, IF-1、IF-2、IF-3）和 Mg^{2+}的参与下，核糖体 30S 小亚基首先与 mRNA 模板相结合，再与 fMet-tRNA^f 结合，最后与 50S 大亚基结合，组成起始复合物的过程，主要步骤如下。

1）完整的核糖体在 IF 的帮助下，30S 小亚基与 50S 大亚基解离。30S 亚基与起始因子 IF-3 结合以阻止 30S 小亚基与 50S 大亚基重新结合。

2）30S 核糖体亚基与 mRNA 结合，形成 30S 小亚基-IF-3-mRNA 复合物。

3）fMet-tRNA^f 与起始因子 IF-2 及 GTP 结合，生成 fMet-tRNA^f-IF-2-GTP。

4）在起始因子 IF-1 的参与下，fMet-tRNA^f-IF-2-GTP 与 30S 小亚基-IF-3-mRNA 结合生成 30S 起始复合物。在此 30S 起始复合物中，fMet-tRNA^f 上的反密码子与 mRNA 上的起始密码子 AUG 结合。

5）50S 大亚基与上述复合物结合，形成完整的 70S 核糖体复合物，同时放出 IF-1、IF-2 和 IF-3，并使 GTP 水解生成 GDP 和 Pi。在此 70S 核糖体复合物形成时，fMet-tRNA^f 位于 70S 核糖体复合物"P"部位，而它的"A"部位（氨酰基位）是空位。

原核生物肽链合成的起始阶段如图 3-1 所示。

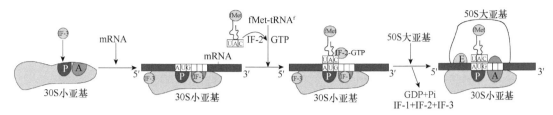

图 3-1 原核生物肽链合成的起始阶段（朱玉贤等，2019）

（3）肽链的延伸 翻译起始复合物生成，第一个氨基酸（fMet/Met-tRNA）与核糖体结合以后，肽链开始延伸。在延伸因子（elongation factor）的参与下，与模板 mRNA 上的密码子对应的氨酰-tRNA 进入核糖体的 A 位，通过肽酰转移酶（peptidyl transferase）的作用，P 位上 fMet-tRNA^f 的甲酰甲硫氨酰基转移到 A 位氨酰-tRNA 的氨基上以肽键结合，形成肽酰-tRNA。接着，mRNA 与核糖体相对移动一个密码子（3 个碱基）的距离，A 位上的肽酰-tRNA 转移至 P 位，而原来在 P 位的 tRNA^f 游离出去。然后根据 mRNA 上的密码编排，下一个氨酰-tRNA 进入 A 位，在核糖体上重复进行成肽和转位的过程。每增加一个氨基酸就要循环一次，使肽链不断延伸，直至终止密码子为止。肽链的延伸过程主要包括如下 3 个步骤。

1）进位：指氨酰-tRNA（AA$_1$-tRNA^1）按照 mRNA 模板的指令进入核糖体 A 位的过程。翻译起始复合物中的 A 位是空闲的，并对应着可读框的第二个密码子，进入 A 位的 AA$_1$-tRNA^1 即由此密码子决定。起始复合物形成以后，延伸因子 EF-T、AA$_1$-tRNA^1 与 GTP 结合成一个复合物，然后进入核糖体的 A 位，这时 GTP 被水解生成 GDP 和 Pi，同时放出 EF-T。通过 EF-T 再生 GTP，进入新一轮循环。

2）成肽：指核糖体 A 位和 P 位上的 tRNA 所携带的氨基酸缩合成肽的过程。肽基转移酶将 P 位 fMet-tRNA^f 的 fMet 转至 A 位 AA$_1$-tRNA^1 的氨基上，以肽键结合生成肽酰-tRNA（fMet-AA-tRNA）。肽基转移酶的化学本质是 RNA，属于一种核酶。在原核生物中为 23S rRNA，在真核生物中为 28S rRNA。

3）转位：指成肽反应后，核糖体向 mRNA 的 3′端移动一个密码子的距离，阅读下一个密码子的过程。在延伸因子 EF-G 和 GTP 的参与下，mRNA 与核糖体相对移动一个密码子距离，使 P 位上的 tRNA 所携带的氨基酸或肽在成肽后交到 A 位上的氨基酸，P 位上卸载的 tRNA 转位后进入 E 位，然后从核糖体脱落。此外，原来在 A 位上的肽酰-tRNA（fMet-AA$_1$-tRNA^1）移位至 P 位，A 位得以空出，同时放出 EF-G、GDP、Pi 和 tRNA^f。然后，下一个氨酰-tRNA（AA$_2$-tRNA^2）进入 A 位，重复上述步骤 2）和 3），使肽链不断延伸，直至终止密码子为止。肽链延伸的过程如图 3-2 所示。

（4）肽链合成的终止和释放 肽链的延伸过程中，mRNA 与核糖体在不断地相对移动，当核糖体的 A 位与 mRNA 的终止密码子（UAA、UAG、UGA）对应时，没有相应的氨酰-tRNA 能与其结合，只有释放因子 RF 识别终止密码子并进入 A 位。RF 的结合可触发核糖体构象改变，将肽基转移酶转变为酯酶，水解 P 位上肽酰-tRNA 中肽链与 tRNA 之间的二酯键。接着，新生肽链、mRNA、RNA 及 RF 从核糖体上释放，70S 核糖体解离成 30S 亚基与 50S 亚基，mRNA 模板、各种蛋白质因子及其他组分可用于重复合成肽链。

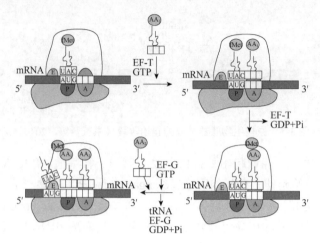

图 3-2　肽链的延伸（朱玉贤等，2019）

研究表明，释放因子有两种（RF-1 和 RF-2），RF-1 能与 UAG 和 UAA 结合，RF-2 能与 UAA 和 UGA 结合，且两者均可诱导肽基转移酶转变为酯酶。

（5）新生肽链的折叠和加工　新生肽链大多不具有生物活性，必须要经过加工修饰才具有完整的空间结构，才能成为成熟的蛋白质。主要的加工修饰过程包括 N 端 fMet 或 Met 的切除、二硫键的形成、肽链的剪切、氨基酸侧链的修饰、肽链的折叠和亚基的聚合。

1）N 端 fMet 或 Met 的切除：原核生物新生肽链 N 端的甲酰甲硫氨酸经脱甲酰酶（deformylase）的水解作用切除 N-甲酰基保留甲硫氨酸。N 端的甲硫氨酸残基往往在多肽链合成之前就在端肽酶的作用下被切除。

2）二硫键的形成：二硫键的正确形成对维持蛋白质的空间构象具有重要的作用。mRNA 中没有胱氨酸的密码子，而不少蛋白质都含有二硫键，这是多肽链内部或多肽链之间的两个半胱氨酸通过蛋白质二硫键异构酶（protein disulfide isomerase，PDI）的氧化作用生成的。

3）肽链的剪切：有些新生的多肽链在氨基端额外生成 15～30 个氨基酸组成的信号序列（信号肽，signal peptide），这些信号肽在引导多肽链穿过膜到达目的地后，将在特异的肽酶作用下除去。此外，许多蛋白质在初合成时是分子质量较大的没有活性的前体分子，它们需经过水解作用切除部分肽段，才能成为有活性的蛋白质分子或功能肽，如胰岛素原变为胰岛素、胰蛋白酶原变为胰蛋白酶等。

4）氨基酸侧链的修饰：直接参与肽链合成的氨基酸约有 20 种，合成后某些氨基酸残基的侧链发生化学修饰使其成为修饰蛋白质，氨基酸侧链的主要修饰作用包括磷酸化（如核糖体蛋白质）、糖基化（如各种糖蛋白）、甲基化（如组蛋白、肌肉蛋白）、乙酰化（如组蛋白）和泛素化（多种蛋白质）等。这些修饰在各自相关酶的作用下完成，如磷酸化主要由多种蛋白激酶催化，发生在丝氨酸、苏氨酸和酪氨酸等 3 种氨基酸的侧链。蛋白质经过修饰后不仅增加了肽链中的氨基酸种类，而且可改变蛋白质的溶解度、稳定性及与细胞中其他蛋白质的相互作用等。

5）肽链的折叠：肽链的折叠是指多肽链的氨基酸序列折叠盘绕成正确的三级结构的过程。由核糖体合成的所有新生肽链都要以正确的折叠方式形成动力学和热力学均稳定的三维构象，才能表现出生物学活性或功能。因此，可以说蛋白质折叠是翻译后形成功能蛋白质的必经阶段。如果蛋白质折叠错误，其生物学功能就会受到影响或丧失，严重者甚至会引起疾病。实际上，细胞中大多数天然蛋白质折叠并不是自发完成的，其折叠过程需要折叠酶或蛋白质的辅助，这些辅助性蛋白质可以指导新生肽链进行正确折叠、组装、运转和降解，被称为分子伴侣（molecular chaperone）。

蛋白质折叠酶是帮助新生肽链折叠为功能蛋白质的一类酶，在催化过程中共价键发生改变。已发现两种蛋白质折叠酶，一种是蛋白质二硫键异构酶（PDI），另一种是肽基脯氨酰顺反异构酶（peptidyl-prolyl *cis-trans* isomerase，PPIase）。前者帮助肽链内或肽链间二硫键的正确形成和异构反应，后者可催化肽酰和脯氨酰之间的肽键在弯折处形成正确折叠（由反式结构转变为有利于肽链转角的顺式结构），使蛋白质形成稳定的构象。

6）亚基的聚合：在生物体内，许多具有特定功能的蛋白质由两条或两条以上肽链构成，各肽链之间通过非共价键或二硫键相互连接，从而维持一定的空间构象，有些还需与辅基聚合才能形成具有活性的蛋白质。由两个或两个以上的亚基组成的寡聚蛋白，在内质网中，通过蛋白质-蛋白质的相互作用，将折叠后的亚基结合在一起，形成具有四级结构的天然构象。

（二）酶生物合成的调节

在自然界，原核生物及单细胞真核生物直接暴露在变幻莫测的环境中，能量供应常常没有保障。因此，为了维持自身的生存和繁衍，它们需要对酶的生物合成进行调节控制，以生成各种不同的酶，使代谢过程适应环境的变化。这些调节控制包括了转录水平上的调节和转录后水平上的调节。其中，转录后水平上的调节又包括了 mRNA 加工成熟水平上的调节和翻译水平上的调节。不同种类的生物遗传物质不同，即使是同一种生物，由于所处环境的不同，其对酶生物合成的调节也存在差异。然而，不管是真核生物还是原核生物都有一套准确完整地调节蛋白质合成的机制。

对于原核生物而言，其细胞结构比较简单，细胞的基因组较小，mRNA 在合成的同时就结合在核糖体上，开始了蛋白质的生物合成，所以原核生物的转录与翻译过程可以在同一空间内完成，并且时间上的差异不大，即转录与翻译相偶联。因此，只要控制原核生物的转录水平，就可控制酶的合成。操纵子学说是现在普遍接受的原核生物基因表达调控的学说，最早是由雅各（Jacob）和莫诺（Monod）于 1961 年首先提出的。1966 年启动子的发现，使这一调节理论不断完善。操纵子（operon）由结构基因、调控序列（启动子和操纵元件）和调节基因组成，其功能是转录 mRNA，与酶的生物合成紧密联系。

结构基因通常包含数个功能上有关联的基因，这些结构基因共用一个启动子和一个转录终止序列，因此转录结束时仅产生一条 mRNA 长链，与多肽链各自对应。这样的 mRNA 分子携带了几条多肽链的编码信息，被称为多顺反子（polycistron）mRNA。

启动子和操纵元件组成操纵子的调控部分。启动子包括了环腺苷酸（cyclic adenylic acid，cAMP）与 CAP 组成的复合物（cAMP-CAP）结合位点和 RNA 聚合酶的结合位点。CAP 是指环腺苷酸受体蛋白（cAMP acceptor protein）或分解（代谢）物基因激活蛋白（cata-bolite gene activator protein，CAP）。启动子是决定基因表达效率的关键元件。只有RNA 聚合酶结合在启动子的相应位点上，转录才有可能开始，否则酶就无法合成。此外，各种原核基因启动序列特定区域内,通常在转录起始点上游-10 及-35 区域存在一些相似序列,称为共有序列。这些序列也决定了原核细胞启动序列的转录活性。这些共有序列中的任一碱基突变或变异,都会导致 RNA 聚合酶与启动子无法结合而抑制转录。

操纵元件是一段能被调节基因产生的别构蛋白(阻遏蛋白、激活蛋白)特异识别和结合的 DNA 序列,位于启动子和结构基因之间,具有操纵酶生物合成时机和速度的作用。

调节基因编码能够与操纵元件结合的蛋白质(阻遏蛋白、激活蛋白)。当阻遏蛋白与操纵序列结合时,空间排挤作用会阻碍 RNA 聚合酶与启动子的结合,或使 RNA 聚合酶不能沿 DNA 向前移动,阻遏转录,介导负性调节。阻遏蛋白介导的负性调节机制在原核生物中普遍存在。值得注意的是,在某些酶的合成调节机制中,阻遏蛋白可以直接与操纵序列结合;而在另一些酶的合成调节机制中,阻遏蛋白本身不能直接与操纵序列结合,只有在相应的效应物(如氨基酸和核苷酸)存在的条件下,两者结合形成阻遏蛋白-效应物配合物,引起阻遏蛋白构象发生变化,才能进一步与操纵序列结合,这种效应物称为辅阻遏物(corepressor)。此外,调节基因还可编码激活蛋白(activin)。激活蛋白可与启动子附近的 DNA 序列结合,增强 RNA 聚合酶活性,使转录激活,介导正性调节。CAP 就是一种典型的激活蛋白。有些基因必须要在激活蛋白的存在下,RNA 聚合酶才能与启动子结合,开始基因的转录。

原核生物中存在两种操纵子类型,即诱导型操纵子和阻遏型操纵子。诱导型操纵子(inducible operon)顾名思义需要诱导物的存在才能发生转录生成 mRNA,进一步合成酶。在无诱导物的情况下,这类操纵子基因的表达水平很低甚至不表达,如乳糖操纵子(lac operon)即典型的诱导型操纵子。对于阻遏型操纵子(repressible operon)而言,基因正常表达,当有阻遏物存在时,转录受到阻遏,如色氨酸操纵子(trp operon)等。研究表明,乳糖操纵子等诱导型操纵子,同时具有分解代谢物的阻遏作用和诱导作用;而色氨酸操纵子等阻遏型操纵子同时具有操纵基因的调节和衰减子的调节两种反馈阻遏作用。此外,启动子上 cAMP-CAP 复合物的结合与否,也对酶的生物合成起调节作用。所以,转录水平的调节主要有 3 种模式,即分解代谢物阻遏作用、酶生物合成的诱导作用和酶生物合成的反馈阻遏作用。

1. 分解代谢物阻遏作用 分解代谢物阻遏(catabolite repression)是指细胞在利用容易被利用的碳源(如葡萄糖)生长时,分解代谢产生的物质会阻遏有些酶,特别是参与分解代谢的酶生物合成的现象,这种现象也可称为葡萄糖效应(glucose effect)。例如,葡萄糖阻遏 β-半乳糖苷酶的生物合成,果糖阻遏 α-淀粉酶的生物合成。代谢产物阻遏的机制较复杂,原因之一可能和启动序列与依赖于 DNA 的 RNA 聚合酶(DNA-dependent RNA polymerase,DDRP)的结合有关。这种结合受某些因子(如 cAMP)的影响。cAMP 是 CAP 或者"cAMP 受体蛋白"(cAMP receptor protein,CRP)活化的必要因子。在进行转录时,只有当 CAP 被 cAMP 活化并同时到达启动子的某结合位点以后,DDRP 才能与启动基因结合,催化转录的进行。葡萄糖经过分解代谢放出能量中的一部分储存在 ATP 中,导致细胞内 ATP 浓度增加。ATP 通过 AMP 和 ADP 发生磷酸化生成,而 AMP 由 cAMP 通过磷酸二酯酶的作用水解生成。因此,细胞内 ATP 浓度增加也会导致 cAMP 浓度下降,而无法形成有效的 cAMP-CAP 配合物。cAMP-CAP 复合物的缺乏,导致结合在启动子上的数量不够，也会阻碍 RNA 聚合酶与启动子的结合，进而阻止转录的发生，酶的生物合成受到阻遏。

随着细胞生长和新陈代谢的进行，ATP 的浓度降低，细胞内 ADP、AMP 和 cAMP 的浓度增加，当 cAMP 的浓度增加到一定水平的时候，足够的 cAMP-CAP 复合物结合到启动子的特定位点上，RNA 聚合酶也随之结合到相应的位点上，酶的生物合成才有可能进行。因此，在培养环境中控制好某些容易降解物质的量，或在必要时添加一定量的 cAMP，阻遏就能得到减轻或解除。

2. 酶生物合成的诱导作用　　某些酶在通常情况下不能合成或者合成很少，但加入某些物质后，就能使酶的生物合成速度正常或者加快，这种现象称为酶生物合成的诱导作用，简称为诱导作用。

加入的能引起诱导作用的物质称为诱导物，它能诱发调节型酶起始合成，引起阻遏蛋白发生别构效应，使其失去与操纵基因结合的能力。酶生物合成的诱导物可以是底物、难以代谢的底物类似物或者催化产物。以前常把底物作为诱导物的首选对象，但这些底物不一定都有诱导作用。现在认为，强有力的诱导物首先是那些难以代谢的底物类似物。例如，β-半乳糖苷酶可以被其作用底物乳糖或者底物类似物异丙基硫代-β-D-半乳糖苷（IPTG）诱导产生。与乳糖相比，IPTG 不易被 β-半乳糖苷酶作用，是一种作用极强的诱导剂，可以极大地提高该酶的产量。因此，在基因工程领域和分子生物学实验中被广泛应用。对于许多分泌到细胞外发挥作用的分解代谢酶来说，它们催化产生的底物也具有很强的诱导能力。例如，半乳糖醛酸作为果胶酶酶解果胶的产物之一，其也可诱导果胶酶的合成；纤维二糖是纤维素酶作用于纤维素的催化反应产物，可诱导纤维素酶的生物合成等。

大肠杆菌在以葡萄糖为碳源的培养基中生物量较高，而在只含乳糖的培养基中几乎不生长。然而，当大肠杆菌表达了以乳糖作为碳源的一系列酶时，便可利用乳糖生长。这是因为在乳糖的诱导下开动了乳糖操纵子（*lac* operon），简称 *lac* 操纵子。大肠杆菌乳糖操纵子中包含了 Z、Y 和 A 三个结构基因，分别编码 β-半乳糖苷酶（使乳糖水解为半乳糖和葡萄糖）、β-半乳糖苷透过酶（使外界的乳糖进入细菌细胞内）、β-半乳糖苷乙酰基转移酶（把乙酰辅酶 A 上的乙酰基转移到 β-半乳糖苷，使 β-半乳糖苷第 6 位碳原子乙酰化）。此外还包括了一个操纵序列 O、一个启动子 P 和一个调节基因 R。

在没有诱导物（乳糖）存在时，*lac* 操纵子处于阻遏状态。此时，R 序列在 PR 启动子作用下表达的 *lac* 阻遏蛋白与 O 序列结合，阻碍 RNA 聚合酶与 P 序列结合，使 RNA 聚合酶脱离 P 序列，导致 S 无法进行转录，酶的生物合成受阻（图 3-3）。然而，在细胞中也会有阻遏蛋白与 O 序列解聚，因此，每个细胞也可产生几个分子的 β-半乳糖苷酶和 β-半乳糖苷透过酶。当培养基中乳糖作为唯一碳源存在时，*lac* 操纵子即可被诱导。然而，真正的诱导剂并非乳糖本身，而是别乳糖（allolactose）。乳糖首先经 β-半乳糖苷透过酶催化、转运进入细胞，之后经原先存在于细胞中的少数 β-半乳糖苷酶催化生成。阻遏蛋白与别乳糖结合，发生别构效应，阻遏蛋白不能与 O 序列结合，使得 RNA 聚合酶与 P 序列结合，启动转录。别乳糖的类似物 IPTG 就是一种具有很强诱导作用的诱导物。

除在 *lac* 操纵子中存在上述分解代谢物阻遏作用和诱导作用以外，半乳糖操纵子（*gal* operon）、阿拉伯糖操纵子（*ara* operon）等也具有相同的调节机制。

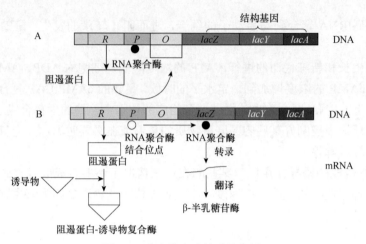

图 3-3　酶生物合成的诱导作用

A. 无诱导物；B. 有诱导物；R. 调节基因；P. 启动子；O. 操纵序列

3. 酶生物合成的反馈阻遏作用　　酶生物合成的反馈阻遏作用（feedback repression）又称为末端代谢产物阻遏，是指在生物的新陈代谢过程中合成某些酶，这些酶催化生成的产物过量积累使这些酶的合成受到阻遏的现象。末端代谢产物阻遏在微生物代谢调节中有重要作用，它保证了细胞内各种物质维持适当的浓度，减少能源消耗。当微生物已合成足量的产物，或外界加入该物质时，就停止有关酶的合成，而缺乏该物质时，又开始合成有关的酶。它常常发生在氨基酸、嘌呤和嘧啶等重要结构元件生物合成的时候。例如，若细胞中积累过量的赖氨酸，便会阻遏天冬氨酸激酶的合成；色氨酸作为色氨酸合成途径的终产物，它的过量积累会反过来对其合成途径中的 4 种酶（邻氨基苯甲酸合成酶、磷酸核糖邻氨基苯甲酸转移酶、磷酸核糖邻氨基苯甲酸异构酶和色氨酸合成酶）的生物合成起反馈阻遏作用。

大肠杆菌色氨酸操纵子（trp operon）就是一个阻遏操纵子。在细胞内无色氨酸时，阻遏蛋白不能与操纵序列结合，因此色氨酸操纵子处于开放状态，结构基因得以表达。当细胞内色氨酸的浓度较高，即阻遏物达到一定浓度时，色氨酸作为阻遏物与阻遏蛋白形成复合物，使阻遏蛋白的结构发生改变，促进了阻遏蛋白与操纵序列的结合。这种情况下，RNA 聚合酶就无法与启动序列结合，色氨酸操纵子被关闭，停止表达用于合成色氨酸的各种酶（图 3-4）。

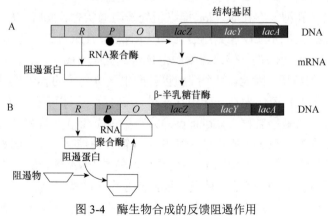

图 3-4　酶生物合成的反馈阻遏作用

A. 无阻遏物；B. 有阻遏物

色氨酸操纵子的有效关闭还有一种促进已经开始转录的 mRNA 合成终止的方式来进一步加强，这种方式称为转录弱化（transcription attenuation），即色氨酸操纵子还可以通过转录弱化的方式抑制基因表达。这种作用是通过利用原核生物中转录与翻译过程偶联进行，在代谢途径终产物过量积累时转录生成前导 mRNA 并翻译生成前导肽来实现的。前导肽都含有若干个相应的氨基酸残基。例如，色氨酸操纵子可翻译成为一个有 14 个氨基酸残基的前导肽，其中含有 2 个连续的（第 10 位和第 11 位）色氨酸残基；苯丙氨酸操纵子生成的由 15 个氨基酸残基组成的前导肽中，有 7 个连续的苯丙氨酸等。原核生物这种在某些氨基酸浓度较高时通过阻遏作用和转录弱化机制共同抑制基因表达的方式，确保了营养物质和能量的合理利用。

（三）酶生物合成的模式

微生物的生长过程通常分为 4 个阶段，即调整期（延滞期）、对数生长期（指数生长期）、稳定期（平衡期）和衰亡期。通过分析比较菌体生长与酶产生的关系，可以把酶生物合成的模式分为 4 种类型，即同步合成型、延续合成型、中期合成型和滞后合成型。

1. 同步合成型 同步合成型是指酶的生物合成与细菌的生长（速度）是完全同步的模式。菌种合成酶速度与细胞生长速度紧密联系，又称为生长偶联型。此类酶的特点是其生物合成量随着细胞进入对数生长期而大量增加；当进入稳定期后，合成也随之停止。大部分组成酶及有些诱导酶（如 NO_2^- 还原酶、耐酸性 α-淀粉酶）的生物合成模式属于此类型。例如，当黑曲霉 PZ301 在含有麸皮、淀粉、$(NH_4)_2SO_4$ 的培养基中生长时，可以诱导耐酸性 α-淀粉酶的生物合成，且酶的生物合成与菌体的生长同步，这属于同步合成型（图 3-5）。该类酶的生物合成可以由其诱导物诱导，但不受分解代谢物的阻遏，也不受产物的反馈阻遏。此外，该类型酶所对应的 mRNA 很不稳定，其寿命一般只有几十分钟。在细胞进入稳定期后，新的 mRNA 不再生成，原有的 mRNA 被降解后酶的生物合成随即停止。

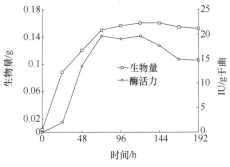

图 3-5 黑曲霉 PZ301 的产酶历程
（吴茜茜等，2012）

2. 延续合成型 延续合成型是指酶的生物合成在细胞的生长阶段开始，在细胞生长进入稳定期后，仍可以在之后的一段时间内通过其对应的 mRNA 翻译合成的一种模式。属于该类型的酶可以是组成酶，也可以是诱导酶。例如，黑曲霉在以半乳糖醛酸或果胶为单一碳源的培养基中生长时，在这两种物质的诱导作用下，合成多半乳糖醛酸酶（polygalacturonase，EC3.2.1.15）。当黑曲霉在以半乳糖醛酸为诱导物的培养基中培养一段时间后（约 40h），细胞生长进入对数生长期，此时，多半乳糖醛酸酶开始合成。当细胞生长达到稳定期（约 80h）后，细胞生长达到平衡，该酶仍持续合成，直至 120h 以后，呈现出延续合成型的合成模式。

当以含有葡萄糖的粗果胶为诱导物时，细胞生长速度较快，细胞浓度在 20h 达到高峰，但是多半乳糖醛酸酶的生物合成由于受到分解代谢物阻遏作用而推迟至葡萄糖被细胞利用完之后才开始进行。若果胶中所含葡萄糖较多，就要在细胞生长达到稳定期以后，酶才开始合成，呈现出滞后合成型的合成模式。

由此可见，该类酶的生物合成可以受诱导物的诱导，在细胞生长达到稳定期后仍然可以延续合成，这也说明此类酶所对应的 mRNA 相当稳定，在稳定期后相当长的一段时间内仍然可以通过翻译合成相对应的酶。此外，有些酶所对应的 mRNA 相当稳定，其生物合成又受到分解代谢物阻遏。因此，当培养基中没有阻遏物时，这类酶的生物合成呈现延续合成型，而在有阻遏物存在时，转为滞后合成型。

3．中期合成型　　中期合成型是同步合成型的一种特殊形式。两种类型酶合成方式的不同是因为酶开始合成的时间不同。中期合成型的酶特点是在细胞生长一段时间后才开始生物合成，当细胞生长进入稳定期以后，酶的生物合成也随之停止。这主要是属于中期合成型的酶的生物合成受到产物的阻遏作用或者分解代谢物的阻遏作用，进而导致合成时间延迟。此外，这类酶所对应的 mRNA 稳定性较差，因此，进入稳定期后 mRNA 被降解，酶的生物合成停止。

枯草杆菌碱性磷酸酶（alkaline phosphatase，EC3.1.3.1）的生物合成模式属于中期合成型。这是由于该酶的合成受到其反应产物无机磷酸的反馈阻遏，而磷又是细胞生长所必不可缺的营养物质，培养基中必须有磷的存在。因此，当细胞开始生长时，培养基中的磷阻遏碱性磷酸酶的合成，只有在细胞持续生长直至培养基中的磷几乎被用完（低于0.01mmol/L）的阶段，该酶才开始大量生成。然而，由于碱性磷酸酶所对应的 mRNA 不稳定，寿命只有 30min 左右，因此当细胞进入稳定期后，酶的生物合成随之停止。

4．滞后合成型　　滞后合成型是在细胞生长开始一段时间甚至达到稳定期之后，才开始酶的生物合成并大量积累的一种合成模式，又称为非生长偶联型。这一类型酶的生物合成受到培养基中存在的阻遏物的阻遏作用，只有当阻遏物几乎被细胞消耗完，阻遏作用解除，酶才能大量合成，而且其 mRNA 的稳定性较好，即使细胞进入稳定期后，仍能持续合成其所对应的酶。这种模式能够有效调节酶的合成速度与底物供应之间的平衡，避免酶的浪费。若培养基中无阻遏物，则该类酶的合成可以转为延续合成型。

许多水解酶的生物合成都属于这一类型。例如，黑曲霉羧基蛋白酶或称为黑曲霉酸性蛋白酶在微生物生长至 24h 后进入稳定期时才开始合成并大量积累，直至 80h，酶的合成还在继续。进一步研究发现，在该酶的合成过程中，添加放线菌素 D 可抑制 RNA 的合成。在添加放线菌素 D 几个小时以后，羧基蛋白酶的生物合成继续正常进行，说明该酶所对应的 mRNA 的稳定性很高。

综上所述，酶所对应的 mRNA 的稳定性、是否受诱导物或者阻遏物的影响都是影响酶生物合成模式的主要因素。当 mRNA 稳定性较好时，在细胞生长进入稳定期以后，仍能合成其所对应的酶。当 mRNA 稳定性较差时，酶的生物合成随着细胞生长进入稳定期而停止。那些不受培养基中存在的某些物质阻遏的酶，可以伴随着细胞生长而开始其生物合成，而受到培养基中某些物质阻遏的酶，则要在细胞生长一段时间甚至在稳定期后，才开始合成并大量积累。

在酶的发酵生产中，最理想的合成模式是延续合成型。因为属于延续合成型的酶，在发酵过程中没有生长期和产酶期的明显差别。酶在细胞进入生长期时就开始大量合成，直至细胞生长进入稳定期以后，仍可持续合成较长的一段时间，有利于提高产酶率和缩短发酵周期。因此，对于其他合成模式的酶，应采取措施使它们的生物合成模式更接近延续合成型。例如，对于 mRNA 稳定性较差的菌株，在工业发酵中可以通过适当降低发酵温度来提高其对应的 mRNA 的稳定性，也可以通过常规理化诱变、基因工程、基因定位突变和细胞融合等先进技术选育优良菌株。对于受到反馈阻遏作用的酶，应设法降低培养基中阻遏物的浓度，以减少或解除阻遏作用，使其生物合成尽早开始。此外，通过添加理想的诱导物和利用人工神经网络及遗传算法优化工艺条件，以提前酶的生物合成时间，并尽量延长酶的生物合成过程。

二、微生物发酵产酶工艺

通过预先设计和人工操作，利用微生物的生命活动获得所需酶的技术过程，称为酶的发酵生产（fermentation production）。

微生物的研究历史较长，而且微生物具有种类多、易培养、代谢能力强等特点，在酶的生产中被广泛采用。虽然微生物所产酶的种类繁多，产酶菌种各异，但发酵生产的工艺是相似的。微生物发酵产酶的工艺流程如图 3-6 所示。

（一）培养基的配制

培养基是指用于微生物培养和发酵的人工配制的各种营养物质的混合物。它是微生物纯种培养的基础，直接影响微生物菌体的生长、代谢、酶的合成和纯化。因此，在设计和配制培养基时，要根据不同微生物及用途的要求，确定培养基中

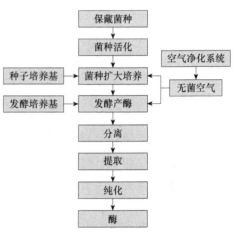

图 3-6　微生物发酵产酶的工艺流程

的成分和配比，并要调节至所需的 pH，以满足细胞生长、繁殖和新陈代谢的需要。同一种微生物用于生产不同物质时，所要求的培养基有所不同，有些微生物在生长、繁殖阶段与发酵阶段所要求的培养基也不一样，必须根据需要配制不同的培养基。

微生物的培养基类型繁多，根据培养基形态可分为固体培养基（常温下呈固体状态的培养基）和液体培养基（培养基中 80%～90% 是水，呈现液体状态）。根据其用途可分为孢子培养基（用于菌种的孵化和复壮）、种子培养基（用于菌种的扩大培养）、发酵培养基（用于微生物的大规模培养，从而获得大量酶）、补料培养基（在较短的发酵周期内，向培养基中添加一些营养物质，促进酶的生物合成）和生长培养基（用于快速大量积累菌体，以增加菌体浓度，为第二阶段的产物大量生产做准备）等。根据发酵工业生产过程可分为斜面培养基（用于菌种活化及其生长、繁殖或保藏）、种子培养基（在短时间内获得数量多、质量好的优质菌种）和发酵培养基（发酵生产所需培养基，是决定发酵生产的重要因素）。

虽然培养基的种类多种多样，但其基本组分大致相同，一般包括碳源、氮源、无机盐、水和生长因子等几大类组分。

1. 碳源　　碳源是指能够为微生物生长提供碳元素的一类营养物质。在细菌、酵母和霉菌的细胞干物质中，碳约占 50%，其是菌体生长发育必需的能源物质。此外，碳也是所有

酶的重要组成元素，所以，碳源是微生物生长、繁殖和产酶过程中必不可少的营养物质。

各种微生物及处于不同条件下的微生物，对碳源的利用能力不同。因此，对碳源的选择应当以微生物的营养需要和代谢调控两个方面为依据。此外，在工业发酵中，还要考虑原料的安全性和经济效益、是否会对酶的分离纯化造成影响等因素。目前，大多数产酶微生物以淀粉或其水解产物如蔗糖、淀粉水解糖、麦芽糖、葡萄糖等为碳源。例如，黑曲霉具有淀粉酶系，可以采用淀粉为碳源；假丝酵母生产脂肪酶只能利用葡萄糖；酵母只能以蔗糖或葡萄糖等为碳源。此外，有些微生物也可以采用脂肪、甘油、烃和醇等为碳源。除上述情况外，若遇到碳源短缺等特殊情况，蛋白质水解物或者氨基酸等也可作为碳源被微生物利用。此外，某些碳源也可以作为诱导物促进酶的合成，如甘露聚糖可诱导甘露聚糖酶的生成。因此，选择适宜的碳源对于提高相应酶的产量及定向地促进某些酶的合成非常重要。对于生产分解代谢有关的酶类应避免使用易被利用的碳源，同时要控制碳源的含量，否则可能导致分解代谢产物阻遏。例如，果糖对 α-淀粉酶的生物合成有阻遏作用，而淀粉对 α-淀粉酶的生物合成有诱导作用。因此，在 α-淀粉酶的发酵生产中，应当选用淀粉为碳源，而不采用果糖为碳源。

2. 氮源　　氮源是构成菌体蛋白质和核酸的重要元素，也为菌体的新陈代谢提供氮元素或者能量。除氧和碳外，微生物细胞的干物质中氮的含量最多。此外，氮也是各种酶分子的组成元素。所以，氮源是微生物发酵产酶过程中必需的营养物质。

氮源包括有机氮源和无机氮源两大类。有机氮源主要是各种蛋白质及其水解产物，如黄豆饼粉、花生饼粉、酪蛋白、玉米浆、酵母膏、酵母粉、蛋白胨、牛肉膏、多肽等。无机氮源是各种含氮的无机化合物，如铵盐、硫酸铵、磷酸铵、氨水和硝酸盐等。从分子态的氮到复杂的含氮化合物都能被不同的微生物利用，不同微生物对氮源有不同的要求。菌体的不同生长和产酶阶段对氮源的要求也不同，应当根据微生物的营养要求进行选择和配制。一般来说异养型微生物要求用有机氮源，自养型微生物可以采用无机氮源。例如，利用橘青霉生产 5'-磷酸二酯酶，菌的生长和产酶都以有机氮效果为好。黑曲霉生产淀粉酶，用硝酸盐可使其产酶率显著提高。对于绿色木霉来说，有机氮可促进其生长，而铵盐或硝酸盐却有利于其纤维素酶的合成。

此外，碳和氮两者的比例，即碳氮比（C/N ratio），在某些情况下也会影响细菌的生长和酶的合成。例如，较低的碳氮比可促进蛋白酶的合成，但是在发酵后期，培养基的 pH 升高（碱性），又会阻遏蛋白酶的生成。因此，在发酵产酶过程中，需将碳氮比控制在适宜的范围。对于碳氮比的测量，可以通过测定和计算培养基中碳元素和氮元素的含量而得出。有时也可用培养基中所含的碳源总量和氮源总量之比来表示。这两种比值是不同的，有时相差很大，在使用时要注意。

3. 无机盐　　微生物在生长、繁殖和产酶过程中，需要某些无机盐来提供微生物生命活动所必不可缺的各种无机元素如钾、镁、锌、铜、铁、磷、钠、钙、锰等，以作为其生理活性物质的构成或用于生理活性作用的调节。不同的无机元素在微生物生命活动中的作用有所不同。有些是微生物的主要组成元素如磷、硫等；有些是酶分子的组成元素，如磷、硫、锌、钙等；有些作为酶的激活剂调节酶的活性，如钾、镁、锌、铜、铁、锰、钙、钼、钴、氯、溴、碘等；有些则对 pH、氧化还原电位、渗透压起调节作用，如钠、钾、钙、磷、氯等。

根据微生物对无机元素需要量的不同，无机元素分为大量元素和微量元素两大类。大量元素主要包括磷、钾、钠、钙、镁、氯等；微量元素主要包括铜、锰、锌、钼、钴、溴、碘等，微量元素是微生物生命活动必不可少但是需要量微小的元素。无机元素一般通过在培养基中添加无机盐来提供，如水溶性的硫酸盐、磷酸盐、盐酸盐或硝酸盐等。有些微量元素在配制培养基所使用的溶液中已经足量，不必再添加。

4．水 水是所有发酵工业培养基的主要组成成分，它不仅直接参与一些微生物的重要代谢，而且是进行代谢反应的内部介质。微生物特别是单细胞微生物由于没有特殊的摄食及排泄器官，其营养物、代谢物、氧气等必须溶解于水后才能进入微生物细胞内参与正常的代谢活动。对于发酵工厂来说，洁净、稳定的水源至关重要，尤其是在不同水源中各种矿物质含量的差异可显著影响微生物代谢。

5．生长因子 从广义上讲，生长因子是指细胞生长繁殖不可缺少的微量有机化合物，主要包括各种氨基酸、嘌呤、嘧啶、维生素等。生长因子只为本身缺少合成某一种或某几种生长因子能力的微生物所必需，如营养缺陷型微生物。对于这类微生物，通过在培养基中添加所需的生长因子，便能保证微生物的正常生命活动。在酶的发酵生产中，一般在培养基中添加含有多种生长因子的天然原料水解物，如酵母膏、玉米浆、麦芽汁、麸皮水解液等，也可以加入某种或某几种提纯的有机化合物。

除上述提到的物质外，在发酵培养基中也经常加入其他有助于调节微生物生长和酶合成的物质，如代谢抑制剂、代谢促进剂、前体物质或消泡剂等。例如，利用米曲霉合成蛋白酶时，向培养基中加入 2%的大豆乙醇提取物，蛋白酶的合成酶体系活性增强，从而提高蛋白酶的产量；在培养基中加入聚乙烯醇，有利于筋状拟内孢霉产生糖化酶。对于产生泡沫较多的发酵过程，通常需要向发酵培养基中加入少量消泡剂，如吐温系列、植物油脂等，以消除泡沫对发酵的影响，同时防止杂菌的污染。

培养基在设计时通常要遵循以下原则。①适应性强，对发酵无不良影响。②发酵原料尽量来源广泛、廉价，如以废代好、以纤维素代替糖类、以粗加工代替精加工等。③底物转化率高。在培养基成分选择时，应考虑菌种的同化能力，从而保证所选用的培养基成分是能被微生物所利用的。例如，葡萄糖几乎是所有微生物都能利用的碳源，但在工业发酵上，直接选用葡萄糖作为碳源，成本相对较高，一般采用淀粉水解糖。④发酵过程能耗低。有些培养基黏度较大，溶氧率较低，通气量和搅拌功率便会增大，增加劳动力，使生产成本增加。因此，选择培养基时要充分考虑发酵过程能耗以降低生产成本。

（二）菌种活化与扩大培养

菌种在发酵工业中起着至关重要的作用，是决定酶的质量和产量的灵魂。在进行发酵产酶之前，应选取优良的微生物进行保藏。常用的菌种保藏包括斜面保藏、沙土管保藏、真空冷冻干燥保藏、低温保藏、石蜡油保藏、磁珠保藏等方法。具体的保藏方法应根据微生物的生理、生化特点选取，以保持微生物的生长、繁殖和产酶特性。例如，石蜡油保藏主要适用于放线菌、霉菌、酵母和某些丝状真菌（如青霉属、曲霉属）等不能分解烃类物质的微生物；沙土管适用于产孢子的微生物。

在酶的生产之前,应通过无菌操作将处于休眠状态的保藏菌种接种于新鲜的培养基上,在一定的条件下进行培养,使菌种的生命活性得以恢复,这个过程称为菌种活化。对于规模化大容积发酵而言,单个试管或者摇瓶里的少量菌种无法达到发酵生产所需的菌种数量和质量,必须将已活化的菌种在种子培养基中经过一级乃至数级的扩大培养,以获得足够数量的代谢旺盛、活力强的优质菌种。因此,种子扩大培养是发酵工业的重要环节。

种子扩大培养是指将保存在石蜡油、沙土管等中处于休眠状态的菌种接入液体或者固体培养基活化后,经过扁瓶、摇瓶和种子罐逐级扩大培养,以获得足够数量的高质量的纯种的过程。通常,接种的菌种的种龄应处于生命力旺盛的对数生长期。种龄过老或过年轻,扩大培养时间过短,不但会使发酵周期延长,而且会降低产酶量。不同菌种或同一菌种在不同发酵工艺条件下,其接种龄要求也不同。通常要经过多次试验,根据发酵产量来确定最适合的接种龄。接入下一级种子扩大培养或发酵罐的种子量一般为下一工序培养基总量的 1%～10%。接种量过多会导致菌体生长过快,从而增加种子液或发酵液的黏度,使溶解氧不足,影响菌种质量或酶的合成。接种量过少,则会延长发酵周期,也会增加杂菌污染的可能性。此外,由于各种微生物的特性及其对培养环境的要求不同,因此,对不同的菌种扩大培养也有所区别。工业发酵中的种子制备包括实验室种子制备和生产车间种子制备两个阶段。在实验室种子制备阶段是将保藏的菌种接种至液体培养基或固体培养基中进行扩大培养;生产车间种子制备阶段是利用种子罐扩大培养。在实验室种子制备阶段,通常依据菌体产孢子的能力来选择培养基。固体培养基适用于产孢子能力强及孢子发芽、生长繁殖迅速的菌种,孢子可直接作为种子罐的种子。相反,则利用摇瓶液体培养法,将孢子接入含液体培养基的摇瓶中,恒温振荡培养,将获得的菌体作为种子。对于不产孢子的菌种,一般用斜面保藏的方式保藏菌种,并于使用前在一定温度下活化,再移入摇瓶液体培养基中培养一段时间,获得的菌液即可作为种子罐的种子。孢子或摇瓶菌体扩大培养的种子在实验室制备好后,可移至种子罐进行扩大培养。在生产车间种子制备阶段要采用易被生产菌种利用的营养成分如葡萄糖、玉米浆、无机盐等。对于好氧菌来说,还需向种子罐补充足够的无菌空气,并不断地以合适的力度和速度进行搅拌,使菌体在种子液中均匀分布,充分利用营养物质和溶解氧,以保证好氧菌的代谢正常。

值得注意的是,对于丝状真菌来说,其既可以利用孢子,也可以利用繁殖体菌丝作为接种物。一些丝状真菌无法产生孢子或产量很低,必须要用菌丝作为接种物。在利用菌丝作为初级种子时,应在接种前用匀浆器将菌丝打成碎片,以获得大量的菌丝段,有利于该菌的快速生长。此外,有些菌种需同时培养孢子和菌丝体,如高山被孢霉发酵的种子扩大培养。对于这类菌,首先,要将保藏菌种进行斜面活化,待其长出孢子后,用适量的无菌水洗涤以获得孢子悬液;其次,以 8%～10%的接种量将孢子悬液接种至种子培养基中;最后,在一定条件下进行培养得到菌丝体作为发酵生产用的种子培养物。总的来说,选择何种种子扩大培养应根据菌种的种类和生产实践结果来确定。

（三）微生物发酵产酶

酶的发酵生产根据微生物培养方式的不同,主要分为液体发酵法和固体发酵法,微生物和酶的种类决定了所用的发酵方法。

1. 液体发酵（liquid fermentation）法　　液体发酵法指微生物利用液体培养基生长、繁殖和产酶。根据供氧方式的不同又分为液体表面发酵法和液体深层发酵法。液体表面发酵法，又称液体浅盘发酵法或液体静置培养法。此法是将已接种后的液体培养基倾倒在可密闭的发酵箱的浅盘中薄薄一层，液体厚度1～2cm，然后向盘架间通入无菌空气以供给氧气，在菌种的适宜温度下进行发酵。利用此法进行发酵产酶时无须搅拌，因此动力消耗少。然而此法所用培养基的灭菌需在单独的设备中进行，且整个过程控制杂菌污染较难，而且发酵所需场地也比较大。液体深层发酵是在液体培养基中接种微生物，在一定的条件下进行发酵，这是目前在中国酶制剂生产中应用最为广泛的方法。液体深层发酵法从培养基灭菌、冷却到发酵都在同一罐内进行，机械化程度较高，酶的产率较高，质量较稳定，产品收得率较高。

液体发酵法根据操作方式的不同，又可分为分批发酵法、补料分批发酵法、半连续发酵法及连续发酵法4种。

（1）分批发酵法　　分批发酵法是指一次性投料、接种直到发酵结束，除气体流通外发酵液始终留在发酵罐内。此法是一种封闭培养法。分批发酵过程中，微生物通常要经历4个时期，即调整期、对数生长期、稳定期和衰亡期。在发酵初期，菌体对新的生长环境有一个适应过程，因此在接种后一段时间内细胞数量几乎保持不变，即延滞期。延滞期长短主要取决于微生物种子的质量、接种量及培养基的条件。在工业生产中，应从发酵产率和发酵指数及避免染菌污染方面综合考虑，尽量缩短延滞期，延长生长期。通常在接种时，选择对数生长期且达到一定浓度的微生物种子。延滞期过后即进入微生物生长的第二个阶段——对数生长期。在此阶段，培养基中的条件良好，营养充分，微生物生长速率逐渐增加，之后达到最大生长速率。经过一段时间后，由于培养基中营养物质的消耗和微生物产物的分泌，微生物的生长速率衰减，即进入衰减期。衰减期的长短取决于微生物对限制性基质的亲和力。若微生物对基质的亲和力强，则衰减期很短，反之，则长。当微生物的净生长率下降为零时，便进入稳定期。该时期微生物处于生长和死亡的动态平衡。这一时期菌体代谢仍然十分活跃，有许多次级代谢产物在此时合成。随着培养基中营养物质被微生物大量耗尽，对菌体生长有害的代谢产物在培养基中大量积累，菌体发生死亡、自溶。在工业发酵中，发酵终点一般选在衰亡期出现之前。

分批发酵的操作简便，运行周期短，染菌的机会减少，生产过程、产品质量较易掌握。此外，分批发酵中的微生物会在对数生长期以最大生长速率生长。目前，分批发酵在工业生产中仍然具有重要的地位，但是分批发酵过程中存在基质限制或代谢产物抑制等问题，可导致微生物的生长受到限制。此外，当用两种不同类型的碳源作为底物时，还会出现底物分解阻遏效应及二次生长现象。尤其是分批操作时，每次工作前都要进行设备、材料、培养基等的灭菌，消耗较多的人力和时间等，生产效率相对较低。

（2）补料分批发酵法　　此法是在分批发酵过程中补加新鲜培养基，而不从发酵体系中放出发酵液，直至发酵液体积达到发酵罐最大容量。补料分批发酵法可以持续供给菌体生长和维持所需的营养，使得发酵液中保持较高的活菌体浓度。此外，不断地补料有利于降低发酵液的黏度，改善流变学性质，强化好氧发酵的供氧。然而，随着发酵的持续进行，有害代谢产物在发酵体系中积累而无法排出，最终也会阻遏酶的合成。

（3）半连续发酵法　　半连续发酵法是在分批发酵的基础上，周期性地放出部分含有产物的发酵液，然后再补加同等体积的新鲜培养基的方式，也称为半连续培养、反复分批培养或换液培养。半连续发酵法可以保证发酵体系中营养充分，有助于缓解产物抑制和避免代谢副产物的积累，并保证通气条件，从而改善了微生物的培养环境，有利于酶的继续合成。然而，此方法排出部分发酵液，可能导致处于生长期的菌体和发酵液中的养分浪费，一些经代谢产生的前体物质也可能丢失，且可能导致一些非产酶突变菌株的生长。

（4）连续发酵法　　连续发酵法是在发酵过程中，在添加新鲜培养基的同时以相同的速率放出等量的发酵液，使得发酵液维持在原来体积的方式。连续发酵是一个开放系统，添加新鲜培养基和放出发酵液的速率应与微生物细胞生长和产酶速率一致，这样可以使微生物细胞保持在恒定的状态下生长和产酶而区别于瞬变状态的分批发酵。连续发酵对于微生物典型的生长曲线来说，实际上是尽量缩短或消除延滞期，使菌体一直处于良好的条件下，并以最大生长速率生长，以获得较高的菌体量。

连续发酵通常分为单级连续发酵和多级连续发酵，前者是最基本的模式。当发酵处于恒定的状态且最大比生长速率高于稀释率时，升高稀释率会提高产物的产率。然而，产物的产率并非一定与收率同步，这也是单级连续发酵的不足。因此，在连续发酵工艺中附加发酵罐进行分批发酵也是常用的一种方式。若菌体生长和产物合成的最佳条件不同，常采用多级连续发酵。例如，红曲霉利用葡萄糖和半乳糖培养基生产 β-半乳糖苷酶时，为了避免葡萄糖对半乳糖的竞争性抑制作用，以及不会对菌体的生长造成影响，会先培养菌体再诱导 β-半乳糖苷酶合成。连续发酵从控制方法上分为恒化器培养和恒浊器培养。前者是控制发酵液中限制性基质的流速，使发酵液中限制性基质的浓度保持恒定；后者是控制培养基流加的流速，使得发酵液中的细胞浓度维持恒定，即发酵液的浊度保持在一定范围内。一般多用恒化器，但有时恒化器也会有偏差或异常。由于不完全的搅拌和器壁黏附，恒化器的改良可以通过增加容器的级数、将菌体反馈到容器中等手段来实现，如多级恒化器、内部反馈系统和外部反馈系统。恒浊器可以避免在发酵早期微生物细胞完全流出。

连续发酵与分批发酵和补料分批发酵相比，发酵过程中各参数趋于恒定，便于自动控制，且可以在不同的发酵罐中控制不同的条件，大大提高了劳动生产率，同时还可能打破酶合成过程中的反馈阻遏，使产酶率显著提高。例如，用野生型的铜绿色极毛杆菌生产酰胺酶，乙酰胺等可以诱导它的合成，但乙酸等能阻遏其产生。与分批发酵相比，在乙酰胺等诱导物存在的条件下进行连续发酵时，产酶率可提高 12 倍以上。然而，连续发酵需要长时间向发酵体系中输入无菌的空气和培养基，有极大的可能性被杂菌污染，且长时间连续发酵导致菌株出现突变的概率增大。因此，采取措施规避杂菌污染和菌株变异是连续发酵的关键。连续发酵现也常用于突变株筛选。这一方法若获得成功，将会大大提高酶制剂工业的技术水平和经济效果。

2. 固体发酵（solid state fermentation）法　　固体发酵法是在固体或者半固体的培养基中接种微生物，在一定条件下进行生长、繁殖和代谢，以获得所需酶的发酵方法。固体基质既可以是营养物质的来源，也可以是浸渍了适当营养物质的支撑物，以保证微生物的正常生长代谢。20 世纪 90 年代以来，随着能源危机和环境问题日益严重，人们重新开始审视固体发酵的优点，并不断在原料、工艺和设备等方面进行大量深入的研究，使固体发酵在酶制剂领域取得了长足的进展。

根据固体发酵微生物的特点分为厌氧固体发酵、好氧发酵与兼性好氧发酵。厌氧固体发酵生产一般采用窖池堆积，压紧密封进行发酵。对于好氧发酵的菌体，将接种后的培养基平铺在容器表面，静置发酵，也可以通气或翻动，使微生物获得氧并除去发酵产生的热。因通气、翻动、设备条件、发酵菌种和产物等的不同，固体发酵的反应器和培养室也是多种多样的。固体发酵方式包括浅盘法（将灭菌后的固体培养基平铺在浅盘或竹匾内，厚度为3～5cm，接种后放在控温的曲房内进行培养和产酶）、转桶法（在无菌的固体培养基中接入菌种后，放在可旋转的转桶内，当桶慢慢转动时，培养基即在转桶内翻动）和厚层通气法（将灭菌后的固体培养基堆积20～30cm，拌入种曲后，平铺在水泥制的具有多孔假底的大池内）。利用浅盘法进行发酵所占用曲房面积大，曲盘数量多，劳动强度大，且产量和质量不易稳定，现代工业生产已很少应用。转桶法发酵时通气及温湿度调节较为均匀，有利于控制微生物生长和产酶的适宜条件。与浅盘法相比，转桶法的机械化程度较高，劳动强度有所减轻，但转桶的清洗灭菌操作较难。与前两种方法比较，厚层通气法能够保证室内同时保持一定温度和相对湿度进行培养，发酵中途无须人工翻曲，可大幅度减轻劳动强度。

固体发酵的含水量一般为30%～80%，固形物的量大，一般要求发酵菌数量超过发酵原料的10%，因此菌种需由单菌扩大培养为菌母。首先，将预处理后的原料进行热蒸汽灭菌；其次，在这些原料中加入无机氮源和营养盐等；最后，加入菌母并搅拌混合进行发酵。固体发酵具有以下优点：①固态发酵所用的设备简单、操作方便；②培养的微生物靠近底物，可实现最高浓度的底物发酵，特别适用于各种霉菌；③发酵环境更接近自然环境，也适用于丝状真菌的发酵产酶，在这种环境下，其产生的酶系更全面；④与深层发酵所产气泡的表面积相比，固体颗粒提供的液体表面积更大，因此，气体传递速率远大于液体发酵。固体发酵也存在一些不足之处：①与液体培养相比，菌株在接近自然环境中生长、繁殖和代谢，有可能产生其他酶和代谢物，如菌毒素等；②固体发酵的劳动强度较大、生产周期较长，且微生物新陈代谢积蓄的热量若不能及时散发，会造成培养基温度过高，进而抑制微生物正常的生命活动；③固体发酵是非均相反应培养过程，对温度、pH的变化、细胞增殖、培养基原料消耗和成分变化等的检测较为困难，不能及时进行调节，因此过去大部分发酵过程都依赖经验。随着科学技术的发展和计算机的应用，近来关于固体发酵过程传热、传质、数学模型的放大方面的研究有显著进展，有助于解决这一问题。

（四）酶的发酵染菌及其控制

如果发酵过程中污染了杂菌，会导致发酵无法正常进行或使酶产物分离困难，因此，从种子制备到发酵结束的全过程，应定时取样，进行无菌检查，以尽早发现染菌并及时做出恰当处理，避免染菌带来的损失进一步加重。

1. 无菌检查　从培养基灭菌后到放罐前，应每隔8h取样一次做无菌检查。常用的确定是否染菌的方法主要有以下几种：平板划线法、斜面培养法、肉汤培养法和显微镜检查法。对于噬菌体检查，也可采用双层平板法。此外，发酵过程中出现的异常现象如溶解氧、pH、发酵液黏度等的异常，都可能是产生污染的重要信息，可根据这些信息分析发酵是否染菌。

2. 染菌的处理　　杂菌污染的处理方法应根据染菌的时间和程度及杂菌的危害而定。若是种子罐染菌，应将种子液高压灭菌后放掉。若是发酵罐前期染菌，通常应迅速重新灭菌，再进行接种。如杂菌量很少且生长缓慢，可继续进行，但要时刻注意杂菌的数量变化。发酵中期染菌时，由于营养成分大量消耗或耗尽，发酵产物大量积累，可根据所染菌的性质分别处理。若污染细菌，可加大通气量或增加盐酸，降低发酵液的pH，抑制细菌的生长；若污染酵母，可以加入 0.025～0.035g/L 的杀菌剂硫酸铜，并提高通气量，以抑制酵母生长。若发酵后期染菌，一般可继续发酵，污染加重，应提前放罐。被杂菌污染的发酵罐放罐后，应用甲醛等化学物质处理，再用蒸汽灭菌，并进行严密检查，以防止渗漏及下一轮的染菌。

3. 染菌的原因　　造成染菌的原因很多，主要有种子带菌、空气带菌、设备泄漏、灭菌不彻底和操作失误等。通常，空气染菌是最主要的原因。一旦发酵过程中出现染菌情况，应从以上几方面着手找出原因，并及时补救。

三、发酵产酶工艺的控制

在工业生产过程中，酶的发酵生产是以获得大量所需酶为目的，同时通过缩短发酵周期和降低原料成本来实现这一目标。因此，在酶的发酵生产中，除选择性能优良的产酶微生物以外，还必须控制好各种工艺条件，并在发酵过程中，根据发酵过程的变化情况进行调节，以满足细胞生长、繁殖和产酶的需要。一般发酵过程中的工艺控制主要有以下几方面：温度的控制、pH 的控制、溶解氧的控制、诱导物的控制、阻遏物的控制、表面活性剂的控制和产酶促进剂的控制。

（一）温度的控制

生命活动可看作是相互关联的酶促反应，而任何化学反应都与温度有关。因此，温度是影响微生物生长、繁殖和产酶的重要物理因素之一。通常，在生物学范围内温度每升高10℃，微生物的生长速度就加快一倍。由于微生物的新陈代谢加快，产酶期提前。但是，只有在一定的温度范围内，微生物才能正常繁殖和维持正常的新陈代谢。温度过高容易导致微生物体内的酶失活，菌体死亡。不同的微生物有各自对应的最适生长温度。例如，黑曲霉的最适生长温度为 35～37℃；枯草杆菌的最适生长温度为 34～37℃。

有些微生物发酵产酶的最适温度与细胞生长最适温度不同，而且往往低于生长最适温度。例如，采用酱油曲霉生产蛋白酶，在 28℃ 的温度条件下，其蛋白酶的产量比在 40℃ 条件下高 2～4 倍。这是由于在较低的温度条件下，可以提高酶所对应的 mRNA 的稳定性，延长酶生物合成的时间。此外，该菌株在 20℃ 的条件下发酵，其蛋白酶产量虽然较 28℃ 高，但是温度太低，微生物的代谢速度缓慢，导致发酵周期延长。不同微生物、不同的培养条件、不同的生长及发酵产酶阶段，最适温度会变化。例如，在通气条件较差的环境下，通常需降低发酵温度，这样有助于降低微生物因新陈代谢对氧的消耗量，同时可以提高氧在发酵环境中的溶解度，从而弥补通气不足造成的代谢异常。因此，在实际发酵过程中，整个发酵周期内不适宜以同一个最适的温度进行恒温培养。一般来说，在发酵初期，微生物正处于生长阶段，应将温度控制在细胞生长的最适温度范围。而在产酶阶段，菌体已长到一定的浓度，则需把温度控制在产酶最适温度范围，以提高产酶量。

在细胞生长和发酵产酶过程中，发酵热是引起培养基中温度变化的主要原因，主要源于生物热、搅拌热、蒸发热和辐射热。生物热是菌体利用培养基中的碳水化合物、脂肪和蛋白质进行生长繁殖过程中不断放出的热量。搅拌热是好氧发酵时，机械搅拌带动发酵液进行翻腾混合，液体之间、液体与搅拌器之间的摩擦作用转化的热能，这部分热的产生与搅拌轴功率有关。此外，微生物在发酵过程中产热的同时，因发酵罐壁散热、水分蒸发等也会带走部分热量，即蒸发热。辐射热是因发酵罐液体温度与罐外周围环境存在温差，发酵液中部分热通过罐体向外辐射的热量。辐射热的大小取决于罐内外的温差的大小，外界气温越低，辐射热越大。为了使培养基的温度维持在适宜的温度范围内，必须及时地对温度进行调节控制。温度的调节一般采用热水升温、冷水降温的方法。在小型发酵罐中，常采用夹套控温，包含一个热水单元和一个冷水单元。通过向夹套中通入热水以提高发酵液的温度，或者通入冷水降低发酵液的温度。在大型发酵罐内，由于单位体积发酵液所对应的夹套散热面积减少，夹套已不能满足控温需求，一般采用排管、列管装置进行控温。发酵过程中的控温主要是通过通入冷却循环水进行降温，很少用到加热单元。因此，为了更好地对温度进行控制，在发酵罐或其他生物反应器中，均应设计有足够传热面积的热交换装置，如排管、列管、蛇管、夹套喷淋管等，并且随时备有冷水和热水，以满足温度调控的需要。

（二）pH 的控制

发酵培养基的 pH 会影响菌体细胞结构、发酵过程中各种酶的活性及基质的利用率，从而影响菌体的生长繁殖和产物合成。因此，必须对不同阶段培养基的 pH 进行调节控制，使其处于最佳水平。

不同微生物生长繁殖所需的 pH 不同。大多数细菌和放线菌的最适 pH 为 6.5～8.0，偏酸性的环境更适宜酵母（pH 3.8～6.0）和霉菌（pH 4.0～5.8）的生长。同一种微生物处于不同的 pH 环境下，可能形成不同的发酵产物。例如，米曲霉在 pH 为碱性时，发酵产生碱性蛋白酶；在 pH 为中性时，主要生产中性蛋白酶；而在酸性的条件下，则以生产酸性蛋白酶为主。此外，微生物生长的最适 pH 与微生物产酶的最适 pH 往往不同。通常，微生物生产某种酶的最适 pH 接近于该酶催化反应的最适 pH。然而，有些微生物产酶的最适 pH 与酶催化反应的最适 pH 有所差别。例如，枯草杆菌碱性磷酸酶，其催化反应的最适 pH 为 9.5，而其产酶的最适 pH 为 7.4。这可能是因为此酶催化反应的最适条件影响了微生物生长和代谢。因此，在酶制剂的生产中，必须将培养基的 pH 控制在适宜的范围以保证微生物正常生长和提高酶产量。

在发酵过程中，微生物的生长繁殖和新陈代谢产物的积累往往会造成培养基的 pH 发生改变。这种变化取决于微生物种类、培养基的组成成分和发酵条件。通常，菌体代谢过程中生成/释放酸性物质、消耗碱性物质都会导致发酵液的 pH 下降；反之，将导致发酵液的 pH 升高。例如，培养基中糖量较高时，其氧化不完全就会产生有机酸，使 pH 向酸性方向移动；含蛋白质、氨基酸较多的培养基，在发酵过程中经过代谢产生较多的胺类物质，使 pH 向碱性方向移动。此外，中间补料液中氨水或尿素等碱性物质加入过多，也会使得 pH 升高。以

硫酸铵 [(NH$_4$)$_2$SO$_4$] 为氮源时，其中的 NH$_4^+$ 被菌体利用后，培养基中残留的 SO$_4^{2-}$ 会使 pH 降低。以尿素为氮源，其被尿酶水解放出氨，可导致 pH 升高，而之后随着氨被菌体利用，pH 又下降。磷酸盐的存在，对培养基的 pH 变化有一定的缓冲作用。实际上，菌体在代谢过程中具有一定调节 pH 的能力，但外界条件发生较大变化时，pH 也会发生改变。

在产酶过程中，为了最大程度获得酶，需要对发酵液中的 pH 进行适当的控制和调节。控制培养基的 pH 可以从培养基的组分或其比例考虑。在配制时应仔细选择碳源和氮源，还应尽量平衡生理酸性盐和生理碱性盐。此外，也可以通过在培养基中加入缓冲液（如磷酸盐）来稳定 pH。在发酵过程中，根据对发酵罐中 pH 的检测数据，可以在必要时添加适宜的稀酸或稀碱溶液来调节 pH。若仅用酸或碱溶液调节 pH 不能改善发酵情况，此时发酵罐中的营养可能不足，可考虑向发酵罐中进行补料，从而提高发酵效率。此外，当通气不足时，代谢产生的有机酸也会使发酵液的 pH 下降，因此可以通过控制供氧量来调节 pH。

（三）溶解氧的控制

氧是构成微生物细胞及其代谢产物的重要组分之一。虽然培养基中水和其他含氧成分可以提供氧元素，但许多微生物细胞必须利用溶解在培养基中的分子态的氧 [也就是溶解氧（dissolved oxygen）] 作为呼吸链电子传递末端的电子受体，与氢结合成水，同时在呼吸链的电子传递过程中释放出大量能量，才能供细胞生长和代谢使用。

氧是一种难溶性基质，在水中溶解度很小，在含有大量有机物和无机盐培养基中，盐析等作用导致其在培养基中的溶解度就更低。在微生物细胞生长过程中，这部分溶解氧会很快被利用完。因此，为了满足微生物细胞生长、繁殖和发酵产酶的需要，在发酵过程中必须不断供给氧，使培养基中的溶解氧保持在一定的水平。对溶解氧的调控主要是根据微生物对溶解氧的需求。微生物对溶解氧的需要量受细胞的呼吸强度和耗氧速率的影响。呼吸强度与耗氧速率之间的关系为

$$\gamma = Q_{O_2} \cdot X$$

式中，γ 为耗氧速率，指的是单位体积培养液中的微生物在单位时间内所消耗的氧气量，单位为 mmol O$_2$/（L·h）；Q_{O_2} 为呼吸强度，指单位质量干菌体在单位时间内的耗氧量，单位为 mmol O$_2$/（kg 干菌体·h）；X 为菌体浓度，指单位体积培养液中的微生物量，单位为 kg（干重）/L。

由定义可知，呼吸强度实际上是比耗氧速率。微生物的呼吸强度与微生物的种类和其生长期有关。不同的微生物其呼吸强度不同；同一种微生物在不同的生长阶段，呼吸强度也有区别。一般在培养初期，菌体生长旺盛，呼吸强度较大；而在衰亡期，菌体生长较慢，则呼吸强度减弱。此外，微生物在发酵产酶期需要大量氧气，因此，其呼吸强度也较大。微生物的呼吸强度还受发酵液中的溶解氧浓度的影响。当发酵液中的溶解氧浓度较低时，通常会抑制好氧菌的呼吸，导致呼吸强度降低。

当培养液中存在固体成分较难测定菌体量，导致很难测定 Q_{O_2} 时，可用耗氧速率来表示。通常情况下，微生物的耗氧速率为 25～100mmol O$_2$/（L·h）。同一种微生物处于发酵不同阶段和培养条件时，耗氧速率有很大差别。因此，必须了解菌体在生长繁殖阶段和酶形成阶段的耗氧速率，并合理地供给溶解氧。一般是将经过净化处理的无菌空气通入发酵

容器中并在一定的条件下使空气中的氧气溶解到培养液中,供微生物的新陈代谢。

在一定条件下氧气的溶解速率（K_d）决定了发酵液中溶解氧的量。氧气的溶解速率是指单位体积的发酵液在单位时间内所溶解的氧的量,又称为溶氧速率或溶氧系数,单位为 mmol O_2/（L·h）。溶氧速率与通气量、氧分压、气液接触时间、气液接触面积及发酵液的性质密切相关。一般说来通气量越大、氧分压越高、气液接触时间越长、气液接触面积越大,则溶氧速率越大。培养液的性质（主要是黏度、气泡及温度等）显著影响溶氧速率。

当溶氧速率与耗氧速率相等时,发酵液中的溶解氧的量保持恒定,可满足微生物生长和发酵产酶之需。然而,当耗氧速率发生改变时,需要对溶氧速率进行调节。

调节溶氧速率的方法主要有以下几个方面:调节通气量、调节氧分压、调节气液接触时间、调节气液接触面积及改变发酵液的性质等。

1. 调节通气量　通气量是指单位时间内流经发酵液的空气量（L/min）,也可以用发酵液体积与每分钟通入的空气体积之比（vvm）表示。例如,每升培养液每分钟流经的空气为 2L,则通气量为 0.5vvm。在发酵液体积不变的情况下,提高通气量,可以提高溶氧速率。

2. 调节氧分压　第一种方法是通过提高空气总压,即增加发酵罐的压力而提高氧分压,相应的溶氧速率也会提高。然而,增加罐压也会导致其他气体成分如二氧化碳（CO_2）的分压增加。由于 CO_2 的溶解度大于氧,增加罐压不利于发酵液中溶解的 CO_2 排出,这会影响发酵液的 pH 和微生物的代谢。第二种方法是增加通入空气中的氧浓度使氧分压提高。然而,工业上采用的高氧气体通气的方法非常昂贵,且氧气制备的成本很高,因此,此种方法一般只用于小规模发酵。

3. 调节气液接触时间　通过延长气液两相的接触时间,氧气可有更多时间溶解在发酵液中。可以通过增加液相层高度、降低气流速度、延长空气流经发酵液的距离等方法,延长两相的接触时间,提升溶氧速率。

4. 调节气液接触面积　氧气溶解到发酵液中是通过气液两相的界面进行的。增加两相的接触面积,有助于增加溶氧速率。应尽量将通过发酵液中的空气分散成细小的气泡,从而增加气液两相的接触面积。在发酵罐的底部安装空气分配器,使分散的小气泡融入发酵液中,这是增加气液两相接触面积的常用方法。此外,从改善搅拌方面考虑,通过装设搅拌装置、提高搅拌转速、改变搅拌器直径和类型、改变挡板的数量和位置等也有利于增加两相的接触面积,进而提高溶氧速率。值得注意的是,过度强烈地搅拌会产生较大的剪切作用力而对菌体造成损失,尤其是丝状菌。同时,激烈地搅拌也会产生大量的搅拌热,从而影响溶氧速率。

5. 改变发酵液的性质　在发酵过程中,微生物的生长、繁殖和代谢等生命活动会引起发酵液的物理性质发生改变,特别是黏度、表面张力、离子浓度等,会对溶氧速率产生明显影响。当培养基的配方中蛋白质多且浓度较高时,发酵液的黏度大,容易产生稳定持久的泡沫。在气泡通过发酵液,尤其是在高速搅拌的条件下,会产生大量泡沫,进而影响氧的溶解。通过改变发酵液的组分或浓度等方法可以有效地降低发酵液的黏度。发酵工业常通过设置消泡装置（机械消泡）或添加适量的消泡剂（化学消泡）来减少或消除泡沫的影响,以提高溶氧速率。机械消泡是靠机械强烈震动及压力的变化,促使气泡破裂。此方法节省原料（消泡剂），避免了因加入消泡剂而引起的发酵液污染及后续产物分离的困难。但此种方法不能从根本上解决起泡原因，且需要一定的设备和动力消耗。目前，化学消泡是应用最广的一种消泡方法。在气泡体系中加入消泡剂后，消泡剂本身的表面张力较小，使气泡膜局部的表面张力降低，力的平衡被破坏，此处被周围表面张力较大的膜所牵引，导致气泡破裂。发酵工业中常用的消泡剂包括以下 4 类：天然油脂类，高碳醇、脂肪酸和酯类，聚醚类及硅酮类（聚硅油类）。

　　无论如何改进发酵罐的供氧能力，若发酵工艺条件不合适，依然会导致溶解氧供应不足。因此，发酵过程中需采用适当的发酵条件，将菌体对氧的需求维持在适宜的范围内。通过控制加糖、补料速率或改变发酵温度等方法，菌体的代谢下降，耗氧量下降，同时发酵液中的溶氧速率提高，有利于氧的供给。

　　各种微生物对发酵液中溶解氧的浓度有一个不影响其正常代谢的最低要求，这一浓度称为"临界氧浓度"。当溶解氧浓度低于临界氧浓度时，无法满足微生物所需的氧量，会影响其生长和产酶。然而溶解氧浓度过高时也可能对发酵不利。一方面造成资源浪费，另一方面可能会影响一些酶的生物合成，如青霉素酰化酶。为了获得高溶氧率而采用的剧烈搅拌或通气的方法，也易造成酶蛋白发生变性而失活。

（四）诱导物的控制

　　诱导物是一类能够促使某些酶的生物合成开始或者加速的物质，而由诱导物诱导产生的酶分子称为诱导酶。在发酵过程中的某个时机加入适当的诱导物，可显著提高酶的产量。例如，纤维二糖和蔗糖可诱导纤维素酶和蔗糖酶的生物合成，木二糖可诱导木聚糖酶的产生，乳糖可诱导 β-半乳糖苷酶的产生。

　　一般说来，不同的酶有各自不同的诱导物。然而，有时一种诱导物可以诱导同一个酶系的若干种酶的生物合成。例如，β-半乳糖苷酶、透过酶和 β-半乳糖乙酰化酶是能够利用乳糖作为碳源的同一酶系的酶分子，这三种酶受 β-半乳糖苷的诱导。此外，有些酶分子也可以有不同的诱导物，比如 β-半乳糖苷酶可被乳糖、IPTG 诱导合成，纤维素、纤维糊精、纤维二糖都可以诱导纤维素酶的生物合成。

　　值得注意的是，许多诱导物只在一定浓度范围内具有诱导作用，超过或低于适宜浓度可能导致阻遏。这种浓度效应也同样反映在底物及其类似物上，当培养基中的底物浓度很高而且易被分解时，往往会引起酶的分解代谢产物阻遏；反之，如果以缓慢的速度加入底物，常能有效地诱导酶的生成。诱导物浓度对酶诱导形成的速率也有一定影响，在一定的浓度范围内，酶的诱导生成速率与诱导物的浓度成正比。但是，浓度继续增大到一定值时，酶的诱导生成速率会逐渐下降直至饱和。因此，在微生物发酵产酶的实际生产中，应根据酶的特性，选择适当的诱导物并确定其诱导浓度及诱导时间。

　　诱导物包括酶的作用底物、酶作用底物的类似物、酶作用底物的前体或酶催化的反应产物。

　　1. 酶的作用底物　　许多诱导酶的底物都是此酶的诱导物。例如，大肠杆菌在以葡萄糖为单一碳源的培养基中生长时，每个细胞平均只含有 1 分子 β-半乳糖苷酶，若用乳糖代替葡萄糖，2min 后细胞会合成大量 β-半乳糖苷酶，平均每个细胞产生 3000 分子的 β-半乳糖苷酶。此外，纤维素酶、果胶酶、青霉素酶、右旋糖酐酶、淀粉酶、蛋白酶等均可以由各自的作用底物诱导产生。

2. 酶作用底物的类似物　　研究表明，酶的最有效的诱导物是可以与酶结合，又不能被酶作用或很少被酶作用的底物类似物。例如，IPTG 对 β-半乳糖苷酶的诱导效果是乳糖的几百倍，槐糖对纤维素酶的诱导作用比纤维二糖高 2500 倍。在细胞发酵产酶的过程中，添加合适的诱导物对提高酶的含量具有重要作用。在科学研究中，进一步研究和开发高效廉价的诱导物对提高酶的产量具有重要的意义。表 3-2 介绍了几种常见工业酶的作用底物及底物类似物。

表 3-2　常见工业酶的作用底物及底物类似物

酶	作用底物	底物类似物
β-半乳糖苷酶	乳糖	异丙基硫代-β-D-半乳糖苷
纤维素酶	纤维素	α-葡萄糖-β-葡萄糖苷
酪氨酸酶	L-酪氨酸	D-酪氨酸，D-苯丙氨酸
脂肪族酰胺酶	乙酰胺	N-甲基乙酰胺
青霉素-β-内酰胺酶	苄青霉素	氨苄西林
顺丁烯二酸顺反异构酶	顺丁烯二酸	丙二酸

3. 酶作用底物的前体　　研究表明，一些能够生成底物的前体物质也具有诱导作用。例如，色氨酸（Trp）作为犬尿氨酸的前体物质，也同犬尿氨酸一样，能诱导犬尿氨酸酶的生物合成。

4. 酶催化的反应产物　　一些参与分解代谢的胞外酶，可以由其催化反应的产物诱导合成。例如，果胶酶催化果胶水解产生的半乳糖醛酸，可诱导果胶酶的生物合成；纤维二糖诱导纤维素酶的生物合成；没食子酸可诱导单宁酶的产生等。

（五）阻遏物的控制

阻遏物是一类能够引起某些酶的生物合成停止或者减慢的物质。阻遏物的存在会使酶的合成受到阻碍而导致酶的产量降低。为了提高酶的产量，采取措施解除阻遏物引起的阻遏作用是十分必要的。根据作用机制，阻遏作用可分为分解代谢物阻遏和产物阻遏。前者由菌体利用葡萄糖等碳源物质分解代谢产生的物质引起，如培养基中含有的大量色氨酸就会对色氨酸生物合成的酶分子产生阻遏作用。后者由酶催化作用的产物或者代谢途径的末端产物引起，如培养基中葡萄糖的存在会阻遏利用乳糖的 β-半乳糖苷酶的合成。因此，可以通过控制这两种产物的生成与积累，改变阻遏物的浓度来解除阻遏作用，提高酶的产量。

某些酶能够在微生物生长过程中合成，但随着代谢途径中终端产物或酶催化作用产物的积累，酶的合成将受到阻遏。对于此类酶，可以通过控制产物浓度的方法提高酶产量。枯草杆菌碱性磷酸酶的生物合成受其反应产物无机磷酸的阻遏，当培养基中无机磷酸的浓度超过 1.0mmol 时，磷酸酶的生物合成完全受到阻遏，将无机磷酸的浓度降低到 0.01mmol 时，阻遏作用解除，磷酸酶得以大量合成。对于营养缺陷型菌株，只要限制其生长必需因子的供应，就能够降低胞内终端产物的浓度。例如，在利用维生素 B_1 缺陷型突变菌株发酵过程中，限

制培养基中维生素 B_1 的浓度，可以使维生素 B_1 生物合成所需的 4 种酶的末端产物阻遏作用解除，使 4 种酶的合成量显著增加。对于非营养缺陷型菌株，在发酵过程中会不断合成末端产物，通过添加末端产物类似物也可以减少或者解除末端产物的阻遏作用。例如，在培养基中添加组氨酸类似物 2-噻唑丙氨酸，组氨酸合成途径中的 10 种酶的生物合成量提高 30 倍。

为了减少或者解除分解代谢物的阻遏作用，应当控制发酵罐中葡萄糖等容易利用的碳源的浓度。比如通过分批补料、多次添加的方式使发酵罐中碳源的浓度在较低的水平，或者选用较难被利用的碳源（如淀粉等）来替代葡萄糖。此外，也可以添加一定量的环腺苷酸（cAMP）来解除或者减少分解代谢物的阻遏作用，这样都可以提高酶的产量。

（六）表面活性剂的控制

表面活性剂是具有两亲性的分子，在溶液的表面能定向排列，与微生物细胞膜中的磷脂分子相互作用，增加细胞的透过性，有利于胞外酶的分泌，从而提高酶的产量。

表面活性剂分为两大类：离子型表面活性剂和非离子型表面活性剂。其中，离子型表面活性剂又可以分为阳离子型、阴离子型和两性离子型 3 种。离子型表面活性剂，尤其是季铵型表面活性剂（如"新洁尔灭"等）一般对细胞具有毒害作用，因此在实际发酵产酶的过程中应用较少。而非离子型表面活性剂，如吐温（Tween-80）、曲拉通（Triton X-100）等，因它们对微生物酶毒性较小而在实际的生产中经常应用。例如，利用木霉发酵生产纤维素酶时，在培养基中添加 1% 的吐温，可使木霉产生的纤维素酶产量提高 1～20 倍。使用表面活性剂时，需控制好其添加量，过多或过少都会导致酶产量降低。此外，添加表面活性剂还可能改善发酵体系中的通气状况或增强酶的稳定性和催化能力，进而提高酶产量。

（七）产酶促进剂的控制

产酶促进剂是指可以促进产酶但作用机制未阐明清楚的物质。产酶促进剂包括酶的稳定剂、激活剂、生长因子、金属离子整合剂等。在酶的发酵生产过程中，添加适宜的产酶促进剂，一般可显著提高酶的产量。例如，添加一定量的植酸钙镁，可使霉菌蛋白酶或者橘青霉磷酸二酯酶的产量提高 1～20 倍；添加聚乙烯醇可以提高糖化酶的产量；聚乙烯醇、乙酸钠等的添加也有助于提高纤维素酶的产量；Mn^{2+} 和 Mo^{6+} 也可以促进枯草杆菌合成 γ-谷氨酰转肽酶。产酶促进剂对不同细胞、不同酶的作用效果各不相同，目前对此还没有规律可循，仍需要大量实验来确定所添加的产酶促进剂的种类和浓度。

四、酶发酵动力学

发酵动力学（fermentation kinetics）是对微生物生长、底物消耗动态过程和发酵产物合成的定量描述及相互之间的定量关系研究。发酵动力学包括细胞生长动力学、产酶动力学和基质消耗动力学。以上三种动力学分别研究发酵过程中细胞生长速率、产物生成速率和基质消耗速率及环境因素对它们的影响。鉴于本节主要讲述的产物是酶，因此主要阐述酶发酵动力学。

在发酵工业中，研究发酵动力学对于优化微生物发酵工艺条件，确定其最优发酵过程参数，提高发酵产量、发酵生产强度及底物转化率等方面具有重要意义。

（一）细胞生长动力学

细胞在培养过程中，其生长速率受细胞内外多种因素的影响，如细胞自身的遗传物质、酶活性、培养基中营养物质的供应等。这些因素发生变化时，细胞的生长状态也会随之改变。然而，细胞的生长具有一定的规律。因此，为了将细胞的生长速率维持在适宜的范围内，掌握其生长规律并根据具体情况和需要对生长条件进行优化控制至关重要。

细胞生长动力学主要是研究细胞比生长速率（specific growth rate）及外界因素对细胞生长速率影响的规律。1950 年，莫诺（Monod）首先提出了表述微生物细胞生长动力学的方程。他的观点是在发酵过程中细胞生长速率与细胞浓度成正比。

$$R_x = \frac{\mathrm{d}X}{\mathrm{d}t} = \mu X$$

式中，R_x 为细胞生长速率；X 为细胞浓度；t 为时间；μ 为细胞比生长速率。

假设培养基中只有一种限制性基质，而不存在其他生长限制因素时，细胞比生长速率 μ 为这种限制性基质浓度的函数，下式称为莫诺生长动力学模型，又称为莫诺方程。

$$\mu = \frac{\mathrm{d}X}{\mathrm{d}t} \cdot \frac{1}{X} = \frac{\mu_m S}{K_s + S}$$

式中，μ_m 为最大比生长速率，是指限制性基质浓度过量时的比生长速率，即当 $S \gg K_s$ 时，$\mu = \mu_m$，单位为 t^{-1}；S 为生长的基质浓度，单位为 g/L；K_s 为莫诺常数，其数值相当于 μ 正处于 μ_m 一半时的限制性基质浓度，即 $\mu = 0.5\mu_m$ 的时候，$S = K_s$，单位为 g/L。

莫诺方程是基本的细胞生长动力学方程。在这个方程中，μ_m 和 K_s 是微生物在某种特定条件下的特征常数，不同的微生物两个特征常数的值不同。当同一种微生物处于不同基质中时，也有不同的 μ_m 和 K_s 值。μ_m 值变化不大，而 K_s 变化较大。K_s 值表示了微生物对基质的亲和力。K_s 越大，说明微生物对基质的亲和力越小，利用得越慢，即对基质浓度越不敏感；相反，微生物对基质浓度越敏感。

莫诺方程与酶反应动力学的米氏方程很相似，μ_m 和 K_s 也可以通过双倒数作图法求得。将莫诺方程改写为其倒数形式，为

$$\frac{1}{\mu} = \frac{K_s}{\mu_m S} + \frac{1}{\mu_m}$$

通过实验，在不同限制性基质浓度 S_1、S_2、…、S_n 的条件下，分别测出其对应的比生长速率 μ_{m1}、μ_{m2}、…、μ_{mn}，之后以 $1/S$ 为横坐标，以 $1/\mu$ 为纵坐标，即可得到 μ_m 和 K_s。

莫诺方程在发酵过程优化及发酵过程控制方面具有重要的应用价值。不少学者从实际情况出发或运用不同的方法，对莫诺方程进行了修正，得出了适用于不同情况的各种动力学模型。

例如，采用连续全混流生物反应器进行连续发酵的过程中，在向反应器中连续不断流加培养液的同时排出相同体积的发酵液，稳态时游离细胞连续发酵的生长动力学方程可以表示为

$$\frac{\mathrm{d}X}{\mathrm{d}t} = \frac{\mu_m S X}{K_s + S} - DX = (\mu - D)X$$

式中，D 为稀释率，指单位时间内流加培养液与发酵容器中发酵液体积之比，以 h 为单位。例如，当 $D=0.2$ 时，表明每小时流加的培养液体积为发酵容器中培养液体积的 20%。

稀释率可以为 $0\sim\mu_m$，当 $D=0$ 时，为分批发酵；当 $D<\mu$ 时，$dX/dt>0$，表明发酵液中细胞浓度不断增加。随着细胞浓度增加，限制性基质的浓度相对降低，μ 减小，在 D 降低到与 D 相等时，重新达到稳态；当 $D=\mu$ 时，$dX/dt=0$，发酵液中细胞浓度保持恒定不变；当 $D>\mu$ 时，$dX/dt<0$，发酵液中的细胞浓度不断降低。随着细胞浓度降低，限制性基质的浓度相对升高，使 μ 增大，在 μ 升高到与 D 相同时，建立新的平衡，重新达到稳态。而当 $D>\mu$ 时，细胞浓度趋向于零，无法达到新的稳态。因此，在游离细胞连续发酵过程中，必须根据情况控制好 D，使其与特定的细胞 μ 相等，才能使发酵液中的细胞浓度恒定在某个数值，从而保证发酵过程的正常运转。

（二）产酶动力学

产酶动力学主要是研究细胞产酶速率及各种环境对产酶速率的影响规律。从整个发酵系统着眼，研究群体细胞的产酶速率及其影响因素，称为宏观产酶动力学或非结构动力学；从细胞内部着眼，研究细胞内部的酶合成速率及其影响因素，称为微观产酶动力学或结构动力学。在实际生产中，群体细胞产酶的速率和影响因素直接影响酶的产量高低，因此，对宏观产酶动力学进行研究更有实际意义。

宏观产酶动力学的研究表明，产酶速率与细胞比生长速率、细胞浓度及细胞产酶模式有关。产酶动力学方程可以表示为

$$\frac{dE}{dt}=(\alpha\mu+\beta)\cdot X$$

式中，E 为酶浓度，以每升发酵液中所含的酶单位数表示（U/L）；t 为时间（h）；α 为生长偶联的比产酶系数，以每克干细胞产酶的单位数表示（U/g DC）；μ 为细胞比生长速率（h^{-1}）；β 为非生长偶联的比产酶速率，以每小时每克干细胞产酶的单位数表示 [U/（h·g DC）]；X 为细胞浓度，以每升发酵液所含的干细胞重表示（g DC/L）。

产酶速率与细胞产酶模式及细胞比生长速率相关。在工业快速发酵过程中，快速确定目的酶的合成与微生物细胞生长的发酵动力学关系，优化发酵过程控制策略，是提高酶产量和生产率的关键。前面介绍过 4 种产酶模式，即同步合成型、中期合成型、滞后合成型和延续合成型，产酶速率因产酶模式的不同而变化。Pirt 曾根据微生物培养过程中产物形成与微生物生长的动力学关系，将其划分为生长偶联型与非生长偶联型两种情况。

对于同步合成型的酶，其产酶与细胞生长偶联。在稳定期时产酶速率为 0，即非生长偶联的比产酶速率 β 为 0，其产酶动力学方程为

$$\frac{dE}{dt}=\alpha\mu X$$

产物生成速率与比生长速率成正比。对于此类酶而言，实际生产中可通过提高比生长速率进一步提高酶合成的速率。

中期合成型的酶与同步合成型的酶的合成模式很相似，是一种特殊的生长偶联型。当培养液中有阻遏物存在时，α 为 0，细胞无法产生酶；待细胞生长一段时间将培养液中的

阻遏物利用完，阻遏作用得以解除，酶开始合成，在此阶段的产酶动力学与同步合成型相同。对于这类酶，可通过降低阻遏物浓度来提高产酶速率。

滞后合成型的酶的合成模式为非生长偶联型，生长偶联的比产酶系数 α 为 0，其产酶动力学方程为

$$\frac{\mathrm{d}E}{\mathrm{d}t} = \beta X$$

由公式可知，产物生成速率与微生物生长速率无关，只与菌体生物量积累有关。

延续合成型的酶在细胞生长期和稳定期均可以产酶。因此，其产酶速率是生长偶联型与非生长偶联型产酶速率之和，产酶动力学方程为

$$\frac{\mathrm{d}E}{\mathrm{d}t} = \alpha\mu X + \beta X$$

延续合成型是实际工业生产中最理想的一种产酶模式，可尽量延长稳定期的时间以增加产酶时间。对于这类非生长偶联型产酶来说，可通过调节培养基，使快速利用和缓慢利用的营养物比例适当来实现。

宏观产酶动力学方程中的生长偶联的比产酶系数 α、非生长偶联的比产酶速率 β 和细胞比生长速率 μ 等参数是在大量实验的基础上，通过对实验数据进行分析、综合及线性化处理等估算而得出。然而，受各种客观条件和主观因素的影响，实验中所观察到的现象及所测量出的数据呈现出随机性，必须经过周密的分析和综合，找出其规律，才可能得到比较符合实际的参数值。

（三）基质消耗动力学

基质消耗动力学主要研究发酵过程中基质消耗速率及各种因素对基质消耗速率的影响规律。在微生物发酵过程中，培养基中的氮源、碳源、氧气等限制性基质不断被利用，用于形成新的细胞物质，合成代谢产物，以及供给细胞生命活动，共同维持细胞的生长、繁殖，促进产物合成。因此，发酵过程中的基质消耗速率（$-\mathrm{d}S/\mathrm{d}t$）主要由细胞生长的基质消耗速率（$-\mathrm{d}S/\mathrm{d}t$）$_G$、产物生成的基质消耗速率（$-\mathrm{d}S/\mathrm{d}t$）$_P$ 和用于维持细胞代谢的基质消耗速率（$-\mathrm{d}S/\mathrm{d}t$）$_M$ 三部分组成。

细胞生长的基质消耗速率（$-\mathrm{d}S/\mathrm{d}t$）$_G$ 是指单位时间内细胞生长所引起的基质浓度的变化量，主要与细胞生长速率成正比，与细胞生长得率成反比。其动力学方程为

$$-\left(\frac{\mathrm{d}S}{\mathrm{d}t}\right)_G = \frac{1}{Y_{X/S}}\frac{\mathrm{d}X}{\mathrm{d}t} = \frac{\mu X}{Y_{X/S}}$$

式中，S 为培养液中基质浓度（g/L）；t 为时间（h）；μ 为细胞比生长速率（h^{-1}）；$Y_{X/S}$ 为细胞生长得率系数；X 为细胞浓度，以每升发酵液所含的干细胞重表示（g DC/L）。

随着细胞的生长，基质浓度不断降低，其基质消耗速率为负值。

细胞生长得率系数（$Y_{X/S}$）是针对基质的细胞生长得率，指微生物细胞浓度变化量（ΔX）与基质浓度减少量（$-\Delta S$）的比值。

$$Y_{X/S} = \frac{\Delta X}{-\Delta S}$$

式中，ΔX 为细胞浓度变化量（g/L）；$-\Delta S$ 为基质浓度减少量（g/L）。

产物生成的基质消耗速率 $(-\mathrm{d}S/\mathrm{d}t)_\mathrm{P}$ 是单位时间内生产所引起的基质浓度变化量。其与产物生成速率成正比，与产物生成得率系数成反比。其动力学方程为

$$-\left(\frac{\mathrm{d}S}{\mathrm{d}t}\right)_\mathrm{P}=\frac{1}{Y_{P/S}}\frac{\mathrm{d}P}{\mathrm{d}t}$$

式中，$(\mathrm{d}P/\mathrm{d}t)$ 为产物生成速率（g/h）；$Y_{P/S}$ 为产物生成得率系数。

随着产物的生成，基质浓度不断降低，其基质消耗速率为负值。

产物生成得率系数（$Y_{P/S}$）是指产物浓度变化量（ΔP）与基质浓度减少量（$-\Delta S$）的比值。

$$Y_{P/S}=\frac{\Delta P}{-\Delta S}$$

式中，ΔP 为产物浓度变化量（g/L）；$-\Delta S$ 为基质浓度减少量（g/L）。

用于维持细胞代谢的基质消耗速率 $(-\mathrm{d}S/\mathrm{d}t)_\mathrm{M}$ 是单位时间内用于维持微生物细胞正常新陈代谢所引起的基质浓度变化量。其与微生物细胞浓度及细胞维持系数成正比。其动力学方程为

$$-\left(\frac{\mathrm{d}S}{\mathrm{d}t}\right)_\mathrm{M}=mX$$

式中，X 为细胞浓度（g/L）；m 为细胞维持系数（h^{-1}）。

随着细胞的生长，为维持细胞正常的新陈代谢，基质不断被消耗，所以其基质消耗速率为负值。

细胞维持系数 m 指单位时间内（t）产物浓度变化量（ΔP）与基质浓度减少量（$-\Delta S$）的比值。

$$m=\frac{-\Delta S}{Xt}$$

式中，m 为细胞维持系数（h^{-1}）；t 为时间（h）；X 为细胞浓度（g/L）；$-\Delta S$ 为基质浓度减少量（g/L）。

细胞维持系数取决于微生物的种类、基质、温度和 pH 等环境因素的影响。对于同一种微生物，在基质和环境条件相同的情况下，细胞维持系数保持不变，故又称为细胞维持常数。根据物料衡算，在发酵过程中，总的基质消耗动力学方程为

$$R_S=-\frac{\mathrm{d}S}{\mathrm{d}t}=\frac{1}{Y_{X/S}}\times\frac{\mathrm{d}X}{\mathrm{d}t}+\frac{1}{Y_{P/S}}\times\frac{\mathrm{d}P}{\mathrm{d}t}+mX$$

基质消耗动力学方程中的各个参数是在实验的基础上，运用数学物理方法，对实验数据进行分析和综合，然后估算得出的。

第四节　酶的分离纯化及酶制剂的生产

酶工程是酶学与化学工程、基因工程和微生物工程相结合的一门新兴技术科学。其通过廉价有效地生产出各类工业中所需要的酶，再结合化学或者生物方法改造酶，使它们能够在各类生产中发挥高效的催化作用，提高生产能力和产品质量。其中，酶的分离纯化、

酶纯度的鉴定及酶制剂的生产是需要关注的方面。

一、酶的分离纯化

（一）酶的分离纯化策略

1. 基本原则

1）酶的分离纯化，首先需要满足实际应用要求，如纺织工业中 α-淀粉酶脱胶处理只需使用液体粗酶即可满足要求，皮革工业也是如此。食品工业应用达到食品级标准要求的酶液，无须进一步纯化，而应用于医药、化学试剂的酶液需进一步纯化。其次考虑用量，如测定序列或者克隆只要几微克，而工业和医药用途则可达几千克。最后要根据用途制备符合纯度标准的酶制剂。因此，要根据研究目的和应用要求，综合考虑酶纯度、纯化规模及回收率等，将目标蛋白从细胞或杂蛋白中分离出来，同时保留其活性和化学完整性。工业生产还要求酶分离纯化成本低、回收率高。例如，多数酶回收纯化过程成本约占70%，医用酶的生产回收过程成本高达85%，基因工程表达产物的回收纯化过程成本一般占85%以上。

2）酶是具有生物催化功能的生物大分子，在分离纯化过程中需要注意保证酶活力，尽量排除温度、pH、压力、激活剂和抑制剂等因素的影响。随着杂蛋白的移除，目的酶纯度增高，总蛋白浓度降低，蛋白质之间的保护作用减弱，酶稳定性下降，保证酶的稳定性是贯穿始终的原则。避免剧烈的搅拌或振荡，因为较强的剪切力可能会使蛋白质中的肽键断裂从而造成酶的不稳定。同时要注意防止污染金属离子、微生物、底物类似物及其他抑制剂等，可以通过添加金属螯合剂、蛋白酶抑制剂及无菌过滤等方法提高酶的稳定性。

3）酶液的提取必须在低温下进行，部分酶不耐低温会就此失活，但大多数酶在4℃下都是稳定的。当温度超过40℃时，大部分蛋白质开始失活，但仍有部分嗜热蛋白有活性。

4）不合适的酸碱缓冲液体系会影响酶的结构，尤其在pH<4或者pH>10这类过酸过碱的缓冲体系可能会严重影响酶的结构，因此要防止剧烈的pH变化。

5）酶液置于甘油水混合物中，储存在−80℃超低温冰箱或制成冻干粉可以大大延长酶液活性时间，同时提高酶浓度，在其中添加牛血清白蛋白（0.1mg/mL）也会降低酶失活的可能性。

2. 纯化策略

1）纯度根据酶用途选择，用于医疗、活体研究等的酶需要极高的纯度（>99%），用于酶结晶、物理化学性质等研究的酶需要达到较高的纯度（95%～99%），用于酶测序等研究的酶对纯度要求不高（<95%）。

2）在整个纯化过程中要保证酶在应用中的安全性，同时避免酶的降解。测试酶的一些基础性质，利于酶的纯化和储存。酶的温度稳定性、pH稳定性、溶解稳定性、离子强度、蛋白酶敏感性、金属离子敏感性、氧化敏感性和分子量等均对纯化有一定影响，了解的性质越多越有利于在纯化过程中选择合适的分离方法和操作条件。若在纯化过程中酶有一定程度的降解，可以添加甘油等稳定剂，但是本质上需要减少添加剂的使用。恰当选择和设计可以使纯化步骤尽可能少，合理地减少纯化步骤可以提高产量和纯度。

3）现有酶的分离纯化方法都是依据酶和杂质在性质上的差异而建立的。目前纯化方法较多，如沉淀法、吸附法、离子交换法、选择性变性法、凝胶过滤法、亲和层析法、聚焦色谱法等。纯化方法的选择一般根据样品性质、纯化倍数、酶活力回收率和重现性等特性来确定。

i）根据溶解度大小的不同可以选择盐析法、有机溶剂沉淀法、共沉淀法、选择性沉淀法、等电点沉淀法等。

ii）根据分子量大小差异可以选择离心分离法、筛膜分离法、凝胶过滤法。

iii）根据电学、解离特性差异可以选择吸附法、离子交换法、电泳法、聚焦层析、疏水层析等。

iv）根据酶分子特殊基团专一性结合可以使用亲和层析法等。

v）根据酶稳定性差异可以采用选择性热变性法、选择性酸碱变性法、选择性表面变性法。纯化倍数是指纯化前后酶比活力的比值，酶活力回收率是指纯化前后的总酶活力比值，这两种指标反映了纯化效率及对酶活的保护程度。

4）在排除众多影响因素后，确定合理的酶活力测定方法及蛋白质浓度测定方法。例如，淀粉酶可以使用 DNS 法测定酶活，用 Bradford 法测定蛋白质含量，从而计算酶的比活力。

总体而言，酶的纯化首先利用非特异的低分辨率的易操作单元如沉淀、超滤等去除大多数杂质；然后利用高分辨率的特异性单元如亲和层析、离子交换层析等去除主要杂质；最后使用凝胶过滤色谱等分离速度慢、规模小的纯化方法提取高纯度酶。

（二）酶的分离纯化方法

1. 预处理

（1）发酵液的预处理　　微生物产酶分为胞内酶和胞外酶，除动物和植物体液中的酶及微生物胞外酶之外，大多数酶都存在于细胞内部，不同情况下，酶的分离方法不同。微生物若产胞内酶，需要将细胞破碎，而后将酶与细胞碎片分离。而胞外酶仅需将完整细胞和胞外的酶分离即可，可以使用离心和过滤两种方法。其中，离心法速率快、效率高，可以大规模生产，但是设备费用高，成本高，能耗大。在工业生产中，离心后出渣，可以通过人工间歇出渣，还可以使用自动除渣离心机。对于固体含量较大的可以使用倾析离心机，依靠离心力和螺旋的推进作用自动排渣。对于发酵黏度不大的情况，采用过滤操作可以实现大量连续处理。在过滤过程中工厂往往加入助滤剂（硅藻土、纸浆、珠光石等），这种多孔颗粒可以使滤饼疏松，提高过滤效率。工厂多用板框式压滤机、鼓式真空过滤机等。板框式压滤机的过滤面积大，过滤推动力能在较大范围内进行调整，适用于多种特性的发酵液，但存在不能实现连续操作、设备笨重、劳动强度大等缺点，所以较少采用。鼓式真空过滤机能连续操作，并能实现自动化控制，但压差较小，主要适用于霉菌发酵液的过滤。近年来错流过滤得到一定的应用，它的固体悬浮液流动方向与过滤介质平行，而常规过滤则是垂直的，因此能连续清除介质表面的滞留物，不能形成滤饼，所以整个过滤过程能保持较高的滤速。

（2）细胞破碎 细胞的破碎方法根据细胞外层结构的不同而进行选择，主要分为机械破碎法、物理破碎法、化学破碎法和酶促破碎法。根据实际情况选择具体方法，必要时也可以采取两种或者两种以上的方法联合使用。

1）机械破碎法。机械破碎法有捣碎法、研磨法和匀浆法，以上方法是机械运动产生的剪切力，使组织和细胞破碎。①捣碎法是利用捣碎机高速旋转叶片产生的剪切力将组织细胞悬浮液打碎，主要应用于动物内脏、植物叶芽等比较嫩脆的组织细胞，也可以用于微生物细胞。②研磨法是将组织细胞放置于研钵等研磨器中，由人工或者电动研磨产生摩擦力，可以有效地磨碎组织细胞。③匀浆法是通过研杆和管壁之间的摩擦阻力，破碎比较分散和柔软的组织细胞。研磨法和匀浆法会产生大量的热量，不适用于大规模生产。

2）物理破碎法。物理破碎法有温度差破碎法、压力差破碎法和超声波破碎法。以上方法是各种物理因素的作用（温度、压力、超声波等），使组织、细胞的外层结构破坏从而破碎细胞。①温度差破碎法是将较为脆弱的细胞如革兰氏阳性菌置于极大的温度差下，热胀冷缩破坏细胞结构，但是需要注意的是温度不宜选过高，以免影响酶活。②压力差破碎法有高压冲击法、突然降压法和渗透压变化法。高压冲击法和突然降压法是通过突然增压和突然降压的气压差来破碎细胞。渗透压变化法是将细胞由高渗溶液迅速投入低渗溶液导致细胞胀开，适用于膜结合酶、细胞间质酶等对压力敏感的细胞，而对渗透压变化不敏感的如革兰氏阳性菌，由于其细胞壁结构（肽聚糖）紧密无法被破坏。③超声波破碎法是将细胞培养到对数期，冰浴条件下使用超声破碎仪将细胞膜破碎。其破碎程度会受超声功率、超声时间、温度、细胞浓度、溶液黏度、pH 和离子强度的影响。应当注意的是，细胞需要在冰浴条件下的缓冲液中间歇破碎，起到保护作用。

3）化学破碎法。化学破碎法是通过添加化学试剂（有机溶剂或表面活性剂）破碎细胞的方法。可用的化学试剂包括甲苯、丙酮、丁醇、氯仿等有机溶剂，通过破坏细胞膜中的磷脂结构，改变细胞膜的通透性，从而使内容物漏出，还包括 Triton X-100、Tween-80 等表面活性剂，通过与细胞膜中的磷脂和脂蛋白相互作用，破坏细胞膜结构，一般采用非离子型表面活性剂，以减少对酶活的影响。

4）酶促破碎法。酶促破碎法有自溶法和外加酶制剂法，通过细胞本身的酶系或外加酶制剂的催化作用酶促水解细胞结构、破碎细胞从而提取酶。自溶法是控制包括 pH 和温度等达到内部酶系水解细胞结构的条件，使胞内酶释放。培养过程中可以添加微生物抑制剂控制污染，包括甲苯、氯仿、叠氮化钠等。外加酶制剂法是根据微生物细胞壁的结构特点人为添加酶，作用到细胞，破坏细胞壁释放胞内酶。例如，溶菌酶是一种能水解细菌中黏多糖的碱性酶，主要破坏细胞壁中的 N-乙酰胞壁酸和 N-乙酰氨基葡萄糖之间的 β-1,4-糖苷键，导致细胞壁破裂，内容物逸出，从而使细菌溶解。

2. 酶的提取 酶的提取是在一定条件下用适当的溶剂处理酶样品，使酶最大程度地溶解到溶剂中。酶提取时首先应根据酶的结构和溶解性质选择适当的溶剂，一般来说，极性物质易溶解于极性溶剂中，酸性物质易溶于碱性溶剂中，碱性物质易溶于酸性溶剂中。根据酶的性质不同，酶提取方式也不同，如表 3-3 所示，主要分为盐溶液提取、酸溶液提取、碱溶液提取和有机溶剂提取。

表 3-3　酶的主要提取方法

提取方法	使用的溶剂或溶液	提取对象
盐溶液提取	可用 0.02～0.5mol/L 的盐溶液	提取在低浓度盐溶液中可以溶解的酶
酸溶液提取	可用 pH 2～6 的水溶液	提取在稀酸溶液中可以溶解且有较高稳定性的酶
碱溶液提取	可用 pH 8～12 的水溶液	提取在稀碱溶液中可以溶解且有较高稳定性的酶
有机溶剂提取	可用可与水混溶的有机溶剂	提取含有较多非极性基团或与脂质结合的酶

大多数蛋白酶均溶解于低浓度盐溶液中，一般控制在 0.02～0.5mol/L。部分酶在酸碱环境（pH 2～6，pH 8～12）中溶解度较好，可以根据其性质选择合适的酸碱环境，但不应选择太过于极端的条件，防止影响酶活。例如，胰蛋白酶和胰凝乳蛋白酶均可以使用 0.12mol/L 的硫酸溶液提取。L-天冬酰胺酶可以使用 pH 11～12.5 的碱溶液提取。与脂类结合紧密且含有非极性侧链较多的酶往往不溶于盐溶液及酸碱溶液中，这部分酶可以使用有机溶液提取，如琥珀酸脱氢酶和胆碱酯酶等酶可以使用乙醇、丙酮、丁醇等提取。在提取过程中，温度、pH、扩散作用、提取液体积等均会在一定程度影响酶的提取效率。

3. 酶的分离纯化

（1）离心分离　　离心分离是最简单的分离方式，是以高速离心的方式将不同大小和密度的细胞组织分离的过程。离心方法分为差速离心、密度梯度离心和等密度梯度离心（图 3-7）。

1）差速离心。不同大小和密度的颗粒具有不同的沉降速度，差速离心是使用不同的离心速度和离心时间将不同沉降速度的颗粒分离开来。低离心速度分离大颗粒，然后使用高离心速度分离小颗粒。这种方法主要用于分离那些大小和密度相差较大的颗粒，操作简单，但是分离效果较差，沉淀物中有较多杂质，无法将大小颗粒完全分离。

2）密度梯度离心。密度梯度离心是将酶样品在含有密度梯度介质的溶剂中进行分离，常使用蔗糖（浓度 5%～60%，密度 1.02～1.30g/cm³）、甘油等作为密度梯度体系。在分离过程中，不同沉降系数的颗粒在离心力场的作用下形成界线清晰的不连续条带，最后分离目标区带中的颗粒。

密度梯度一般采用密度梯度混合器进行制备，可以分为线性梯度、凸形梯度和凹形梯度（图 3-7A～C）。当贮液室与混合室的截面积相等时，形成线性梯度；当贮液室的截面积大于混合室的截面积时，形成凸形梯度；当贮液室的截面积小于混合室的截面积时，形成凹形梯度。在梯度混合器中（图 3-7D），贮液室 b 存放稀溶液，混合室 a 存放浓溶液，两室液面相平。操作时，开动搅拌机，同时打开阀门（a）和（b），流出的梯度液经过导管收集到离心管中。当贮液室 b 存放浓溶液，混合室 a 存放稀溶液时，梯度液的导管需要直插到离心管的管底，让后流入的高浓度混合液将先流入的低浓度混合液顶浮起来，管口到管底的密度梯度逐步升高。离心前，将样品先铺放在制备好的密度梯度溶液的表面，离心之后，不同大小、不同形状及具有不同沉降系数的颗粒会在密度梯度溶液中形成若干条不连续条带，最后再通过虹吸、穿刺或者切割离心管的方法分开收集不同区带中的颗粒。这类离心方法用时较长、不易掌握。

3）等密度梯度离心。等密度梯度离心是在离心力场的作用下，样品中的不同密度的颗粒会移动到等密度的位置。常使用氯化铯、硫酸铯、溴化铯等作为离心介质，样品中的铯

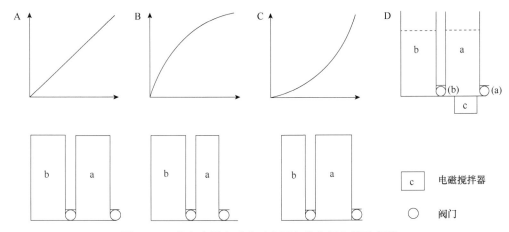

图 3-7 三种密度梯度形式示意图和梯度混合器示意图

A. 线性梯度；B. 凸形梯度；C. 凹形梯度；D. 梯度混合器。a. 混合室；b. 贮液室

盐在离心力的作用下形成密度梯度，样品颗粒移动到等密度区带得以分离。需要注意的是，铯盐作为离心介质，对铝合金的转子有强腐蚀作用，应防止铯盐溶液飞溅到转子上，使用之后的转子需要仔细清洗和干燥，最好使用钛合金转子。

（2）沉淀分离   沉淀分离是通过改变培养条件或者人为添加某些物质从而改变酶的溶解度，并使酶从溶液中沉淀。沉淀分离有多种方式，如表 3-4 所示，包括盐析沉淀法、等电点沉淀法、有机溶剂沉淀法、复合沉淀法和选择性变性沉淀法。

表 3-4 沉淀分离的多种方式

沉淀分离方法	分离原理
盐析沉淀法	利用蛋白质的溶解度在不同的盐浓度条件下会被不同程度改变的原理，通过在酶液中添加一定浓度的中性盐，改变蛋白质分子表面的电荷，使酶或杂质从溶液中析出沉淀，从而使二者分离
等电点沉淀法	根据两性电解质在等电点时分子静电荷为零，溶解度最低，易凝聚沉淀的原理，调节溶液的 pH，使具有不同等电点的酶或杂质沉淀析出，从而使二者分离
有机溶剂沉淀法	通过添加一定量的某种有机溶剂，改变酶或杂质的溶解度，从而使沉淀析出，使酶与杂质分离
复合沉淀法	在酶液中加入某些物质，与酶形成低溶解度的沉淀物，从而使酶与杂质分离
选择性变性沉淀法	改变酶液条件，使其中某些杂质变性沉淀，而不影响目标酶的溶解度和活性，使酶与杂质分离

1）盐析沉淀法。盐析沉淀法是通过盐浓度变化影响酶的溶解度，随着盐浓度的升高，酶溶解度会先上升，达到一定的盐浓度，溶解度下降，酶会从溶液中析出，这就是酶的盐溶和盐析现象。盐之所以会改变蛋白质的溶解度，是因为溶液中的盐会解离成正离子和负离子，在反离子作用下改变了蛋白质分子表面的电荷，同时也改变了溶液中水的活度，使分子表面的水化膜改变。可见酶在溶液中的溶解度与溶液的离子强度关系密切，它们之间的关系可以用以下公式表示：

$$\lg \frac{S}{S_0} = -K_s I$$

式中，S 为酶或蛋白质在离子强度为 I 时的溶解度（g/L）；S_0 指酶或蛋白质在离子强度为 0 时（即在纯溶剂中）的溶解度（g/L）；K_s 为盐析系数；I 为离子强度。

离子强度 I 指溶液中离子强度的程度，与离子浓度和离子价数有关，即

$$I=\frac{1}{2}\sum m_i z_i^2$$

式中，m_i 为第 i 种离子的离子强度（mol/L）；z_i 为第 i 种离子的离子价数。

常用的盐有硫酸铵、硫酸钠、硫酸钾、硫酸镁、氯化钠和磷酸钠等，沉淀的酶需要通过透析、超滤或者层析的方法脱盐。

2）等电点沉淀法。等电点沉淀法是缓慢调整酶溶液的 pH，使其达到酶的等电点。在等电点上，分子表面净电荷为零，静电斥力消失，赖以稳定的双电层和水化膜削弱或者破坏。此时，分子间引力增加，溶解度降低，从而使分子相互聚集并沉淀析出。实际实验操作过程中，水化膜往往不能完全去除，因此可以配合其他沉淀分离方法使用，如盐析沉淀法、有机溶剂沉淀法等。

3）有机溶剂沉淀法。有机溶剂沉淀法是根据酶与其他物质在有机溶剂中的溶解度不同而提取目的酶。其原理是，有机溶剂的存在会降低溶液的介电常数，增大溶质分子之间的静电引力，使其相互吸引，破坏分子表面的水膜，降低溶解度，从而聚集沉淀。常用的有机溶剂包括乙醇、丙醇、异丙醇和甲醇等，用量一般为酶液体积的 2 倍，同时将 pH 调至酶等电点附近并低温操作可以提高有机溶剂的分离效率。

4）复合沉淀法。复合沉淀法是选择可以与目标酶形成复合物的有机聚合物，降低其溶解度，使复合物重力沉降并分离，所得产物可以直接使用，如单宁-菠萝蛋白酶复合物制成药片可以治疗咽喉炎。也可以使用适当的方法将酶从复合物中析出而进一步纯化使用。常使用的复合沉淀剂有单宁、聚乙二醇、聚丙烯酸等高分子聚合物。

5）选择性变性沉淀法。选择性变性沉淀法是控制培养条件使不需要的杂蛋白变性沉淀，而不影响目的酶。这种方法有较大难度，需要对混合酶系统中的蛋白质种类、含量和性质有全面的了解。

（3）过滤与膜分离　　酶的过滤是通过各种过滤介质将不同大小和形状的酶分离的技术，如表 3-5 所示，根据过滤介质可以分为非膜过滤和膜过滤。

表 3-5　过滤的分类及其特性（郭勇，2015）

类别	过滤能力	过滤介质
粗滤	主要截留>2μm 的酵母、霉菌、动物细胞、植物细胞、固形物等	滤纸、滤布、纤维、多孔陶瓷、烧结金属等
微滤	主要截留 0.2～2μm 的细菌、灰尘等	微滤膜、微孔陶瓷等
超滤	主要截留 20Å[①]～0.2μm 的病毒、生物大分子等	超滤膜
反渗透	主要截留<20Å 的生物小分子、盐、离子	反渗透膜

1）非膜过滤。非膜过滤包括粗滤和部分微滤，这种方法使用高分子膜以外的过滤介质，如滤纸、滤布、纤维、多孔陶瓷等。其中，粗滤使用滤纸、滤布等截留大于 2μm 的酵母、霉菌、动物细胞和植物细胞等。为了加快过滤速度，提高分离效果，需加入助滤剂，如硅藻土、活性炭、纸粕等。根据推动力的产生条件不同，过滤技术分为常压过滤、加压过滤

---

① 1Å＝0.1nm

和减压过滤。部分微滤使用微孔陶瓷和烧结金属等非膜微滤材料截留细菌和灰尘等颗粒直径在 0.2～2μm 的物质。这种方法在无菌水、矿泉水、汽水等软饮料的生产中广泛应用。

2）膜过滤。膜过滤是采用不同孔径的高分子膜作为过滤介质，以分离不同大小、形状和特性分子的技术，如大部分微滤、反渗透、透析、电渗析等方法。常使用的薄膜材料包括内烯腈、醋酸纤维素、赛璐玢和动物膜等。膜过滤方法包括加压膜分离法、电场膜分离法和扩散膜分离法，利用流体压力差、电场作用和渗透压的原理进行分离。其中，加压膜分离法是以薄膜两边的流体静压差作为推动力的膜分离技术，在静压差的作用下，小于孔径的物质颗粒可以穿过膜孔，而大于孔径的颗粒被截留。电场膜分离法是在半透膜的两侧分别装上正、负电极，在电场的作用下，小分子的带电物质或离子向着与其本身所带电荷相反的电极移动，透过半透膜达到分离的目的，电渗析和离子交换膜电渗析都属于此类。扩散膜分离法是利用小分子物质的扩散作用，不断使小分子透过半透膜扩散到膜外，而大分子被截留，从而达到分离的效果，常见的透析属于扩散膜分离。

（4）萃取分离　　萃取分离是利用混合物在互不相溶的有机相和水相中具有不同的溶解度的特性进行分离。这种方法包括有机溶剂萃取、双水相萃取、超临界萃取和反胶束萃取。

1）有机溶剂萃取。有机溶剂萃取利用互不相溶的水相和有机相，由于物质在两相中具有不同的溶解度，可以实现分离，常用乙醇、丙酮、丁醇、苯酚等。需要注意，酶蛋白在有机溶剂的作用下可能会影响活性，所以需要低温操作。有机溶剂萃取时，选择适当的有机溶剂，将含有欲分离组分的水溶液与预冷至 0～10℃的有机溶剂充分混合，然后静置分层，最后将水相和有机相分开，通过适当加热或者抽真空等方法，尽快除去有机溶剂，获得目的物质。

2）双水相萃取。双水相萃取是水溶性高分子聚合物之间，如聚乙二醇（PEG）溶液和葡聚糖溶液，或者水溶性高分子聚合物和盐溶液之间，如聚乙二醇溶液和硫酸铵溶液作为互不相溶的两相，利用混合物在两相中的溶解度差异进行分离。双水相萃取过程中，常使用双水相系统中的溶质，然后配制好溶液的浓度及调整双水相的比例，最后将一定浓度和比例的两种互不相溶的水溶液充分混合，静止一段时间，即可形成两相。双水相系统包括：①聚合物 P：聚丙二醇，聚合物 Q 或盐：甲基聚丙二醇、聚乙二醇、聚乙烯醇、聚乙烯吡咯烷酮、羟丙基葡聚糖、葡聚糖。②聚合物 P：聚乙二醇，聚合物 Q 或盐：聚乙烯醇、葡聚糖、聚蔗糖。③聚合物 P：甲基纤维素，聚合物 Q 或盐：羟甲基葡聚糖、葡聚糖。④聚合物 P：乙基羟乙基纤维素，聚合物 Q 或盐：葡聚糖。⑤聚合物 P：羟丙基葡聚糖，聚合物 Q 或盐：葡聚糖。⑥聚合物 P：聚蔗糖，聚合物 Q 或盐：葡聚糖。⑦聚合物 P：聚乙二醇，聚合物 Q 或盐：硫酸镁、硫酸铵、硫酸钠、甲酸钠、酒石酸钾钠。双水相形成的条件和定量关系可用图 3-8 表示，图中曲线 TCB 称为双节线，直线 TBM 称为系线，在双节线下方的区域是均匀的单相区，上方是双相区，T 点和 B 点分别表示平衡时的上相组成和下相组成。在同一直线上的各点分成的两相，具有相同的组成，但体积比不同。系线下移，说明两相之间的差别逐渐减小，当达到 C 点时，说明达到了均相，C 点称为临界点。酶在两相中的分配也会受到一些因素的影响，包括两相的组成，高分子聚合物的分子量、浓度、极性等，两相溶液的比例，酶的分子质量、电荷、极性等，温度，

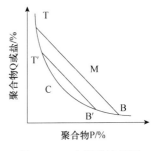

图 3-8　双水相系统相图

pH 等。

3）超临界萃取。超临界萃取是根据待分离的物质和杂质在超临界流体中的溶解度不同进行分离。物质在不同温度和压力条件下，可以以不同的形态存在，如固体、液体、气体和超临界流体等。气体和液体的温度和压力达到某一特性数值，二者的物理特性会趋于一致，这个数值称为超临界点。当温度和压力超过超临界点时，两相变为一相，这种状态下的流体被称为超临界流体。不同物质有不同的超临界点和超临界密度。

超临界流体的物理特性和传质特性通常介于气体和液体之间，流体密度比气体大，接近液体，具有和液体同样的溶解能力，并且具有很高的萃取速度。流体黏度比液体小，接近气体，传质阻力小，速率高。对于超临界流体，不同物质的溶解度不同，溶解度大的物质可以随超临界流体被分离，然后通过升高温度或者降低压力等方法使超临界流体变为气态得到所需物质。乙烷、丙烷、丁烷等均可以作为超临界流体，最常用二氧化碳分离提取生物活性物质，萃取后的溶质可以使用等压分离、等温分离和吸附分离法得到目的物质。在超临界流体萃取的过程中，为了提高分离效果，往往需要添加少量的辅助溶剂如水、乙醇、丙酮等来提高超临界萃取的分离效果。

4）反胶束萃取。反胶束萃取是利用反胶束将酶或者蛋白质从混合物之中萃取出来的一种技术。反胶束是表面活性剂分散在连续有机相中形成的纳米尺度的一种聚集体，其非极性基团在外，极性基团排列在内，具有溶解极性物质的能力。萃取酶等蛋白质时，其由于亲水性，会直接溶解于反胶束的内部，不与外部的有机溶剂接触，不会影响酶活，最后将反胶束转移到第二种水相中，将酶从有机相中提取出来。适宜的表面活性剂和有机溶剂有：表面活性剂丁二酸乙基己基酯磺酸钠（AOT），有机溶剂正烷烃、异辛烷等；表面活性剂十六烷基三甲基溴化铵（CTAB），有机溶剂乙醇/异辛烷、己醇/辛烷等。这种方法除了受到表面活性剂和有机溶剂的影响，还会受到水相 pH 和离子强度的影响。因为水相 pH 决定蛋白质表面带电基团的离子化状态，若蛋白质净电荷和表面活性剂形成的反胶束内表面电性相反则有利于蛋白质溶解于反胶束中。离子强度决定带电表面所赋予的静电屏蔽程度，静电屏蔽会降低带电蛋白质和反胶束带电界面之间的静电相互作用，也会降低表面活性剂头部基团（反胶束内表面组成部分）之间的静电排斥力，导致在高离子强度下反胶束颗粒变小，所以合适的离子强度对提升反胶束萃取效率十分重要。

（5）层析分离　　层析分离是根据混合液中各成分的物理化学性质差异（分子大小、形状、电荷性质、亲和力、分配系数等），在固定相和流动相之间以不同比例反复分配得以分离。根据不同层析原理，层析分离可以分为吸附层析、分配层析、离子交换层析、凝胶层析、亲和层析和层析聚焦。

1）吸附层析。吸附层析是利用混合液中各物质与吸附剂的吸附能力差异分离混合成分。在两相形成的界面中，其中一相中的物质聚集在两相界面的现象叫吸附。一般具备吸附其他物质到自身表面的能力的吸附剂是固体或者液体，主要利用范德瓦耳斯力与被吸附物作用。这种作用是可逆的，在一定条件下，被吸附物可以离开吸附剂表面，这叫解吸作用。

2）分配层析。分配层析是根据混合液中各种成分在两相同时存在的溶剂系统（固定相和流动相）中的分配系数不同得以分离。分配系数是指在一定温度下，达到分配平衡的一种溶质在两种互不相溶的溶剂中的浓度比值。在分配层析中，通常采用一种多孔性固体支持物（如滤纸、硅藻土、纤维素等）固定不动并吸附着一种始终固定的溶剂对样品产生保留，称为固定相。另外一种与固定相上的溶剂互不相溶但可以沿着固定相携带组分向前移动的溶剂，称为流动相。分配层析主要分为纸上层析、薄层层析和分配气相层析等。纸上层析的支持物是滤纸，以滤纸纤维的结合水为固定相，以与水互不相溶或部分混溶的有机溶剂为流动相。薄层层析的支持板一般是玻璃板，将作为固定相的支持物均匀铺在支持物上，再用流动相展开。根据支持物的不同，分为吸附薄层层析（如硅胶、氧化铝、聚酰胺等固体吸附剂）和分配薄层层析（如纤维素、硅藻土等）。薄层层析比纸上层析分辨率高，可以分离微量或比较大量的样品，但重现性较差，对酶等生物大分子分离效果不理想。

3）离子交换层析。离子交换层析是利用离子交换剂上存在的可解离基团对带电溶质分子携带离子的亲和力不同，从而分离目的物质。离子交换剂是含有若干可解离基团（活性基团）的不溶性高分子物质（母体）。按母体物质种类不同，分为离子交换树脂（苯乙烯树脂等）、离子交换纤维素（纤维素等）和离子交换凝胶（琼脂糖等）等。按活性基团的性质不同，离子交换剂可以分为阳离子交换剂［引入磺酸基（—SO_3H）、磷酸基（—PO_3H_2）等］和阴离子交换剂｛引入季铵基［—$N^+(CH_3)_3$］｝。不同离子对离子交换剂的亲和力各不相同，通常二者的亲和力随离子价数和原子序数的增加而增强，而随离子表面水化膜半径增加而降低。

4）凝胶层析。凝胶层析是以多孔凝胶作为固定相，将不同分子量的混合物分离，包括凝胶过滤、分子排阻色谱和分子筛层析等，如淀粉的链长分布和分子大小均可以用以上方法测定。当混合溶液流经凝胶层析柱时，各组分会在柱子内同时进行两种不同的运动，一种是随溶液垂直向下的移动，另外一种是无定向的分子扩散运动（布朗运动）。大分子物质在流经凝胶柱时，由于分子直径大无法进入凝胶微孔，只能从凝胶颗粒的间隙中快速通过。而小分子可以进入凝胶微孔，不断进出于一个个颗粒的微孔内外，所以小分子的移动速度较慢。最后，混合溶液会按照分子质量由大到小的顺序先后流出层析柱，从而达到分离的目的。还有些物质分子质量相同，但是具有不同的形状，同时这些物质与凝胶之间存在着非特异性吸附作用，所以仍然可以得到分离。凝胶材料主要有葡聚糖、琼脂糖、聚丙烯酰胺等。

5）亲和层析。亲和层析是目标分子和配基之间具有其他物质不具备的亲和力，从而分离目标物质。例如，酶重组表达后的分离纯化，由于重组酶具有组氨酸标签，因此可以在镍柱中进行亲和层析。根据欲分离组分与配基结合的特性，亲和层析可以分为分子对亲和层析、免疫亲和层析、共价亲和层析、疏水层析、金属离子亲和层析、染料亲和层析和凝集素亲和层析等。①分子对亲和层析（molecule pair affinity chromatography）是利用生物分子对专一而又可逆的亲和力使生物分子分离纯化的一种亲和层析方法，如酶与底物、抗原与抗体等。②免疫亲和层析（immune affinity chromatography）是利用抗原与抗体之间专一而又可逆的亲和力使抗原或者抗体分离纯化的一种亲和层析方法。例如，应用免疫亲和层析进行组织型纤溶酶原激活物（t-PA）的分离纯化已经达到工业化规模。③共价亲和层析（covalent affinity chromatography）是生物分子中功能性基团与层析剂上配基形成可逆性的共价键的一种分离层析方法，如共价亲和层析可以用于纯化牛乳巯基氧化酶，从大肠杆菌培养液中纯化青霉素酰化酶等。④疏水层析（hydrophobic chromatography）是生物分子中的功能性基团与层析剂上配基形成可逆性的疏水键的一种亲和层析方法。酶蛋白通常含有疏水性较强的亮氨酸、缬氨酸和苯丙氨酸等，这类蛋白质可以与改性琼脂糖［采用氨基烷烃与溴化氰（BrCN）-活化的琼脂糖反应]的烷基发生疏水结合反应,从而得到分离,最终通过逐步降低盐浓度,将疏水吸附的组分洗脱出来。⑤金属离子亲和层析（metal ion affinity chromatography）是利用生物分子中的功能性基团与层析剂上的金属离子形成可逆性结合的一种亲和层析方法。蛋白酶类和其他蛋白质表面存在某些氨基酸残基,如组氨酸的咪唑基团、半胱氨酸的巯基、色氨酸的吲哚基团等,均可与金属离子亲和结合。金属离子（Cu^{2+}、Zn^{2+}、Ni^{2+}等）用螯合剂结合到母体（如交联化的琼脂糖、葡聚糖等）的表面制成金属亲和试剂。洗脱亲和层析柱上的酶或其他蛋白质,可以通过改变盐浓度、pH 等降低金属离子和蛋白质之间的亲和能力,或者使用竞争性试剂如咪唑、组氨酸、半胱氨酸等将蛋白质置换下来。这种方法应用十分广泛,由于螯合剂十分稳定,金属离子和载体结合稳定,蛋白质被洗脱之后,金属的亲和特性不会受到很大影响,从而实现母体再生。⑥染料亲和层析（dye-ligand affinity chromatography）是利用生物分子中的功能性基团与层析剂上的染料配基形成可逆性结合的一种亲和层析方法。部分酶以 NAD^+、$NADP^+$、ATP 等核苷酸类物质作为辅酶,于是将一些类似 NAD^+ 结构的有机染料（蒽醌化合物、偶氮化合物等）作为配基共价偶联到纤维素或者琼脂糖等母体上制得染料亲和层析剂。由于这类酶对染料层析剂具备一定的亲和力,因此得以分离。⑦凝集素亲和层析（lectin affinity chromatography）是利用生物分子中的功能性基团与层析剂上的凝集素配基形成可逆性结合的一种亲和层析方法。凝集素是一类可以与糖的残基专一而又可逆结合的蛋白质,它们能与多糖、糖蛋白及红细胞和肿瘤细胞的凝集体等亲和结合,如超氧化物歧化酶的三种同工酶可以用这种方法分离。

6）层析聚焦。层析聚焦是根据蛋白质等电点差异和离子交换行为不同,在等电聚焦的基础上发展起来的,固定相（多缓冲交换剂）偶联具有两性解离功能的有机分子作为配基,与流动相（多缓冲剂）中的某些两性粒子发生等电聚焦反应从而分离目的分子的方法。这种方法具有高分辨率,将两性物质的等电点特性和离子交换层析的特性结合在一起,实现组分分离。在层析过程中,柱内装上多缓冲离子交换剂,当加入两性电解质载体的多缓冲溶液流过层析柱时,在层析柱内形成稳定的 pH 梯度,预分离酶液中的各个组分在系统中会移动到与其等电点相当的 pH 位置上,从而分离各组分。

（6）电泳分离　　带电粒子在电场中向自身所带电荷相反的电极移动的过程称为电泳,不同的物质其带电情况及尺寸不同导致移动方向和速度不同形成分离的条带。电泳方法包括纸电泳、薄层电泳、薄膜电泳、凝胶电泳、自由电泳和等电聚焦电泳等。电泳分离现已广泛应用于生物化学、分子生物学、免疫化学等学科中,是分离和鉴定各类带电物质的有效手段。在电场条件下,带电颗粒的移动速度主要取决于其本身所带的净电荷量,同时还会受到颗粒形状和大小的影响,此外,电场强度（电场强度越高,带电颗粒移动速度越快）、溶液 pH（决定了带电颗粒解离的程度,也决定了物质所带净电荷的多少）、离子强度（离子强度越高,带电颗粒泳动速度越慢）及支持体（电渗作用）等外界条件也会对其产生影响。

1）纸电泳。纸电泳是以滤纸为支持体,将样品点样在渗透了一定 pH 和离子强度缓冲液的滤纸上,在电场作用下使物质移动,干燥后进行分析鉴定,如氨基酸可以用这种方法分离。

2）薄层电泳。薄层电泳是以支持体（硅胶、淀粉等）与缓冲液配制成适当厚度的薄层,在电场作用下进行电泳分离的方法。其中,淀粉是最常用的材料,其由于易于成型、对蛋白质吸附少、样品易洗脱等特点，被广泛应用于蛋白质、核酸和酶等物质的分离。薄层电泳使用精制淀粉和缓冲液混合均匀，在玻璃板上制成淀粉薄层板，上样时，在淀粉薄层板上挖出适量淀粉，与样品液混合均匀后重新填回原处压平。最后用纱布条与两电极槽相连，接通电源，进行电泳。电泳完成后将缓冲液浸湿的滤纸平铺在薄层板上，压平放置 2～3min 后吹干显色。

3）薄膜电泳。薄膜电泳是以醋酸纤维等高分子物质制成的薄膜作为载体的电泳技术，其中最常用的方法是醋酸纤维薄膜电泳，用于分离血清蛋白质。这种方法的分辨力不及凝胶电泳和薄层电泳，但是具有简单、快速、区带清晰、灵敏度高、易于定量和便于保存等特点。薄膜电泳在操作时，需要先将薄膜在电泳缓冲液中浸泡 30min 左右，用滤纸吸去多余缓冲液，然后将薄膜置于电泳槽支架，薄膜两端可以直接伸进缓冲液中，也可以通过滤纸条与缓冲液相连。

4）凝胶电泳。凝胶电泳是以具有网状结构的多孔凝胶作为载体的电泳技术，常使用的有琼脂糖凝胶电泳和聚丙烯酰胺凝胶电泳，可以较好地分离核酸和蛋白质。凝胶电泳具备电泳和分子筛的双重作用，具有很强的分辨力。其中，聚丙烯酰胺凝胶的浓度决定凝胶网状结构的孔径，对应分离不同分子量的蛋白质。制备不连续电泳凝胶时，先制备分离胶，注入玻璃板之间，加入蒸馏水压平液面，聚合一段时间后将蒸馏水吸出，注入浓缩胶并注入蒸馏水，聚合一段时间后吸去蒸馏水，最后制备样品胶。聚丙烯酰胺凝胶电泳按照其凝胶组成的不同，可以分为连续凝胶电泳（用于组分较少的样品分离）、不连续凝胶电泳（由上而下：样品胶、浓缩胶、分离胶）、梯度凝胶电泳（由上而下浓度逐渐升高，孔径逐渐减小）和 SDS-聚丙烯酰胺凝胶电泳（测定蛋白质分子量）。不同凝胶浓度也适用于不同分子量的蛋白质，通常丙烯酰胺浓度为 2%～5% 的凝胶可以分离分子量 $>5\times10^6$ 的蛋白质，5%～7.5%的凝胶可以分离分子量为 $5\times10^5\sim5\times10^6$ 的蛋白质，7.5%～10%的凝胶可以分离分子量为 $1\times10^5\sim5\times10^5$ 的蛋白质，10%～15%的凝胶可以分离分子量为 $5\times10^4\sim1\times10^5$ 的蛋白质。

5）等电聚焦电泳。等电聚焦电泳是在电场环境中添加两性电解质载体，通电后形成一个由阳极到阴极连续增高的 pH 梯度，系统中待分离的两性电解质在电场作用下聚集到与其等电点相同的 pH 位点，形成一个窄带，将不同等电点的混合物进行分离和鉴定。这种方法分辨率高，随时间延长区带不会扩散，低浓度样品也可以分离，重现性好，测定结果准确。但是等电聚焦电泳过程中要求使用无盐溶液，可能造成部分酶和蛋白质溶解度下降产生沉淀，同时也不适用于在等电点时溶解度低或者可能变性的物质。目前在酶的等电点测定和其他蛋白质的分离中广泛应用。常用的 pH 梯度介质有梯度溶液（蔗糖、甘油、右旋糖酐、蔗糖聚合物等）和凝胶（聚丙烯酰胺、葡聚糖凝胶等）。

4. 酶的浓缩、干燥与结晶

（1）酶的浓缩　　抽提得到的提取液中目标酶浓度往往很低，如果要得到一定数量的纯酶，可以通过浓缩提其浓度，缩小体积，以提高酶的回收率和稳定性。酶的浓缩是除去低浓度酶液中的水分或其他溶剂提高酶浓度的过程。蒸发、冷冻、超滤、凝胶过滤、沉淀、离子交换吸附、渗透浓缩、减压干燥等方法均可以起到浓缩的作用。

1）蒸发法。蒸发法是通过升温或者减压的方式汽化溶剂浓缩酶液。这种方法效率低、费时，还对酶的稳定性有较高要求，蒸发过程中的增色现象也对产品有一定影响。一般来说，在不影响酶活的前提下，适当提高温度、降低压力、增大蒸发面积等都可以提高蒸发速度。

2）冷冻法。将酶液冷冻，缓慢融化时利用溶剂和溶质的熔点之间的差别除去大部分溶剂。由于酶类和盐类在冷冻过程中不进入冰内而留在液相中，分离纯结晶可以得到酶浓缩液。

3）超滤法。这是浓缩蛋白质的重要方法，是在加压情况下，将待浓缩液通过一层只容许水分子和小分子选择性透过的微孔超滤膜，而将酶等大分子滞留，从而达到浓缩目的的一种技术。这种装置中膜的空隙易被大分子堵住而影响流速，所以超滤器常附有搅拌装置。近年来国外已经生产出各种型号的超滤膜，可以用来浓缩分子质量（250～300 000Da）不同的蛋白质。这种方法无热破坏、无相变化、保持原来的离子强度和 pH，如果膜选择适当，浓缩过程还可能同时进行粗分离，成本也不高，故较为常用。超滤法可用于少量样品，也可用于工业生产，现在已有各种超滤装置可供选择。

4）凝胶过滤法。凝胶过滤法是利用葡聚糖凝胶 Sephadex G-25 或 Sephadex G-50 等能吸水膨润，而酶等大分子被排阻于胶外的原理进行的一种浓缩。通常采用"静态"方式应用这种方法时，可将干胶直接加入样品溶液，胶吸水膨润一定时间后，再借助过滤或离心等办法分出浓缩的酶溶液。这种方法条件温和，操作简便，也没有 pH 与离子强度等的改变，但可能导致蛋白质回收率降低。

5）沉淀法。用盐析法或有机溶剂将蛋白质沉淀，再将沉淀溶解在小体积的样品溶液中。这种方法往往造成酶蛋白的损失，同时应避免酶的变性失效。但是浓缩的倍数可以很大，同时因为各种蛋白质的沉淀范围不同，也能达到初步纯化的目的。

6）离子交换吸附法。离子交换吸附法是指在固定相和流动相之间发生的可逆的离子交换反应。蛋白质的离子交换过程分为两个阶段：吸附和解吸附。由于静电引力作用，蛋白质吸附在离子柱上，然而可以改变 pH 或增强离子强度，使加入的离子与蛋白质竞争离子交换剂上的电荷位置，从而使吸附的蛋白质解离下来，发生置换，使蛋白质解吸附。不同蛋白质与离子交换剂形成的化合键数不同，造成不同大小的亲和力，因此只要选择适当的洗脱条件就可以将蛋白质混合物中的目的组分逐个置换下来，达到分离纯化的目的。

7）渗透浓缩法。将蛋白质溶液放入透析袋中，然后在密闭容器中缓慢减压，水及无机盐流向膜外，蛋白质被浓缩。也可用 PEG 涂于装有蛋白质的透析袋上，置于 4℃下，干粉 PEG 吸收水分和盐类，大分子溶液即被浓缩。此方法快速有效，但一般只能用于小量样品，而且成本很高。

8）减压干燥法。减压干燥法是将制备好的酶蛋白溶液在较低的温度（−50～−10℃）下冻结成固态，然后在高度真空条件下，使水不经液态而直接升华成气态的浓缩干燥过程。减压干燥法特别适合于抗生素、血液制品、酶制品及生化药品等热敏性物料的浓缩。

（2）酶的干燥　　干燥是将各种状态的物质如固体、半固体或浓缩液中的水分或其他溶剂去除一部分以提高酶浓度的过程。干燥方法有真空干燥、冷冻干燥、喷雾干燥、气流干燥和吸附干燥。

1）真空干燥是加热（60℃）的同时抽真空，酶液可以在较低的温度被蒸发干燥，蒸汽被凝结收集。真空干燥适用于热敏感、易氧化物质的干燥和保存。

2）冷冻干燥是冷冻物料，然后在低温下抽真空，冰直接升华成气体去除溶剂，适用于对热敏感的酶类，对酶的影响较小。

3）喷雾干燥主要用于无活性的生物大分子的干燥处理，是将液体通过喷洒装置喷成雾滴后，与热空气直接接触，热空气将雾滴中的水分直接汽化成水蒸气，从干燥器的顶部排出，酶蛋白等溶质降落到干燥器的底部，最后收集即可。液体分散为雾滴时，雾滴的人小只有 $1\sim100\mu m$，当与热空气接触时，水分瞬间蒸发。在 100℃ 的热空气中只需 1s 即可干燥。

4）气流干燥是在常压下，通过热气流接触物料，蒸发水分，从而得到干燥制品的过程。这种方法干燥时间长，酶活力损失大，需要控制好气流温度、气流速度和气流流向，同时需要经常翻动物料，使其干燥均匀。

5）吸附干燥是在密闭的容器中用各种干燥剂吸收物料中的水分，以达到干燥的目的。常用的吸附剂有硅胶、无水氯化钙、氧化钙、无水硫酸钙、五氧化二磷及各种铝硅酸盐的结晶等，可以根据需要选择使用。

（3）**酶的结晶**　　酶的结晶是酶从溶液中以晶体的形式析出，纯度越大越容易结晶，结晶次数越多酶纯度也有一定程度的提高，产物可以通过 X 射线晶体衍射研究结构。酶结晶的方法有许多，包括盐析结晶法、有机溶剂结晶法、透析平衡结晶法和等电点结晶法。结晶包括三个过程：形成过饱和溶液、晶核形成和晶体生长。溶液达到饱和是结晶的前提，过饱和度是结晶的推动力。

1）盐析结晶法是指在适当的温度和 pH 条件下，在接近饱和的酶液中缓慢增加溶液中某种中性盐的浓度，降低酶的溶解度，使其达到过饱和状态，从而析出晶体。常用的中性盐有硫酸铵、硫酸钠、硫酸镁和氯化钙等。

2）有机溶剂结晶法是指在接近饱和的酶液中添加有机溶剂以降低酶的溶解度，在低温下析出晶体的过程。常用的有机溶剂有乙醇、丙酮、丁醇、甲醇、二甲基亚砜等。这种方法含盐少，结晶时间短，但要注意在低温下操作，防止酶失活。

3）透析平衡结晶法是将酶液装进透析袋中，置于一定浓度的盐溶液中进行透析，使酶液逐步达到过饱和状态而析出晶体的过程。采用此操作前，酶液需达到一定的纯度，并要浓缩到一定浓度，以减少透析的时间。

4）等电点结晶法是缓慢改变酶液的 pH 使其逐渐达到酶的等电点，从而使酶析出的过程，常采用透析平衡等电点结晶法和气相扩散等电点结晶法改变酶液的 pH。这种方法需要注意调节 pH 的时候要缓慢均匀，防止因为局部过酸或过碱而影响结晶。透析平衡等电点结晶是将酶液装在透析袋中，在一定 pH 的缓冲溶液中进行透析，使酶液的 pH 逐渐接近酶的等电点而析出酶结晶。气相扩散等电点结晶法是将酶液装在容器中，与装有挥发性酸或碱的容器一起置于一个较大的密闭容器中，挥发性酸或碱先挥发到气相中，再慢慢溶解到酶液中，从而改变酶液的 pH。

二、酶活力测定和酶纯度鉴定

提取的酶往往需要达到一定的纯度才可以继续研究或者投入使用，目前常用以下方法测定酶的纯度。

（一）酶活力测定方法

酶活力是通过测定酶促反应过程中单位时间内底物的减少量或产物的生成量来获得。酶的总活力＝酶活力×总体积（mL）或酶活力×总质量（g）。此外，比活力、纯化倍数及回收率也是纯化过程中的重要参数。比活力是酶纯度指标，比活力愈高表示酶愈纯，即表示单位蛋白质中酶催化反应的能力愈大；纯化倍数愈大，提纯效果愈佳；回收率愈高，其损失愈少。

（二）酶纯度鉴定方法

酶纯度鉴定常用的方法有电泳法、凝胶色谱法、化学结构分析法、超速离心沉降分析法、免疫学法、分光光度法等。目前广泛采用的是电泳法，从电泳分析的结果可判断试样中是否存在杂质，并选择有针对性的分离方法对试样进行进一步的纯化。

1. 电泳法　　电泳法是最广泛使用的酶纯度鉴定方法，常用的有醋酸纤维素膜电泳、聚丙烯酰胺不连续凝胶电泳和聚焦电泳等。例如，异源重组表达的酶往往通过十二烷基硫酸钠聚丙烯酰胺凝胶电泳（SDS-PAGE）来验证其纯度，凝胶电泳中只显示一个条带说明纯化效果较好，酶达到了电泳纯度，且分子量均一。这种方法只适合于含有相同亚基的酶。

2. 凝胶色谱法　　凝胶色谱法是检验与目的分子大小不同的杂质最简单的方法之一。如果样品中酶是纯的，各个部分的比活力应该是相同的。反相高效色谱法可以将体系中的主要物质和杂质有效分离。

3. 化学结构分析法　　酶的纯度可以通过量化氨基酸、特定辅基团或活性位点的摩尔数来评价。如果是纯酶体系，每摩尔蛋白质有整数摩尔的 N 端氨基酸，若有其他末端基的存在，说明该体系含杂质。也可以通过总氨基酸分析，因为纯酶系统中所有的氨基酸都成整数比。

4. 超速离心沉降分析法　　超速离心沉降是在超强的离心力场下将分散体系中的分散质点逐渐沉降，质点越大沉降速度越快，基于分子质量和沉降速度的正相关关系来测定样品中分子质量分布，从而反映酶纯度。在超强的离心力场下，离心后如果出现明显的分界线，或者在分步取出的样品中组分的分布是对称的，则说明样品是均一的。但这种方法对分子质量相差小的样品灵敏度较小。

5. 免疫学法　　免疫学法是酶样品在琼脂凝胶上与特定抗体发生免疫反应，根据得到的沉淀判断样品的纯度。

6. 分光光度法　　纯蛋白质的 $A_{280}/A_{260}=1.75$，可以使用分光光度法检验体系中是否存在核酸。

三、酶制剂的生产

20 世纪 30 年代，酶大多来源于动物内脏，尤其是猪或牛的胰。随后从菠萝和木瓜中获得了菠萝蛋白酶和木瓜蛋白酶。1967 年，诺维信公司（Novozymes）开始从微生物中分离不同功能的酶，并应用于衣物洗涤剂、厨具清洁剂、食品、饮料、纺织、农业、废水处理和乙醇汽油等领域，这使酶的来源更加丰富。生命科学研究技术的突破及基因组数据的积累和开放共享，尤其是在 1987 年人类基因组计划（Human Genome Project，HGP）在美国启动后，极大地推进了生命科学研究的发展，酶的来源已从传统的动物、植物、微生物逐渐拓展为基因组数据挖掘和酶基因的直接人工合成，再进行定向进化及异源基因表达。目前，酶制剂的生产有三种方式，包括提取分离法、生物合成法和化学合成法。

（一）提取分离法

酶的提取分离是预先处理含酶原料，使用特定溶剂溶解酶，根据酶存在部位的不同，采用各种提取、分离和纯化技术从特定的动物、植物和微生物的组织、器官、细胞提取酶。这是一种基础的提取方法，尤其适用于无法生物合成及化学合成的酶。至今为止，众多植物来源的物质采用提取分离法，如人参中提取人参皂苷、茉莉花中提取茉莉香精等。

（二）生物合成法

酶的生物合成法包括微生物细胞培养和动植物细胞培养。生物合成法首先要经过筛选、诱变、细胞融合和基因重组等方法获得优良的产酶细胞，然后在人工控制条件的生物反应器中进行细胞培养，通过细胞内物质的新陈代谢作用，生成各种代谢产物，再经过分离纯化得到人们所需的酶。随着生物技术的发展，有些原来存在于动物和植物细胞中的酶也可以通过 DNA 重组技术，将其基因转入微生物细胞，再通过发酵方法进行酶的生产。例如，将从动物细胞中获得的组织型纤溶酶原激活物（t-PA，一种丝氨酸蛋白酶）基因、从植物细胞获得的木瓜蛋白酶基因等克隆到大肠杆菌等微生物细胞中获得基因工程菌，再通过基因工程菌发酵而获得所需的酶。

1. 微生物细胞发酵

（1）微生物细胞发酵产酶法 微生物细胞发酵产酶法分为固体培养发酵、液体深层发酵、固定化微生物细胞发酵和固定化微生物原生质体发酵等，适用于生产醇类、有机酸、氨基酸、核苷酸、抗生素和酶等。

1）固体培养发酵。固体培养发酵是以麸皮、米糠等作为主要原料，加入其他必要的营养成分，制备固体或者半固体培养基，经过灭菌和冷却后进行接种发酵，获取所需的淀粉酶类和蛋白酶类。这种方法使用的设备简单，操作方便，适合霉菌的培养和发酵，但是工作量大，原料利用率低，生产周期长。

2）液体深层发酵。目前应用最普遍的是液体深层发酵，采用液体培养基，置于生物反应器中，经过灭菌、冷却后，接种产酶细胞，在一定的条件下，进行发酵，生产得到所需的酶。液体深层发酵不仅适合于微生物细胞的发酵生产，也可以用于植物细胞和动物细胞的培养。液体深层发酵的机械化程度较高，技术管理较严格，酶的产率较高，质量较稳定，产品回收率较高，是目前酶发酵生产的主要方式。

3）固定化微生物细胞发酵。固定化微生物细胞发酵是将微生物固定在水不溶解的载体上，在一定空间范围中进行生长代谢。这种方法产酶效率高，可以反复连续自动化生产，发酵稳定性好，发酵液中含菌少利于分离纯化。

4）固定化微生物原生质体发酵。固定化微生物原生质体发酵是将固定化微生物的细胞壁去除，减少细胞破碎的步骤，可以直接从发酵液中获取发酵产物，而且由于载体的保护作用，发酵稳定性好，需要注意的是，制备原生质体有一定难度，在培养体系中需要维持较高的渗透压，防止细胞壁再生。

（2）酶生产菌株的要求和特点　　工业常用的产酶微生物有大肠杆菌、醋酸杆菌、枯草杆菌、放线菌、酵母和霉菌等。优良产酶菌种应具备的条件有：产酶量高、分泌型表达最佳；易培养（生长速率高，营养要求低），低成本；遗传性能稳定，不易退化，易分离提纯（胞外酶较佳）；安全可靠（不是致病菌，不产生毒素及其他有害的活性物质）。在来源上，如果自然界中的微生物可以分泌酶蛋白，则通过物理或者化学的方法对菌种进行诱变以提高酶性能并投入生产；如果自然界中的微生物本身产酶活性较低，耐受性较差，则可以使用工程菌，将具有优良性质的酶基因导入进行生产。常用的表达系统有原核表达系统（大肠杆菌表达系统、枯草杆菌表达系统、谷氨酸棒杆菌表达系统）和真核表达系统（酵母表达系统、丝状真菌表达系统）。

2. 动植物细胞培养　　动植物细胞培养是通过特定技术获得优良动物和植物细胞，然后在人工控制条件的反应器中进行细胞培养，经过细胞的生命活动合成酶，再经过分离纯化获得所需酶的过程。

（1）**植物细胞培养**　　植物细胞培养主要用于生产色素、药物、香精、酶等代谢产物，培养方式包括固体培养、液体浅层培养、液体悬浮培养等。这种方法具有产量高、生长周期短的特点，如木瓜的发芽到收获仅需 8 个月，发酵周期仅为 $10\sim30d$，培育方便。但植物的栽培和生长受地理环境和气候等条件的影响较大，所以多种植物原料的获取有较大难度。目前，这种方法已经适用于多种酶的生产，如来自胡萝卜细胞的糖苷酶，来自紫苜蓿细胞的 β-半乳糖苷酶，来自甜菜细胞的过氧化物酶、酸性转化酶、碱性转化酶和糖化酶，来自利马豆细胞的 β-葡萄糖苷酶，来自大豆细胞的过氧化物酶、苯丙氨酸裂合酶，来自番木瓜细胞的木瓜蛋白酶、木瓜凝乳蛋白酶，来自大蒜细胞的超氧化物歧化酶，来自菠萝细胞的菠萝蛋白酶，来自剑麻细胞的剑麻蛋白酶等。

1）植物细胞培养工艺流程。植物细胞培养产酶一般分为 4 个阶段。①第一阶段是获取外植体，指的是从植株中取出一小部分（包括根、茎、叶、芽、花、果实、种子等）进行预处理。②第二阶段是从外植体中采用机械法（捣碎外植体、过滤和离心）或酶法（果胶酶、纤维素水解酶）分离细胞，也可以通过愈伤组织诱导法或者原生质体再生法得到一定体积的小细胞团或单细胞悬浮液。愈伤组织是一种能迅速增殖的、无特定结构和功能的薄壁细胞团。通过愈伤组织诱导法获得植物细胞的基本过程如下：将选择好含有一定量的生长素和分裂素的液体培养基加入 $0.7\%\sim0.8\%$ 的琼脂，制成半固体的愈伤组织诱导培养基。灭菌，冷却后，将上述外植体植入诱导培养基中，于 25℃ 左右培养一段时间，即从外植体的切口部位长出小细胞团，此细胞团称为愈伤组织。一般培养 $1\sim3$ 周后，将愈伤组织分散接种于新的半固体培养基中进行继代培养，以获得更多的愈伤组织。原生质体是除去细胞壁之后的微球体。原生质体可以从培养的植物单细胞、愈伤组织和植物的组织、器官中获得。目前一般使用酶解法（纤维素酶和果胶酶混合物水解细胞壁）在高渗溶液中分离原生质体，以防止原生质体被破坏，经过计数和适当稀释，在一定条件下进行原生质体培养，使细胞壁再生，形成单细胞悬浮液。常使用的渗透压稳定剂有甘露醇、山梨醇、蔗糖、葡萄糖、盐类等。③第三阶段是将获得的植物细胞在无菌条件下转入新鲜培养基，在人工控制条件的生物反应器中，进行细胞悬浮培养，获得所需的酶。④第四阶段是将目标酶分离纯化，最后得到纯酶。

2）工艺条件控制。植物细胞培养需要注意工艺条件的控制，包括培养基、温度和pH、搅拌、刺激剂的应用等。①培养基。植物细胞与微生物细菌对培养基的要求有较大差别。植物细胞需要大量的无机盐，除P、S、K、Ca、Mg等大量元素外，还需要B、Mn、Zn、Mo、Cu、Co、I等微量元素；需要多种维生素和植物激素，如维生素B_1、吡哆素、烟酸、肌醇及激动素等。植物细胞要求的氮源一般为无机氮源，如硝酸盐和铵盐。植物细胞多以蔗糖为碳源。②温度和pH。植物细胞一般选用室温（25℃左右）培养。有些植物的最适生长温度和最适发酵温度有所差别。至于pH，一般在微酸性范围，即pH 5~6。③搅拌。植物细胞代谢较慢，需氧量小，而且过多的氧气反而带来不良影响，对剪切力敏感，所以通风和搅拌不能太强烈。④刺激剂的应用。在培养基中添加适当的刺激剂，常用的有微生物细胞壁碎片和胞外酶，可以有效地提高某些产物的积累量。

（2）动物细胞培养　动物细胞培养主要用于获得疫苗、激素、多肽药物、单克隆抗体、酶等功能性蛋白质，如脊髓灰质炎疫苗、生长激素、表皮生长因子、胶原酶、各类单克隆抗体、白细胞介素等都是由动物细胞培养生产的。

1）动物细胞培养方式。①悬浮培养，非锚地依赖性细胞，如杂交瘤细胞、肿瘤细胞及来自血液或者淋巴组织的细胞等采用悬浮培养。这种方法类似于微生物的液体深层发酵，细胞均匀分散于培养液中，细胞生长环境均一。培养基中的溶解氧和营养成分利用率高，采样分析较准确，且重现性好。然而，动物细胞没有细胞壁，对剪切力敏感，因而不能耐受强烈的搅拌和通风。此外，对营养的要求很复杂，因此和微生物培养方式有较大不同。②贴壁培养，来自复杂器官的细胞，如纤维细胞、上皮细胞等具有锚地依赖性，必须依附在固体或者半固体表面贴壁培养，形成致密的单层细胞，采用滚瓶培养系统和微载体系统进行生长代谢。常用的动物细胞系如HeLa、Vero、BHK、CHO等都属于贴壁培养的细胞。滚瓶培养系统结构简单、技术成熟，然而劳动量大，体积产率较低。微载体系统是由葡聚糖凝胶等聚合物制成直径50~250μm、相对密度与培养液的相对密度差不多的微球，动物细胞依附在微球的表面，通过搅拌使其悬浮于培养液中，从而形成单层细胞生长繁殖的培养系统。这样的方法产率高，营养成分利用率高，稳定性好，适合大规模生产。③固定化细胞培养，细胞与固定化载体结合，在一定的空间范围进行生长繁殖的培养方式称为固定化细胞培养。锚地依赖性和非锚地依赖性的动物细胞都可以采用固定化细胞培养方式。动物细胞的固定化一般采用吸附法和包埋法，上述微载体系统就属于吸附法固定化细胞培养。此外还有凝胶包埋固定化、微胶囊固定化、中空纤维固定化等。

2）工艺条件控制。生产过程中可以通过调整温度、pH、溶氧量和渗透压控制培养工艺条件，提高生产质量。①温度，不同种类的动物细胞对温度的要求不同，如哺乳动物细胞的最适温度为37℃，鸡细胞为39~42℃，昆虫类细胞为25~28℃，鱼类细胞为20~26℃。一般来讲，细胞对低温的耐受力强于对高温的耐受能力。②pH，大多数动物细胞最适pH为7.2~7.4，低于pH 6.8或高于pH 7.6时，细胞停止生长，甚至死亡。通常在培养基中加入一定浓度的磷酸缓冲液，用于防止培养过程中代谢产物造成的pH变化。③溶氧，不同种类的动物细胞，或处于不同生长阶段的同种细胞，对溶解氧的要求都是不同的。应根据具体情况，随时对溶氧加以检测和调节控制。④渗透压，培养液的渗透压应与动物细胞内的渗透压保持等渗状态，一般控制在 700～850kPa。

（三）化学合成法

化学合成法是 20 世纪 60 年代中期发展起来的一项技术。我国于 1965 年成功实现了胰岛素的人工合成。但是，化学合成法一般应用于结构研究透彻的酶，同时复杂的合成手段及对纯度的高要求导致这种方法成本高昂，因此，这种方法较少使用，难以进行大规模工业化生产。然而，利用化学合成法进行酶的人工模拟和化学修饰，设计和合成具有酶的催化特点并克服酶的弱点的高效非酶催化剂，已成为研究热点，具有重要的理论意义和发展前景。目前，研究较多的小分子仿酶体系包括环糊精模型、冠醚模型、卟啉模型、环芳烃模型等，这些都是大环化合物模型。例如，利用环糊精模型已经获得了酯酶、转氨酶、氧化还原酶、核糖核酸酶等多种酶的模拟酶。大分子仿酶体系有分子印迹酶模型和胶束酶模型等。例如，利用分子印迹酶模型已经得到二肽合成酶、酯酶、过氧化物酶、氟水解酶等多种酶的模拟酶。

本章小结

本章主要介绍了酶的生产，内容包括酶的生产方法，如提取分离法、生物合成法和化学合成法，还详细介绍了产酶微生物的种类、产酶微生物的获得途径。随后，对微生物细胞中酶生物合成的调节、微生物发酵产酶工艺、发酵产酶工艺的控制及酶发酵动力学进行了讨论。进而总结了酶的分离纯化、酶纯度的鉴定及酶制剂的生产。在接下来的学习中，可以运用本章的知识和技巧来扩展酶生产方法，挖掘更多更优质的产酶微生物，优化微生物发酵产酶工艺和酶分离纯化技术。总之，本章的学习对酶的开发和工业应用具有重要的意义，也为今后的学习和实践提供了重要的基础和指导。

复习思考题

1. 试述酶生物合成的基本过程。
2. 何谓酶生物合成的诱导作用？简述其原理。
3. 激活蛋白和阻遏蛋白是何种基因的产物？它们在操纵子转录调控中各起什么作用？其作用位点是相同的吗？
4. 简述分解代谢物阻遏作用的原理和解除方法。
5. 酶的生物合成有哪几种模式？
6. 如何控制微生物发酵产酶的工艺条件？
7. 补料分批发酵有什么特点？
8. 简述酶发酵动力学的主要概念和研究内容。
9. 酶的分离纯化方法有哪些？
10. 酶分离纯化的注意事项有哪些？

11．酶的浓缩、干燥和结晶方法有哪些？

12．酶制剂生产主要有哪几类方法？

参 考 文 献

郭勇．2004．酶工程．2版．北京：科学出版社．

郭勇．2015．酶工程．4版．北京：科学出版社．

韩双艳，郭勇．2024．酶工程．5版．北京：科学出版社．

李珊珊，莫继先，张珍珠．2019．发酵与酶工程．北京：化学工业出版社．

林影．2017．酶工程原理与技术．3版．北京：高等教育出版社．

罗九甫．1996．酶和酶工程．上海：上海交通大学出版社．

马延和．2022．高级酶工程．2版．北京：科学出版社．

沈萍，陈向东．2016．微生物学．8版．北京：高等教育出版社．

施巧琴．2005．酶工程．北京：科学出版社．

孙君社，江正强，刘萍．2006．酶与酶工程及其应用．北京：化学工业出版社．

吴茜茜，王红梅，张增辉，等．2012．黑曲霉耐酸性 α-淀粉酶的固态发酵条件研究．包装与食品机械，
　30（3）：5．

余龙江，李为，鲁明波．2021．发酵工程原理与技术．北京：高等教育出版社．

查锡良，周春燕，药立波，等．2018．生物化学与分子生物学．9版．北京：人民卫生出版社．

赵蕾．2018．酶工程．北京：科学出版社．

朱玉贤，李毅，郑晓峰，等．2019．现代分子生物学．5版．北京：高等教育出版社．

第四章 酶与细胞的固定化

🔍 **学习目标**

1. 酶固定化原理及固定化方法。
2. 固定化细胞技术。
3. 酶固定化及固定化细胞的特性。
4. 固定化酶及固定化细胞的应用。

通过固定化酶在工业、医药、化学分析、环境保护、能源开发及理论研究等方面的应用，如固定化酶传感器在水质、环境监测的应用，引导学生认识到国家治理环境的决心，理解"绿水青山就是金山银山"的科学论断。

固定化酶是采用物理或化学等手段，将酶与不溶于水的载体相结合，形成固相状态的酶衍生物，而且固定化后的酶仍保持活性，比水溶性酶稳定，并能催化底物生成反应物。固定化酶易与产物分离，可重复利用，在生产上降低了酶的使用成本，具有较高的经济效益。固定化酶的稳定性得到了提高，并且酶的各种特性还能改善，拓展了酶的使用范围，使其更符合生产的需求。随着固定化技术和材料的发展，固定化酶在食品、医药、化工和生物传感器制造等领域会有更广泛的成功应用。

第一节 固定化酶与固定化细胞

具有专一性强、催化效率高和作用条件温和等特点的酶，在工农业、医药及轻化工等领域的广泛使用过程中，一些不足之处也日益突出。这些不足成为酶在现代工业中广泛使用的瓶颈。游离酶主要的缺点有以下几个方面：在有机体外稳定性差，在高温、强酸、强碱等极端环境下容易变性失活；在催化反应结束后，游离酶与产物及剩余的底物混在一起，酶蛋白难于回收利用，造成酶的使用成本极大地提高；游离酶的使用一般采用分批式生产工艺，酶的使用只能一次性投入，在生产上难以连续化进行，并且这种生产方式给后续的下游产物分离纯化带来一定的困难。

因此，针对酶的不足之处，特别是为了适应工业化生产的需要，寻求其改进方法，人们模仿生物体内酶的作用方式，开始探索酶利用的新形式。固定化酶（immobilized enzyme）是指通过物理或者化学手段，将酶限定在一定的空间范围内，能够反复使用并且保持催化活性的酶。固定化后的酶具有以下优点：容易将酶蛋白和底物、产物分离开来，因此可以回收、反重使用；一般都能够提高酶的稳定性；在生产上能够进行连续化、自动化的生产，降低了生产成本。在20世纪50年代，人们开始对酶进行固定化制备的工作研究。1953年，德国科学家格鲁布霍费尔（Grubhoffer）和施莱特（Schleith）利用重氮法，分别把羧肽酶、淀粉酶、胃蛋白酶及核糖核酸酶共价结合到聚氨基苯乙烯树脂上，制成不溶于水的固定化酶，同时进行了大量的研究，发现这种形式的酶保持或大部分保持原酶固有的活性。固定化技术迅速发展的时期始于 20 世纪 60 年代末期，日本人千畑一郎将氨基酰化酶进行固定化，用于 L-氨基酸的连续生产，这是第一次将固定化酶应用于工业化生产。酶的固定化是酶工程现代化的重要标志，是酶应用技术发展的重要里程碑。

随着固定化技术的发展，作为固定化的对象已不限于酶。为了简化从生物样品中提取酶蛋白的步骤，人们尝试对完整的微生物或动植物细胞进行固定化，生成的产物为固定化细胞。被固定在载体上的细胞在一定的空间范围内仍能进行正常的生命活动。细胞通过固定化能充分有效地保留胞内酶的原始状态，也减少了提取过程中的酶损失，而且还可利用生物细胞内的多酶系统来直接生产所需要的产物。20 世纪 70 年代，首次在工业上利用固定化微生物细胞成功连续生产了天冬氨酸。目前细胞固定化取得了迅猛的发展，已从静止的固定化菌体发展到了固定化活细胞。

通过对细胞的固定化，避免了在细胞内酶提取分离过程中造成的损失，能最大限度维持酶的活性，同时酶的稳定性大大提高，对不利因素的抗性增强。除此之外固定化细胞可以利用细胞的复合酶系完成部分代谢过程。由于没有酶的提取过程，利用固定化细胞生产酶，不仅提高了生产速度还节约了生产成本。但固定化细胞也有其局限性，如在细胞生命代谢活动过程中会产生不需要的副产物，而这些副产物会给下游产品的纯化带来一定的困难。此外细胞膜、细胞壁和固定化载体的存在，会形成一定的空间阻碍，妨碍底物和产物的渗透和扩散。

从固定化技术研究的发展阶段来看，前期的工作主要是载体类型及固定化方法和技术手段的研究，后期发展建立的多酶反应系统丰富了固定化技术的内容。20 世纪 80 年代出现的联合固定化技术通过把不同来源的酶和细胞的生物催化剂整合起来，能充分利用细胞和酶的各自特点。近年来，也发展了酶的定向固定化技术。定向固定化技术可采用不同方法，能按照设定的位置，将酶蛋白依据一定的排列顺序连接在载体的表面，这种定向固定化技术能够增加酶活性，并显著提高酶的固定化效率。定向固定化技术在生物芯片、生物传感器、临床诊断、药物设计、蛋白质结构和功能等领域已经得到了运用。

第二节 酶与细胞的固定化方法

一、酶的固定化方法

固定化酶是采用各种固定化技术将酶固定在载体上来制备的。至今，不同的酶采用的固定化方法并不相同，没有一种统一的方法适用于所有酶。固定化技术多种多样，不同的酶要根据其性质和固定目的选择合适的固定化方法，主要有吸附固定化法、共价结合法、交联法和包埋法等。

（一）吸附固定化法

酶通过氢键、疏水作用、离子键等非共价相互作用，固定在水不溶载体表面上，是最简单的固定化方法。根据酶与载体之间吸附作用力的差异分为物理吸附法和离子交换吸附法（图 4-1）。

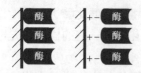

图 4-1 酶固定化的物理吸附法（左）和离子交换吸附法（右）（林影，2017）

1. 物理吸附法 利用固体吸附剂将酶吸附在表面，而使其固定化的技术称为吸附固定法。这种方法以固体表面物理吸附为依据，使酶与水不溶性载体相接触而达到吸附酶的目的，是最早制备固定化酶的方法。其中固体吸附剂称为载体，酶与载体之间的亲和力主要是范德瓦耳斯力、氢键结合力、疏水作用。常用的固体吸附载体分为有机载体和无机载体两大类。有机载体主要是淀粉、硅胶、大孔树脂等，无机载体包括氧化铝、石英砂、活性炭、多孔陶瓷、硅藻土等。物理吸附法制备固定化酶操作简单，制备条件温和，酶活性中心一般不与载体发生反应，酶的空间结构不易改变，因此固定化后的酶活力损失少，此外，固定吸附载体材料还具有价格低廉并可反复使用的优点。但由于载体和酶蛋白之间主要依靠物理作用力，结合力弱可造成酶与载体结合不紧密，酶容易从载体上脱落。

2. 离子交换吸附法 离子交换吸附法是将酶分子通过离子键固定到含有离子交换基团的载体上的固定化方法。离子交换吸附剂需吸附量大，与酶之间有强亲和力，吸附剂不会造成酶蛋白变性失活，且吸附剂和反应产物不会发生结合。离子交换吸附法所采用的载体主要以多糖作为骨架，常用的包括二乙氨乙基（DEAE）-纤维素、DEAE-葡聚糖凝胶、羧甲基（CM）-纤维素等。

酶与载体通过离子交换吸附法进行固定化，具有条件温和、操作简便、制备出的固定化酶活性高的优点。但由于通过离子键结合，结合力较弱，酶与载体的结合不牢固，容易受到外界环境中离子强度和 pH 的影响，当外界环境发生变化时，酶容易脱落。

第一种有工业应用价值的固定化酶就是通过离子交换吸附法制备而成的，该固定化酶以 DEAE-葡聚糖凝胶为载体，通过离子键将氨基酰化酶固定在载体上。大致的过程如下：将处理成－OH 型的 DEAE-葡聚糖凝胶加至含有氨基酰化酶的溶液中，于 37℃条件下搅拌 5h，氨基酰化酶以离子键的形式与 DEAE-葡聚糖凝胶结合起来，制备成固定化酶，或者在离子交换柱中，用氢氧化钠处理 DEAE-葡聚糖凝胶，使其成为－OH 型的 DEAE-葡聚糖凝胶，再用去离子水冲洗至中性后，用 0.1mol/L pH 7.0 的磷酸缓冲液平衡备用。另将氨基酰化酶用 pH 7.0 的 0.1mol/L 磷酸缓冲液溶解，37℃的条件下，将配制好的酶溶液缓慢流经离子交换柱，就可制备成固定化氨基酰化酶。该固定化酶用于拆分乙酰-DL-氨基酸，生产 L-氨基酸。

（二）共价结合法

共价结合法是酶分子上的非必需基团与固定化载体表面上的反应基团以共价形式结合起来，从而形成固定化酶的一种固定化方法（图 4-2）。共价结合法是利用最多的固定化方法之一。酶蛋白的非必需基团主要包括—NH$_2$、—OH、—COOH、—SH、酚基、咪唑基、吲哚基，这些基团与不溶性载体的功能基团形成不可逆的连接。

共价结合法制备的固定化酶由于酶和载体的结合牢固，酶不易脱落，且载体不会引起酶蛋白的变性。外界环境中一定范

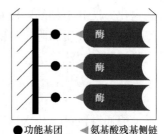

●功能基团 ◀氨基酸残基侧链

图 4-2 共价结合法
（林影，2017）

围内 pH、离子浓度的改变对酶的性质影响不太大。但共价结合法制备的固定化酶由于固定化制备条件复杂，载体与酶蛋白之间形成共价键，反应条件剧烈，易造成酶高级空间结构的改变，从而影响酶的催化活性。共价结合法常用的天然载体主要有纤维素、琼脂糖凝胶、葡聚糖凝胶、淀粉及它们的衍生物等。此外，人工合成的高聚物，如聚丙烯酰胺、聚苯乙烯、聚乙烯醇、氨基酸共聚物等也可作为共价结合法制备固定化酶的载体。

由于共价结合法制备固定化酶的反应条件较为剧烈，因此载体在结合反应前，必须将载体的功能基团进行活化。载体通过化学反应，在功能基团上连接一活化基团，活化的基团再与酶分子上的侧链基团发生共价反应。目前的活化功能基团的方法主要有重氮法、叠氮法、溴化氰法和烷基化法等。

1．重氮法　不溶性载体上含有芳香族氨基团，该基团与亚硝酸发生化学反应生成重氮盐衍生物，即在载体上引进了活泼的重氮基团，然后在偏碱性条件下，与酶分子上基团发生偶联，从而制备成固定化酶（图 4-3）。例如，我国首次用于工业生产的固定化酶，就是由中国科学院上海生物化学研究所袁中一等完成的固定化 5′-磷酸二酯。主要步骤如下：①纤维素等载体先用氢氧化钠活化，活化后的纤维素（—OH）与双功能试剂 β-硫酸酯乙砜基苯胺（SESA）醚化连接，制备成对氨基苯磺酰乙基（ABSE）-纤维素。②亚硝酸由盐酸和亚硝酸钠反应生成，ABSE-纤维素在亚硝酸作用下形成重氮盐。③酶溶液中加入硫酸铵，与活化后的 ABSE-纤维素偶联制备成固定化酶。

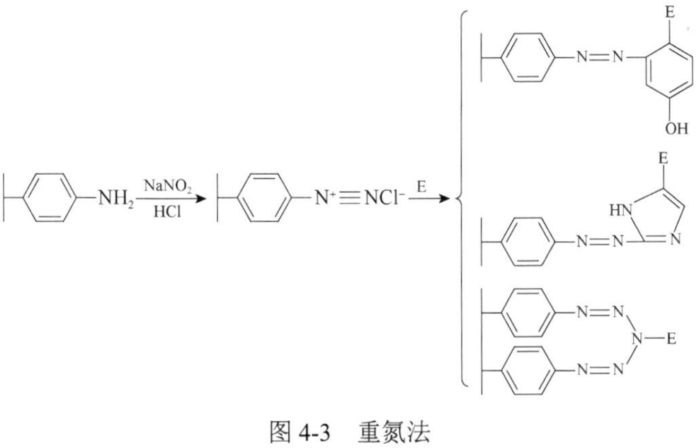

NH2
NaNO2
HCl
N+≡NCl-
E
N=N
E
OH
HN
N
N—E

图 4-3　重氮法

2．叠氮法　载体上含有羟基、羧基等基团，在酸性条件下，载体用甲醇处理使其甲酯化，再经水合肼处理成酰肼，再经过亚硝酸作用，生成叠氮化合物，叠氮衍生物中活泼的叠氮基团在低温下，与酶的氨基、酚基和巯基等反应，从而形成固定化酶（图 4-4）。

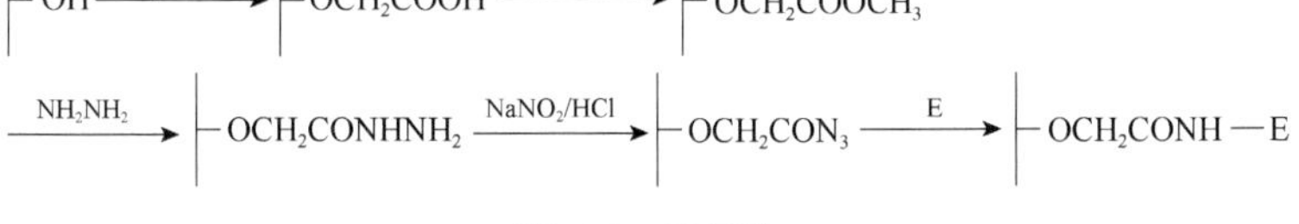

OH
CH3COOH
OCH2COOH
CH3OH/HCl
OCH2COOCH3
NH2NH2
OCH2CONHNH2
NaNO2/HCl
OCH2CON3
E
OCH2CONH — E

图 4-4　叠氮法

3．溴化氰法　含有丰富羟基的多糖类物质如纤维素、琼脂糖、葡聚糖等，作为固定化酶的载体，通过溴化氰活化，生成亚氨基碳酸衍生物，再与酶蛋白的氨基偶联可得到固定化酶（图4-5）。溴化氰法在亲和层析使用方面，因着其良好的性能，得到了广泛的应用。琼脂糖凝胶经溴化氰（CNBr）活化，固定化酶的活化反应如下：

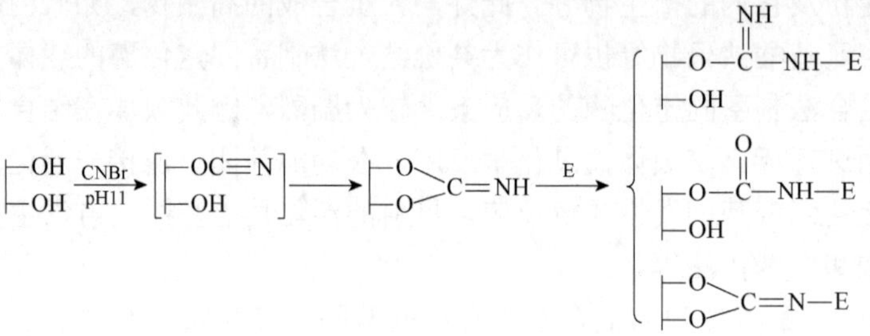

图4-5　溴化氰法

4. 烷基化法　　纤维素载体带有的羟基可以通过与三氯三嗪（含有卤素官能团的化合物）等多卤代物进行烷基化处理，进而生成带有卤素基团的活化载体，然后和酶偶联制成固定化酶（图4-6）。

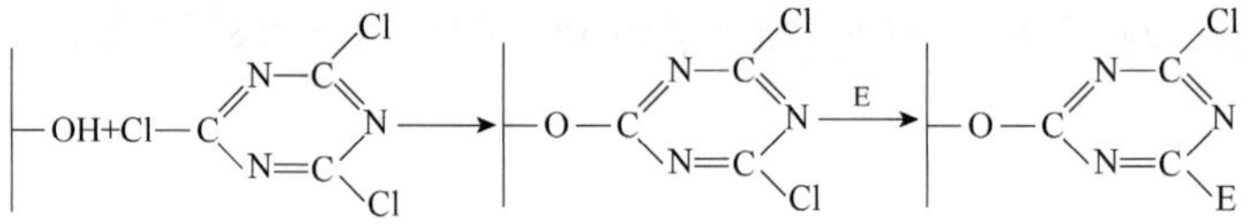

图4-6　烷基化法

共价结合法制备的固定化酶，结合很稳定，酶不易脱落，具有较长的操作使用时间。但缺点也很明显，固定化载体活化复杂，同时由于和酶之间通过共价键结合，可能会对酶的空间结构产生影响，进而影响酶的催化活性。因此在制备过程中，要充分了解酶的结构特点，避免载体和酶活性中心上的基团共价偶联而引起酶失活，也要防止酶空间构象由于载体的加入产生变化，避免导致酶的催化能力产生变化。

（三）交联法

利用多功能的试剂来实现酶分子之间的互相结合，形成一种类似网状结构的固定化酶的方法被称为交联法（图4-7）。多功能试剂具有两个以上的功能基团，它们可以是相同的基团，也可以是不同的，这些多功能试剂又被叫作交联剂，常用的交联剂有戊二醛、己二胺、顺丁烯二酸酐、双偶氮苯等。交联法与共价结合法一样，它们都能使固定化酶在交联后保持稳定的结合状态，从而延长其使用寿命。然而，在此过程中条件严格且反应较为剧烈，酶分子中的众多基团经历了交联反应，导致其固定化酶的活力回收率并不高。因为缺

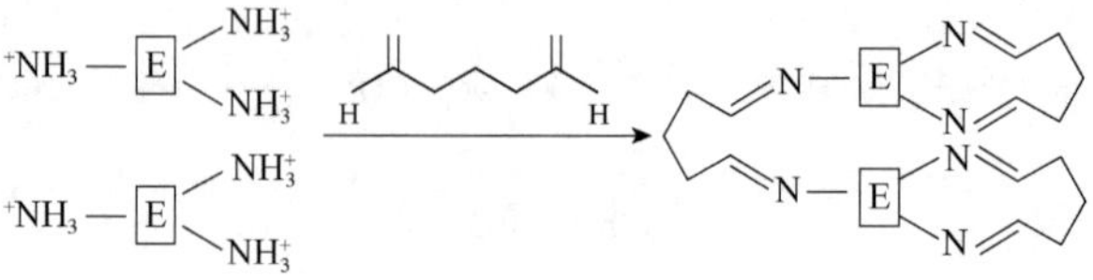

图4-7　交联法

乏固定化载体的介入，固定化酶颗粒较小，给应用带来不便。为解决这个问题，可以采用交联法和吸附固定法或者包埋法的组合技术来对酶蛋白固定，即用双重固定化方法制备固定化酶。

（四）包埋法

包埋法是目前制备固定化细胞最常用的方法，这项技术涉及将酶密封于聚合物凝胶网格中或高分子的半透膜空间内，这种包埋的形式称为包埋法（图4-8）。前者又称为凝胶包埋法（网格型包埋法），后者则称为半透膜包埋法（微囊法）。包埋法不与酶蛋白的氨基酸残基发生共价结合反应，对酶的高级结构影响较小，酶的活力回收率较高。但由于多

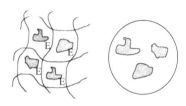

图4-8　酶分子的包埋法固定

孔载体的限制和阻碍作用，它适用于底物和产物都是小分子物质的酶的固定化，并且这种空间位阻会导致固定化酶动力学性质的改变和活力的降低。

1. 凝胶包埋法　凝胶包埋法是利用各种凝胶为载体将酶固定起来的技术，也是应用最广泛的酶固定化技术。凝胶包埋法采用的载体材料种类繁多，主要包括琼脂、海藻酸钙凝胶、角叉菜胶、明胶等天然高分子化合物及聚丙烯酰胺、光交联树脂等。采用天然高分子载体固定酶仅需要直接利用溶胶态高分子物质与酶混合即可，如海藻酸钙凝胶包埋法：将海藻酸钠这种天然高分子材料溶解于水中，制成一定浓度的溶液，待其冷却后与一定体积的酶溶液充分融合，然后通过小孔挤入含钙离子的溶液中，通过海藻酸钠与钙离子的相互作用发生凝胶反应，得到球状固定化胶粒。海藻酸钙凝胶包埋法制备固定化细胞的操作简便，条件温和，凝胶一般不与酶分子的氨基酸残基进行结合反应，很少影响酶的高级结构和活性中心。此外，海藻酸钙凝胶包埋法可以通过改变海藻酸钠的浓度改变凝胶的孔径，但要注意的是如果海藻酸钙凝胶网络的孔隙尺寸太大，酶可能会从网络中泄漏出来，造成固定化酶活力回收率降低。

2. 半透膜包埋法　半透膜包埋法又被称为微囊法，该方法将酶由各种半透性的高分子微孔膜封闭起来。半透膜的孔径为几微米至几百微米，比一般酶分子的直径小些，酶和其他高分子不能通过，但这类膜能使小于半透膜孔径的低分子产物和底物通过。微囊法制备的固定化酶防止了酶蛋白与外界环境直接接触，酶的稳定性增强。

半透膜包埋法一般将酶封装于胶囊、脂质体和中空纤维内。微囊的常见制备方式包括界面沉淀法、界面聚合法和脂质体包埋法。

（1）界面沉淀法　界面沉淀法是利用高分子聚合物在水/有机相两相界面溶解度下降的特性，高分子聚合物形成固体膜，从而达到酶包埋的目的。该方法将酶液滴分散在与水互不相溶的有机溶剂中形成乳化液，再将在有机溶剂中具有一定溶解度的多聚物加入乳化液中，得到含有聚合物的微乳液，然后加入另一种与高分子聚合物不相溶的有机溶剂，降低高分子聚合物在有机溶剂相的溶解度，使高分子聚合物在油/水界面析出并成膜，形成包含酶的微囊，洗涤并去除有机相，得到固定化的酶。

（2）界面聚合法　有机相与水相交界面处，亲水及疏水单体的聚合作用能产生半透膜，从而实现酶的包埋过程，这种方法称为界面聚合法。将酶及亲水性聚合物单体制成水

溶液，加入疏水性有机溶剂制备成油包水的微乳液，再加入疏水性聚合物单体发生聚合反应生成聚合物半透膜，使溶液中的酶被微囊包埋。

（3）脂质体包埋法和纤维素包埋法　　脂质体包埋法是将酶包埋在由表面活性剂和磷脂形成的封闭囊状结构内的方法。由于底物和产物的渗透性并不由膜孔径的大小而决定，而是由它们对磷脂膜成分的溶解度能力所决定的，因此极大地提高了底物和产物穿过膜的速度。纤维包埋法是将酶包埋在合成纤维的微孔穴中，其优点是成本低、可用于酶结合的表面积大、有优良的抗微生物和抗化学试剂的性能。最常用的聚合物是醋酸纤维素。胶囊和脂质体制备的固定化酶适用于医学治疗，而工业使用的固定化酶采用中空纤维包埋法。

二、细胞的固定化方法

将细胞通过多种方法与不溶于水的载体相连，从而形成固定化细胞的方法被称为细胞固定化。细胞固定化不需要细胞破碎再提取酶，而是直接将完整细胞固定在载体上，细胞内的酶基本能保持原有的状态，因而固定后酶活基本没有损失。细胞固定化可以应用于微生物细胞、植物细胞和动物细胞，在理论层面，这种技术能够保留细胞原有的全部活性，只要确保载体的稳定性且不造成污染就可以实现它的长期使用价值。细胞固定化的主要方法有吸附法、包埋法和无载体固定化。

（一）吸附法

吸附法核心的原理在于细胞与支撑材料之间的相互作用力，包括范德瓦耳斯力、离子亲和力及氢键结合力，这些作用力将细胞牢牢固定在载体表面，以下是应用比较广泛的吸附介质，如多孔陶瓷、多孔玻璃、硅胶、多孔塑料、硅藻土、微载体及中空纤维等。温和的条件和简便的方法是固定化细胞制备过程中所具有的前提，影响吸附法的主要因素包括载体和细胞的吸引力、细胞性质、载体性质，只有当这些因素配合得当，才能形成较稳定的固定化细胞，才能用于连续生产。

（二）包埋法

固定化细胞技术中包埋法是制备固定化细胞最常见的技术，这种方法是通过半透性多孔材料来固定细胞，就是利用包埋剂（如聚丙烯酰胺凝胶、海藻酸盐凝胶、琼脂糖凝胶、角叉菜胶、明胶等）将细胞包埋起来。其优点是细胞自身并不与载体发生化学键合，从而确保细胞内多酶系统的活性得到了最大限度的保留。包埋的细胞能够像游离细胞一样进行发酵生产，其中利用无毒的海藻酸钠作为包埋载体是应用最广泛的细胞固定化方法。海藻酸钠包埋法固定细胞操作技术过程简易，环境温和，不会对细胞产生毒性影响，并可通过调整海藻酸钠的浓度，对凝胶的孔隙大小进行控制。这一方法适用于广泛类型的细胞固定化处理。

（三）无载体固定化

无载体固定化是不采用惰性载体介入即可完成的固定化技术。葡萄糖异构酶是一种胞内酶，将细胞加热至60℃，作用10min，其他酶失活，该酶通过加热被固定在细胞内，所以又称为加热固定化。含 α-半乳糖苷酶的真菌细胞经干燥后依然可以保持该酶的活性，可应用于蔗糖的精制。无载体固定化细胞还可以依赖细胞自身的相互作用或絮凝作用及自聚集倾向以制备固定化细胞。该方法操作简单，在微生物细胞培养和动物细胞固定化上有着重要的应用价值。

第三节　固定化酶和固定化细胞的性质

一、固定化酶的性质

对于固定化酶而言，处于载体特定的微环境中，由于载体的物理性质对酶与底物作用的影响，酶的结构发生了改变，从而使酶的性质发生了变化。影响酶催化活性的因素主要有以下几个方面：①载体的结合，会引起酶活性中心或调节中心的构象改变；②载体孔径太小及固定化方法不当，给酶的活性中心或调节中心造成空间障碍，酶和底物无法结合，造成立体屏蔽。此外，酶的底物和产物在固定化酶附近的微观环境和整个宏观环境中，由于载体的亲水性和疏水性导致不均等的分配，同时底物和产物的迁移及运转受到限制，这两种情况都会影响酶反应速率，其分别被称为分配效应和扩散限制效应。总之，采用固定化技术得到的固定化酶，其性质会发生若干变化，包括以下几点。

（一）活力降低及特异性改变

在大多数情况下，固定化酶相较于其天然形式，其活力的降低及特异性的改变是常见的。这主要是因为：①固定化引起了酶活性中心或调节中心的构象改变，这种变化主要源于活性中心的氨基酸残基空间结构及电荷状态的调整。酶的构型转变会引起其与底物的结合效率或催化底物的转化能力改变。②载体的存在造成空间障碍，特别是对酶的活性部位造成遮蔽，影响底物与酶的结合。③载体的亲水性和疏水性导致酶的底物和产物在固定化酶的附近微观环境和整体环境之间分布不均，以及底物和酶的作用受其扩散速率的限制。在个别情况下，固定化酶抗抑能力的提高使得它反而比游离酶活力高。

（二）酶稳定性提高

酶蛋白经固定化后，大多数酶的稳定性一般比游离酶更好。稳定性的提升主要包括以下几方面：热稳定性提高，可以抵御较高的温度；对各种有机试剂、尿素和盐酸胍等蛋白质变性剂的耐受性提高；对酸碱的稳定性提高；抵抗蛋白质水解酶的性能提高，不易被蛋白酶水解；储存稳定性比大多数游离酶得到提高，可以在一定条件下保存较长时间。酶在固定化过程中与载体形成多个连接点，或通过酶分子之间的交联作用，避免了酶分子伸展和形变的可能性，这样的结构稳定性有助于限制自降解过程，从而提高了酶的稳定性。另外，固定化载体部分阻挡了外界不利因素对酶的侵袭。例如，木瓜蛋白酶经固定化后，酶的半衰期大大延长，酶的储存稳定性得到提高，在 4℃条件下，经过 120d 酶活力没有明显降低（由德林，2011）。

（三）最适 pH 变化

酶固定化后，催化底物的最适 pH 和 pH 活性曲线常发生变化，当使用带有负电荷的载体材料时，最适 pH 倾向于碱性方向偏移；相对地，采用带有正电荷的载体材料时，最适 pH 则变小趋向于酸性。采用无电荷载体材料制备的固定化酶，通常其最佳 pH 保持不变。分配效应导致了固定化酶的最适 pH 受到两种关键因素的影响：一是产品扩散作用，二是载体性质。

扩散作用受到固定化载体材料的限制，导致反应生成物难以向四周扩散，结果是在固定化酶的环境中积累。产物如为酸性，产物的累积致该区域 pH 下降。为满足酶活性所需 pH，需提升周边反应介质 pH。故固定化酶最佳 pH 相较于游离酶略显上升。反之，反应产物为碱性物质时，它的积累使固定化酶催化区域的 pH 升高，故使固定化酶的最适 pH 比游离酶的最适 pH 要低一些。

载体性质的影响：当载体带负电荷时，带负电荷载体吸引溶液中的阳离子包括 H^+，载体内的氢离子浓度要高于溶液主体的氢离子浓度。为了使载体的 pH 保持游离酶的最适 pH，就必须把溶液主体反应液的 pH 提高一些，才能抵消微环境的作用，表现酶的最大活力。因而从表观上看，最适 pH 向碱性一侧偏移。反之，用带正电荷的载体制备的固定化酶的最适 pH 比游离酶的最适 pH 低（偏酸性）。

（四）最适温度变化

最适温度与酶稳定性有关。由于最适温度是酶热稳定性与反应速率的综合结果，热稳定性升高，最适温度升高，大多数酶固定化后热稳定性上升最适温度也上升，如色氨酸酶经固定后最适温度比固定前高了 5～15℃。

（五）载体带电性能改变

载体带电性能的改变会影响固定化酶的动力学常数，进而导致表观米氏常数 K_m 发生变化。当底物与具有相反电荷的载体结合后，由于静电作用，表观米氏常数往往减小；当载体材料带电性与底物电荷相同时，表观米氏常数通常会增加，这种固定化载体带电性会降低酶的亲和能力，而最大反应速率变小。此外，动力学常数的变化还受溶液中离子强度的影响，但在高离子强度下，酶的动力学常数几乎不变。

（六）酶对底物的特异性改变

载体的空间位阻作用导致底物分子质量差异，进而引起固定化酶的底物特异性差异。与游离酶比较可能有些不同，对于固定化酶来说，小分子底物受空间位阻的影响较小，在特异性上并未观察到显著的变动。因此对于质量较小的底物分子，固定化酶受到的空间位阻作用微乎其微，甚至可以忽略不计。与游离酶相比，它们的表现与未受位阻影响的情况相差无几，其底物特异性与游离酶没什么不同。但是对于既能作用于大分子底物又能作用于小分子底物的酶来说，固定化载体所导致的位阻效应会使大分子底物不易接近酶分子，这样就会改变酶的底物特异性，并且显著减缓酶的催化速率。

例如，胰蛋白酶既作用于高分子质量的蛋白质，也可以催化低分子质量的二肽或多肽。当用羧甲基纤维素固定胰蛋白酶后，固定化酶对二肽或多肽的作用效果保持稳定，但对酪蛋白的水解效果仅相当于游离酶的 3%。同样利用羧甲基纤维素作为载体并采用叠氮法固定的核糖核酸酶，在以核糖核酸作为反应物时，其催化效率大约只有游离酶的 2%，但是以小分子的环化鸟苷酸作为反应物时，其催化效率提升，可以达到游离酶的 50%~60%。

二、固定化细胞的性质

固定化酶和固定化细胞之间存在显著的复杂性差异。

1）存在一种活性提升的现象，这可能与细胞的自我分解过程相互联系。

2）酶和细胞均可以受益于稳定性的提升。

3）适宜的温度和 pH 通常保持稳定，细胞的缓冲作用使其影响不明显。

<h2 style="text-align:center">第四节　固定化酶与固定化细胞的应用</h2>

一、固定化酶的应用

（一）固定化酶在工业生产上的应用

1. 氨基酰化酶　　1969 年，日本人千畑一郎以二乙氨乙基葡聚糖凝胶（DEAE-Sephadex）作为载体，采用离子键结合技术制备固定化氨基酰化酶。该酶能有效催化 L-乙酰氨基酸水解生成 L-AA，D-乙酰氨基酸无法被氨基酰化酶所催化，从而达到拆分 DL-乙酰氨基酸的目的，没有反应的 D-乙酰氨基酸则通过消旋处理，一部分转变成了 L-乙酰氨基酸，形成的 DL-乙酰氨基酸混合物通过再拆分处理，从而持续生产 L-AA。与游离态的氨基酰化酶相比，固定化氨基酰化酶的生产成本为游离酶的 60%。这是工业生产中首次采用的固定化酶。

$$\underset{\text{RCHCOOH}}{\overset{\text{HNOOCCH}_3}{|}} + H_2O \longrightarrow \underset{\text{RCHCOOH}}{\overset{\text{NH}_2}{|}} + CH_3COOH$$

2. 葡萄糖异构酶　　是在全球范围内应用生产规模最大的一种固定化酶。对放线菌细胞进行 60~65℃加热 15min，处理后的放线菌细胞内的葡萄糖异构酶仍保留活力并能够固定于菌体上，当然也可采用吸附固定法、共价结合法、凝胶包埋法等进行固定化制成固定化酶。固定化葡萄糖异构酶应用于淀粉糖化过程中，产生的糖液中有部分葡萄糖会被葡萄糖异构酶催化转化为果糖，进而形成由葡萄糖和果糖组成的混合糖浆，即果葡糖浆。

$$葡萄糖 \xrightarrow{\text{葡萄糖异构酶}} 果糖$$

3. 脂肪酶　　脂肪酶具有广泛用途，不仅可以催化甘油三酯水解生成甘油和脂肪酸，还可以催化转酯反应、酯的合成、多肽的合成、手性化合物的拆分、生物柴油的生产、植物油的脱胶等。已经有多种固定化脂肪酶用于工业化生产。

4. 植酸酶　　固定化植酸酶已经用于工业化生产，并在饲料工业领域广泛运用，饲料中的植酸在植酸酶催化下水解生成肌醇和磷酸，以减少畜禽粪便中的植酸排放造成环境的磷污染。

$$植酸+水 \xrightarrow{植酸酶} 肌醇+磷酸$$

（二）固定化酶在医学上的应用

生物有机体内复杂的化学反应离不开酶的催化作用，酶的活力变化导致其功能减弱或退化时必将造成生理代谢的紊乱。因此生物酶作为一种重要的药物，常用来治疗某些疾病。由于天然酶的性质在应用过程中存在不足，因此在生产和实践应用上常采取一些适当的形式来排除这些负面影响，比如固定化酶在药物生产中的应用。

青霉素酰化酶在制备半合成抗生素及其中间体、制备拆分手性药物及进行多肽合成等方面有广泛应用。该酶通过吸附固定法、包埋法及共价结合法等多种途径来实现酶的固定化，并已在医药工业中广泛运用。通过调整 pH 等条件，青霉素酰化酶便能催化青霉素或头孢菌素分解，进而生成 6-氨基青霉烷酸（6-APA）或 7-氨基头孢烷酸（7-ACA），同样也能用来制作半合成抗生素，从而制造出拥有不同侧链基团的青霉素或头孢菌素。

$$青霉素 \xrightarrow{青霉素酰化酶} 6\text{-}APA+R\text{-}COOH$$

$$头孢菌素 \xrightarrow{青霉素酰化酶} 7\text{-}ACA+R\text{-}COOH$$

采用微囊法制备的 L-天冬酰胺酶，可以作为辅助手段用来治疗白血病。L-天冬酰胺酶可以将 L-天冬酰胺裂解成 L-天冬氨酸和氨气。在人体注入该酶之后，由于正常细胞拥有 L-天冬酰胺合成酶，它们可以制造 L-天冬酰胺，这使得细胞内的蛋白质生成过程不会受到干扰。癌细胞的缺陷在于它们无法自行生产或完全缺乏 L-天冬酰胺合成酶。因此，一旦 L-天冬酰胺遭到注入的 L-天冬酰胺酶分解，便无法获取合成蛋白质必需的一种成分。蛋白质的生成受到影响，结果是癌细胞由于缺乏营养而死亡。

纤溶酶是一种较新的运用于临床的药物，纤溶酶是异源蛋白质，如果注射到患者体内，会引起免疫反应，同时酶的稳定性较差，在较短的时间内可丧失活力，这些自身难以克服的缺点造成纤溶酶无法作为药物长期使用。通过采用微囊法制备的固定化纤溶酶，可以避免上述缺陷，小分子底物自由通过微囊进入酶的活性中心，而酶蛋白被包裹在囊泡内部，以确保不会泄漏出来。

（三）固定化酶在分析检测中的应用

固定化酶反应在生物传感器中显示了其巨大的应用潜力。传感器一般由感受器、换能器和电子系统三部分组成，利用生物物质作为感受器就是生物传感器，当待测物质通过感受器时，固定在感受器中的具有分子识别功能的配基与待测物质相互作用并发生能量转移。该能量转移经过换能器转换成电信号，经电子系统的放大处理后输出，由此检测待测物质量的变化。酶传感器只是生物传感器中的一种类型，通过抗体与抗原等的特异性结合反应可以制备生物传感器。

葡萄糖生物传感器的制作主要利用了葡萄糖氧化酶的技术催化原理，已被广泛用于对血液中葡萄糖含量的检测。其原理是在葡萄糖氧化酶作用下，葡萄糖消耗氧气产生葡萄糖酸和过氧化氢，通过监测反应中消耗的氧气量、生成的葡萄糖酸和过氧化氢的量，可以利用氧电极、pH 电极和过氧化氢电极来准确测定葡萄糖的含量。其中过氧化氢电极的反应最为敏感。1967 年，Updike 成功制造了全球首个生物传感器，即葡萄糖氧化酶电极。

多酚氧化酶被固定化后与氧电极结合，可形成酚类化合物检测的传感器，专门用于检测水体质量。储存期间肉品的新鲜度也可以依靠酶传感器来测定，腐胺氧化酶被制备成固定化酶，再与过氧化氢电极结合形成的多胺生物传感器，或者是固定化单胺氧化酶膜与氧电极结合形成的酶传感器。

酶传感器可用于判断鱼类的新鲜程度。鱼体在生命终结后，其体内的 ATP 在酶的作用下逐步分解转化为 ADP、AMP、IMP 等物质，直至最终形成肌苷、次黄嘌呤及尿酸。鱼的新鲜度关键在于 5′-核苷酸酶、核苷磷酸化酶和黄嘌呤氧化酶这三种酶催化的化学反应。若将这三种酶附着于氧电极表面，便能构建出一种用于测定鱼新鲜度的仪器。

二、固定化细胞的应用

20 世纪 70 年代后期出现了固定化细胞技术，微生物细胞、动植物细胞均可以制成固定化细胞，其中，对微生物细胞的固定化研究尤为迅速，发展势头强劲，1976 年，法国人第一次在啤酒和乙醇生产上使用了固定化酵母细胞。

1978 年，日本的科研人员成功进行了固定化枯草杆菌细胞生产淀粉酶的研究。总的来说，固定化细胞的应用领域主要分为两大类：第一类是利用固定化的微生物细胞进行发酵，以获得各种细胞外代谢产物；第二类是将固定化的微生物细胞与不同种类的电极相结合，从而制得微生物细胞电极。

植物细胞在制备人工种子方面具有重要应用，比如利用海藻酸钠包埋的方法，将植物细胞与富含恰当营养的海藻酸钠溶液混溶，再滴加到钙离子的溶液里，经过一段时间，获得硬化的凝胶状物质，植物细胞则被包裹在多孔结构的凝胶内，最终形成人工种子的产品。

在特定的环境下，固定化的植物仍具有细胞全能性，在经历增长、分化与繁衍阶段后，条件适宜的固定化植物细胞均可发展成为完整的植株。利用先进的植物细胞培养技术，仅需从一个种子出发，便能培育出大量遗传特征一致的植物。

大部分动物细胞是贴壁生长的，它们附着在具有固体表面的培养皿壁才能够维持其生长过程，而微胶囊和中空纤维等固定化载体均具有大量的表面积以适合动物细胞的贴壁生长。动物细胞的固定化技术在生产多种功能蛋白质与疫苗方面起到了关键作用，主要包括针对小儿麻痹症、风疹、狂犬病、麻疹、黄热病、肝炎及口蹄疫等的各类疫苗。此外，还有涉及生长激素、干扰素、胰岛素、前列腺素、催乳激素、白细胞介素及促性腺激素等多种激素，以及血纤溶酶原激活物、胶原酶等酶类及抗菌肽等多肽药物。

本章小结

固定化酶（immobilized enzyme）是指通过物理或者化学手段，将酶限定在一定的空间范围内，能够反复使用并且保持催化活性的酶。固定化酶具有专一性强、催化效率高和作用条件温和等特点。酶固定化技术不仅能提高酶的各种特性，还能改善酶的底物专一性、酸碱稳定性、热稳定性等性质，使得固定化酶比水溶性酶稳定。此外固定化酶可长期重复使用，降低了生产成本，具有较高的经济效益，更符合生产的需求。固定化技术还可对完整的微生物或动植物细胞进行固定化，形成固定化细胞。通过对细胞的固定化，细胞内的环境能最大限度维持酶的活性，细胞内的酶基本能保持原有的状态，酶的稳定性也大大提高，特别是对不利因素的抗性增强。

固定化技术多种多样，不同的酶需要根据其性质和固定目的选择特定的固定化方法，主要有吸附固定化法、包埋法、共价结合法和交联法等。细胞固定化的主要方法有吸附法、无载体固定化和包埋法。

随着酶和细胞固定化技术的发展，固定化技术在食品、环保、制药和生物传感器制造上都有成功的实例，必将在上述相关领域的工业生产上展示出广阔的应用前景。

复习思考题

1. 常用的固定化技术主要有哪些？
2. 什么是固定化酶？固定化酶的特性与游离酶相比有哪些改变？
3. 举例说明固定化酶在工业上的应用。
4. 什么是固定化细胞？固定化细胞有何应用？

参 考 文 献

韩双艳，郭勇. 2024. 酶工程. 5 版. 北京：科学出版社.

林影. 2017. 酶工程原理与技术. 3 版. 北京：高等教育出版社.

吴敬，殷幼平. 2022. 酶工程. 北京：科学出版社.

由德林. 2011. 酶工程原理. 北京：科学出版社.

第五章　酶的非水相催化

📖 **学习目标**

1. 了解酶的非水相催化的发现历史，掌握非水相酶学的概念。
2. 了解非水相体系中酶、水、有机介质对催化反应的影响，掌握必需水的概念。
3. 了解酶在有机介质中的催化特性。
4. 了解有机介质中酶催化反应的类型和影响因素。
5. 了解酶的非水相催化的应用状况与实例。

在非水相体系中，酶分子具有显著不同于水相体系的酶学特性。酶的特性受到水的含量、有机溶剂的类型、温度、pH等众多因素的影响，通过对这些因素的系统优化，可以有效地提高酶的催化效率。由于有机溶剂的种类多样，它们可以与酶分子共同组成多样的反应体系，如微水-有机溶剂体系、微乳液体系、超临界流体体系等。在这些体系中，酶分子可以催化合成反应、醇解反应、氨解反应、氧化还原反应等众多的反应类型。这些新型的催化特性使酶分子在手性药物的拆分、有机聚合物的合成等绿色化工、医药和生物能源领域具有广泛的应用前景。

第一节　酶的非水相催化概述

一、酶的非水相催化历史

在自然界中，几乎所有的酶催化反应都以水作为介质。水不仅能够参与催化反应（如水解反应），而且是维持酶天然构象所必需的。没有水，酶的构象就会极大地扭曲，并失去活性。然而，近百年来，仍有科学家尝试将酶置于乙醇、丙酮等有机溶剂中并观察其活性。1966～1967年，Dostoli、Price和Musto相继发现胰凝乳蛋白酶和黄嘌呤氧化酶在有机溶剂中具有催化活性，并对黄嘌呤氧化酶催化氧化巴豆醛和对苯二酚的动力学进行了分析。此后，越来越多的科学家投身于酶在有机介质中催化反应的探索。1984年，Zaks和Klibanov报道猪胰脂肪酶在有机介质中可高效地催化三丁酸甘油酯与醇类发生酯交换反应。不仅如此，在有机介质中，无水脂肪酶获得了完全不同于水相体系的新特性。例如，有机介质中脂肪酶在100℃的高温下非常稳定且具有转酯特性和更强的底物选择性。这一发现彻底突破了传统酶学的认知窠臼。此后，酶的非水相催化研究迅猛发展。

现在发现，众多的酶种在非水相体系中均具有高效的催化能力。常见的有水解酶类（如脂肪酶、蛋白酶和纤维素酶等）、氧化还原酶类（如过氧化物酶、多酚氧化酶和细胞色素氧化酶等）、转移酶类和醛缩酶等。酶的非水相介质体系也异常丰富。除了有机溶剂，超临界流体、微乳液和离子液体等均是非水相催化常用的介质。此外，人们对酶在非水介质中的结构、催化机制和反应动力学等方面的研究也取得了显著成果，并已在绿色化工、医药和生物能源等领域得到广泛应用，从而形成了现代酶学的一个全新分支学科——非水相酶学（nonaqueous enzymology）。

二、非水相催化的特点

酶的非水相催化是指酶在非水介质中进行的催化反应。它具有水溶液中酶催化反应所不具备的独特优点，主要表现在以下几方面。

1）获得新的反应类型。例如，脂肪酶在水中主要催化油脂水解为脂肪酸和甘油，但是在非水介质中却催化脂肪酸和醇类合成脂肪酸酯。

2）扩大了催化反应的底物谱。绝大多数有机化合物在非水介质中具有更高的溶解度，且溶剂的选择更为多样，极大地拓展了酶催化反应的底物类型。

3）酶的热稳定性获得提高。例如，猪胰脂肪酶在水溶液中最适反应温度约为 45℃，但在有机介质中，于 100℃下仍可以保持数小时而不失活，且反应活性更高，速度更快。

4）底物选择性增强。在有机介质中，酶分子的"刚性"增强，其与底物结合时对底物的选择性增加，表现出更好的区域选择性和立体选择性。从而使酶分子在有机介质中可更好地用于特定化合物的合成，如手性化合物的拆分、酯类的质构化等，且反应的副产物少。

5）酶易于回收。酶不溶于有机溶剂，从而使其易于回收和重复使用。

另外，非水相酶学作为一门新兴学科，尽管发展前景广阔，但仍存在发展不足之处，主要表现在以下几方面。

1）用于非水相催化酶的资源较少。在现代酶学体系中，已经发现有七大类 7700 多种酶。但目前已经明确在非水相体系中具有催化效应的酶种还相对有限。因此，需要挖掘酶资源，丰富非水相体系催化用酶的资源库。

2）非水相酶的催化效率较低。与酶在水相中催化的活性相比，酶在有机溶剂中的催化活性常常会降低，转化率不高。因此，寻找更为优秀的酶种或通过分子设计、化学修饰等手段改造现有酶种是非水相酶学研究的热点之一。

3）非水介质成本较高。相对水作为介质而言，非水介质的成本略高。因此，探索新型、高效、绿色、经济的反应介质已成为研究热点。

三、水对非水相催化体系的影响

水是非水相催化的三要素之一。酶在非水相体系中的催化反应并不是在绝对无水的情况下进行。1984 年，Zaks 和 Klibanov 在有机介质中进行酶的催化反应实验时所采用的溶剂就含有 0.02%的水。水与酶分子空间构象和催化反应速率密切关联。有机介质中只有在含有一定量的水时，酶才能进行催化反应。因此，水是酶的非水相催化不可或缺的要素。

（一）水对酶分子空间构象的影响

酶分子的三维构象是由分子内氢键、盐键、极性氨基酸与非极性氨基酸间相互作用力等共同作用的结果。水分子有助于保持酶分子相互作用力的平衡，是维持酶分子特定空间构象所必需的。在无水的条件下，酶分子的空间构象被破坏，酶将变性失活。因此，维持酶分子完整的空间构象所必需的最低量水称为必需水。

最低限度内，酶分子周围需要包裹一层水分子，形成水化层，以维持其完整的空间构象。不同的酶所要求的必需水的量差别很大。粗略测算，1个酶分子至少需要1000个水分子才能保证水分子在酶分子表面形成单层的水化层，显示其催化活性。在非水相体系中，只要这些水在酶分子周围形成水化层，其余的体积则可以用有机溶剂代替，而不会对酶产生不利影响。在整个反应体系中，单层水分子的绝对数量非常少，相当于酶在几乎无水的有机介质中起作用。

（二）水对酶催化反应速率的影响

在非水相体系中，酶分子周围水化层中的水分子极易被有机溶剂剥夺、破坏，进而使酶失活。因此，在反应体系中必须有更多的水来弥补水化层丢失的水分子。有机介质的含水量对酶催化反应速率有显著影响。在含水量较低的条件下，酶的催化反应速率随含水量的升高而增加。当催化反应速率达到最大时，体系中的含水量称为最适含水量。超过最适含水量，催化反应速率随着含水量增加而降低。例如，多酚氧化酶在乙酸己酯介质中酶活随含水量变化显著（图 5-1A）。非水相体系中的水分子不仅可以分布于酶分子周围，而且会溶于有机溶剂中，或者被固定化酶的载体所吸收。因此，不同的反应体系中最适含水量会随着酶的种类、有机溶剂的类型、固定化载体特性等的不同而变化。例如，多酚氧化酶在乙酸己酯（a）、辛醇（b）、乙酸甲酯（c）、丁醇（d）、叔戊醇（e）等不同介质中所需要的含水量差异显著（图 5-1B）。

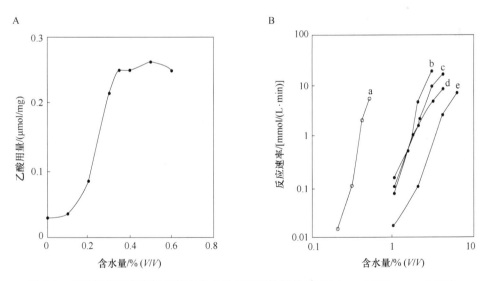

图 5-1　多酚氧化酶在有机溶剂中含水量与酶活性的关系（Zaks and Klibanov，1984）

A. 在乙酸己酯中含水量与底物转化率的关系；B. 不同溶剂中反应速率与含水量的关系

四、酶对非水相催化体系的影响

酶是非水相催化的执行者。在已知的七大类酶系中，大多数酶均在非水相体系中具有催化活性。通常，酶在非水相体系中的催化特性有别于水相体系，或者是水相体系的逆反应。例如，蛋白酶在水相体系中催化蛋白质水解，而在非水相体系中却催化肽的合成。不同种类的酶催化不同的反应类型；同一种类不同来源的酶，在稳定性、催化反应速率、底物专一性、对映体选择性、区域选择性等方面区别明显。目前，在非水相体系中使用频率较高的酶有蛋白酶（肽酶）、脂肪酶、氧化酶（次黄嘌呤氧化酶、过氧化氢酶、过氧化物酶、细胞色素氧化酶、醇脱氢酶等）、醛缩酶、腈酶等。

为了提高酶在非水相介质中的分散性、稳定性和活性，对酶形式的选择很重要。常见的酶形式有酶粉、化学修饰酶和固定化酶等。

（1）酶粉　　酶粉是非水相催化中最常用的剂型。经过纯化后的液体酶，可以通过低温冷冻干燥、喷雾干燥等方法获得酶粉。酶粉的突出优点就是催化剂的纯度高、体系的载酶量大，从而可以加快反应速率，提高转化效率。另外，酶粉在有机溶剂中几乎不溶解，在体系中容易结团，分散系数低。常通过剧烈搅拌或超声波处理使酶粉颗粒悬浮并充分分散于有机溶剂介质中。

（2）化学修饰酶　　有些酶尽管在有机介质中有活性，但操作稳定性差。通过化学修饰可以改变酶的理化性质，使其稳定性和活性提高，而且可使其溶解于有机介质。化学修饰方法多样，其中聚乙二醇（PEG）修饰较为常见。例如，PEG 修饰过氧化氢酶能够增加酶的表面疏水性，而疏水性增加提高了酶在有机介质中的溶解性、活力和稳定性。

（3）固定化酶　　酶吸附或结合在不溶性载体上（如树脂、硅藻土、纳米磁珠等）制成的酶制剂称为固定化酶。在非水相体系中使用固定化酶具有显著的优点。

1）酶的稳定性提高、抗逆性增强。通过载体与酶之间形成的多点结合，可稳定酶的催化活性构象，使其面对温度、有机溶剂、盐离子的影响时构象不易发生大幅度的变化，从而使酶的抗逆性增强。例如，α-胰凝乳蛋白酶与聚丙烯酰胺凝胶共价结合后，在乙醇中的稳定性明显提高。

2）分散系数高、反应速率快。在非水相体系中，酶分子能够随着固定化材料均匀地分散于反应体系中，有助于克服粉剂在有机介质中易结块成团的现象，充分与底物接触，提高反应速率。另外，固定化酶可以非常方便地填充、组装成各种型号的酶柱，从而实现连续反应、提高生产效率。

3）可重复利用。良好的固定化酶可以反复回收利用，从而极大地降低酶的使用成本。例如，有研究表明，通过树脂固定化的脂肪酶可以重复利用 100 余次。

4）影响酶反应动力学特性。固定化载体能通过分配效应改变酶微环境中底物和产物的局部浓度，从而影响反应速率。例如，通过对不同载体（亲水性、疏水性、酸性或碱性等）固定化脂肪酶特性的观察发现，以疏水性树脂为载体的固定化脂肪酶在有机介质中的活性优于亲水性树脂。另外，固定化载体影响酶分子上的结合水。亲水性载体会从溶剂和酶中夺取水分子，造成酶分子失水而降低酶活性。

五、有机溶剂对非水相催化体系的影响

有机溶剂是有机介质反应体系中的关键要素之一。在有机介质酶催化反应中，有机溶剂对底物和产物的分配、酶的结构与功能和催化活性等都有显著的影响。

有机溶剂极性的强弱可以用极性系数 $\lg P$ 表示。P 是指溶剂在正辛烷与水两相中的分配系数。$\lg P$ 越大，其极性越弱；反之 $\lg P$ 越小，则极性越强。通常，有机溶剂的极性越

强，越容易夺取酶分子结合水，对酶活性的影响就越大。反之，有机溶剂的极性越弱，对酶活性的影响就越小，疏水性底物越难于进入酶分子。常用的有机溶剂的极性顺序为：石油醚＜汽油＜己烷＜二甲苯＜三氯甲烷＜异丙醚＜乙酸丁酯＜乙醚＜正戊烷＜正丁醇＜苯酚＜叔丁醇＜四氢呋喃＜丙酮＜乙醇＜乙腈＜甲醇＜水。其物理参数如表 5-1 所示。

表 5-1　常用有机溶剂的物理参数

溶剂	分子量	介电常数	$\lg P$
N,N-二甲基甲酰胺	73.09	36.7	-1.0
甲醇	32.04	32.63	-0.76
乙醇	46.07	24.3	-0.24
丙酮	58.08	20.7	-0.23
四氢呋喃	72.10	7.58	0.49
乙酸乙酯	88.10	6.02	0.68
甲基叔丁基醚	88.15	4.5	1.15
二异丙醚	102.17	2.23	1.9
甲苯	92.13	2.38	2.5
环己烷	84.16	2.02	3.2
正己烷	86.17	1.89	3.5

（一）有机溶剂对酶催化活性的影响

酶分子周围的必需水层是保持酶分子三维结构和活性的必要条件。有机溶剂特别是极性较强的有机溶剂会夺取酶分子的结合水，破坏酶分子表面的水化层，从而引起酶分子构象的改变，降低酶的催化活性。因此，需要有超过必需水含量的水来弥补酶分子被有机溶剂剥夺的水，维持酶分子的必需水层。此外，有机溶剂分子还会进入酶的活性中心，竞争性地与活性中心结合，降低酶与底物的反应速率。

通常有机溶剂的极性越强，夺取酶分子必需水的能力越强，反之则越弱。例如，多酚氧化酶在乙酸己酯溶剂中反应时，达到最高反应速率只需要体系中有 0.3% 的含水量，而在极性较强的叔戊醇体系中则需要 6% 的含水量才能达到相同的反应速率（图 5-1B）。所以，应选择 $\lg P$ 适中的溶剂，控制好介质中的含水量，以免酶在有机介质中因脱水而影响其催化活性。

（二）有机溶剂对底物和产物分配的影响

酶催化反应过程中，底物分子顺利地进入活性中心并保留合适的时间，产物分子迅速地从活性中心脱离，是高效催化的前提条件。如果有机溶剂的极性过大，会导致亲水性底物溶解的能力过强，难以进入酶分子活性的中心。疏水性底物在有机溶剂中的溶解度低，底物浓度降低，也使催化速度减慢；反之，如果有机溶剂疏水性太强，尽管疏水性底物在体系中浓度升高，但难于从有机溶剂中进入酶活性中心参与反应。此外，过高极性或过低极性的有机溶剂也不利于产物迅速从酶活性中心解离。因此，应选择极性适中的有机溶剂作为反应介质。例如，在脂肪酶催化甲醇和脂肪酸酯化反应的过程中，如果有机溶剂极性强则对甲醇的溶解性高，对酯类产物的溶解度低，反应速率慢，且酶易失活；如果选择酯类或长链戊醇，则既可以减少对甲醇的剥夺又能够使酯类产物迅速溶解，催化反应速率明显加快。

第二节　非水相介质中酶的催化反应

一、非水相催化的介质体系

介质体系是所有的酶发生催化反应的前提条件。在特定的反应体系中，酶分子与底物相互作用，催化底物转化为产物。反应体系的组成对酶的催化活性、稳定性、反应速率、底物和产物的溶解度等都有显著影响。常用的非水相介质体系主要有以下几种。

（一）微水-有机溶剂体系

该体系是由有机溶剂和微量的水组成的反应体系。该体系的主要介质为有机溶剂，用于溶解反应底物和产物，仅含有微量的水。体系中微量水主要是用来维持酶分子稳定的结合水。因此，微量的水是维持酶分子的空间构象和催化活性所必需的。由于酶分子不能溶解于有机溶剂，因此酶以冻干粉或固定化酶的形式悬浮于有机介质之中，在悬浮状态下进行催化反应。该体系是一种非均的反应体系。微水-有机溶剂体系是酶的非水相催化体系中最简单、使用最为广泛的一种体系。通常所说的非水相反应体系主要是指微水-有机溶剂体系。

（二）水-有机溶剂单相体系

该体系是由水和极性较大的有机溶剂互溶而组成的均相的反应体系。该体系中水和有机溶剂互溶，酶和底物都是以溶解状态存在，组成了均相的反应体系。常用的有机溶剂有二甲基亚砜（DMSO）、二甲基甲酰胺（DMF）、四氢呋喃、丙酮等。在水-有机溶剂体系中，水的含量变化较大，相应的有机溶剂的含量也会有较大范围的变化，少达 10%，多则可达70%，甚至更高。例如，当向脂肪酶催化布洛芬与正丁醇发生酯化反应的体系中添加 DMF后，反应产物的收率可以从 51%提高到 91%。由于极性大的有机溶剂与水互溶，其对酶的催化活性影响较大。因此，能在该反应体系中进行催化反应的酶较少。例如，辣根过氧化物酶（HRP）可以在甲醇溶液中催化酚类或芳香胺类底物聚合生成聚酚或聚胺类物质。

（三）水-有机溶剂两相或多相体系

该体系是由水和非极性的有机溶剂（如烷烃、醚、酯、长链醇等）组成的两相或多相反应体系。在该体系中，由于水与有机溶剂不互溶，酶、亲水性底物或产物溶解于水相，疏水性底物或产物溶解于有机溶剂相。当采用固定化酶为催化剂时，固定化酶则多以悬浮形式存在于水-有机溶剂的界面间，从而形成三相体系。在两相体系中，酶一般溶解于水环境中，与有机溶剂分离，从而减轻有机溶剂对酶活性的影响。催化反应通常在两相的界面进行。如果酶以固定化形式存在，则反应在固-水相-有机相间的界面中进行。两相和多相体系一般适用于底物和产物两者或其中一种属于疏水化合物的催化反应。脂肪酶是两相和多相催化体系中酶的典型代表，它是一种典型的界面酶。酶分子溶解于水中，当它催化油脂、长链脂肪酸参加反应时，通常在油水界面行使催化作用。

（四）微乳液体系

微乳液别称胶束，是由水、疏水性有机溶剂、表面活性剂组成的一种微乳状体系。当体系中水含量偏多时，微乳液滴的表面活性剂极性端朝外，非极性端朝内，有机溶剂包在液滴内部，形成"水包油"现象。此体系又被称为正胶束体系。当进行催化反应时，酶在胶束外面的水溶液中，疏水性的底物或产物在胶束内部。反应在微乳液滴的两相界面中进行。当体系中含水量少而含有大量疏水性有机溶剂时，在表面活性剂作用下形成的微乳液称为反胶束体系。此时，水被包裹在液滴内部，表面活性剂的极性端朝内与水接触，非极性端朝外与有机溶剂接触，形成"油包水"的微小液滴。当进行催化反应时，在液滴内部的酶分子在两相的界面中进行催化反应。在反胶束体系中，酶分子被包裹在微乳液滴内部，因此具有较好的稳定性。例如，在脂肪酶催化拆分布洛芬酯的反应中，当添加一定量的表面活性剂吐温 80 后，不仅底物布洛芬酯的分散性提高，反应速率加快，而且酶对对映体的选择性也大幅度提高。这种"油包水"的微乳液体系具有明显的优点。

1）体系组成灵活多样。不同的类型表面活性剂、有机溶剂与水均可构成微乳液。

2）兼具热力学稳定和可变性。在一定的温度范围内，这种微乳液非常稳定，有利于反应的顺利进行。另外，当温度改变到一定程度后，会发生相变化。特别是反应结束后，通过相变化可以实现水相和有机相的分层，简化产物的分离纯化步骤。

3）微乳液具有非常高的界面比表面积，催化反应速率高。

（五）超临界流体体系

任何一种物质都存在气、液、固三种相态。两相呈平衡状态的点即为临界点。临界点具有特定的临界温度和临界压力。当物质的压力和温度同时超过它的临界压力和临界温度时，该物质处于超临界状态。超临界流体（supercritical fluid）指温度和压力超过某物质的临界点的流体。它是一种特殊的流体，兼具气体优秀的扩散性和接近液体的物性。它具有液体的流动性，但黏度只有一般液体的 $1/12 \sim 1/4$，更像一种稠密的气态，密度比一般气体要大两个数量级。因此，超临界流体具有非常优秀的扩散性，能迅速溶解其他物质。例如，超临界水可以溶解烷烃。

超临界流体对多数酶都适用，可以在此体系中进行诸如酯化、转酯、醇解、水解、羟化等反应。常用的超临界流体有 CO_2、氟利昂（CF_3H）、烷烃类（甲烷、乙烯、丙烷）或 N_2O 等。干冰（固态 CO_2）是制作超临界流体的常用介质，其临界温度仅为 31.26℃，临界压力为 72.9 个标准大气压（atm[②]）。例如，在 CO_2 作为反应介质的超临界体系中，以动物

---

② 1atm=1.01325×10^5Pa

脂肪和甲醇作为底物，进行脂肪酶催化的转酯生成脂肪酸甲酯反应时，若 CO_2 的添加量是底物总量的 10 倍时，则脂肪酸甲酯的产量可以达到最高。此体系中，可以进一步增加甲醇的用量至 14%，此条件下反应 6h 后，即可获得 87%的产率。该体系不仅由于特殊的条件消除了传质阻力的限制，使反应速率迅速加快，而且可以消除过高的甲醇对脂肪酶活性的影响，使反应过程向生成产物脂肪酸甲酯的方向偏移。

（六）离子液体介质体系

　　离子液体（ionic liquid）是由阴阳离子组成，在 100℃以下呈液体状态的盐类。大多数离子液体在室温或接近室温的条件下呈液体状态，并且在水中具有一定程度的稳定性。1914 年，科学家 Walden 首先发现熔点在 12℃的硝酸乙基铵［（EtNH₃）NO₃］离子液体。1948 年，Hurley 等报道了第一代氯铝酸盐离子液体系。此后，离子液体技术迅速发展，新型的离子液体如咪唑类被不断开发，在现代电化学、有机合成、催化等领域被广泛应用。

　　与常规有机溶剂相比，离子液体具有以下优点。①离子液体是一种对环境友好、工业生产相对安全的"绿色溶剂"。②离子液体具有优秀的底物适应性，通过合理选择阴阳离子的种类和量比可调节其对物质的溶解性。③离子液体具有良好的兼容性。离子液体与一些有机溶剂互溶，可以形成有机溶剂/离子液体两相或多相体系。

　　离子液体作为一种反应溶剂，它兼具极性和非极性的特点，对底物和产物的溶解范围广，可溶解一般有机溶剂难溶解的底物。在反应过程中，酶可进入离子液体的网络中，避免直接接触极性溶剂而丧失活性，可使酶保持较高的活性、稳定性和选择性。例如，芽孢杆菌蛋白酶在离子液体 1-乙基-3-甲基咪唑双三氟甲磺酰亚胺盐中的活性比有机溶剂中高 4～5 倍，在 55℃条件下的半衰期也相应提高。在离子液体体系中，脂肪酶、蛋白酶、氧化还原酶、纤维素酶及其他糖苷酶的应用较为普遍。脂肪酶和蛋白酶是在离子液体中进行催化反应研究最多的酶类。它们可在多种离子液体中催化多种类型的反应，如酯化、转酯、氨解、水解等。

二、酶在非水相介质中的催化特性

　　酶在有机介质中一方面表现出典型的酶学特性，如底物特异性、对映体选择性、区域选择性、键选择性和热稳定性等；另一方面，有机溶剂与水的巨大差异，对酶的表面结构、活性中心、底物性质都会产生明显的影响。因此，酶的非水相酶学特性又明显区别于水相体系。

（一）底物特异性

　　酶在非水相体系中同样表现出明显的底物特异性，对催化反应的底物和反应类型具明显的选择性。根据酶对底物结构选择的严格程度不同，可以将酶的特异性细分为绝对特异性、相对特异性和立体异构特异性等。绝对特异性是指一种酶只能催化一种底物发生一种化学反应。最经典的是尿素酶，它只能催化尿素水解为 NH_3 和 CO_2，而不能水解尿素的衍生物如甲基尿素等。相对特异性指对底物要求的严格程度相对降低，一种酶可以催化一类底物或者一种化学键发生反应。例如，酯酶既能催化油脂（三羧酸甘油酯）水解为甘油和脂肪酸，也能催化乙酸乙酯水解为乙酸和乙醇。

在有机介质中，底物与介质之间的溶解度会发生显著的变化，酶分子的构象、活性中心及与底物的结合状态也会发生相应改变，因而酶的活性、底物特异性也会发生与水相体系不同的改变。例如，蛋白酶在水溶液中主要发生水解反应（水解蛋白质生成多肽），但是在有机溶剂中则会以氨基酸为底物合成多肽。利用胰凝乳蛋白酶和嗜热菌蛋白酶在乙腈/水混合溶液（水含量在 0～90%）中合成多肽的研究发现，多肽的高效合成只有在低水浓度下（水含量 1%～10%）才会发生。

结构酶学研究发现，胰蛋白酶具有两种亚型，α-亚型和 β-亚型。同一亚型的胰蛋白酶的结构和活性在不同乙醇浓度下会发生明显变化。当乙醇浓度在 0～40%（V/V）时，两种亚型活性均较高，其中 β-胰蛋白酶的活性比 α-胰蛋白酶高约 60%；当乙醇浓度为 60%时，有 17%的 β-亚型发生变性，有机溶剂导致酶分子结构重新排列。当乙醇浓度逐步升高时，β-胰蛋白酶分子聚结成团，酶活损失更为严重；α-亚型只当浓度高于 60%才开始发生分子重排，当浓度为 80%时聚结成团现象才发生。

（二）对映体选择性

酶的对映体选择性（enantioselectivity）又称为立体选择性，指酶在反应中优先生成一对对映异构体（外消旋体）中的某一种，或者优先消耗对映体中某一成分的特性。它是酶识别外消旋化合物中一种异构体能力大小的指标。酶立体选择性的强弱可以用立体选择系数（K_{LD}）来衡量。立体选择系数与酶对 L 型和 D 型两种异构体的酶催化常数（K_{cat}）和米氏常数（K_m）相关，即

$$K_{LD}=(K_{cat}/K_m)_L/(K_{cat}/K_m)_D$$

式中，K_{LD} 为立体选择系数；L 为 L 型异构体；D 为 D 型异构体；K_m 为米氏常数；K_{cat} 为酶催化常数（或转换数），指每个酶分子每分钟催化底物转化的分子数。

由该公式可知，K_{LD} 越大，表明酶催化的 L 型对映体选择性越强，反之亦然。

在非水相体系中，由于介质的改变，酶的对映体选择性也发生改变。通常，酶在水溶液中的立体选择性较强，而在非水相体系中的立体选择性较弱。例如，绝大多数蛋白酶在水溶液中只作用于蛋白质的 L-氨基酸位点，水解生成 L-氨基酸；而在有机介质中则能以 D-氨基酸为底物合成含 D-氨基酸的多肽。

（三）区域选择性

区域选择性（regioselectivity）是指在一定的反应条件下，当同一底物有多个反应基团时，酶会优先选择与底物分子中某一区域的特定基团反应，选择性生成某一种产物，而其他基团的反应产物则较少生成。在非水相体系中，不同的酶表现不同的区域选择特性；同一类型的酶，如果来源不同，也可能具有不同的区域选择性。酶区域选择性的强弱可以用区域选择系数 K_{rs} 来衡量。区域选择系数与立体选择系数相似，只是以底物分子的区域位置（如 1，2 位）代替异构体的构型 L、D，即

$$K_{1,2}=(K_{cat}/K_m)_1/(K_{cat}/K_m)_2$$

脂肪酶在非水相体系中通常具有明显的区域选择性。当用脂肪酶催化 1,4-二丁酰基-2-

辛基苯与丁醇之间的转酯反应时，底物分子上的 1,4 位的酰基均能与丁醇发生反应。在甲苯介质中，区域选择系数 $K_{4,1}=2$，表明酶优先作用于底物 C-4 位上的酰基；而在乙腈介质中，区域选择系数 $K_{4,1}=0.5$，则表明酶优先作用于底物 C-1 位上的酰基。当脂肪酶作用于甘油三酯发生转酯反应时，其区域选择性更为明显。多数情况下，1,3 位专一性的脂肪酶会先催化 1,3 位的酰基发生反应，再催化 2 位的酰基迁移到 1 位或者 3 位，然后被脂肪酶催化进行酯交换反应。sn-2 区域选择性脂肪酶较稀有，目前仅在来源于假丝酵母属的微生物中发现（表 5-2）。

表 5-2　部分脂肪酶的区域选择性和底物选择性

脂肪酶来源	区域选择性位置（sn-）	底物选择性脂肪酸的链长
黑曲霉（*Aspergillus niger*）	1, 3≫2	M>S>L
燕麦（*Avena saliva*）	1, 3>2	M, S, L（△9c）
皱褶假丝酵母（*Candida rugosa*）	1, 2, 3	M, S, L
南极假丝酵母（*Candida antarctica*）	1, 2, 3	M, S, L
解酯假丝酵母（*Candida lipolytica*）	1, 3>2	S, M, L
黏稠色杆菌（*Chromobaterium viscosum*）	1, 2>3	M, S, L
白地霉（*Geotrichum candidum*）	1, 2>3	M, S, L（△9c）
爪哇毛霉（*Mucor javanicus*）	1, 3>2	M, S, L
猪胰（*Porcine pancreas*）	1, 3	S>M, L
前胃脂酶（*Pre-gastric esterase*）	1, 3	M, S>L
洛克菲特青霉（*Penicillium roquefortii*）	1, 3	S, M≫L
闪光须霉（*Phycomyces nitens*）	1, 3>2	S, M, L
荧光假单胞菌（*Pseudomonas fluorescens*）	1, 3>2	M, L>S
米黑根毛霉（*Rhizomucor miehei*）	1, 3>2	M, S, L
爪哇根霉（*Rhizopus javanicus*）	1, 3>2	M, L>S
雪白根霉（*Rhizopus niveus*）	1, 3>2	M, L>S
米根霉（*Rhizopus oryzae*）	1, 3≫2	M, L>S
少根根霉（*Rhizopus arrhizus*）	1, 3	S, M>L
疏绵状嗜热丝孢菌（*Thermomyces lanuginosa*）	1, 3≫2	S, M, L

注：S、M、L 分别代表短、中、长链脂肪酸

（四）键选择性

酶的键选择性是指当底物分子中存在 2 种以上能够与酶反应的化学键时，酶会优先选择催化其中某个化学键进行反应。在传统化学反应中，为了防止几个键同时发生反应通常需要先对其他的化学键进行保护。酶分子的化学键选择性使其在对底物分子进行催化时无须保护，特异性地发生反应并获得相应的产物。酶的化学键选择性与酶的来源密切相关。例如，脂肪酶可以催化 6-氨基-1-己醇中的氨基和羟基发生酰化反应，分别生成肽键和酯键。黑曲霉脂肪酶优先选择羟基进行酰化反应，而毛霉脂肪酶则优先使氨基酰化。

（五）热稳定性

酶分子在非水相体系中，由于受温度、pH、有机溶剂、反应底物等的影响，活性会逐渐减弱。稳定性是衡量酶在反应体系中酶活保持能力的重要指标。酶的热稳定性是酶分子的重要特征。酶的热稳定性有两种情况：一是酶分子在高温下，随时间的延长逐步发生的不可逆失活；二是由热诱导产生的酶分子构象的整体伸展失活，通常为瞬时的可逆失活。许多酶在有机介质中的热稳定性比在水溶液中更好。例如，胰脂肪酶在水溶液中，100℃时很快失活；在有机介质中，在相同的温度条件下，半衰期却长达数小时。胰凝乳蛋白酶在无水辛烷中，于 20℃保存 5 个月仍然可以保持其活性，而在水溶液中，其半衰期却只有几天。

三、酶在非水相介质中的反应类型

（一）合成反应

合成反应是非水相介质体系中最常见的反应类型，参与反应的酶种类多样，底物和产物类型丰富。通常，在水溶液中催化水解反应的酶类，在非水相体系中均能催化进行水解反应的逆反应——合成反应。最常见的酶有蛋白酶和脂肪酶。蛋白酶在有机介质中催化氨基酸进行合成反应，生成各种多肽。

$$R_1—CH—COOH + R_2—CH—COOH \xrightarrow{\text{蛋白酶}} NH_2—CH—CO—NH—CH—COOH + H_2O$$
$$\overset{|}{NH_2} \qquad\qquad \overset{|}{NH_2} \qquad\qquad\qquad \overset{|}{R_1} \qquad\qquad \overset{|}{R_2}$$

脂肪酶在有机介质中催化有机酸和醇进行酯化反应，生成各种酯类。

$$R—COOH + R'—OH \xrightarrow{\text{脂肪酶}} R—COOR' + H_2O$$

（二）醇解反应

酰卤、酸酐、酯、腈等被醇分解生成酯和其他化合物的反应，称为醇解反应。通常，酸酐醇解生成酯，酯醇解生成另一种新的酯，而糖或苷在酶的催化下醇解会发生分子中苷键的断裂反应。例如，假单胞菌脂肪酶可以在二异丙醚介质中催化酸酐醇解生成二酸单酯化合物。

糖苷酶能够催化葡萄糖苷醇解生成葡萄糖脂。

（三）氨解反应

氨解反应是含有不同基团的有机化合物在胺化剂的作用下生成胺类化合物的反应。氨解反应常见的基团有—X、—CO—、—OH、—SO$_3$H 等。根据基团不同可相应地分为卤素的氨解、羰基化合物的氨解、羟基化合物的氨解、磺基等的氨解和直接氨解。常用的胺化剂有氨水、尿素、铵盐及有机胺。脂肪酶在有机介质中可以催化脂类进行氨解反应生成酰胺和醇，从而生成多种脂肪胺和芳香胺等。例如，在叔丁醇为介质的体系中，脂肪酶可以催化苯甘氨酸甲酯进行氨解反应，将 R-苯丙氨酸甲酯氨解生成 R-苯丙氨酰胺。

（四）氧化还原反应

参与氧化反应的酶可分为氧化酶和脱氢酶两类。氧化酶能催化底物被氧气所氧化。常见的氧化酶有加氧酶、漆酶、细胞色素 P450 等。脱氢酶能催化底物分子脱去氢。还原酶是一种加氢酶，它使氢从供体分子上转移并对催化底物进行加氢反应。常见的氧化还原反应有单加氧酶催化二甲基苯酚与氧反应，生成二甲基二羟基苯。

双加氧酶催化二羟基苯与氧反应，生成己二烯二酸。

马肝醇脱氢酶或酵母醇脱氢酶等醇脱氢酶可以在有机介质中催化醛类化合物或者酮类化合物加氢还原，生成伯醇或仲醇等醇类化合物。

$$R-CHO + NADH \xrightarrow{\text{醇脱氢酶}} R-CH_2OH + NAD$$

$$\underset{\underset{O}{\|}}{R-C-R'} + NADH \xrightarrow{\text{醇脱氢酶}} \underset{\underset{HO}{|}}{R-CH-R'} + NAD$$

（五）转移反应

转移酶能够催化基团在分子间的转移反应。它通过将一个化合物的基团转移到另一化合物上来实现这一过程。转移酶的功能多样，在生物体内的代谢过程中起着重要的作用。例如，脂肪酸合成过程中的酰基转移酶能够将酰基基团从辅酶 A 转移到脂肪酸合成途径中的其他分子上，完成脂肪酸的合成。在有机合成中，常见的转移反应为脂肪酶催化的转酯反应，即脂肪酶催化一种酯与一种酸反应，生成另一种酯和酸。

$$R-COOR_1 + R_2-COOH \xrightarrow{\text{脂肪酶}} R-COOR_2 + R_1-COOH$$

（六）异构反应

异构反应是指改变有机化合物中原子或基团的位置而其组成和分子量不发生变化的过程。在酶分子的催化作用下，化合物分子进行结构重排而其组成和分子量不发生变化。异构酶是催化生成异构体反应的酶的总称，其催化的异构反应类型多样。常见的异构酶有差向异构酶、消旋酶、顺反异构酶和变位酶等。例如，在有机介质中，消旋酶能够催化一种异构体转化为另一种异构体，生成外消旋的化合物。

$$\text{D-异构体} \xrightarrow{\text{异构酶}} \text{L-异构体}$$

葡萄糖异构酶可以催化葡萄糖转化为果糖。它是现代淀粉糖工业中最重要的酶。

（七）裂合反应

催化裂合反应的酶统称为裂合酶（或裂解酶）。在水相体系中，它们是一类催化底物分子从内部或端部裂解的酶类。裂合酶包括醛缩酶、醇腈酶和硫解酶等，可催化从底物上移去基团的反应或其逆反应。在有机介质中，更倾向于催化水相体系的逆反应。例如，磷酸二羟丙酮与3-磷酸-甘油醛在醛缩酶的催化下形成1,6-二磷酸果糖。

四、影响因素及调控机制

酶在有机介质中的活性、稳定性、选择性及催化效率受反应体系中各种因素的影响，主要的影响因素有酶的种类和浓度、底物的种类和浓度、有机溶剂的极性和含量、含水量、温度和 pH 等。理解这些因素对酶影响的机制并进行系统优化有利于发挥酶分子的最大活力，提高酶在有机介质中的选择性和催化效率。

（一）酶的种类和浓度

酶是非水相催化的关键要素之一，也是影响催化反应最大的因素。不同种类的酶催化不同的反应类型；同一种类不同来源的酶其稳定性、催化反应速率、底物专一性、对映体选择性、区域选择性等区别明显；同一来源的酶，不同的后处理方式，其催化效率也存在显著差异。

最适或最优的酶种和酶浓度一般遵循严格的选择标准。首先根据反应类型选择相应的酶种。例如，如果需要进行酯化反应，则选择脂肪酶/酯酶；如果是催化甘油与脂肪酸优先在 1,3-位进行酯化，则选择黑曲霉（*Aspergillus niger*）来源的脂肪酶。更进一步，在此反应中，为了提高脂肪酶在甘油和脂肪酶组成的体系中的分散性，固定化酶比酶粉更合适。

在较低的浓度范围内，随着酶浓度的增加，反应速率和转化率会相应提升。当酶的浓度达到一定值时，转化率不再升高，此时所对应的酶浓度为最适酶浓度。过高的酶浓度，尤其是酶所携带的辅料或固定化介质，会给反应带来负面的影响。因此，在具体的催化反应过程中，须将酶的浓度控制在适宜的（或最优的）范围内。

（二）底物的种类和浓度

在非水相体系中，底物的种类与酶的专一性、选择性等特性相关。在确定了底物种类的反应中，底物的浓度与反应速率遵循酶动力学曲线变化规律。在低浓度下，酶催化反应速率随底物浓度的升高而增大；当底物达到一定浓度以后，反应速率的增幅逐渐减缓，并最后趋于平衡，达到最大反应速率。当提高反应体系中的酶浓度时，反应动力学曲线将向上移动，达到最大反应速率所需的底物浓度及产物也相应增加。反应体系中，酶、底物、产物三者相互偶联。为了提高生产效率，酶和底物浓度均会尽可能增大或达到最优值。

另外，在有机介质中，底物的转化率与其在有机溶剂和酶分子活性中心之间的分配比例关系密切。当底物与有机溶剂互溶性强、溶解度过大时，会难于从有机溶剂中穿过必需水层与酶分子活性中心结合，从而降低底物的反应速率；如果底物亲水性强，在有机溶剂中的溶解度低，底物在体系中的相对浓度低，反应速率也会减缓。因此，底物与有机溶剂的匹配性也是优化反应过程需要考虑的因素。

（三）有机溶剂的极性和含量

有机溶剂是影响酶催化效率的关键因素之一。它的极性和含量对酶的活性、底物专一性、对映体选择性、区域选择性等酶学性质都有显著的影响。同时，也在底物和产物的分配过程中发挥着重要的作用。当有机溶剂的极性过强（$\lg P < 2$）时，它会竞争并夺取酶分子表面的必需水，影响酶的结构，降低酶的活性，并改变酶学性质。同时，疏水性底物的溶解度降低，会减弱反应速率；当有机溶剂的极性过弱（$\lg P \geqslant 5$）时，尽管酶分子的必需水层稳定性增强，但底物在有机溶剂中的溶解度过高，难以穿过酶分子的必需水层进入活性中心，也会造成催化反应速率降低。因此，非水相体系一般选用 $2 \leqslant \lg P < 5$ 的溶剂作为催化反应的介质。

在 HRP 催化苯酚生成酚树脂聚合物的反应中，当分别以 1,4-二氧六环、*N,N*-二甲基甲酰胺、甲醇为有机溶剂时，聚合物的产率有明显的区别；同一有机物，不同的浓度下聚合物的产率也具有明显的区别（表 5-3）。对酶结构的研究发现，有机溶剂对 HRP 高级结构的变化具有显著的影响，并进一步决定了聚合物的产率；在水/有机溶剂混合体系中，HRP 结构的变化比纯水体系明显缓慢。

表 5-3　**HRP 在不同类型有机溶剂中聚合物的产率**

实验序号	有机溶剂含量/（%，V/V）	聚合物的产率/%
1	水（100）	16
2	1,4-二氧六环（20）	>98
3	1,4-二氧六环（40）	>98
4	1,4-二氧六环（60）	>98
5	1,4-二氧六环（80）	77
6	1,4-二氧六环（100）	0
7	二甲基甲酰胺（20）	>98
8	二甲基甲酰胺（40）	>98
9	二甲基甲酰胺（60）	98
10	二甲基甲酰胺（80）	1
11	二甲基甲酰胺（100）	0
12	甲醇（20）	20
13	甲醇（40）	76
14	甲醇（60）	98
15	甲醇（80）	91
16	甲醇（100）	0

（四）含水量

在非水相体系中，必需水是维持酶分子空间构象和催化反应速率的要素。当体系中含水量低时，反应速率随含水量的升高而增大；当含水量达到最适含水量时，酶催化反应速率最大；此后，随着含水量的增加，反应速率下降。如表 5-3 所示，HRP 催化反应中，当以甲醇为有机介质时，含水量为零，产率为零；随着含水量的增加，产率迅速升高；当含水量为 40% 时，达到最大产率；此后，随着含水量的继续增加，产率逐渐下降；当含水量为 100% 时，产率又降为 16%。

最适含水量与溶剂的极性有关。通常，随溶剂极性的增大，最适含水量也增大。如表 5-3 所示，三种有机溶剂 1,4-二氧六环、N,N-二甲基甲酰胺、甲醇的最适含水量分别为 40%～80%、60%～80%、40%。

（五）温度

温度是影响酶活性的重要因素。随着温度的升高，底物和产物的传质速度加快，反应速率增大，酶分子构象更加开放，催化反应速率增加。但是，过高的温度会引起酶分子构象发生破坏性的变化，并最终丧失活性。因此，在反应过程中，酶催化反应的温度通常控制在最适温度范围内。在非水相体系中，由于水含量低，酶分子构象的刚性增加，热稳定性增强，其最适温度通常会高于水溶液中的最适温度。但是，过高的温度同样会使酶丧失活性。

尽管高温可以在一定程度上提高酶的催化活性，但是却会降低酶的底物专一性和立体选择性等酶学特性。特别是在手性化合物的合成和拆分领域，立体选择性的强弱决定着生产工艺的成败。因此，必须通过严谨细致的试验，确定酶的最适反应温度，并系统地将温度控制在适宜的范围内，使酶催化反应既具有较高的反应速率又具有较强的立体选择性。

（六）pH

催化反应体系的 pH 与酶分子活性中心基团的电荷状态和底物分子的解离状态有着紧密的联系，并影响酶与底物的结合和催化活性。通常，酶制剂的 pH 由酶在冻干或吸附到载体上之前所使用的缓冲液 pH 决定。这种现象称为 pH 记忆。当酶分子进入有机介质后，在初始状态下，它依然会保留原有的 pH；此后，酶活性中心的 pH 逐渐与反应体系中的 pH 形成平衡状态，并逐渐趋向于反应体系的 pH。因此，反应体系的 pH 影响着酶分子活性中心的 pH，进而影响酶的活性。

在绝对无水的有机介质中，酶分子原有的必需水层极易被打破，酶活性中心的 pH 将会改变，从而影响到酶的催化活性。因此，在非水相体系中，酶的催化活性与体系中的水或缓冲溶液的 pH 和离子强度有密切关系，并可以通过调节缓冲溶液 pH 和离子强度对有机介质中酶的催化活性进行调控。有研究表明，在有机介质中加入某些有机相缓冲液，即由疏水性酸与其相应的盐组成的混合物，或者疏水性的碱与其相应的盐组成的混合物，可以对反应体系的 pH 进行调节控制。与此类似，在本章前述的离子液体中添加一定量的有机溶剂也能够很好地维持酶的活性和稳定性。

第三节　非水相介质中酶催化反应的应用

一、手性药物的酶法拆分与合成

手性化合物（chiral compound）是指分子量、分子结构相同，但立体结构排列左右相反如实物与其镜中的对映体的两种异构体化合物。通俗来说，像人的两只手一样彼此不能重合的化合物称为手性化合物。早在 1848 年，法国科学家巴斯德在酒石酸铵钠晶体的研究中就首次系统地提出了手性化合物的概念。1874 年，荷兰化学家范托夫发现分子内不对称碳原子是手性现象的分子基础。随后，手性化合物理论和实践的研究迅速发展。手性化合物广泛存在，各种糖类、氨基酸、核酸都具有天然的手性。目前使用的 2000 多种化学药物中约 40%为手性药物，且大多数仍以外消旋体的形式使用。

早期的化学药物也均以外消旋体的形式销售和使用，但在 20 世纪 60 年代发生了著名的"反应停"事件。沙利度胺（thalidomide）又名"反应停"，是一种对中枢神经有良好的镇静安眠作用的药物，临床表现出对孕妇有很好的抑制妊娠反应作用，并于 50 年代推向欧洲市场。但此后，在欧洲和澳大利亚等地区发现畸形婴儿的出生率明显上升。1961 年，澳大利亚医生正式确认畸形的患儿与母亲在怀孕期间服用沙利度胺有关，并将此结果发表于著名的医学杂志《柳叶刀》上，从而引起全世界的轰动。1961 年，沙利度胺从市场上被紧急撤回。但据调查此时已经造成了一万多名婴儿的畸形。该事件导致了全球药物特别是手性药物生产测试方式的重大变化。1992 年，美国食品药品监督管理局（FDA）明确要求所有手性化学药物都必须说明两个对映体在体内的生理活性、药理作用及药代动力学情况。

现有的研究发现，沙利度胺为外消旋体，其单一结构中 S（－）构象的化合物具有强烈的致畸作用，而 R（＋）构象几乎没有（表 5-4）。

手性药物的两种对映体尽管化学组成相同，但药理、药效可能会存在巨大的差别。其主要的表现有：①一种药效显著，另一种药效弱或无效；②一种药效显著，另一种有毒副作用；③两种对映体的药效具有拮抗作用；④两种对映体具有各自不同的药效，但有利于合并用药（表 5-4）。

表 5-4 常见手性化合物的临床应用及各组分的药理作用

化合物名称	临床应用特征	对映体的药理作用
布洛芬（ibuprofen）	用于缓解发热和消炎作用	S 构象的药效是 R 构象的 160 倍
萘普生（naproxen）	具有抗炎、解热、镇痛作用	S 构象是主效成分，R 构象效果弱
沙利度胺（thalidomide）	具有调节免疫、抗炎、抗血管生成和促凋亡作用	S 构象具有强烈的致畸作用，R 构象几乎无
普萘洛尔（propranolol）	治疗多种原因所致的心律失常	S 构象 β 受体阻断剂的活性远高于 R 构象
纳多洛尔（nadolol）	治疗高血压和心绞痛等	在可能的 8 种对映体[（R,S,R）-nadolol]中，只有一种具有疗效
非洛地平（felodipine）	治疗高血压和心绞痛等	S 构象具有钙通道阻断剂的效果，R 构象没有效果
西酞普兰（citalopram）	临床用作抗抑郁药	S 构象 5-羟色胺再摄取的抑制效果是 R 构象的 100 多倍
曲马多（tramadol）	临床用于去疼痛	R 构象抑制 5-羟色胺再摄取，S 构象抑制去甲肾上腺素再摄取
氯胺酮（ketamine）	临床一般作为麻醉剂使用	R 构象比 S 构象更高效持久，且副作用小
沙丁胺醇（salbutamol）	用作平喘药，防止支气管痉挛	R 构象的活性是 S 构象的 80 倍，并且 S 构象对肺功能有不良影响
奥咪拉唑（omeprazole）	用于胃溃疡和反流性食管炎等病症	S 构象在体内被清除的速度比 R 构象慢

手性化合物的拆分或合成具有十分重要的意义。但采用传统的化学法对手性化合物进行拆分极为困难、过程复杂，且易造成环境污染；酶分子天然的对映体选择性使其在手性化合物拆分领域具有无可比拟的优势。它不仅特异性强、效率高、过程简单，而且能耗低、对环境友好。

（一）手性药物的酶法拆分

手性药物的酶法拆分是指利用酶的对映体选择性催化能力将外消旋体中的某一对映体水解成单一光学活性的产物。酶法拆分可用于合成手性醇、酸、胺、酯、酰胺等众多单体化合物。典型的应用领域如下。

1）芳基丙酸衍生物的拆分。手性化合物 2-芳基丙酸和其衍生物是多种药物如布洛芬、酮基布洛芬、萘普生等的活性成分。以布洛芬为例，布洛芬［2-（-4-异丁基苯基）丙酸］是一种重要的 2-芳基丙酸类非甾体抗炎药物，消炎、镇痛、解热作用显著。目前，大多以外消旋体的形式使用，但两个单体间药理效果差距明显。（S）-布洛芬的活性为（R）-布洛芬的 160 倍，且（R）-布洛芬可能有毒副作用（表 5-4）。为了提高药效，降低药物的毒副作用，外消旋体布洛芬的立体拆分就显得尤为重要。脂肪酶在外消旋体布洛芬的酶法拆分中发挥着重要的作用。可以采用脂肪酶为催化剂，将外消旋体布洛芬酸与正丙醇进行选择性酯化，生成（S)-布洛芬丙酯，从而与 R 型构象分离。

2）手性醇的拆分。手性醇是一类重要的手性模块化合物，广泛应用于医药、化工和农业等领域。例如，手性化合物 2,3-环氧丙醇是蛋白酶抑制剂、抗病毒药物等的手性中间体。在有机溶剂中，利用酶的对映体选择性，可以高效地拆分外消旋醇，获得目标手性醇。脂肪酶是手性醇拆分的优秀催化剂，它通过选择性地将其中一种手性醇对映异构体酰化为酯类物质，从而在随后的工序中易于通过蒸馏分离。

3）外消旋胺的动力学拆分。手性胺是重要的化学中间体，在农用化学、制药等领域占据主导地位。目前酶法拆分已经成为制备手性胺的主导方法并被广泛应用。德国巴斯夫采用脂肪酶为催化剂，选择性催化外消旋胺酯酰化，将其中一种对映体酰化为酰胺；酰胺可以很容易地从未反应的胺中分离出来。例如，使用甲氧基乙酸乙酯作为酰基供体，植物伯克霍尔德菌的固定化脂肪酶催化外消旋体苯乙胺的拆分，特异性地将（R)-胺酰化，从而与（S)-胺分离开来。在后继的工序中，经过水解即可得到（R)-苯乙胺。

（二）手性药物的酶法合成

利用酶的对映体选择性等特性，催化底物进行不对称合成反应，可以将前体化合物转化为手性衍生物，从而达到酶法合成手性药物的目的。常见的氧化还原酶、合成酶、裂解酶、水解酶（脂肪酶、蛋白酶）等都具有相应的合成能力。例如，在有机介质中，以2-代-1,3-丙二醇和脂肪酸酯为原料，脂肪酶催化转酯可以得到高纯度的新的手性（R）-酯或（S）-酯。

$$
\underset{\text{潜手性丙二醇}}{HO\diagdown\overset{R}{\diagup}OH} + R_1COOR_2 \xrightarrow[\text{有机溶剂}]{\text{脂肪酶}}
\begin{matrix} R_1COO\diagup\overset{R}{\diagdown}OH \\ (S) \\ \text{或} \\ R_1COO\diagup\overset{R}{\diagdown}OH \\ (R) \end{matrix} + R_2OH
$$

二、油脂的质构化

脂肪酶（EC3.1.1.3）由科学家在 1848 年首次描述。当时他们观察到胰腺提取物（含有脂肪酶）能够乳化脂肪，并以其催化脂肪水解的能力而命名。脂肪是高效的能源，在持久活动的供能中起到极为重要的作用。但是，过量食用油脂会给健康带来潜在的危害。因此，对油脂进行改性和重构成为营养健康领域的热点。油脂的重构是通过改变甘油分子连接的脂肪酸结构和位置来改变油脂的功能，产生的新油脂称为质构脂质。它既保持了油脂特性（如熔化、消化、吸收和代谢特性等），又赋予其营养和治疗方面的新功能。构成质构脂质的脂肪酸可以是短链脂肪酸、中链脂肪酸、长链脂肪酸或多不饱和脂肪酸。短链脂肪酸（如乙酸、丙酸、丁酸）因热值较低，在合成低热量的质构脂质时是理想的原料；中链脂肪酸具有良好的流动性、溶解度和易于代谢等特性；长链脂肪酸特别是多不饱和脂肪酸（PUFA）在脑功能、婴幼儿智力及视功能发育等方面意义重大。

脂肪酶是制备质构脂质的优秀催化剂，它具有位置专一性、底物专一性等显著优点。因此，可以在特定的位置质构出特定的脂质，实现定向设计与合成质构脂质，以适合特定的食品或治疗目的。酶法生产质构脂质的方法主要有三种。

1）直接酯化法。由脂肪酶催化甘油与所需游离脂肪酸直接发生酯化反应生成脂类物质。

$$
\begin{matrix} CH_2OH \\ | \\ CHOH \\ | \\ CH_2OH \end{matrix} + \begin{matrix} R_1COOH \\ R_2COOH \\ R_3COOH \end{matrix} \xrightarrow{\text{脂肪酶}} \begin{matrix} CH_2OOCR_1 \\ | \\ CHOOCR_2 \\ | \\ CH_2OOCR_3 \end{matrix} + 3H_2O
$$

2）酯交换法。由脂肪酶催化油脂（甘油三酯）与另一种脂类发生酯交换反应，生成新的脂类物质。

$$
\begin{matrix} CH_2OOCR_1 \\ | \\ CHOOCR_2 \\ | \\ CH_2OOCR_3 \end{matrix} + 3RCOOCH_3 \xrightarrow{\text{脂肪酶}} \begin{matrix} CH_2OOCR \\ | \\ CHOOCR \\ | \\ CH_2OOCR \end{matrix} + \begin{matrix} R_1COOCH_3 \\ R_2COOCH_3 \\ R_3COOCH_3 \end{matrix}
$$

3）酸解法。由脂肪酶催化油脂（甘油三酯）与一种脂肪酸发生反应，生成质构化的新油脂和新的脂肪酸。

$$
\begin{array}{ccc}
CH_2OOCR_1 & & CH_2OOCR \quad R_1COOH \\
| & & | \\
CHOOCR_2 + 3RCOOH & \xrightarrow{\text{脂肪酶}} & CHOOCR \quad + \quad R_2COOH \\
| & & | \\
CH_2OOCR_3 & & CH_2OOCR \quad R_3COOH
\end{array}
$$

直接酯化法必须随时除去酯化反应过程中产生的水分以防止产品水解，很少用于质构脂质的合成，而酯-酯交换法得到的产品成分复杂。目前，国内外广泛使用的是第三种方法，即在位置特异性脂肪酶的催化下，通过甘油三酯与脂肪酸的酸解反应制备质构脂质，如以大豆油和辛酸为底物，在脂肪酶 Lipozyme RM（sn-1,3＞2）的催化下合成新的质构化油脂，在反应 24h 后可获得辛酸插入率 40%以上的质构化脂质。

三、高分子聚合物的制备

（一）过氧化物酶与酚树脂的合成

在现代绿色化学领域，辣根过氧化物酶（HRP）具有举足轻重的地位。HRP 的研究可以追溯到 19 世纪初。早在 1810 年，Planche 就报道了愈创木植物的树脂（含有大量的愈创木酚）与辣根接触后会被氧化变蓝的现象。此后，人们就直接从辣根植物根块中提取 HRP，HRP 成为较早商品化应用的酶制剂之一。20 世纪 50 年代初，科学家陆续发现辣根中至少含有 5 种具有过氧化物酶活性的同工酶。目前，公共数据库中有 6 个 HRP 同工酶的基因序列。

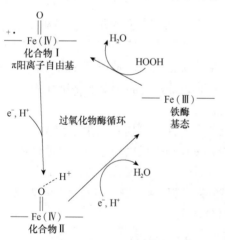

图 5-2　HRP 催化反应机制

过氧化物酶是一类以 H_2O_2 或过氧化物为氧化剂催化底物发生氧化反应的酶。以辣根过氧化物酶 C 为例，其全酶包括酶蛋白和铁（Ⅲ）原卟啉Ⅸ辅基，并含有两分子 Ca^{2+}。催化反应的第一步是 H_2O_2 和静态酶中的 Fe（Ⅲ）反应生成化合物Ⅰ（HRPⅠ）。HRPⅠ是一个高氧化态的催化中间体，包含有一个含氧 Fe（Ⅳ）中心和一个带正电荷的卟啉；随后，HRPⅠ与加入的还原性底物反应，生成另含氧 Fe（Ⅳ）中心的催化中间体 HRPⅡ。HRPⅠ和 HRPⅡ都是强氧化剂，氧化还原电势接近＋1V。最后，还原性底物与 HRP 含氧中心发生反应，并使 HRPⅡ还原成静态酶，完成底物的氧化（图 5-2）。

HRP 在酚树脂聚合物的绿色催化中发挥着重要作用。HRP 可以催化以 H_2O_2 作为氧化剂的酚类、芳香胺类及其衍生物的偶合反应，生成具有特殊结构和功能的聚合产物。酶促合成比化学合成法具有明显的优势：反应条件温和，不使用有毒试剂（如甲醛），可以合成用传统方法无法获得的新聚合物材料。苯酚和苯酚衍生物是工业中最重要的酚类化合物。HRP 可以催化苯酚分子之间发生氧化反应。在水溶液中，酚类物质和聚合产物的溶解度很低，当分子量过高时聚合物就从体系中沉淀出来，因此只能得到低分子量的聚合物如二聚体和三聚体。在非水相体系中，底物和产物均能溶解，处于均相体系中，聚合反应可以持续进行并获得大分子量的聚合物。在反应过程中，HRP首先催化酚类化合物与 H_2O_2 反应生成酚氧自由基，自由基聚合形成二聚体；随后，通过自由基传递形成二聚体自由基，再聚合成三聚体。依次重复，使聚合物链不断延长。

　　聚苯胺是一种高分子化合物，具有特殊的电学、光学及电化学特性，可作为生物或化学传感器材料、电子场发射源、锂电极材料、选择性膜材料和导电纤维等，且聚苯胺因具有生产原料易得、合成工艺简单、化学及环境稳定性好等特点而得到了广泛的应用。聚苯胺的原料是富含电子的 4-氨基苯酚单体。在以 HRP 为催化剂、H_2O_2 为氧化剂时，反应可以分为两种情况：当 4-氨基苯酚未保护时，反应主要生成 1,4-苯并醌单亚胺；在单体原料受到保护后（4-硝基苯甲醛），底物分子经氧化形成 4-（4-硝基亚苄基氨基）苯酚聚合物，经酸化处理即得到聚苯胺。

（二）脂肪酶催化酯类的聚合

　　脂肪酶是制备酯类聚合物常用的催化剂。早在 1993 年，人们已经开始以脂肪酶为催化剂对内酯进行聚合反应。所用的内酯原料丰富多样，涵盖了不同侧链及 4～17 元环单体，并产生了许多类型的聚合物。以内酯为原料的聚合反应具有显著的优点：底物和产物均为单一的组分，反应过程无水生成（水会促进形成的聚酯水解，干扰反应的进行），可以获得更高分子量的聚合物和更高的产率。目前，脂肪酶催化聚酯合成反应主要分为：内酯的开环聚合、α,ω-羟基酸的聚合、二羧酸和二醇的聚合这三种类型（图 5-3）。例如，脂肪酶可用于催化 12-十二烷内酯和 ε-己内酯的开环/聚合；脂肪酶催化烷二酸盐和丁烷-1,4-二醇的多酯交换也已成功进行。

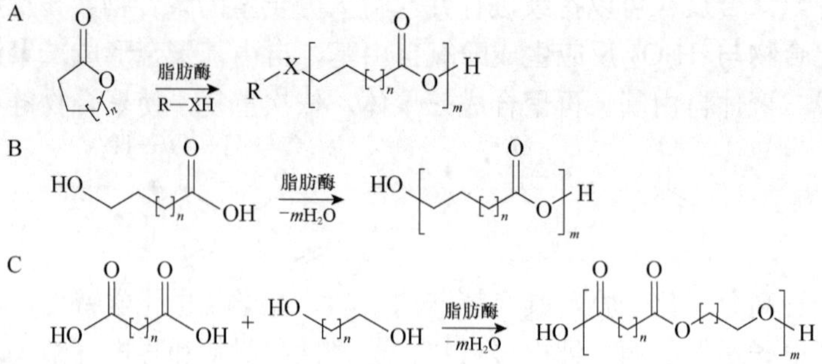

图 5-3　脂肪酶介导的内酯（A）、含氧酸（B）、二羧酸和二醇（C）的聚合

四、脂肪酶与生物柴油的生产

生物柴油是以油脂为原料，在化学催化剂或脂肪酶的催化下，经酯化和转酯反应制备而成的长链脂肪酸酯类物质。生物柴油是一种清洁、可再生的生物质能源。它具有无毒、无害、单位热值高、生物可降解性等优点，是第一个达到美国"清洁空气法"健康影响要求的替代燃油品种。传统上，生产生物柴油的化学法通常会以酸或者碱为催化剂。但该工艺复杂、能耗高、副反应发生严重、易造成环境污染。以脂肪酶为催化剂的工艺已经成为生物柴油生产的主流工艺。它具有显著的优点：①工艺简单，反应产物甘油和生物柴油通过静置即可分层；②低能耗，反应条件温和，反应温度在 50℃ 以内；③反应效率高，无副反应发生，且甲醇用量低；④环境友好，无污染。以油脂为原料通过脂肪酶催化的转酯反应生产生物柴油的反应式如下：

$$
\begin{array}{l}
\mathrm{CH_2OOC{-}R_1} \\
\mathrm{|} \\
\mathrm{CHOOC{-}R_2} + 3CH_3{-}OH \longrightarrow \\
\mathrm{|} \\
\mathrm{CH_2OOC{-}R_3}
\end{array}
\begin{array}{l}
\mathrm{CH_2OH} \\
\mathrm{|} \\
\mathrm{CHOH} \\
\mathrm{|} \\
\mathrm{CH_2OH}
\end{array}
+ R_1{-}COOCH_3 + R_2{-}COOCH_3 + R_3{-}COOCH_3
$$

多数脂肪酶具有位置专一性和底物选择性，同一脂肪酶对不同油脂的催化特性不同，这在一定程度上限制了生物柴油生产的油源选择面。通常，1,3 位专一性的脂肪酶在催化过程中先行催化 1,3 位的酰基，而 2 位的酰基必须迁移到 1 位或者 3 位后才能被脂肪酶催化进行酯交换反应。因此，将具有不同底物选择性和位置专一性的脂肪酶组成复合酶体系（表 5-2）。由于不同位置专一性脂肪酶的参与可同时作用于油脂的不同酰基位点形成协同效应，从而可提高生物柴油的生产效率。

五、蛋白酶与氨基酸酯和肽的合成

蛋白酶是重要的工业用酶。它通常分为外肽酶（氨基和羧基蛋白酶）和内肽酶（丝氨酸、天冬氨酸、半胱氨酸和金属蛋白酶）两大类。蛋白酶在食品、洗涤、皮革、医药、化妆品、化学工业和废水处理领域应用广泛。蛋白酶除用于蛋白质的水解以外，还可用于肽的裂解、区域特异性酯水解或外消旋体的动力学拆分等反应过程。在非水相体系中，蛋白酶可催化酯化、酯交换和肽合成等反应。

（一）蛋白酶与氨基酸酯的合成

在非水相介质中通过蛋白酶合成氨基酸酯包括两种反应类型：一是蛋白酶催化氨基酸与醇类的酯化反应生成氨基酸酯；二是通过蛋白酶催化一种氨基酸酯与醇/酸的酯交换反应生成另一种氨基酸酯。蛋白酶在酯交换反应中的活性通常会高于酯化反应的活性，且当两个氨基酸进行聚合反应时两者的氨基和羧基均具有反应活性，因此，反应前需要预先对其中一底物羧基进行酯化。以 L-天冬氨酸和 L-苯丙氨酸反应生成天苯肽为例，首先 L-苯丙氨酸（L-Phe-OH）与甲醇在蛋白酶催化下酯化形成 L-苯丙氨酸甲酯（L-Phe-OMe）；随后，L-Phe-OMe 再与 L-天冬氨酸反应生成天苯肽。

$$HOOC-CH_2-\underset{\underset{NH_2}{|}}{CH}-COOH \ + \ \text{（苯环）}-CH_2-\underset{\underset{NH_2}{|}}{CH}-CO-O-CH_3 \ \xrightarrow{\text{嗜热菌蛋白酶}} \ \text{（苯环）}-CH_2-\underset{\underset{\underset{HOOC-CH_2-CH-CO-N-H}{|}}{NH_2}}{CH}-CO-O-CH_3$$

（二）蛋白酶与肽的合成

肽在医药和食品领域中具有重要的应用价值。肽的合成主要有三种技术：一是化学合成，二是酶促合成，三是重组 DNA 技术。然而，重组 DNA 技术的应用需要漫长而昂贵的研发阶段；肽的化学合成过程复杂，如肽键形成过程中的外消旋化，且需要广泛保护氨基酸的侧链基团，以及使用过量的偶联试剂和酰基供体等。以蛋白酶为催化剂的酶促合成是一种绿色的工艺。自 1938 年以来，蛋白酶一直被用于催化肽的合成。蛋白酶催化肽的合成具有显著的优点：不受外消旋化作用的影响，对羧基活化和侧链保护的要求最低，反应条件温和，区域和立体选择性高等。例如，α-胰凝乳蛋白酶催化 N-乙酰-L-色氨酸乙酯（N-Ac-Trp-OEt）与甘氨酰甘氨酸（Gly-Gly-NH₂）反应生成新的多肽。

$$E + Ac\text{-}Trp\text{-}OEt \underset{k_{-1}}{\overset{k_1}{\rightleftharpoons}} \underset{\text{酶-底物复合物}}{E \cdot Ac\text{-}Trp\text{-}OEt} \xrightarrow[\text{EtOH}]{k_2} \underset{\text{酰基酶中间体}}{Ac\text{-}Trp\text{-}E} \xrightarrow{k_P, \ Gly\text{-}Gly\text{-}NH_2} Ac\text{-}Trp\text{-}Gly\text{-}Gly\text{-}NH_2$$

本章小结

自 1984 年 Zaks 和 Klibanov 发现脂肪酶在有机介质中具有催化反应活性后，酶的非水相催化研究迅猛发展，并形成了现代酶学的一个全新分支学科——非水相酶学。本章围绕酶的非水相催化反应及应用展开，重点阐述了非水相催化三要素（水、酶、有机溶剂）及其对催化反应效率的影响、酶在非水介质中的反应类型及典型的应用实例。第一节酶的非水相催化概述中，在了解酶的非水相催化历史、酶的非水相催化概念的基础上，讲述了非水相催化的特点及催化体系的三要素，即水、酶、有机溶剂。第二节非水相介质中酶的催化反应中，系统全面地讲述了非水相催化的介质体系、酶在非水相介质中的催化特性、酶在非水相介质中的反应类型和影响因素及调控机制。本节讲述了非水相酶学体系的主要知识结构，是本章的重点和难点。在第三节非水相介质中酶催化反应的应用中，讲述了非水相催化技术在现代工业领域应用的 5 个主要方向，主要包括手性药物的酶法拆分与合成、油脂的质构化、高分子聚合物的制备、脂肪酶与生物柴油的生产，以及蛋白酶与氨基酸酯和肽的合成。

复习思考题

1．什么是酶的非水相催化？
2．酶在非水相体系中的催化特点有哪些？
3．水对非水相体系中酶的活性和催化效率有哪些影响？
4．在非水相体系中采用固定化酶作催化剂有哪些优点？
5．有机溶剂对非水相催化体系的影响有哪些？
6．常用的非水相催化的介质体系有哪些类型？
7．试举例说明在非水相体系中酶的催化特性表现在哪些方面。
8．举例说明酶在非水相体系中的催化类型有哪些。
9．简述影响酶在非水相体系中活性和催化效率的主要因素。
10．试举2～3例说明酶在手性药物拆分中的作用。
11．举例说明脂肪酶在油脂质构化中的作用。
12．什么是生物柴油？以油脂为原料生产生物柴油的催化过程是什么？
13．举例说明辣根过氧化物酶催化酚树脂合成的反应过程。

参 考 文 献

郭勇. 2024. 酶工程. 5版. 北京：科学出版社.

Akita M, Tsutsumi D, Kobayashi M, et al. 2001. Structural change and catalytic activity of horseradish peroxidase in oxidative polymerization of phenol Biosci Biotechnol. Biochem, 65: 1581-1588.

Coelho M M, Fernandes C, Remião F, et al. 2021. Enantioselectivity in drug pharmacokinetics and toxicity: pharmacological relevance and analytical methods. Molecules, 26: 3113.

Dastoli F R, Musto N A, Price S. 1966. Reactivity of active sites of chymotrypsin suspended in an organic medium. Arch Biochem Biophys, 115: 44-47.

Dastoli F R, Price S. 1967. Catalysis by xanthine oxidase suspended in organic media. Arch Biochem Biophys, 118: 163-165.

Deng F, Gross R A. 1999. Ring-opening bulk polymerization of epsilon-caprolactone and trimethylene carbonate catalyzed by lipase Novozym 435. Int J Biol Macromol, 25: 153-159.

Dordick J S, Marletta M A, Klibanov A M. 1987. Polymerization of phenols catalyzed by peroxidase in nonaqueous media. Biotechnol Bioeng, 30: 31-36.

Drauz K, Gröger H, May O. 2012. Enzyme Catalysis in Organic Synthesis. New Jersey: Wiley-VCH Verlag GmbH & Co KGaA.

Itoh T. 2017. Ionic liquids as tool to improve enzymatic organic synthesis. Chem Rev, 117: 10567-10607.

Kamat S V, Iwaskewycz B, Beckman E J, et al. 1993. Biocatalytic synthesis of acrylates in supercritical fluids: tuning enzyme activity by changing pressure. Proc Natl Acad Sci USA, 90: 2940-2944.

Lopes G R, Pinto D C G A, Silva A M S. 2014. Horseradish peroxidase (HRP) as a tool in green chemistry. RSC Advances, 4: 37244-37265.

Margolin A L, Crenne J Y, Klibanov A M. 1987. Stereoselective oligomerization catalyzed by lipases in organic solvents. Tetrahedron Lett, 28: 1607-1610.

Pollardo A A, Lee H S, Lee D, et al. 2017. Effect of supercritical carbon dioxide on the enzymatic production of biodiesel from waste animal fat using immobilized *Candida antarctica* lipase B variant. BMC Biotechnol, 17: 70.

Rosa D P, Cruz F T, Pereira E V, et al. 2021. Evaluation of biological activities, structural and conformational properties of bovine beta- and alpha-trypsin isoforms in aqueous-organic media. Int J Biol Macromol, 176: 291-303.

Suzuki Y, Taguchi S, Hisano T, et al. 2003. Correlation between structure of the lactones and substrate specificity in enzyme-catalyzed polymerization for the synthesis of polyesters. Biomacromolecules, 4: 537-543.

Zaks A, Klibanov A M. 1984. Enzymatic catalysis in organic media at 100 degrees C. Science, 224: 1249-1251.

Zaks A, Klibanov A M. 1985. Enzyme-catalyzed processes in organic solvents. Proc Natl Acad Sci USA, 82: 3192-3196.

第六章 酶反应器

🎯 **学习目标**

1. 掌握酶反应器的基本概念。
2. 了解不同类型的酶反应器及其特点。
3. 了解酶反应器的过程检测方法和原理。
4. 了解酶反应器的设计和放大原则。

酶作为一种生物催化剂，具有高效、专一性强、反应条件温和等诸多优点。随着合成生物技术、人工智能技术的快速发展和持续进步，人们对于酶结构和功能的理解越来越深入，对酶的理性创制也不断成熟。因此，酶催化技术在食品、医药、化工等多个领域展现出越来越强大的应用潜力。但值得注意的是，酶催化反应需要在特定的反应容器中进行，以确保反应条件和速率得到精确控制和调节。

酶反应器是用于酶催化反应的容器及其辅助设备的统称。虽然酶催化反应的效率很大程度上取决于酶本身的性能，表现在其本征动力学上，但是作为酶催化反应的核心装置，酶反应器的设计与操作条件差异又会改变酶催化反应特性，特别是在大型酶反应器中，其不同结构会使物质传递和混合及剪切力有很大差异，最终导致酶催化反应效率的差异。因此，需要对酶反应器结构和操作条件进行理性设计和优化，从而为酶催化反应提供合适的环境，确保底物在酶的催化作用下能够最大限度地转化为产物。与微生物反应器相比，酶反应器的主要区别在于其催化载体酶不像微生物细胞具备自繁殖能力，而且随着酶催化反应的进行，酶会不断失活，从而造成反应效率的下降。

酶反应器基本结构除提供酶促反应所必需的壳体容器外，还包括一些控制酶反应进行的附属设备，如搅拌装置、通气装置、过程检测装备（温度、pH 等）、过程控制装备（pH、底物）等，以实现对酶催化反应过程的有效控制。此外，根据不同的应用场景，酶反应器类型多样，而且各具特色。选择合适的酶反应器及过程工艺，能够充分发挥酶的催化性能，从而提高生产效率及产品质量，这就要求综合考量酶的特性、底物与产物的性质及生产需求等因素。理想的酶反应器应具备结构简单、操作便捷、维护清洗方便、适应性强、成本低、效益高等特点，以确保酶催化反应的高效、稳定和可持续进行。

第一节 酶反应器的类型和特点

酶反应器的类型繁多，按照酶反应器的结构可分为搅拌罐式、固定床式、流化床式、鼓泡式和膜式等；按照酶反应器的操作方式可分为间歇式、半连续式和连续式；按照酶的状态可分为直接应用游离酶进行反应的均相酶反应器和利用固定化酶进行反应的非均相酶反应器两种。不同的酶反应器具有各自的特点（表 6-1）。

表 6-1 酶反应器类型、操作方式、适用酶及特点

类型	操作方式	适用酶	特点
搅拌罐式	间歇式、半连续式、连续式	游离酶 固定化酶	➤ 设备简单、操作容易 ➤ 酶与底物混合均匀 ➤ 传质阻力小、反应完全 ➤ 反应条件易控制
固定床式	连续式	固定化酶	➤ 设备简单、操作方便 ➤ 固定化酶密度高 ➤ 酶催化反应速率快 ➤ 工业生产应用较广
流化床式	间歇式、半连续式、连续式	固定化酶	➤ 混合均匀、传质传热效果好 ➤ 反应条件易控制 ➤ 适合黏度较大的反应液
鼓泡式	间歇式、半连续式、连续式	游离酶 固定化酶	➤ 结构简单、操作容易 ➤ 剪切力小、混合效果好 ➤ 传质、传热效率高 ➤ 适合于气体参与的反应
膜式	连续式	游离酶 固定化酶	➤ 集反应与分离于一体 ➤ 利于连续化生产 ➤ 易引起膜孔阻塞

一、搅拌罐式酶反应器

　　搅拌罐式酶反应器结构与常见的搅拌式微生物发酵罐相似，是一种带有搅拌装置的常规反应器，其核心构造主要包括反应罐、搅拌器、温度控制装置和 pH 控制装置四大部分，针对有些酶的催化反应过程，还配备有通气装置等。此外，为优化反应物的混合效果，有时也会在反应罐内壁上增设挡板（图 6-1）。

　　搅拌罐式酶反应器结构简单，通过搅拌作用能够实现酶与底物的充分混合，同时便于调控温度和 pH，从而保证酶催化反应的环境条件。此外，其混合能力特别适用于处理胶体和不溶性底物，以确保

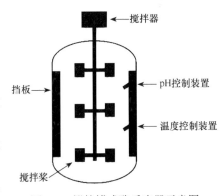

图 6-1　搅拌罐式酶反应器示意图

这些物质在整个反应过程中均匀分散。搅拌罐式酶反应器的催化剂更换也相对简便，这使得它在需要频繁更换催化剂或清洁的工业应用如饮料和食品加工行业中特别受欢迎。然而需要注意的是，反应器中的游离酶难以回收再利用，通常通过加热等手段使酶失活以结束酶反应过程。而对于固定化酶，其在搅拌反应过程及后续的离心或过滤回收过程中容易受到损伤，从而导致酶活性的损失。因此，使用搅拌罐式酶反应器时，酶的消耗量相对较大。

　　根据操作方式的不同，搅拌罐式酶反应器可进一步细分为间歇式、半连续式和连续式酶反应器三种类型（图 6-2）。

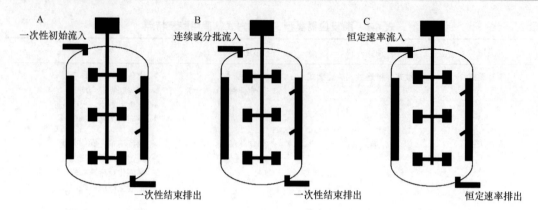

图 6-2　间歇式（A）、半连续式（B）和连续式（C）搅拌罐式酶反应器示意图

（一）间歇搅拌罐式酶反应器

间歇搅拌罐式酶反应器，也称为分批搅拌罐式反应器，其操作方式是将酶和底物的混合液一次性加入反应器，然后在预设的条件下进行酶催化反应。这种类型的反应器在特定时间后会停止反应，然后整个反应混合物被一次性取出。通常情况下，此反应器主要应用于游离酶反应过程，因其简易的结构（配备有夹套或盘管装置，便于物料的加热或冷却）和易操作性而受到广泛应用。但是需要指出的是，间歇搅拌罐式酶反应器中由于酶与底物溶液在一开始就全部投入，因此会带来高底物浓度抑制作用明显的问题，同时随着酶催化反应的进行，产生的高产物浓度抑制效应也会逐渐显现，从而影响酶催化效率。

（二）半连续搅拌罐式酶反应器

半连续搅拌罐式酶反应器的操作是先将一部分底物加到反应器中，加进适量的酶液进行反应，随着反应的进行，底物浓度逐步降低，然后再连续或分次脉冲地缓慢添加底物，反应结束后，将反应液一次性全部取出，与微生物补料分批发酵过程类似。在间歇搅拌罐式酶反应器中会出现高浓度底物的抑制作用，即在高浓度底物存在的情况下，酶活力会受到明显的抑制。因此，在半连续搅拌罐式酶反应器中可以有效避免或减少高浓度底物的抑制作用，通过酶催化反应过程中补加底物的方式控制反应液中底物浓度一直维持在合适的范围内，从而提高酶催化反应的速率，这也是工业生产中应用较为广泛的一种酶反应器。可惜的是，此反应器中仍然会存在高产物浓度抑制的问题，因此在酶催化反应过程的后期其效率会受到显著的影响。

（三）连续搅拌罐式酶反应器

连续搅拌罐式酶反应器的操作一般是在不断搅拌的条件下向反应器中先加入固定化酶和一定浓度的底物溶液，待酶催化反应达到平衡之后，底物溶液会以一个恒定的速率持续补充到反应器中，与此同时，含有一定产物浓度的反应混合物也会以相同的速率被排出，以保持反应器内物质的连续流动和平衡状态。因此，此反应器不同于间歇和半连续搅拌罐式酶反应器，更适用于固定化酶催化反应，并且在反应器的出口处安装筛网或其他过滤介质，以防止固定化酶随反应液流出，从而保证固定化酶的稳定性和连续操作的有效性。此外，可以通过不同的酶固定化方式，如将酶装载于搅拌轴上的多孔容器中，或直接固定于罐壁、挡板或搅拌轴上，以及通过特殊设计将固定化酶制成磁性颗粒，利用磁力作用将酶固定在反应器内，以确保其不会流失。与微生物连续发酵类似，在连续搅拌罐式酶反应器中能够很好地解决高底物浓度和高产物浓度带来的抑制问题，但是由于不断流出反应液，因此对于平衡酶催化反应速率与外源底物补加速率需要格外关注，从而在保证高酶催化反应速率的基础上，实现底物的充分转化。

二、固定床式酶反应器

固定床式酶反应器是将固定化酶填充于反应器内，制成稳定的柱床，然后通入底物溶液，通过底物的流动来实现物质的传递和混合，并在一定的反应条件下实现酶催化反应，以此来生成相应的产物，并以一定的流速收集输出的反应液（图 6-3）。

固定床式酶反应器底层的固定化酶颗粒所承受的压力较大，容易引起固定化酶颗粒的变形或破碎，因此在实际应用中常在反应器中部设置托板以分隔床层，从而减轻底层固定化酶颗粒所承受的压力，确保其稳定性和催化效率。这种设计优化了反应器的性能，提高了产物的质量和产量。固

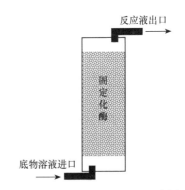

图 6-3 固定床式酶反应器示意图

床式酶反应器作为一种连续式反应器，其内部柱床流体的特性与活塞流型相近，因此通常被视作一种平推流反应器。平推流反应器是一种特殊的反应器类型，其内部液体流动完全无返混现象，沿流动方向的各个点上，底物和产物的浓度会随着反应的进行而逐渐变化，但在任一给定的横截面上，底物和产物的浓度是均匀一致的。值得一提的是，相较于其他流动型反应器，平推流反应器通常具有更高的生产能力。

固定床式酶反应器在工业生产及研究中应用广泛，其优点主要表现在以下几个方面：①单位体积的固定化酶颗粒装填密度高，能够有效提高酶的使用效率；②内部剪切力较小，适用于易磨损的固定化酶；③反应器构造简单，易于实现工程放大；④内部流体状态接近于平推流，酶催化反应能力强；⑤产物浓度沿液体流动方向逐渐增高，有助于减少高产物浓度的抑制作用。然而，固定床式酶反应器也存在一些缺点，包括：①温度和 pH 的控制比较复杂，因为反应器内部可能存在不均匀性，这需要精确的监控和调节系统来维持理想的反应条件，以发挥酶的最大催化潜力；②固定化酶的清洗和更换过程相对复杂；③床内有自压缩倾向，易造成堵塞，底物必须在加压下才能进入；④其传质系数和传热系数相对较低，这限制了反应速率和热传递的效率；⑤当底物含固体颗粒或黏度较大时，固体颗粒易堵塞柱床，黏度大的底物溶液难以在柱床中流动。

三、流化床式酶反应器

流化床式酶反应器是适用于固定化酶进行连续催化反应的反应器，其形状可为柱形或锥形等。流化床式酶反应器操作是让适量的较小颗粒状酶悬浮于反应床中，无须使用搅拌

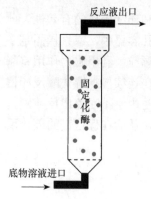

图 6-4　流化床式酶反应器
示意图

器，而是底物溶液以一定的流速从底部向上流过固定化酶颗粒，依靠流体的作用使得固定化酶在保持悬浮翻动的状态下，进行催化反应，产生目标产物，而反应液则不断地从酶反应器顶部放出（图 6-4）。

在流化床式酶反应器中，当底物溶液以较高的速度从反应器的底部向上流动时，酶颗粒能够保持在一种动态的悬浮状态中，这种现象被称为流化。此技术通常适用于那些具有较高黏度或含有固体颗粒的底物溶液。此外，它还适用于那些在酶催化反应过程中需要引入或释放气体的酶促反应，即涉及固体、液体和气体三相的生物化学反应。通过这种方式，流化床式酶反应器能够更高效地促进底物与酶的接触，从而提高反应速率和整体的转化效率。对溶液流速的控制是流化床式酶反应器操作的核心。在实际生产过程中，需精确调控底物溶液与反应液的流速，以防止因流速偏低而无法维持固定化酶颗粒的悬浮翻动状态，从而影响酶的催化效果；而流速过高则可能导致催化反应不充分，甚至破坏固定化酶颗粒的结构。为确保稳定的流速和更为彻底的酶催化反应，必要时可将部分流出的反应液循环回流至反应器内。

流化床式酶反应器的优点包括：①有良好的传质及传热性能；②不易堵塞，可适用于处理高黏度的底物溶液；③能处理粉末状底物等。然而，流化床式酶反应器也存在一定的局限性：①维持其运行所需的一定流速可能导致较高的运营成本；②流化床的空隙体积较大，因此单位体积固定化酶颗粒的密度不高；③流体动力学的复杂性和参数多样性使得流化床式酶反应器的放大变得更具挑战性；④底物高速流动可能会造成固定化酶颗粒的冲出，从而降低酶催化效率和底物转化率。为了避免固定化酶颗粒的冲出，可以采取一些策略，如底物循环、使用多个串联的流化床式酶反应器或锥形流化床等。此外，需要注意的是，由于流化床式酶反应器对液体流速的特定要求，其在处理酶催化速率较慢的反应时可能不太适用。

四、鼓泡式酶反应器

鼓泡式酶反应器作为一类无搅拌装置的反应器，其核心在于充分利用反应器底部通入的气体所产生的大量气泡。这些气泡在上升过程中带动颗粒状的催化剂或底物，形成类似于沸腾的流动状态。这种流动不仅为反应提供了必要的底物（有气体参与的酶催化反应），而且通过气泡的不断生成和上升，实现了反应混合物的有效混合和传质。在操作鼓泡式酶反应器时，通常会将酶与非气体的底物溶液先置于反应器中，然后气体从反应器底部进入（图 6-5）。通入气体的目的一方面是供给酶催化反应所需的气体底物；另一方面是气体的上升流动可起到搅拌作用，使酶分子与底物充分混合。为了确保气体能够以均匀的小气泡形式分布，通常会使用空气分布器对气体进行分配。此外，

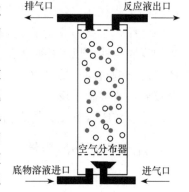

图 6-5　鼓泡式酶反应器示意图

有时为了优化流体流动、热量和物质的传递，提高酶的催化效率，还会选择让气体以切线方向进入反应器。

鼓泡式酶反应器可以用于游离酶和固定化酶的催化反应。在使用鼓泡式酶反应器进行固定化酶的催化反应时，反应系统中存在固、液、气三相，因此这种反应器又称为三相流化床式酶反应器。同样的，其适用的操作方式又可细分为间歇式、半连续式和连续式。

鼓泡式酶反应器以其简洁的构造和简易的操作流程受到较为广泛的应用。它适合于那些涉及气体的酶促反应过程，具备较小的剪切力和高效的物质与热能传递能力。例如，针对氧化酶参与的氧化过程，需要氧气的持续供应，此时可以在反应器底部通入源源不断的含氧空气以实现氧气的供应。对于羧化酶催化的羧化反应，当反应需要二氧化碳时，也可以通过底部注入二氧化碳或富含二氧化碳的气体，以满足反应条件。

五、膜式酶反应器

膜式酶反应器是由酶催化反应与膜分离作用结合而成的反应器。通常情况下，在膜式酶反应器中会装置孔径大小合适的膜用于酶的截留，从而只让产物透过膜流出。膜式酶反应器结合了酶催化反应与膜分离作用的双重优势，能够在一个过程中同时实现生物化学反应和物质的分离（图6-6）。这种反应器不仅适用于游离酶参与的催化反应，同样也适用于固定化酶的催化过程。在游离酶催化的情况下，底物会持续地进入反应器与酶

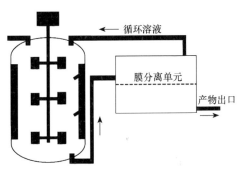

图 6-6　膜式酶反应器示意图

进行反应。反应完成后，混合物被引导至膜分离单元，其中较小的分子产物能够通过超滤膜的孔隙，而较大的酶分子由于尺寸限制无法通过，从而被有效截留。此方法一方面利于酶反应产物的收集，另一方面又能够将酶从反应液中分离出来，从而实现酶的回收和循环利用。在固定化酶催化的情况下，通常是将酶固定在具有一定孔径的多孔薄膜中，底物与固定化酶发生反应，生成的产物则从膜孔中流出。

膜式酶反应器的优点包括：①一般情况下，酶可以回收循环利用，提高酶的使用效率，特别适用于价格较高的酶；②膜技术中的膜作为固定化酶的载体，能够模拟生物膜的环境，为酶提供一个适宜的催化平台，这种环境有助于维持酶的活性，使其能够以最高效率发挥催化作用；③反应产物可以连续排出，对于高产物浓度对催化活性有影响的酶来说就可以降低甚至消除产物引起的抑制作用，显著提高酶催化反应的速度；④膜技术的应用促进了对流扩散，替代了传统的自由扩散机制，这不仅显著提高了物质传递的效率，也加快了整个反应过程的速度；⑤作为相分离和接触的工具，膜技术有助于防止乳化和破乳等，同时战胜了液泛现象带来的挑战，保障了反应过程的持续稳定性；⑥易于连续化和自动控制，提高了操作的便捷性和效率等，但是膜式酶反应器具有单位体积内酶催化剂的有效面积较小且制造成本相对较高的缺点。

膜式酶反应器类型有平板状或螺旋状酶反应器、转盘型酶反应器、空心酶管反应器和中空纤维膜酶反应器等多种类型，其中最常用的是中空纤维膜酶反应器，其是一种内径很

小的空心酶管反应器，形状为管式或列管式，由外壳和数量众多的中空纤维组成。中空纤维的内径为 200～500μm，外径为 300～900μm。中空纤维的内外结构一般不同，内层紧密、光滑，壁上分布许多孔径均匀的微孔，具有不同的分子量截留值，可以截留大分子物质而允许小分子物质通过，并利用中空纤维的截留特性实现酶、底物和产物的分离，减少反应抑制造成的低效问题。外层是多孔海绵状支持层，酶可以固定于中空纤维的海绵状外层中，也可以游离形式存在于外层溶液中。酶固定在中空纤维的海绵状外层中时，底物溶液和空气在中空纤维中流动，底物透过中空纤维的微孔与酶分子接触，进行催化反应，小分子的反应产物再透过中空纤维微孔，进入中空纤维管随着反应液流出反应器。若反应后的流出液中底物浓度较高，可将其循环至反应器中再次进行酶催化反应，这一策略有助于提高底物的利用效率。需要注意的是，中空纤维膜酶反应器可能导致浓差极化现象，随着使用时间的延长，酶和杂质会在膜表面积累，这不仅会降低膜的透水性，还可能增加清洗过程的复杂性。因此，需要定期对膜进行清洗和维护，以保持反应器的高效运行。

第二节　酶反应器中的过程检测与控制

酶反应器是酶催化反应发生的场所，在催化过程中进行在线检测和精确控制对于生产效率、产品质量和环境友好性至关重要。随着酶工程应用的不断扩展，对于实时、高灵敏度、多参数的酶反应过程的检测需求不断增加。传统的离线分析方法已经无法满足这些要求。先进的在线检测技术不仅能够提供实时数据，而且具备高灵敏度和多参数分析的能力。这使得生产过程能够被更好地理解、调控和优化。从最初的单一参数检测到现在的多参数、高通量的集成检测系统，传感技术的快速发展和不断进步使得人们能够更全面地了解酶反应过程的动态变化。目前，除常规环境参数包括温度、转速、通气量、pH、溶解氧（dissolved oxygen，DO）以外，基于质谱、光谱等原理的检测技术正逐渐应用到酶催化反应过程中。例如，涉及气体参与的酶反应，通过尾气质谱仪可以对酶反应过程中的尾气组分进行在线分析检测，包括 O_2 浓度和 CO_2 浓度，从而可以用来实时在线获得关键的酶反应效率参数、O_2 摄取速率、CO_2 摄取速率等。此外，可以通过在线拉曼光谱或在线红外光谱技术，实现酶反应液中底物、产物、副产物的实时在线检测，从而确保反应过程的精确控制。

一、酶反应器中过程检测

（一）在线尾气质谱仪

质谱作为一种高灵敏度的分析技术，在生物过程中的应用已经较为广泛。尾气质谱仪是一种用于分析气体中成分的仪器。其基本工作原理是将气体样品引入质谱仪中，然后通过质谱仪的离子源将样品中的分子离子化。这些离子经过质谱仪的磁场和电场分离并加速，最终在检测器上形成质谱图。通过分析质谱图，可以确定样品中各种化合物的种类和相对含量。尾气质谱仪通常包括进样系统、离子源、质量分析器、检测器等关键组成部分。进样系统用于引入气体样品至仪器内，这可能涉及气体的采样、预处理、浓缩等步骤，以确保样品的可靠性和准确性。离子源将气体样品中的分子离子化，通常通过电子轰击（电子轰击离子源）或化学离子化的方式实现。质量分析器用于分离并测量离子的质量，常见的有四极杆质量分析器（quadrupole mass analyzer）、飞行时间质量分析器（time-of-flight mass analyzer）等。检测器用于测量质谱图中各个离子的信号，包括法拉第杯（Faraday cup）和电子倍增器（electron multiplier）。

为了克服传统酶反应器对酶反应过程不好进行精确控制的难题，可以通过尾气质谱仪在线检测过程中气体的消耗或者生产情况，进一步计算得到气体的消耗速率或生成速率，从而实时表征酶反应效率，为酶反应的过程调控提供重要指导。以氧气参与的氧化酶反应过程为例，通常通过源源不断通入空气来提供酶反应所需的氧气并将其作为底物，因此可以同时检测进气和排气中氧气的浓度，就能够获得酶反应过程中对于氧气的利用情况（氧摄取速率，OUR），进而实时判断氧化酶的反应效率。对于 OUR 可以通过拟稳态法进行计算，其原理基于一个重要假设，溶氧在较短时间内没有发生变化，并且忽略酶反应器上方气体组分的变化。通过对酶反应器中 DO 进行物质守恒计算：

$$\frac{\mathrm{d}C}{\mathrm{d}t}=\mathrm{OTR}-\mathrm{OUR}=K_\mathrm{L}a(C^*-C)-\mathrm{OUR}$$

式中，C 为 DO 浓度；t 为反应时间；$\frac{\mathrm{d}C}{\mathrm{d}t}$ 为酶反应器中溶氧浓度变化率；OTR 为氧传递速率；$K_\mathrm{L}a$ 为体积氧传递速率；C^* 为饱和氧浓度。根据拟稳态法的假设，当 $\frac{\mathrm{d}C}{\mathrm{d}t}=0$ 时，也就是 OTR＝OUR，即供氧就等于耗氧。OTR 可以通过进气和尾气中氧分压比及流量来进行计算，从而得到 OUR：

$$\mathrm{OTR}=(F_\mathrm{in}y_{\mathrm{O}_2,\mathrm{in}}-F_\mathrm{out}y_{\mathrm{O}_2,\mathrm{out}})/V$$

式中，F_in 表示进气流量；F_out 表示尾气流量；$y_{\mathrm{O}_2,\mathrm{in}}$ 表示进气氧分压；$y_{\mathrm{O}_2,\mathrm{out}}$ 表示尾气氧分压；V 表示反应液体积或者质量。除了 F_out，其他参数都可以通过流量计及尾气质谱仪和酶反应器液体重要传感器获得。F_out 可以根据氮气平衡进行计算：

$$F_\mathrm{in}y_{\mathrm{N}_2,\mathrm{in}}=F_\mathrm{out}y_{\mathrm{N}_2,\mathrm{out}}$$

式中，$y_{\mathrm{N}_2,\mathrm{in}}$ 表示进气氮分压；$y_{\mathrm{N}_2,\mathrm{out}}$ 表示尾气氮分压。

由上述两式得到 OTR 及 OUR 的计算公式：

$$\mathrm{OUR}=\mathrm{OTR}=\frac{F_\mathrm{in}}{V}\left(y_{\mathrm{O}_2,\mathrm{in}}-\frac{y_{\mathrm{N}_2,\mathrm{out}}}{y_{\mathrm{N}_2,\mathrm{in}}}\cdot y_{\mathrm{O}_2,\mathrm{out}}\right)$$

（二）在线拉曼光谱仪

拉曼光谱作为一种光学检测方法，具有无标记、所需样品量少的优点，能够提供样品的生化信息，实现微生物的快速鉴定，在食品认证、微塑料鉴定、药物分析和肿瘤诊断等领域都有广泛应用。拉曼光谱是入射和散射光子之间能量差函数的散射强度曲线图，通过对样品发射单色激光束获得谱图，光子能量的损失或增益对应于参与相互作用的分子的振动能量水平的差异。拉曼光谱具有丰富且尖锐的特征峰，在入射光频率、强度等实验条件确定时，基于谱峰数目、位置及强度等数据可以对测试样品进行定性、定量分析，每种分子都有其特征拉曼光谱，包括一切气体、固体和液体分子。获得的拉曼光谱由波段组成，每个有机化合物和官能团都有并仅有一个在拉曼光谱中以峰的形式显示的特征振动频率。因此可以识别化合物，同时谱带的强度可用于计算浓度。拉曼光谱可以鉴别各种物质的特性和结构，且无须进行任何预处理，可以避免预处理过程对信号的破坏。

拉曼光谱作为一种过程分析的工具，其依赖于将拉曼信号与参数相关联的化学计量模型。基于所构建的数学模型，可直接利用拉曼光谱对酶反应过程进行实时监测，可以替代手动采样测量的烦琐操作。拉曼光谱的应用依赖于将光谱信号与分析测量相关联的校准模型。拉曼模型校准和部署涉及以下 4 个主要步骤：①为需要的性能参数收集表征良好的光谱和分析数据集；②进行数据预处理以提高信噪比；③使用主成分回归（PCR）和偏最小二乘法（PLS）等统计方法将光谱数据与所需的性能参数相关联；④校准模型在线部署，用于实时监控应用。目前，拉曼光谱已被广泛应用于微生物发酵过程或动物细胞培养过程中对葡萄糖浓度、谷氨酰胺浓度、谷氨酸浓度、乳酸浓度、铵浓度、活细胞密度、产物浓度等进行实时监测。因此，此技术能够很好地拓展应用于酶反应器中酶催化反应过程。通过在线检测酶反应液中底物、产物、副产物等浓度，能够有效表征酶催化效率，从而对于酶反应过程的控制和优化具有重要的作用。

（三）在线红外光谱仪

红外光谱分析是一种基于物质与红外光相互作用的技术，它通过检测物质对红外光的吸收、散射和反射等反应来识别样品的化学组成和分子结构。该技术的核心在于两个关键的光谱类型：吸收光谱和散射光谱。吸收光谱是通过测定样品对红外光能量的吸收程度来获得其光谱特征；相对地，散射光谱则是通过分析样品对红外光的散射行为来获得其光谱数据。这些光谱特征为揭示样品的化学成分、分子构造及相对丰度等提供了相应的信息。红外光谱主要包括近红外光谱技术、远红外光谱技术及中红外光谱技术。

近红外光谱（near-infrared spectroscopy，NIR）技术是一门先进的工业过程检测技术，也是目前应用最为广泛的红外光谱技术。从 19 世纪发现以来，NIR 技术发展较为缓慢，直到最近十几年随着计算机技术、化学计量学、光纤技术等的发展，人们对 NIR 复杂图谱的解析能力不断提升，NIR 成为目前应用较为广泛的光谱技术，其属于分子振动光谱的倍频和主频吸收光谱，主要是对含有氢基团 X-H 键（X 表示 C、O、N、S 等）振动的倍频和合频吸收，波长范围是 780～2526nm。NIR 技术是一种不需要复杂样品制备，准确、在线、非入侵性的技术，广泛应用于食品医学等领域的定量和定性分析。NIR 检测系统一般由硬件设备、化学计量软件和数学模型三部分组成，根据收集到的不同物质光谱信息，建立其与样品组成、含量之间的定量函数关系。在以往的研究中，根据取样方法的不同，NIR 技术在生物过程中的应用可以分为 off-line（取样后对样品进行预处理，以减少测量干扰）、in-line（取样直接测量，速度较快）和 on-line 三种。中红外光谱（mid-infrared spectroscopy，MIR）法是一种新型、快速、无污染、无破坏、无须样品预处理的绿色分析技术，其图谱的区域为 4000～400cm^{-1}，特别是在指纹区域，分子中的官能团会展现出其独特的吸收特征。这些特征不仅能够用于识别物质的复杂化学结构，还能用于物质的精确定量分析。与拉曼光谱类似，红外光谱也能够很好地应用于酶反应器中以实现底物、产物、副产物等浓度的在线检测，为优化酶反应过程提供坚实的保障。

二、酶反应器控制

酶反应器的操作条件主要包括温度、pH、底物浓度、酶浓度、反应液的混合程度与流体流速等。需要根据具体的情况确定及调控这些条件。

（一）酶反应器操作条件的确定及其控制

1. 温度的确定及其调节控制　　温度对酶的催化作用有着显著影响。每种酶进行催化反应时都有其最适反应温度，温度过低，反应速率减慢；较高的温度可增加初期产量和减少微生物污染，但温度过高，会引起酶的变性失活，缩短酶反应器的使用时间。因此，在酶反应器的操作中，精确控制温度是至关重要的，因为它直接影响酶的活性和稳定性。首先，需要根据酶的动力学特性确定其催化反应的最适温度。这个最适温度是酶催化效率最高的温度。一旦确定了这个温度，就需要通过精确的温度控制系统将其维持在这个范围内。当反应过程中的温度发生波动时，需要迅速采取措施进行调整，以避免温度变化对酶活性产生负面影响。

酶反应器一般通过热交换作用来控制反应温度，在酶反应器设计时，通过设计、安装夹套或列管等换热装置，并通入一定温度的水来实现热交换作用，保持酶反应器中反应液的温度恒定在一定的范围内。搅拌罐式、流化床式和鼓泡式酶反应器的传质传热效果较好，可直接在反应器中进行温度的调节控制。固定床式酶反应器和膜式酶反应器一般先在调料罐中将温度调节至适宜的温度，再将料液通入反应器中，利用夹套保温维持温度。

2. pH 的确定及其调节控制　　反应液的 pH 对酶催化反应的速率有明显影响，酶催化反应都有一个最适 pH，pH 过高或过低都会使反应速率减慢，甚至使酶变性失活。因此，在酶催化反应过程中，要将反应液的 pH 维持在适宜的 pH 范围内。采用间歇式反应器进行酶催化反应时，通常在加入酶液之前，先用稀酸或稀碱将底物溶液调节到酶的最适 pH，然后加酶进行催化反应。对于在连续式酶反应器中进行的酶催化反应，必须先在调料罐中将底物溶液的 pH 调节好（必要时采用缓冲溶液配制），再将溶液连续加到反应器中进行酶催化反应。有些酶催化反应前后的 pH 变化不大，如 α-淀粉酶催化淀粉水解生成糊精，pH 基本恒定，在反应过程中不需要进行 pH 的调节；而有些酶的作用底物或产物是酸性物质或碱性物质，如葡萄糖氧化酶催化葡萄糖与氧气反应生成葡萄糖酸、乙醇氧化酶催化乙醇氧化生成乙酸等，反应前后 pH 的变化较大，必须在反应过程中进行必要的调节。pH 调节一般采用稀酸或稀碱进行，必要时可以采用缓冲溶液以维持反应液的 pH。

3. 底物浓度的确定及其调节控制　　酶的催化作用是底物在酶的作用下转化为产物的过程，底物浓度是决定酶催化反应速率的主要因素之一。从酶反应动力学特性可以看出，底物浓度通过直接作用对酶催化反应速率产生影响。在底物浓度较低时，酶催化反应速率与底物浓度成正比，反应速率随着底物浓度的增加而加快，当底物浓度增加到一定水平后，反应速率不再与底物浓度成正比，而是逐步趋向平稳。因此，底物浓度并不是越高越好，而是要确定一个适宜的底物浓度。通常底物浓度应达到 5～10 倍的 K_m 值。当底物浓度过低时，反应速率变慢，设备利用率低；底物浓度过高时，反应速率增幅有限，反应液黏度增加，给反应器带来不必要的负担，有些酶还会受到高底物浓度的抑制作用。

对于分批式酶反应器，如分批搅拌罐式酶反应器，先将一定浓度的底物加入反应器，调节好 pH 和温度，再加入适量的酶液进行催化反应。为了防止高浓度底物引起的抑制作用，可以采用逐步流加底物的方法，即先将酶和一部分底物加入反应器中进行催化反应，随着反应过程的进行，待底物逐渐消耗后，再连续或分批次地将一定浓度的底物溶液添加到反应器中进行催化反应，反应结束后，将反应液一次性全部取出。流加分批操作会使反应体系中底物浓度保持在较低水平，可以避免或减少高浓度底物的抑制作用，提高酶的催化反应速率。对于连续式酶反应器，先在调料罐中将底物溶液的浓度、pH、温度等调节好，再连续加入反应器中进行酶的催化反应，反应液连续地排出，反应器中的底物浓度保持恒定。

4. 酶浓度的确定及其调节控制 酶反应动力学研究表明，在底物浓度足够高的情况下，酶催化反应速率与酶浓度成正比，提高酶浓度可以提高酶催化反应的速率。然而酶浓度的提高，必然会增加酶的用量，特别是对于价格比较高的酶成本较高。因此，酶浓度并不是越高越好，必须综合考虑以确定一个适宜的酶浓度。

游离酶大多是一次性使用，所以一般在反应之前一次性加入足够量的酶，反应过程中不宜进行酶浓度的调节。使用游离酶膜式酶反应器时，酶可以实现回收利用。酶在膜上吸附及剪切力作用将使酶活力逐渐损失，因此在酶反应过程中要适当添加酶液，以保持足够的酶浓度。固定化酶可以反复或连续使用较长时间，使用过程中酶一般不会或很少流失，所以通常在反应前加入足够量的酶，一段时间内无须进行酶浓度的调节。但经过长时间的连续使用后，必然会有一部分酶失活，所以需要进行补充或更换，以保持一定的酶浓度。因此，固定化酶连续式酶反应器通常要求具备添加或更换酶的装置，而且要求这些装置的结构简单，操作容易。

5. 反应液混合程度的确定及其调节控制 酶在催化反应过程中，必须先与底物结合才能进行催化反应。要使酶能够与底物结合，就必须确保酶与底物的混合均匀，使酶分子与底物分子发生有效碰撞，进而互相结合进行催化反应。

搅拌罐式酶反应器和游离酶膜式酶反应器中都配备了搅拌系统，通过适当的搅拌确保反应混合物的均匀性，通过控制搅拌器的转速即可对反应液的混合程度进行调节控制。需要注意的是，实际生产过程中要控制好搅拌速度，转速过慢会导致混合效果不好，影响混合的均匀性；转速过快，则产生的剪切力会使酶的结构受到影响，尤其是使固定化酶的结构破坏甚至破碎，使酶失活，从而影响催化反应的进行。搅拌过程中可能导致固定化酶在反应器内部分布不均，特别是在出料口滤器附近，酶的积聚可能会影响反应效率和滤器的通畅性。为了解决这一问题，可以在出料口和进料口都安装滤器。经过一段时间的使用后，可以采用料液反冲的方法来清理出口滤器上的积聚酶，同时将原来的进料口临时转换为出料口，以实现酶在反应器内的重新分布。流化床式酶反应器是靠流体的流动作用来实现反应液的混合，通过控制流体的流速和流动状态来实现对反应液混合程度的调节控制。流速过慢，固定化酶颗粒难以保持悬浮状态，混合效果较差；流速过快，将对固定化酶的稳定性产生影响。流化床式酶反应器中流体的流速和流动状态可以通过调节进液口的流体流速和流量及进液管的方向和排布等方法进行调节。鼓泡式酶反应器通过气体的鼓泡作用来实现混合，通过控制气体的流量及分布可实现对反应液混合程度的调节控制。

6．流体流速的确定及其调节控制　　在对连续式酶反应器的操作中，底物溶液以连续流动的方式进入反应器，与酶混合并发生催化反应，随后反应液也以连续流动的方式排出。这种连续流动不仅确保了酶与底物之间的充分混合，而且对于实现催化作用至关重要。

流体的流速是影响酶与底物接触的关键因素，进而直接影响到酶催化反应的效率。为了实现高效的催化反应，操作过程中需要精确确定并控制适宜的流动速率和流动状态。这包括选择合适的流速以保证酶与底物之间有足够的接触时间，同时能够避免流速过快造成的底物不完全转化。如流速过慢，固定化酶颗粒无法很好地漂浮翻动，甚至沉积在反应器底部，酶与底物的混合不均匀，无法发生有效的碰撞，酶与底物结合效果差，从而影响催化反应的顺利进行，甚至产生阻塞现象，影响底物溶液顺利进入反应器。流体流速过快或流动状态混乱，则固定化酶颗粒在反应器中激烈翻滚、碰撞，会使固定化酶的结构遭到破坏，甚至使酶从载体上脱落、流失，从而影响催化反应的进行。

固定床式酶反应器中，底物溶液按照一定的方向以恒定的流速流经固定化酶层，其流动速率的快慢决定着酶与底物的接触时间和催化反应进行的程度，在反应器直径和高度确定的情况下，流速越慢，酶与底物的接触时间越长，催化反应就越完全，但生产效率也就越低；流速过快，底物停留时间太短，催化反应不完全，有一部分底物未转化成产物就被流出，转化效率低，因此需确定好适宜流速。

膜式酶反应器在进行酶催化反应的同时，小分子的产物透过超滤膜进行分离，可降低或消除高浓度产物引起的反馈抑制作用。但是膜式酶反应器在操作过程中，容易出现浓差极化现象从而使膜孔阻塞，使流体的流动速率减慢，影响酶催化反应的进行和产物的分离。为此，除以适当的速度进行搅拌以外，还可以通过控制流动速度和流动状态，使反应液混合均匀，以减少浓差极化现象的发生，提高酶催化效率。

（二）酶反应器操作注意事项

在酶反应器的操作过程中，除做好对以上操作条件的调节和控制外，还需要注意以下几点，以使酶反应器正常地运行。

1．保持酶反应器的操作稳定性　　在酶反应器的操作过程中，尽量保持操作的稳定性，以避免反应条件的剧烈波动。在催化反应过程中，酶是反应的主体，应保证所使用酶的质量稳定性；在游离酶反应过程中，要尽量保持酶的浓度稳定在一定的范围，固定化酶反应中，要定期检测酶的活力，并及时更换或补充酶以保持稳定的酶活力。在搅拌罐式酶反应器操作中，应保持搅拌速度的稳定性，不要断断续续、时快时慢，以免剪切力的反复变化加快酶（特别是固定化酶）的结构破坏。在连续式酶反应器的操作中，应尽量保持流速的稳定，保持流体的流动方式和流动状态，并保持流进的底物浓度和流出的产物浓度变化不大，以保证反应液中底物浓度的稳定。在固定床式酶反应器操作中要防止固定化酶的破碎、挤压而产生的阻塞现象，在膜式酶反应器操作中要防止浓差极化而产生的膜孔阻塞现象。此外，反应液温度、pH等也应尽量保持稳定，以保证反应器恒定的生产能力。

2．防止酶的变性失活　　在酶反应器的操作过程中，应注意防止酶的变性失活。引起酶变性失活的因素主要有温度、pH、重金属离子及剪切力等。

酶反应器操作时的温度是影响酶催化作用的重要因素之一，较高的温度可以提高酶的催化反应速率，从而增加产物的产率。但是酶是一种生物大分子，除某些耐高温的酶外，通常酶的催化反应一般在 60℃ 以下进行，温度过高会加速酶的变性失活、缩短酶的半衰期和使用时间。因此，酶反应器的操作温度一般不宜过高，通常在等于或者低于酶催化最适温度的条件下进行。酶反应器操作中反应液的 pH 应当严格地控制在酶催化反应的适宜 pH 范围内，除某些耐酸、耐碱的酶外，酶的催化反应一般在 pH 4~9 内进行，过高或过低都对催化不利，甚至引起酶的变性失活。在操作过程中进行 pH 的调节时，一定要一边搅拌一边慢慢加入稀酸或稀碱溶液，以防止局部过酸或过碱而引起酶的变性失活，从而影响催化反应的进行。重金属离子如铅离子（Pb^{2+}）、汞离子（Hg^{2+}）等会与酶分子结合而引起酶的不可逆变性。因此在酶反应器的操作过程中，要尽量避免重金属离子的进入。为了避免从原料或者反应器系统中带进的某些重金属离子给酶分子造成的不利影响，必要时可以添加适量的 EDTA 等金属螯合剂，以除去重金属离子对酶的危害。在酶反应器的操作过程中，剪切力是引起酶变性失活的一个重要因素。所以在搅拌罐式酶反应器的操作过程中，要防止过高的搅拌转速产生的剪切力对酶特别是固定化酶结构的破坏；在流化床式酶反应器和鼓泡式酶反应器的操作过程中，要控制流体的流速，防止由固定化酶颗粒的过度翻动、碰撞而引起固定化酶的结构破坏。此外，为了防止酶的变性失活，在酶反应器操作过程中可添加某些保护剂，以提高酶的稳定性，如在木聚糖酶的催化过程中添加钙离子等。酶作用时底物的存在往往对酶有保护作用，所以在操作时一般先将底物溶液加入反应器中，再将酶加到底物溶液中进行催化反应。

3．防止微生物的污染　　催化反应过程中，由于酶的作用底物或反应产物往往只有一两种，种类较少，一般不具备微生物生长、繁殖的基本条件，因此酶反应器的操作与微生物发酵和动、植物细胞培养所使用的反应器有所不同，一般不必在严格的无菌条件下进行，然而这并不意味着酶反应器的操作过程不需要防止微生物的污染。

不同酶的催化反应，由于底物、产物和催化条件各不相同，在催化过程中受到微生物污染的可能性也有较大的差别。当底物或产物对微生物的生长、繁殖有抑制作用时，如抗生素、乙醇、有机酸等，催化反应过程中受微生物污染的情况较少。有些酶可以在非水相介质中进行催化反应，如脂肪酶在有机介质中催化转酯反应，微生物在有机介质中难于生长繁殖，微生物污染的可能性较小。也有些酶在有机介质中进行催化，微生物污染的可能性甚微。而有些酶催化反应的底物或产物是微生物生长、繁殖的营养物质时，在反应过程中或反应结束后，很容易产生微生物污染。例如，淀粉酶类催化淀粉水解生成糊精、麦芽糖、葡萄糖等，中性蛋白酶催化蛋白质水解生成蛋白胨、多肽、氨基酸等，这些产物都是微生物细胞所需要的营养因子，容易引起微生物的生长繁殖。

酶反应器的操作必须符合必要的卫生条件，尤其是在生产药用或食用产品时，对卫生条件要求较高，应尽量做到无菌条件下进行操作，避免微生物的污染。在酶反应器的操作过程中，防止微生物污染的主要措施包括以下几点。①保证生产环境的清洁、卫生，要求符合必要的卫生条件。②酶反应器在使用前后都要进行清洗和适当的消毒处理。③在反应器的操作过程中要严格管理，经常检测，避免微生物污染。④必要的时候，在反应液中适当添加对酶催化反应和产品质量无副作用、可以杀灭或抑制微生物生长的物质，如杀菌剂、抑菌剂、有机溶剂等，以防止微生物的污染，或通过对底物料液进行过滤也可减少微生物的污染。⑤在不影响酶催化活性的前提下，选择在较高的温度（45℃以上）或在酸性或碱性缓冲液中进行操作也可以减少微生物污染。

第三节　酶反应器的选择与设计

随着酶分离纯化和固定化技术的进步，酶的应用形式也不断丰富。酶反应器多种多样，不同的反应器有不同的特点，在实际应用时，对酶反应器而言，由于底物和目标产物不同，酶反应类型、反应条件、规模和要求也不同，进而酶的成本、稳定性、反复使用的可能性也不同。应当根据酶、底物和产物的特性，以及操作条件和操作要求的不同而进行选择和设计。

一、酶反应器的选择

在选择酶反应器时，应综合考虑以下关键因素：①酶的形态，包括游离状态和固定化状态；②酶的动力学特性，这决定了其催化效率；③底物和产物的物理化学属性，这影响酶的稳定性和反应条件；④酶催化的多功能性，以适应不同的催化需求；⑤实际的生产需求，包括成本效益和操作便利性。理想的酶反应器应具备以下特点：设计简洁，易于操作和维护；清洗方便，以减少污染风险；适应性强，能够适用于多种酶和催化反应；效益高，在制造和运行过程中成本效益高。这些特性有助于提高生产效率，降低长期运营成本，并确保催化过程的稳定性和可靠性。

（一）根据酶的应用形式选择酶反应器

在催化过程中，酶主要以两种形式存在：游离状态的酶和固定化状态的酶。每种形式的酶都有其特定的应用场景，因此，选择适宜的酶反应器至关重要。根据所选用的酶形态，必须匹配相应的反应器类型，以确保催化效率和操作的便利性。

1. 游离酶反应器的选择　游离酶催化反应的应用场景中，酶和底物均匀分散在同一反应介质中，通过它们的相互作用来推动反应的进行。在这种情况下，可以选择多种类型的反应器，包括搅拌罐式、鼓泡式、膜式等，以适应不同的反应需求和工艺条件。搅拌罐式酶反应器因其结构简单、易于操作而在游离酶催化过程中得到广泛应用。它的优点包括良好的混合性能，能够确保酶和底物在整个反应体系中充分混合，以及有均匀的物质和热量传递，这有助于实现精确的反应条件控制。然而，这种反应器的一个局限性在于反应完成后，游离酶与产物混合，难以实现分离和回收，这限制了酶的重复使用和成本效益。游离酶搅拌罐式反应器可以采用间歇式操作，也可以采用半间歇半连续式操作。对于具有高浓度底物抑制作用的酶，采用半连续式操作，可以有效降低或者消除高浓度底物对酶的抑制作用。对于有气体参与的游离酶催化反应，通常采用鼓泡式酶反应器。鼓泡式酶反应器是有气体参与的酶催化反应中最常用的一种反应器，其结构简单，操作容易。由于气体的连续通入，酶与底物混合均匀，物质与热量的传递效率高。

当游离酶的价格较高、反应产物的分子质量较小且较难获得时，可以采用游离酶膜式反应器。游离酶膜式反应器的设计将催化反应与物质分离功能集于一体。在反应容器内，酶催化反应完成后，反应混合物被引导至膜分离单元。这里，小分子的产物能够穿越超滤膜并被收集，而大分子的酶则因尺寸限制被膜阻挡，随后可以被回收并重新投入反应过程。一方面可以将反应产物中的酶回收，进行循环使用，以提高酶的使用效率，降低生产成本；另一方面可以及时分离出反应产物，以降低或消除产物对酶的反馈抑制作用，从而提高酶的催化反应速率。在使用膜式酶反应器时，要根据酶和反应产物的分子质量，选择好适宜孔径的超滤膜才能达到较好的分离效果；同时要尽量防止浓差极化现象的发生，以免膜孔阻塞而影响分离效果。

2. 固定化酶反应器的选择　　固定化酶是与载体结合，在一定空间范围内进行催化反应的酶，其主要用于胞外酶的物质转化、产品加工、工艺改进及三废处理等过程。应用固定化酶进行催化反应，酶基本上不会或者很少流失，能反复多次使用，并且固定化酶反应后容易与反应液分离，从而保证产品的质量。固定化酶一般采用连续操作的形式来提高酶的催化效率。

在选择固定化酶催化反应的合适反应器时，需要考虑酶的物理形态、粒径大小及其对机械应力的耐受性。固定化酶的形态多种多样，常见的形态包括颗粒状、平板状、直管状和螺旋管状，其中颗粒状因其广泛的适用性而最为常见。颗粒状固定化酶能够适配多种酶反应器，如搅拌罐式、固定床式、鼓泡式、流化床式和膜式等，这些反应器均能为催化反应提供理想的条件。对于平板状、直管状和螺旋管状的固定化酶，膜式反应器是更合适的选择。这种反应器利用膜的隔离作用，可以有效地保持酶的稳定性。此外，不同颗粒大小的固定化酶要选择不同的反应器。当固定化酶颗粒较小时，最适宜的反应器是流化床式酶反应器，酶的颗粒较小，适宜悬浮；如用固定床式酶反应器，则固定化酶颗粒容易流失，造成固定化酶的损失。

不同方法制备出来的固定化酶对机械强度的承受力不同。对于搅拌罐式酶反应器而言，由于有搅拌装置，进行催化反应时具有一定的剪切力，对于机械强度稍差的固定化酶，要注意搅拌桨旋转时产生的剪切力对固定化酶颗粒造成的损伤甚至破坏。在使用固定床式酶反应器进行酶催化反应的过程中，虽然增加反应床中固定化酶的密度可以提升反应速率和效率，但这也可能带来一些潜在问题。高密度的固定化酶颗粒在底层会受到较大的压力，这可能导致颗粒发生变形或破碎。颗粒的损坏不仅会减少酶的活性，还可能引起反应床的阻塞，进而影响整个催化过程的流畅性和效率。因此，对于容易变形或破碎的固定化酶，要控制好固定床式酶反应器的高度，同时也可以在反应器中间用多孔托板来进行分隔，以减少底层固定化酶颗粒所受的压力。

（二）根据酶反应动力学性质选择酶反应器

酶反应动力学是研究酶催化反应速率规律及各种因素对酶催化反应速率影响的学科。酶反应动力学是酶反应条件的确定及其控制的理论根据，也是酶反应器选择的重要依据。从酶反应动力学性质来选择酶反应器，主要考虑以下影响因素：①酶与底物的混合程度；②底物浓度对酶反应速率的影响；③反应产物对酶的反馈抑制作用等。

1. 根据酶与底物的混合程度选择酶反应器　　酶的催化作用始于其与底物的结合，这一过程要求酶分子与底物分子之间能够实现有效的相互作用。为了促进这种结合，反应器内部的混合必须足够充分，以提高两者相遇的机会。在不同类型的反应器中，搅拌罐式、流化床式和鼓泡式酶反应器因其设计特点，通常能够提供较为均匀的混合效果。相对而言，固定床式和膜式酶反应器在混合方面的表现则并不是很理想。为了改善膜式酶反应器的混合效果，可以采取一些措施，如引入辅助搅拌机制，或者采用其他技术手段，以减少浓度梯度的形成，从而避免因浓差极化现象导致的膜孔堵塞问题。通过这些方法，可以优化酶与底物在反应器中的分布，提高催化反应的效率和产物的产率。

2. 根据底物浓度对酶反应速率的影响选择酶反应器　底物浓度是影响酶催化反应速率的关键因素。一般而言，在特定的浓度区间内，随着底物浓度的上升，酶催化的速率也会相应增加。因此，在进行酶催化反应时，维持一个相对较高的底物浓度是提高反应速率的有效策略。但是在有些酶催化反应过程中，当底物浓度过高时，会对酶催化反应产生抑制作用，这被称为高浓度底物的抑制作用。对于具有高浓度底物抑制作用的酶催化反应，游离酶的催化过程可以利用膜式酶反应器来实现，通过控制一定底物浓度进行连续操作，以避免高浓度底物的抑制作用，维持连续的生产流程。对于固定化酶的催化作用，可以选择使用连续搅拌罐式、固定床式、流化床式或膜式等不同类型的酶反应器。

此外，对于具有高浓度底物抑制作用的酶，如果采用分批搅拌罐式酶反应器，不管是游离酶还是固定化酶进行的催化反应，均可采用流加分批反应的方式进行，即先将一部分底物和酶放入反应器中进行反应，随着反应过程的进行，底物浓度逐步降低，然后再连续或分批次地缓慢添加一定的底物到反应器中参与反应。通过流加分批的操作方式，酶催化反应体系中底物浓度始终保持在较低水平，可避免或减少高浓度底物的抑制作用，提高游离酶和固定化酶的催化反应速率与效率。

3. 根据反应产物对酶的反馈抑制作用选择酶反应器　有些酶催化反应，其反应产物对酶有反馈抑制作用。当产物浓度达到一定水平后，会使酶催化反应速率明显降低。对于这种情况，游离酶和固定化酶都可以选用膜式酶反应器。膜式酶反应器集反应和分离于一体，能够及时将小分子产物分离出反应体系，可明显降低甚至消除小分子产物引起的反馈抑制作用。对于具有产物反馈抑制作用的固定化酶也可以采用固定床式酶反应器来降低产物浓度对酶催化反应的反馈抑制作用。在固定床式酶反应器中，底物与酶混合度较差，催化反应所得产物呈现梯度分布，从进口处到出口处产物浓度逐渐升高，靠近底物进口处产物浓度最低，反馈抑制作用较弱，只有靠近反应液出口处产物浓度较高，才会引起较强的反馈抑制作用。

（三）根据底物和产物的理化性质选择酶反应器

在酶催化过程中，底物和产物的理化性质对反应速率有着显著的影响，包括分子量、溶解度、黏稠度和挥发性在内的这些特性，都是选择酶反应器时必须考量的关键因素。除要确保酶反应器能够适应广泛的酶催化反应、满足反应所需的各种条件、具备结构上的简洁性、操作上的便利性及较低的制造与运行成本外，还应当综合考虑以下几个方面。

1. 底物形态的适应性　底物可分为溶解态（包括乳浊液）、颗粒固态和胶体态。溶解态底物适用于各类反应器；颗粒固态和胶体态底物则可能引起固定床式酶反应器的堵塞，此时搅拌罐式或流化床式酶反应器更为适宜，因为它们通过高速搅拌或流动防止底物颗粒沉积。然而，需注意不要因搅拌速度过高而损坏固定化酶或导致酶从载体上解吸。

2. 底物与产物的分子量　　当酶催化反应涉及的底物或产物分子量较大，难以通过超滤膜时，膜式酶反应器可能不适用，因为它们无法实现边反应边分离的功能。

3. 底物与产物的溶解度和黏度　　面对溶解性差或黏度较高的底物和产物，可以选用搅拌罐式或流化床式酶反应器，这样可以降低因物质堵塞而造成的风险。与此同时，应避免使用固定床式或膜式酶反应器，这些类型的反应器可能更容易受到高黏度或溶解性问题的影响。

4. 气态底物的反应器选择　　对于气态底物参与的酶催化反应，鼓泡式酶反应器是更佳的选择，因为它能够在提供底物的同时实现良好的混合。

5. 辅酶参与的反应　　在需要辅酶参与的酶催化反应中，通常避免使用膜式酶反应器，以防止辅酶的损失，从而保持催化反应的效率。

（四）根据酶催化多样性和酶稳定性选择酶反应器

在需要应用多种酶生产多种产物的情况下，如果各种产物的需求量不大，由于各种酶所催化的反应各不相同，为了最大化反应器的使用效率，所选用的反应器设计应具备高度的适应性和灵活性。它应能够适应不同类型的酶催化反应，并能够满足这些反应所需的各种条件。此外，反应器应具备易于调节的特性，允许操作者根据具体的催化过程需求进行精确控制。

另外，酶的稳定性是酶反应器选择的另一重要参数。固定化酶在反应器中催化活性的损失可能有如下三种原因：酶本身失效、酶从载体上脱落、载体肢解。酶本身失效可能由热、pH、毒物或微生物引起，此过程一般比较缓慢，而且底物往往有保护作用。酶从载体上脱落下来的情况在加工高分子底物时经常遇到，特别是当底物或载体是荷电多聚电解质时更是如此。载体肢解主要受载体的性质、操作剪切等因素的影响。在酶反应器的运转过程中，高速搅拌和高速液流冲击可使酶从载体上脱落，或者使酶扭曲、肢解，或使酶颗粒变小，最后从酶反应器中流失。在各种类型的反应器中，搅拌罐式酶反应器一般远比其他类型酶反应器更易引起这类损失。

（五）根据实际的生产需求选择酶反应器

在选择酶反应器的过程中，生产的实际需求是首要考虑的因素。在确保反应过程的安全性和最终产品质量的基础上，应优先选择那些设计简洁、易于操作、维护简便、清洁方便的设备。此外，所选反应器应具备经济性，即在制造和运行过程中成本较低。反应器的设计应允许简便地进行酶的再生、补充或更换，这一特性对于提高生产效率和降低长期运营成本至关重要。同时，易于清洁的结构设计对于保持反应器的无菌状态和延长使用寿命也是必不可少的。在评估成本时，除了考虑反应器本身的价格，还必须将酶的成本及其在不同反应器中的性能稳定性纳入考量。选择一个既能满足生产需求又经济高效的酶反应器，可以显著降低生产成本，提高生产过程的可持续性。连续搅拌罐式酶反应器一般来说其应用的可塑性较大，可以在不中断运转的情况下进行 pH 调节、供氧调整、反应物补充或酶的更新，而且由于其结构简单，制造的成本也较低。

综上所述，在选择酶反应器时没有单一的选择依据或标准，且酶反应器在实际应用过程中各种性能指标是相互制约的，在选择反应器类型时必须根据具体情况、综合各种因素进行权衡，选择最为适合的酶反应器。

二、酶反应器的设计

酶促反应与发酵和动物细胞培养相比最接近化学催化反应过程，酶反应器也与化学反应器最相似，但是酶促反应有其特性，如反应条件温和，容易受环境污染，酶催化专一性较强，极容易受温度、pH、剪切力的影响而失活等，这些特性在反应器选型、结构设计当中都必须考虑进入，比如说搅拌器转速不能过高、搅拌器形状不能使剪切力过大、反应器内的温度和 pH 变化要尽可能小等。酶促反应通常是在水相体系内完成，但同时也有多相体系催化反应，反应器中的相间传递，在絮凝或固定化酶催化反应过程中是液-固相间传递，在非水相酶催化反应中就是水与溶剂之间的液-液相间传递。虽然相间传递各不相同，但酶反应器的计算方法具有共性，只是相间传质系数会发生变化，从而影响宏观反应速率。

要依据酶本身特性和酶促反应特点进行反应器选型，然后通过物料和能量衡算方程进行反应器设计计算。酶反应器设计的主要内容包括：酶反应器类型的确定、酶反应器制造材料的确定、热量衡算、物料衡算等。

（一）酶反应器类型的确定

酶反应器类型的确定是酶反应器设计的首要步骤。鉴于酶反应器种类繁多，各类反应器均具备独特的特性和应用范围，因此在选择反应器类型时，必须遵循酶反应器的选择原则。这些原则包括但不限于酶的应用模式、酶反应动力学特性、底物及产物的物理和化学性质等。同时，还需结合实际生产需求，全面权衡并确定最合适的酶反应器类型。

（二）酶反应器制造材料的确定

酶催化过程以其在温和环境下的高效性而闻名，一般偏好在室温、标准大气压及接近中性 pH 的条件下进行。这一特性意味着在设计酶反应器时，对所用材料的耐化学腐蚀性和极端条件的耐受性要求不像在其他类型的化学反应器中那样严格。尽管如此，选择材料时仍需考虑其对酶活性的兼容性、易于清洁消毒的特性，以及在长期使用中的稳定性和耐久性。一般情况下，可选用不锈钢或玻璃材料作为反应器的主要材质，具体选择则可根据投资规模灵活决定。

（三）热量衡算

酶促反应往往在接近环境温度（即 30～70℃）下进行，这简化了热量平衡的计算过程。在这一温度范围内，温度的调控变得较为容易。常规的做法是，通过使用预设温度的热水，借助反应器的夹层或管道系统，对反应体系进行加热或冷却，以此达到调节温度的目的。这种调控手段不仅操作简便，而且效果显著，确保了酶促反应在适宜的温度下高效进行。

进行热量衡算时，主要是根据热水升温前后的温度差和使用量来进行。有时也可以根据反应液升温前后的温度差、反应液体积及热利用率进行计算。对于一些耐高温的酶，如α-淀粉酶，可选用喷射式反应器，热量衡算可根据所使用的水蒸气热焓计算蒸汽的用量，然后再根据所需传递的热量和反应器换热装置制造材料的传热系数,计算所需的传热面积，并根据使用要求确定换热器的传热方式，再确定换热装置的形状和尺寸。

（四）物料衡算

物料衡算在酶反应器中占据至关重要的地位，其核心目的在于精确掌握整个产品制造流程中原料、中间产物、最终产品及副产物的质量与体积情况，主要包括酶催化反应动力学参数的确定、底物用量的计算、反应液总体积的计算、酶用量的计算、酶反应器数量的计算等内容。

物料衡算的基础是质量守恒定律，根据这一定律可对任一封闭系统进行物料衡算。物料衡算的方法通常是以单位量（1t 或 1kg）的最终产品为基准进行计算，再根据产量、年实际生产天数推算出每天生产的物料量。对于分批反应器，根据生产周期和台数可推算出每批生产的物料量。对于连续式酶反应器，则应推算出每小时生产的物料量。

1. 酶催化反应动力学参数的确定　　在酶反应器的设计阶段，深入掌握酶催化反应的动力学特性是至关重要的。这些特性对于确定反应器设计至关重要，因为它们直接影响反应器的效率。设计时，需要依据酶的动力学特性来设定关键的操作参数，如所需的底物和酶的浓度、反应的最佳温度和 pH 及激活剂的浓度等。由于催化反应的最适温度和最适 pH 由所选用的酶的特性所决定，因此需要确定的是合适的底物浓度和酶浓度。可以根据相关的实验研究来确定适宜的底物浓度、酶浓度，以保证酶催化过程得以顺利进行。

此外，反应器设计的重要依据和基础在于与酶反应动力学参数相关的技术指标。在确定这些指标时，可以参考同行业相似反应设备在生产实践中的相关数据，或者结合小试、中试研究的数据结果自行设定。这些技术指标包括生产技术指标，如酶反应器的生产强度、底物停留时间、产物浓度、产物转化率、产物收得率等。同时，还需考虑最终产品的指标，如含水量、有效成分含量等。这些指标的选择和设定将直接影响反应器的设计效果和生产效率。

2. 底物用量的计算　　酶的催化作用是在酶的作用下将底物转化为产物的过程，因此设计酶反应器时，底物用量可根据产物产量、产物转化率和产物收得率来进行计算。

产物产量是物料衡算的基础，通常用年产量（P）表示。在物料衡算时，分批反应器一般将每年实际生产天数（一般按每年生产 300d 计算）转换为每天获得的产物量（P_d）或每小时获得的产物量（P_h）进行计算。对于连续式反应器，一般采用每小时获得的产物量进行衡算。

$$P（kg/年）=P_d（kg/d）\times 300=P_h（kg/h）\times 300\times 24$$

产物转化率（$Y_{P/S}$）是指底物转化为产物的比率。

$$Y_{P/S}=\frac{P}{S}$$

式中，P 为生成的产物量（kg）；S 为所需的底物量（kg）。

当催化反应的副产物可以忽略不计时，产物转化率可以用反应前后底物浓度的变化与反应前底物初始浓度的比率表示。

$$Y_{P/S}=\frac{\Delta[S]}{[S_0]}=\frac{[S_0]-[S_t]}{[S_0]}$$

式中，$\Delta[S]$ 为反应前后底物浓度的变化；$[S_0]$ 为反应前底物的初始浓度（g/L）；$[S_t]$ 为反应后的底物浓度（g/L）。

产物转化率的高低直接关系到生产成本的高低，与反应条件、反应器的性能和操作工艺等密切相关。在反应器设计时，要尽可能提高产物转化率。

产物收得率（R，%）是指分离得到的产物量与反应生成的产物量的比值。

$$R=\frac{分离得到的产物量}{反应生成的产物量}$$

产物收得率的高低与生产成本密切相关，主要取决于分离纯化技术及其工艺条件，在反应器设计、进行底物用量的计算时是一个重要的参数。

根据产物产量、产物转化率和产物收得率，所需的底物量可以按照下式进行计算：

$$S=\frac{P}{Y_{P/S}\cdot R}$$

式中，S 为所需的底物量（kg）；P 为生成的产物量（kg）；$Y_{P/S}$ 为产物转化率（%）；R 为产物收得率（%）。

3. 反应液总体积的计算 根据所需的底物用量和底物浓度，反应液的总体积计算公式为

$$V_t=\frac{S}{[S]}$$

式中，V_t 为反应液总体积（L）；S 为所需底物量（kg），$[S]$ 为反应前的底物浓度（kg/L）。

4. 酶用量的计算 根据催化反应所需的酶浓度和反应液体积，可计算所需要的酶量，如下式：

$$E=[E]\cdot V_t$$

式中，E 为所需要的酶量（U）；$[E]$ 为酶浓度（U/L）；V_t 为反应液总体积（L）。

5. 酶反应器数量的计算 通过计算得到反应液总体积后，一般不采用一个足够大的反应器，而是采用两个以上的酶反应器。为了便于设计和操作，通常要选用若干个相同的反应器。这就要求确定酶反应器的有效体积和数量。

无论是自行设计的酶反应器，还是选择特定型号的酶反应器，当酶反应器的总体积确定之后，即可确定酶反应器的有效体积。酶反应器的有效体积是指单个酶反应器在实际操作中可以容纳的反应液的最大体积，一般根据生产规模和生产条件等来确定。对于搅拌罐式酶反应器，一般取总体积的70%～80%。

对于分批操作酶反应器，可根据每天获得的反应液的总体积、单个反应器的有效体积和底物在反应器内的停留时间，计算所需反应器的数量。计算公式如下：

$$N=\frac{V_d}{V_0}\times\frac{t}{24}$$

式中，N 为反应器数量（个）；V_d 为每天获得的反应液总体积（L/d）；V_0 为单个反应器的

有效体积（L）；t 为底物在反应器中的停留时间（h）；24 为一天有 24h。对于连续式酶反应器，可根据每天获得的反应液体积、单个反应器的反应液体积流率，计算反应器的数目。计算公式如下：

$$N=\frac{V_\mathrm{d}}{F\times24}$$

式中，N 为反应器的数量（个）；V_d 为每天获得的反应液总体积（L/d）；F 为反应液体积流率，即单个反应器每小时获得的反应液体积（L/h）。

连续式酶反应器还可以根据生产强度来计算所需要的反应器数目。反应器的生产强度是指反应器每小时每升反应液所生产的产物的克数。该指标可以用每小时获得的产物产量与反应器的有效体积的比值表示，也可以通过用每小时获得的反应液体积、产物浓度和反应器的有效体积计算得到。计算公式如下：

$$Q_\mathrm{p}=\frac{P_\mathrm{h}}{V_0}=\frac{V_\mathrm{h}\cdot[\mathrm{P}]}{V_0}$$

式中，Q_p 为反应器的生产强度 [g/（L·h）]；P_h 为每小时获得的产物量（g/L）；V_0 为单个反应器的有效体积（L）；V_h 为每小时获得的反应液体积（L/h）；[P] 为产物浓度（g/L）。

连续操作酶反应器的数量与反应液生产强度的关系可用下式表示：

$$N=\frac{Q_\mathrm{p}\cdot t}{[\mathrm{P}]}$$

式中，N 为反应器的数量（个）；[P] 为产物浓度（g/L）；t 为底物在反应器中的停留时间（h）。

本章小结

本章主要介绍了酶反应器的原理与应用，首先从酶反应器的基本结构和多种类型入手，包括搅拌罐式、固定床式、流化床式、鼓泡式和膜式等，每种反应器都有其独特的特点和适用场景。其次强调了过程检测与控制在酶反应器中的重要性，并重点介绍了多种先进在线检测技术，包括在线尾气质谱仪、在线拉曼光谱仪和在线红外光谱仪等，这些技术的应用有助于实时监控和优化酶催化过程。最后，总结了酶反应器的选择与设计，包括酶反应器类型的确定、酶反应器制造材料的确定、热量衡算和物料衡算等。通过学习本章内容，可以全面了解酶反应器的相关知识，为实际应用中的酶催化反应提供理论基础和操作指南。

复习思考题

1. 酶反应器的功能是什么？它为什么在生物催化过程中至关重要？
2. 描述搅拌罐式酶反应器的工作原理，并讨论其在应用中的优缺点。
3. 在选择酶反应器时，需要考虑哪些关键因素？请结合酶的特性和生产需求进行讨论。
4. 酶反应器的操作条件对催化反应的效率和产物质量有哪些影响？请举例说明。
5. 试述将人工智能技术集成到酶反应器监控和控制系统中的可能性，以及这种智能化如何优化生产过程。

6. 从化学工程、生物信息学和材料科学等不同领域的角度，试述如何综合这些领域的知识来设计更高效、更稳定的酶反应器。

参 考 文 献

陈守文. 2015. 酶工程. 2 版. 北京：科学出版社.

段开红. 2017. 生物工程设备. 北京：科学出版社.

高仁钧，罗贵民. 2024. 酶工程. 北京：化学工业出版社.

郭勇. 2024. 酶工程. 5 版. 北京：科学出版社.

林影. 2017. 酶工程原理与技术. 3 版. 北京：高等教育出版社.

梅乐和，岑沛霖. 2018. 现代酶工程. 北京：化学工业出版社.

聂国兴. 2013. 酶工程. 北京：科学出版社.

申刚义. 2018. 固定化酶微反应器. 北京：中央民族大学出版社.

施巧琴. 2005. 酶工程. 北京：科学出版社.

魏东芝. 2020. 酶工程. 北京：高等教育出版社.

第七章 酶的修饰和模拟

📖 学习目标
1. 掌握酶的修饰和模拟的基本概念及基本原理。
2. 了解并掌握酶分子化学修饰的主要方法。
3. 了解酶分子化学修饰的特性和特点。
4. 了解酶的模拟小分子和大分子仿酶体系。

众所周知，酶是一类具有高效、专一、反应条件温和的生物催化剂。相比化学催化剂，酶具有许多优点，进而使酶在食品、医药等领域应用越来越广泛。然而，很多天然酶在实际应用过程中，存在易被蛋白酶水解、热稳定性差、对环境酸碱敏感等较多问题。因此，如何改善酶的性质并扩大其应用范围，成了研究的重点。

通常，需要在分子水平上对酶进行改造研究才能从本质上弥补天然酶的缺陷，甚至赋予酶新的性能。化学修饰是一种重要的技术手段，它涉及化学基团的引入或去除，以改变酶分子的结构，进而改变其某些特性和功能。这种技术有助于深入研究酶的结构与功能之间的关系。

利用化学修饰的方法，可以考察具体氨基酸在酶分子中的位置及其功能，进而确定了酶分子的活性中心氨基酸残基范围。不仅如此，化学修饰还可以增强酶在高温环境中的结构稳定性，使其在恶劣条件下仍具催化活性，增强其底物的专一性。更为重要的是，它甚至可以赋予酶新的催化性能，拓宽酶的催化底物谱。另外，通过对酶主链进行截短或替换等化学修饰，同样可以考察特定主链对酶分子结构和功能的影响，如对酶原蛋白的切割。通过优化其自身结构，激活酶的活性，增强对结构决定功能的理解。酶分子的化学修饰是提高酶活性的一种新方法。

综上所述，酶分子的化学修饰是一种快捷、有效的手段，主要用于改造酶的性质。这种技术有望创造出具有优良特性的新酶，提高酶的使用价值，为工业应用开辟更广阔的前景。

第一节 酶分子的化学修饰

一、酶分子化学修饰的基本原理

酶分子的表面是无规则的结构，氨基酸残基的电荷种类和数量各异，同时不同性质的氨基酸之间也相互作用，这些因素共同塑造了一个包含酶活性中心在内的独特局部微环境。在这微环境中，无论是极性还是非极性氨基酸残基，对酶分子活性中心关键氨基酸残基的电离状态均造成了直接影响，进而决定了酶催化环境。据此，可以通过人为设计调控酶分子的周围环境。

通过对酶分子的侧链基团和功能基团进行化学修饰或改造，可以获得结构或性能更加优化的修饰酶。化学修饰作为一种精妙策略，不仅有效缓解了酶分子因内部平衡力失衡而面临的展开风险，还在酶分子外层形成坚韧的"缓冲屏障"，有效隔绝并减轻了外界环境中电荷波动与极性变化对酶结构的干扰。这不仅维护了酶活性位点周围微环境的稳定，更赋予了酶分子在更为广泛多变的条件下展现其催化活力的能力。

化学修饰技术现已跃升为探索酶分子构效关系不可或缺的技术。尽管修饰策略多种多样，其精髓在于精准利用化学修饰剂的独特性质。这些修饰剂如同灵巧的工匠，在适当的活化作用下，能够直接或间接地与酶分子中非酶活性关键的氨基酸残基发生精妙修饰，以实现对酶分子架构的精细雕琢与重塑，以及对其进行改造。

酶分子的化学修饰过程涉及对被修饰酶、修饰剂的性质及修饰反应条件的细致考量。在设计酶分子化学修饰反应之初，对被修饰酶的活性部位、稳定性条件及侧链基团特性的全面了解至关重要。基于这些信息，可以精准地选择适当的化学修饰剂。在选择修饰剂时，除了考虑其种类、反应基团的数量和位置，以及反应基团的活化方法和条件，还需综合考量修饰剂的分子量等可能影响修饰效果的因素。值得强调的是，为确保酶的活性不受损，修饰反应通常需在酶稳定的条件下进行，并尽量减少对酶关键功能基团的干扰，从而提升酶与修饰剂的结合效率及酶活力回收率。

二、影响酶分子化学修饰的主要因素

酶分子的化学修饰反应受到多种因素的影响，包括酶分子的结构和微环境、修饰剂的性质及反应体系等。

（一）酶分子的结构和微环境

酶分子是由天然氨基酸按照特定序列连接而成的多肽链。这种氨基酸序列内含着酶分子的立体结构信息，从而决定其高级结构。肽链从伸展状态自发折叠成具有生物活性的酶分子是一个自然过程。在折叠过程中，非极性氨基酸残基倾向于向内折叠，因此大多数非极性氨基酸残基位于酶分子的内部，靠近其中心位置；而极性氨基酸残基则更倾向于分布在酶分子的表面，形成表面凹凸不平的不规则结构。这种分布模式赋予了酶分子独特的物理和化学特性，进而影响了其生物催化功能。以葡萄糖氧化酶（Gox，PDB ID：5NIT）为例，其表面结构特征显著，不仅呈现出不规则的凹陷形貌，还形成了多个带有不同电荷的极性区域及含有疏水性残基的疏水区域。这种非对称的结构影响了酶分子凹陷区域的氨基酸残基，增加了修饰剂接近的难度，使这些位置的氨基酸侧链基团难以进行化学修饰。同样，脂肪酶的活性中心也存在类似的挑战，其必需氨基酸残基被"盖子"结构所遮蔽，增加了接近的难度。

酶分子的氨基酸残基通过静电作用、氢键、疏水性相互作用及二硫键等分子内作用力共同维系其高级结构。此外，酶分子表面的极性氨基酸残基与水分子结合，形成稳定的水化层，从而增强酶分子的稳定性。研究表明，酶表面的电荷特性在底物结合、催化反应过渡态的形成及酶结构的稳定性中扮演着关键角色。在生理条件下，天冬氨酸和谷氨酸等酸性氨基酸的侧链羧基带有负电荷，而赖氨酸和精氨酸等碱性氨基酸的侧链氨基则带有正电荷。这些电荷分布不仅影响酶的构象交换反应，还对选择性修饰过程产生显著影响。酶表面氨基酸的 pK_a 在上述过程中发挥重要作用。

（二）修饰剂的性质

在酶分子的化学修饰过程中，选择修饰剂时不仅要考虑酶分子的修饰位点，还需关注修饰剂对酶分子化学修饰的影响。这种影响主要体现在修饰剂的反应基团种类、分子组成及其特性等因素上。不同的反应基团会导致修饰剂与氨基酸侧链亲核基团的反应活性产生显著差异。例如，赖氨酸侧链亲核基团对琥珀酰亚胺、环氧基、异硫氰酸盐等基团的反应活性各不相同。即使是同一种修饰剂，与不同氨基酸侧链的反应性也可能不同。例如，人工配基偶联的苯并三唑对免疫抑制剂结合蛋白 FKBP12 活性位点周边的 Lys52 氨基酸残基比 Lys35 具有更高的修饰度，这归因于这两个氨基酸残基距离结合蛋白 FKBP12 活性中心的远近不同。除反应基团外，修饰剂的组成及其特性也会影响修饰反应的速度和修饰酶的活性。因此，在选择修饰剂时，需要综合考虑修饰剂的反应性、组成和特性及酶分子的表面结构等因素，以实现对酶分子的精准修饰。

（三）反应体系

酶分子的化学修饰通常是在一定的溶液环境中进行的，溶液的 pH 和反应温度等因素对酶的修饰反应都有显著影响。绝大多数酶化学修饰反应都是在温和条件下的水溶液中进行的。对于水溶性较低的修饰剂，可以通过在反应体系中加入对应适量的亲水性有机溶剂，以增加其溶解度。

pH 是影响酶分子化学修饰的关键因素之一。酶的氨基酸侧链极性基团的离解状态与 pH 密切相关。随着 pH 的变化，这些侧链基团会呈现质子化和非质子化两种状态，从而影响其反应活性。例如，碘乙酸能与酶的末端 α-氨基酸及其他特定氨基酸（如赖氨酸、半胱氨酸、甲硫氨酸、组氨酸等）的侧链基团发生反应。当 pH 低于 4.0 时，ε-氨基、咪唑基和巯基等氨基酸侧链基团处于非反应状态，而硫醚的硫原子以非质子形式存在，成为此时唯一具有亲核性并可反应的侧链基团，能与碘乙酸发生反应。因此，pH 可作为调控酶修饰位点的重要参数。

修饰反应温度是酶分子化学修饰过程中的关键影响因素。首先，反应温度能够改变酶分子中活性基团的微环境，进而影响其反应性能。其次，温度还直接关系到修饰反应的选择性和修饰产物的生成率。值得注意的是，对于酶本身而言，过高的修饰反应温度可能导致酶分子高级结构的破坏和活性的丧失，这一现象在有极性有机溶剂存在的条件下尤为明显。

三、酶分子化学修饰的注意事项

在进行酶分子的化学修饰时，核心挑战在于精确选择修饰剂和条件，这决定了反应的专一性和最终效果。为了获得好的修饰结果，研究过程必须严谨有序。首先，需要根据酶的特性和预期目标，精心挑选具有特定反应性的化学修饰剂，以确保修饰过程的高度专一性。其次，为了实时跟踪修饰反应的进展，需要建立一套可靠的分析方法，这些方法能够捕捉到修饰过程中的关键变化，从而生成一系列宝贵的基础数据。对这些数据进行深入分析，不仅能够确定酶的修饰部位和程度，还能为修饰结果提供科学合理的解释。因此，酶的化学修饰是一个精准而细致的过程，它要求研究者在修饰剂选择、条件优化、反应追踪和数据解析等方面都展现出高度的专业性和严谨性。

总之，酶分子的化学修饰是一项复杂而精细的实验技术，需要选择合适的修饰剂和条件，建立有效的追踪方法，分析数据并提出合理的解释。这些步骤的有机结合，将有助于获得满意的修饰结果，并推动相关领域的研究进展。

（一）修饰反应专一性的控制

1. 修饰剂的选择 酶分子的化学修饰成功与否，关键在于修饰剂的选择。选择修饰剂时，需根据具体的修饰目的来确定。例如，若目标是修饰所有氨基而不影响其他基团，则需选择具有广泛反应性的修饰剂；若仅针对 α-氨基进行修饰，则需选择更为专一的试剂。此外，还需考虑修饰剂与酶的相容性、修饰反应的可控性、修饰后蛋白质的稳定性等因素。对于酶活性部位的修饰，所选试剂应具备以下特点：高选择性，仅与特定氨基酸残基反应；反应条件温和，不破坏酶蛋白的结构；标记的氨基酸残基在肽链中稳定，便于后续的分离和鉴定；修饰程度可量化，便于分析。由于单一试剂难以满足所有要求，因此在实际操作中，可能需要根据实验目的和酶的特性，结合多种试剂和方法来实现最佳修饰效果。

2. 反应条件的选择 除选择合适的修饰剂外，反应条件的优化同样至关重要。理想的反应条件应确保修饰反应顺利进行，同时避免酶的变性或失活。这要求在控制反应温度、pH、盐浓度等因素时，要充分考虑酶的结构稳定性和修饰剂的反应活性。此外，酶与修饰剂的摩尔比、反应时间等因素也会影响修饰效果。因此，需要通过实验来探索最佳的反应条件组合。值得注意的是，由于不同酶和修饰剂之间存在差异，因此最佳反应条件可能因实验而异。

3. 反应的专一性 在酶分子的化学修饰过程中，确保酶反应的专一性是一项具有挑战性的工作。当修饰剂的反应专一性不够理想时，除通过精心调整反应条件（如温度、浓度和反应时间）来优化反应外，还可以采取一系列策略来增强反应的特异性。利用酶分子中特定官能团的独特化学性质，选择最适宜的反应 pH 以激活或稳定特定的反应路径，采用亲和标记和差别标记技术精准地定位并修饰目标酶分子，考虑酶蛋白在不同状态下的反应特性，从而选择最合适的修饰方法。

（二）修饰程度和修饰部位的测定

光谱法是确定修饰基团及修饰程度的一种简便且实用的技术手段。通过监测光吸收的变化，不仅能够实时追踪修饰过程的进展，还能计算出修饰速度。

在酶分子进行化学修饰的复杂过程中，可测量一系列与特定氨基酸残基的数量和蛋白质的生物活性等相关的关键参数。通过精细研究修饰反应的时间动态，能够精确地识别出哪些基团在修饰过程中起到了核心作用，以及这些基团的数量。主要基于追踪蛋白质活性的变化，以及变构配体如何调节这些活性的机制，进而掌握修饰过程的动态变化。根据随时间变化的参数曲线，可深入理解修饰残基的数量、性质与蛋白质生物活性的内在联系。研究人员一直致力于建立一个生物活性与必需基团之间的定量关系模型，希望从实验数据中精确地解析出必需基团的本质和数量，以推动对酶分子功能的深入认识。

（三）化学修饰结果的解释

首先利用旋光色散、圆二色性等方法检测被修饰酶分子的构象变化，其次需要验证修饰的氨基酸残基在酶结构上的位置。如果改变的氨基酸残基位于酶活性中心或者关键区域，那么酶活性的损失程度与氨基酸残基修饰的个数之间存在一定的计量关系。与酶催化中心结合的底物或者对应的抑制剂，可以降低修饰蛋白的酶活性损失，那些不能与酶活性中心结合的小分子则无此作用。对于酶的一些可逆保护剂，随着保护基团的移除，原本丧失活性的酶可以逐渐恢复活性，二者之间存在线性关系。在酶修饰过程中，有个有趣的现象，如果远离酶活性中心的氨基酸残基被修饰，也可能改变酶的整体结构，间接影响酶活性中心的构象，进而降低了酶的活性。因此，在全面评估酶的修饰影响时，需要综合考虑修饰氨基酸的位置及修饰程度对酶整体构象和活性的影响。

四、酶分子化学修饰的主要方法

（一）主链修饰

酶分子的主链是其结构的基础，任何对主链的修改都会引发酶的结构和特性的相应变化。对于蛋白类酶而言，其主链结构是由一系列氨基酸通过羧基和羟基缩合形成稳定肽键而形成的。这条肽链在生物体内历经复杂的盘绕与折叠过程，最终形成酶分子独一无二的立体空间架构。反观核酸类酶，其主链则由核苷酸单元通过磷酸基团与醇酯化形成磷酸二酯键而紧密相连，形成了一条连续且有序的核苷酸链，这一链状结构同样承载着核酸类酶独特的生物活性与功能。

对酶分子的主链实施精细的切断与重新连接操作，能够实现对酶分子化学构成及其复杂空间构象微妙而准确的调控。这一过程不仅重塑了酶的内部结构，更深刻地影响了其催化性能与特性。这种针对酶分子主链进行的专门性改造，被科学界形象地称为"主链修饰"，它代表着酶工程领域的一项核心技术与创新策略。

酶分子主链修饰可能带来以下三种效果：第一种，酶主链的断裂导致其活性中心结构破坏，这会损失酶的催化活性，这种方法可以确定酶活性中心的位置；第二种，酶主链断裂不影响其活性中心的空间构象，据此可以推测酶的催化能力不受影响或者影响较小；第三种，酶的主链断裂可能会促进催化中心的形成，这使酶的催化效率得到进一步提升。

值得注意的是，对于蛋白类酶，其主链修饰通常指的是肽链的有限水解修饰。而对于核酸类酶，其主链修饰则主要是核苷酸链的剪切修饰。这些修饰方法提供了调控酶催化特性的有力工具，有助于更深入地理解和利用酶的生物功能。

1. 肽链的有限水解修饰　　肽链的有限水解修饰是指利用高度专一的蛋白酶对肽链特定的位点进行切割水解，除去氨基酸残基或者肽段，使得酶的空间结构发生变化，进而改变了酶催化特性的方法。对于无催化活性的酶原而言，这种有限水解修饰是一种常见的生理调控方法。酶原经过水解，其空间结构改变，更有利于活性中心与底物的有效结合，形成优化后的催化位点，提高了酶的催化活性。例如，胰蛋白酶原修饰前无活性，经过胰蛋白酶或者肠激酶修饰（即从 N 端除去 6 个肽 Val-Asp-Asp-Asp-Asp-Lys），进而激活了胰蛋白酶的催化能力。

此外，许多酶蛋白具有一定的抗原性，而抗原性与其分子大小密切相关。通常，大分子的外源蛋白具有较强的抗原性，而小分子的蛋白质或肽段的抗原性较弱或不具备抗原性。

2. 核苷酸链的剪切修饰　核苷酸链的剪切修饰是一种精细的生物学过程，它涉及在核苷酸的特定位点进行切割，移除部分核苷酸残基，调整酶的结构，改变其催化特性。这种技术有一定的应用潜力，原本不具有催化活性的 RNA 分子经剪切修饰后，成为具有酶活性的核酸类酶。四膜虫 26S rRNA 前体通过自我剪切的机制，形成成熟的 26S rRNA，同时产生一个仅由 414 个核苷酸组成的线性间隔序列 G-IVS，它具有自动反应的能力，能先后从 5′端的 15nt 和 4nt，最终形成一个在 5′端缺失了 19nt 的多功能核酸类酶 L-19IVS。这一过程中，酶的结构发生了改变，从而获得了催化活性，如图 7-1 所示。

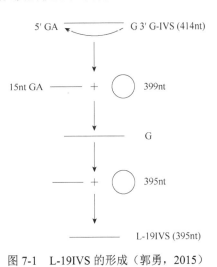

图 7-1　L-19IVS 的形成（郭勇，2015）

酶分子主链切断修饰时，一般情况下，选择专一性较强的酶作为修饰剂。此外，还有其他方法对酶的主链进行水解，以达到修饰的效果，如枯草杆菌中性蛋白酶，第一步经过乙二胺四乙酸（EDTA）的处理，第二步经过纯水或稀盐缓冲液进行透析，经过这两步就能够促使酶的部分水解，形成一些依旧保留蛋白酶活性的小分子肽段。这种经过修饰处理后的酶，在作为消炎剂应用时，其优势在于不会产生抗原性，具有较好的治疗效果。

（二）侧链基团修饰

侧链基团修饰是通过特定方法改变酶分子侧链基团，从而改变其催化特性的技术。这种方法不仅有助于研究酶分子中各种基团的数量和功能，还能提高酶的活性、稳定性，降低其抗原性，甚至创造出自然界中不存在的新型酶种。由于蛋白类酶和核酸类酶的侧链基团性质不同，它们的修饰方法也各不相同。首先，谈及蛋白类酶时，其侧链基团作为氨基酸残基上的关键功能团，是至关重要的角色。其中氨基与羧基最为常见，而诸如吲哚基、巯基、酚基、咪唑基等特殊基团则赋予了酶蛋白更为丰富的化学性质。正是这些多样化的侧链基团，通过形成错综复杂的化学键网络，精心构建并稳固了酶蛋白那精妙的三维空间结构。若对这些侧链基团进行精细的修饰或调整，将直接触动酶蛋白空间构象的微妙平衡，进而引发酶性质与功能的一系列变化。其次，对于核酸类酶，其侧链基团主要是指 RNA 分子中核苷酸残基上的功能团，如核糖 2′位置上的羟基（2′-OH）及嘌呤和嘧啶上的氨基和酮基。如果对这些基团进行修饰，会改变核酸类酶的结构及其对应的催化活性。

在实际应用中，酶的侧链基团修饰策略丰富多样，涵盖了多个关键基团，如氨基、羧基、巯基、胍基、酚基、咪唑基、吲哚基、甲硫基，以及分子内交联及大分子结合修饰等。这些策略改善酶的催化特性，以满足各种实际应用需求，现简介如下。

1. 氨基修饰　氨基修饰是指利用特殊的化合物与酶分子侧链上的氨基相结合并发

生反应，进而改变酶的空间构象。这类特殊功能的化合物称为氨基修饰剂，包括亚硝酸、2,4-二硝基氟苯、丹磺酰氯、2,4,6-三硝基苯磺酸和 O-甲基异脲。

　　氨基修饰剂能够与酶分子的氨基侧链发生特异性反应，这些反应包括促使氨基的去除（即脱氨基反应），或者与氨基直接结合形成稳定的共价键，可改变其原有的副键结构，并进一步影响酶蛋白的三维结构。例如，亚硝酸能够与氨基酸残基上的氨基发生脱氨基反应，导致这些氨基酸转化为相应的羟基酸。当亚硝酸作用于天冬酰胺酶时，其分子结构中的氨基端亮氨酸残基及肽链内部赖氨酸残基上的氨基均有可能成为反应位点，均会发生脱氨基反应转变为羟基（图 7-2）。这种修饰可以增强酶的结构稳定性和半衰期。

$$R-\underset{\underset{NH_2}{|}}{CH}-COOH + HNO_2 \Longrightarrow R-\underset{\underset{OH}{|}}{CH}-COOH + N_2 + H_2O$$

图 7-2　氨基酸的亚硝酸化学修饰

　　2,4-二硝基氟苯（DNFB）和丹磺酰氯（dansylchloride，DNS，化学名为二甲氨基萘磺酰氯）均展现出对多肽链 N 端氨基酸残基上氨基的特异性反应能力（图 7-3），这一特性使得它们成为检测肽链 N 端氨基酸的修饰试剂。

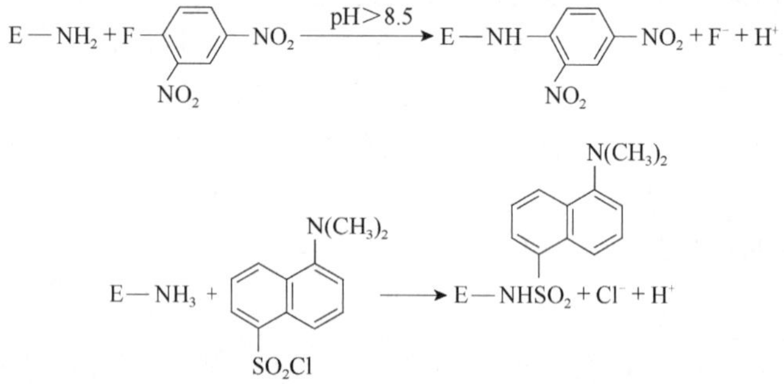

图 7-3　氨基酸的 2,4-二硝基氟苯（上）和丹磺酰氯（下）化学修饰

　　2,4,6-三硝基苯磺酸（TNBS）作为一种高效的氨基修饰剂，具有显著的选择性，能够精准地与酶分子中赖氨酸残基上的氨基相互作用，获得稳固的酶-三硝基苯结合物（图 7-4）。其结合产物在一定的光谱区域（420nm 和 367nm 波长下）展现出特有的光吸收性质，基于这一特性，能够迅速且准确地量化酶蛋白内赖氨酸的含量。

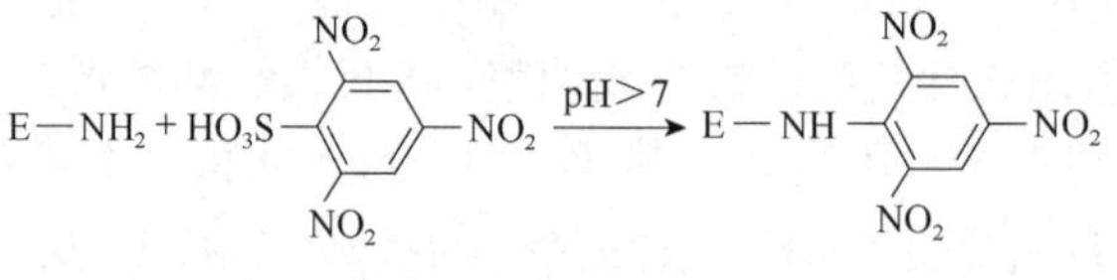

图 7-4　氨基酸的 2,4,6-三硝基苯磺酸化学修饰

$$E-NH_2 + MIU \Longrightarrow E-NH-MIU$$

图 7-5　氨基酸的 O-甲基异脲化学修饰

　　O-甲基异脲（MIU）作为修饰剂，其与溶菌酶分子中赖氨酸残基上的 ε-氨基形成稳固的结合，从而高效地屏蔽了这些活性氨基（图 7-5）。值得注意的是，这一修

饰过程并未显著影响溶菌酶的活力，反而极大地增强了其结构稳定性，为溶菌酶在多种应用环境中的效能提升奠定了坚实基础。另外，修饰后的溶菌酶更容易形成结晶，为后续的纯化和结构分析提供了极大的便利。

2. 羧基修饰　　羧基修饰是一种特定的化学修饰策略，它聚焦于蛋白质分子中侧链羧基的功能化转变。此过程涉及一系列精心设计的化合物，包括但不限于经典的乙醇-盐酸体系、碳化二亚胺等，它们作为高效的修饰剂，能够选择性地与酶蛋白表面的羧基基团发生化学反应。这些修饰剂通过酰化、酯化或其他高级化学转化，精细调控酶蛋白的分子结构，特别是其空间构象，从而实现对酶蛋白功能特性的微调或显著改变。这一过程不仅丰富了蛋白质化学修饰的工具箱，也为酶工程、蛋白质药物开发及生物催化等领域提供了强大的技术支持。

水溶性的碳二亚胺类化合物在酶分子羧基修饰中展现出了卓越的性能（图7-6）。在相对温和的条件下与羧基发生反应，可以定量测定酶分子中羧基的数量，这为研究酶的结构和功能提供了重要的修饰试剂。

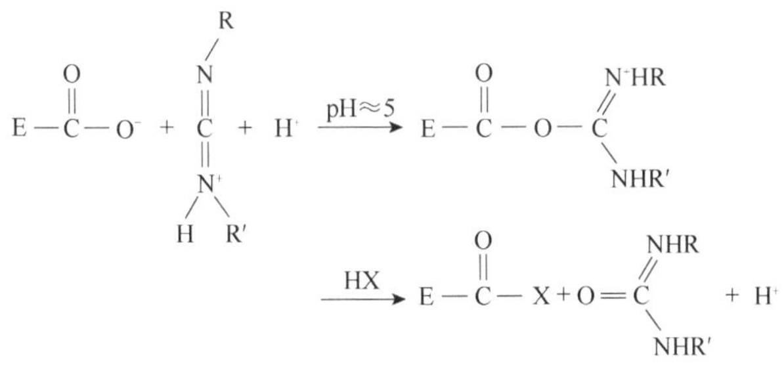

图7-6　羧基修饰（碳二亚胺）（梅乐和和岑沛霖，2006）

3. 巯基修饰　　在蛋白质的精妙结构中，半胱氨酸残基所携带的独特巯基扮演着双重关键角色：一方面，它是众多酶类活性中心的催化核心，直接参与并驱动着生物化学反应的进程，其重要性不言而喻；另一方面，巯基还能与同类基团形成稳固的硫键，这种分子间的相互作用对于维护的三维结构酶稳定性，进而确保其催化功能的充分发挥具有决定性的意义。

巯基修饰作为蛋白质工程领域的一项先进技术，巧妙地利用了自然赋予的特性。该技术将精心设计的巯基修饰剂，精准靶向并结合于酶蛋白侧链上的巯基，从而在不破坏原有生物活性的前提下，实现对酶空间构象的微妙调整，乃至对其物理化学特性和生物功能的深度重塑。巯基修饰已成为一种重要的生物化学方法。鉴于巯基的强大亲核性，它成了酶分子中最容易反应的侧链基团之一。

常见的巯基修饰剂较多，其中最具特色的是烷基化试剂（如碘乙酸等）（图7-7），经过它修饰后的酶分子不仅展现出极高的稳定性，而且通过荧光检测技术，可比较便捷地追踪并检测其修饰结果。目前，多种含碘乙酸的荧光试剂被研发出来，极大地简化了巯基修饰的检测过程。

$$E-SH + ICH_2COOH \Longrightarrow E-S-CH_2COOH + HI$$

图7-7　碘乙酸对巯基的修饰

N-乙基马来酰亚胺（NEM）能与酶分子的巯基形成稳定的衍生物，即修饰酶（图7-8），修饰后的酶蛋白在300nm波长处有一个最大吸收峰，故可以通过光学检测技术对分子中的游离巯基进行定量分析。

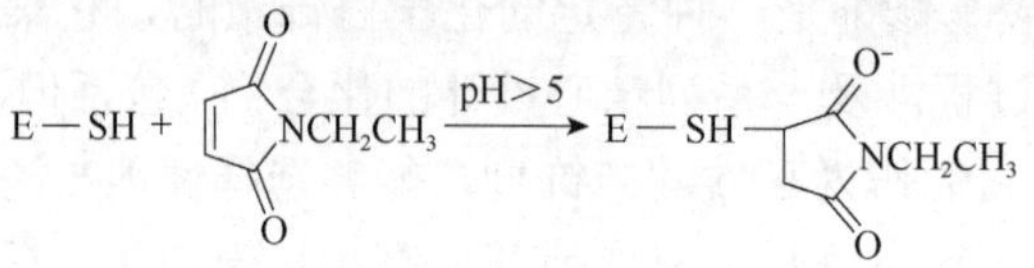

图 7-8　N-乙基马来酰亚胺对巯基的修饰

4,4-二硫二吡啶（4,4-dithiodipyridine，简称 4-PDS）作为一种亲电子试剂，具有与巯基发生高效反应的特性。在反应过程中，每修饰一个巯基分子，会同时释放一个 4-吡啶硫酮分子（图7-9）。这个释放出的 4-吡啶硫酮分子在 324nm 波长下具有特征性的光吸收。因此，通过测定 324nm 波长下的吸光值，可以确定巯基的修饰程度。

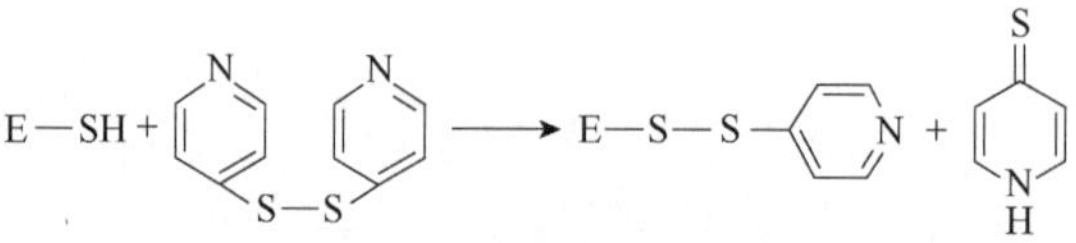

图 7-9　4,4-二硫二吡啶对巯基的修饰

4. 胍基修饰　　胍基修饰技术其核心在于利用二羰基化合物与酶分子中精氨酸残基上的胍基发生特异性反应，构建出稳定的杂环结构。这一过程不仅实现了对酶分子空间构象的精细调控，还赋予了酶新的特性与功能，被业界广泛称为"胍基修饰"。在众多可用于胍基修饰的二羰基化合物中，丁二酮、1,2-环己二酮、丙二醛、苯乙二醛等因其独特的化学性质和反应活性较好，成为最常用的修饰试剂。这些化合物在温和的中性或微碱性条件下，能够精准且稳定地与精氨酸残基上的胍基结合，形成牢固的杂环类化合物，这一过程确保了修饰反应的选择性和效率（图7-10）。

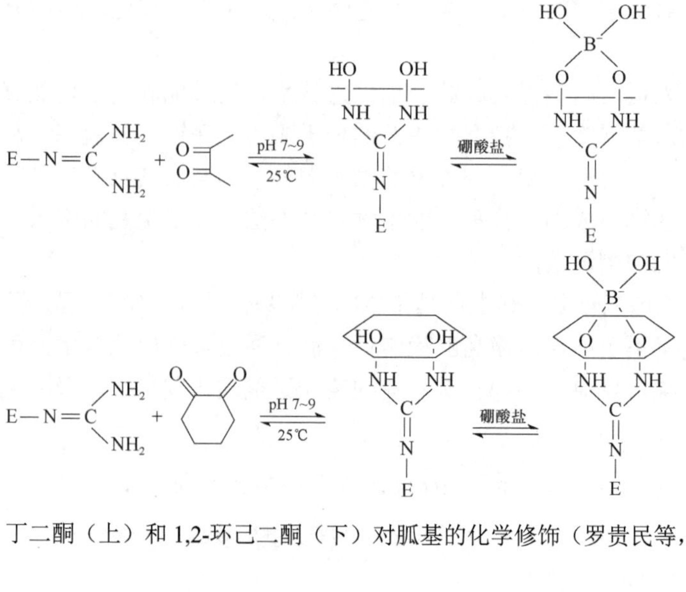

图 7-10　丁二酮（上）和 1,2-环己二酮（下）对胍基的化学修饰（罗贵民等，2016）

5.酚基修饰　　酚基修饰涉及将特定修饰分子精准地引入蛋白质结构中的酪氨酸残基酚基部位并与其相互作用，这一过程改变了蛋白质的三维构象及其功能属性。此改造范畴广泛涵盖了酚基的直接化学修饰及苯环骨架上的取代反应，展现了高度的化学灵活性与生物效应调控能力。尤为值得注意的是，除专为酚基设计的修饰试剂外，还存在一类多功能的修饰剂同时对酚基和苏氨酸及丝氨酸残基上的羟基起修饰作用，产生出稳定性更佳的修饰产物。另外，有些酶经过酚基修饰后，动力学性质也得到了显著改善。

6.咪唑基修饰　　咪唑基修饰专注于精确地调整蛋白质结构中组氨酸残基上咪唑环的化学环境，旨在改造酶分子的空间架构及其功能性。这一过程依赖于特异性修饰剂与目标咪唑基之间的化学反应，通常涉及氮位的烷基化或碳原子的亲核取代机制，从而实现分子层面的修饰。为实现这一目标，筛选并应用了多种高效且具选择性的修饰剂，诸如碘乙酸及焦碳酸二乙酯（DEPC）等。特别是 DEPC，在 pH 中性的环境下，展现出对组氨酸咪唑环的卓越特异性识别与修饰能力，其效果在图 7-11 中得到了直观展示。这一特性不仅确保了修饰过程的精确性，还保留了酶分子在生理条件下的稳定性。进一步地通过监测修饰后酶分子在特定波长（240nm）下的紫外吸收特性，研究人员能够观察到一个显著的最大吸收峰，这一特征峰成了评估咪唑环修饰程度的关键指标。利用这一光谱学特性，可以建立起修饰产物吸光度与其所含咪唑环数量之间的定量关系，从而实现对酶分子中咪唑基数量的精确测定与推算。

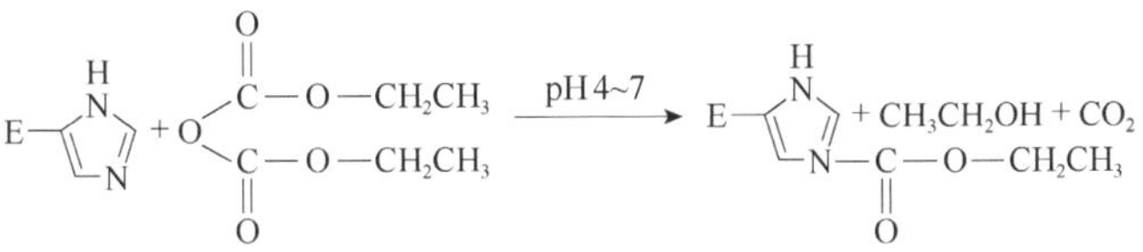

图 7-11　组氨酸咪唑基的化学修饰（焦碳酸二乙酯）（孙彦，2024）

7.吲哚基修饰　　吲哚基修饰是指特定的修饰试剂与蛋白质分子中的色氨酸残基上的吲哚基发生化学反应，能够有效改变酶分子中色氨酸残基的结构，进而调整酶分子的整体构象与特性。色氨酸残基具有较强的疏水性，存在于酶分子内部，且相对较为稳定。常规的化学试剂难以有效地对其进行修饰。然而，2-羟基-5-硝基苄溴（HNBB）和 4-硝基苯硫氯被证明能够较为特异地针对吲哚基进行修饰（图 7-12）。这两种修饰剂也有可能与巯基发生反应，因此，在使用它们进行吲哚基修饰时，需要确保巯基受到适当的保护，以防止不必要的干扰和副反应的发生。

8.甲硫基修饰　　甲硫基的极性特征相对较弱，在温和的反应环境下，对其特异性的修饰的确存在较大困难。对甲硫基的结构分析发现，可以利用硫醚原子特殊的核性质，引入氧化剂，如过氧化氢或过甲酸，将其巧妙地转化为甲硫氨酸亚砜。此外，为了对甲硫基进行修饰，还可以利用碘乙酰胺等卤化烷基酰胺来使其烷基化（图 7-13）。最终在复杂的生物分子环境中实现对甲硫基的有效和精准修饰。

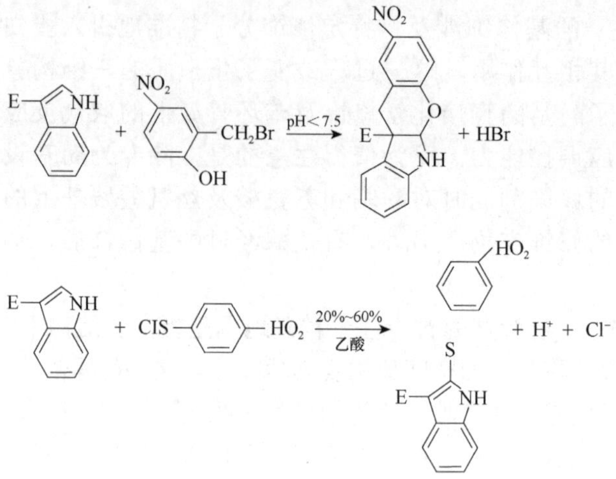

图 7-12 2-羟基-5-硝基苄溴（上）和 4-硝基苯硫氯（下）对吲哚基的化学修饰（罗贵民等，2016）

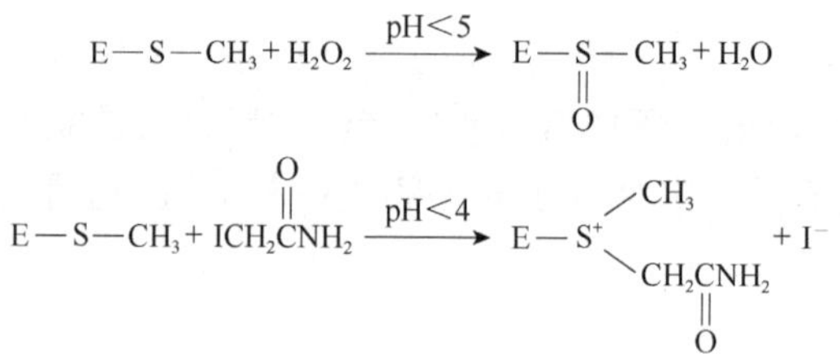

图 7-13 过氧化氢（上）和碘乙酰胺（下）对甲硫基的化学修饰（梅乐和和岑沛霖，2006）

9. 分子内交联修饰 分子内交联修饰技术作为一种高级分子工程策略，巧妙运用特定的双功能基团化合物，这些化合物常被称为双功能交联剂，包括但不限于戊二醛、己二胺及葡聚糖二乙醛等。此过程旨在作用于酶蛋白分子的精细结构内部，精准地识别并拉近原本相距较近的侧链基团，随后通过共价键的方式将它们牢固交联起来，显著增强了酶蛋白的结构稳定性。

这些双功能基团化合物根据其特性可分为同型和异型两大类。同型双功能基团化合物如己二胺 [H_2N-$(CH_2)_6$-NH_2]，作为一种高效的双功能交联剂，其独特的分子结构使得它能够特异性地与酶分子内的羧基基团发生反应，生成稳定的酰胺键。相比之下，戊二醛 [OHC-$(CH_2)_3$-CHO] 则展现出更为多样的交联潜力，它不仅能够与酶分子表面的氨基基团反应，同样通过酰胺键的形成增强酶的稳定性。此外，戊二醛还具备与羟基基团反应生成酯键的能力。图 7-14 直观地展示了这些复杂而精细的化学反应过程。值得一提的是，异型双功能基团化合物作为交联剂界的"多面手"，其分子内同时携带着不同的功能基团，它

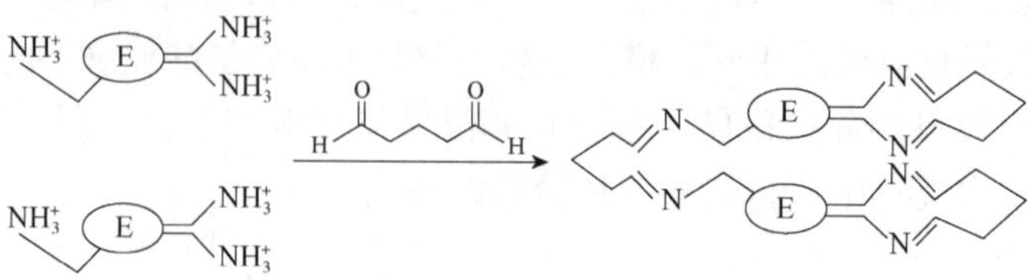

图 7-14 分子内交联修饰（邹国林和刘德立，2021）

们与酶分子上多种侧链基团进行特异性反应。例如，一端与氨基作用，另一端则可能与巯基或羧基等发生作用，从而进一步增强了酶的稳定性和功能性。

10. 大分子结合修饰　　大分子结合修饰涉及将特定设计的水溶性高分子化合物通过共价键与酶蛋白的侧链基团紧密联结。这一过程不仅调整了酶分子的三维空间结构及其构象，还影响了酶的功能属性与特性表现。其关键在于筛选并应用那些能够与水溶性大分子高效结合并引发酶性能积极转变的修饰剂，对水溶性大分子进行活化处理，在特定的环境下与酶分子的侧链基团共价结合，进行有效修饰及后续分离。

大分子结合修饰在酶分子修饰的领域中占据了核心地位，成为当前最为普遍采用的一种技术手段。这种方法巧妙利用了一系列多样化的水溶性高分子作为修饰剂，包括但不限于经典的聚乙二醇（PEG）及如右旋糖酐、蔗糖聚合物（Ficoll）、葡聚糖等糖类衍生物，它们各自以其独特的物理化学性质赋予酶分子新的活力。此外，环状糊精以其独特的环状结构为酶提供了保护性的微环境，而肝素、羧甲基纤维素等则以其生物相容性和功能性基团增强了酶的应用潜力。更值得一提的是，聚氨基酸等新型修饰剂的引入，进一步拓宽了大分子结合修饰的边界。

（1）聚乙二醇对酶的修饰　　作为大分子修饰剂的聚乙二醇（PEG，相对分子质量为 $1000 \sim 10\,000$）应用最广泛。PEG 具有较多优点，无抗原性、无毒、生物相容性强、易溶于水和大多数有机溶剂。其分子末端具有两个活性羟基，其中一个可以被甲氧基化，转化成具有高度活化潜力的单甲氧基聚乙二醇（mPEG），参与多种试剂的反应，生成一系列聚乙二醇衍生物。而 mPEG 上的另外一个羟基具备与胺类化合物发生化学反应的能力，促使了聚乙二醇胺类衍生物的合成。

（2）右旋糖酐对酶的修饰　　右旋糖酐作为一种由葡萄糖单元经 α-1,6-糖苷键连接的多糖，展现出卓越的水溶性与生物相容性。高碘酸作为一种氧化剂，能够作用于右旋糖酐中多糖的邻双羟基结构并将其氧化，从而打开葡萄糖环，形成高活性的醛基。这些醛基进一步与酶分子上的氨基发生反应，使右旋糖酐与酶之间通过共价键紧密结合。通过这种方式，可以实现对酶的修饰，如图 7-15 所示。

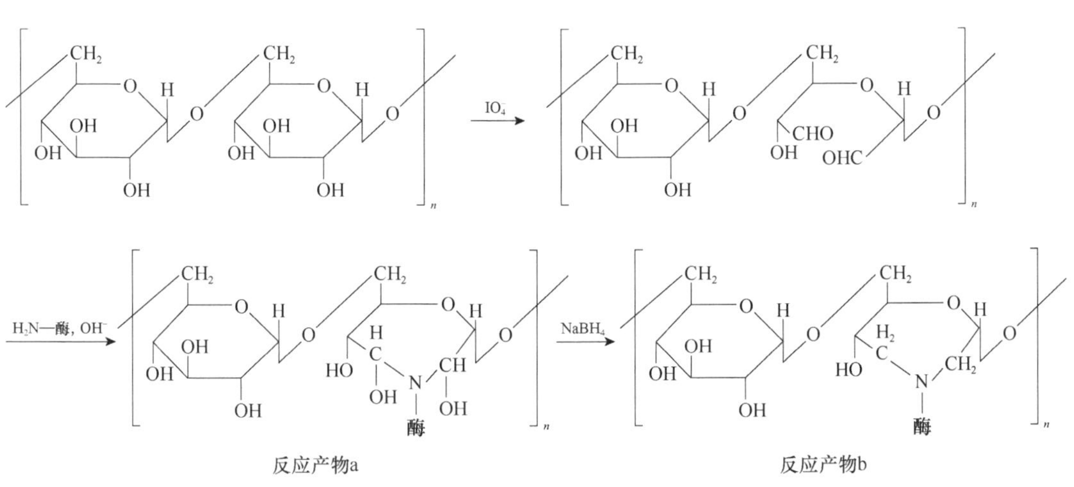

图 7-15　右旋糖酐通过高碘酸氧化法对酶进行修饰（梅乐和和岑沛霖，2006）

经由大分子结合修饰的策略，能够显著提升酶的催化活性，增强其结构稳定性，并可有效调控乃至消除酶的抗原性，从而在多个维度上优化酶的性能与适用性。

（1）通过修饰提升酶的催化活性　　水溶性大分子与酶蛋白侧链基团间形成的共价键结合，会微妙地调整酶分子的空间排布与构象，引发其三维结构的重塑与变化。这种变化使得酶活性中心更加有利于与底物结合，并形成了更为精确的催化部位。因此，此类修饰技术能够显著增强酶的催化活性。以胰凝乳蛋白酶为例，当每个酶分子精准地与 11 个右旋糖酐分子通过特定方式结合后，其催化能效跃升至原始酶活性的 5.1 倍，这展示了这一修饰策略在提升酶性能方面的巨大潜力，也充分展示了水溶性大分子与酶蛋白结合在提升酶活性方面的潜力。

（2）通过修饰可以增强酶的结构稳定性　　酶分子的空间结构常常因各种因素而受到破坏，从而导致酶活性降低甚至完全丧失催化功能。为了提升酶的稳定性，确保其在各种环境下都能保持高效的催化作用，稳定酶的空间结构至关重要。在这方面，大分子结合修饰已被证实为一种有效方法，它能够显著提高酶的热稳定性并延长其半衰期。与酶分子结合的大分子可分为水溶性和水不溶性两类。采用水不溶性的大分子与酶结合制备的固定化酶，其稳定性得到了显著的提升。而采用水溶性的大分子与酶分子进行共价结合修饰，可以在酶分子周围形成一层保护层，有效地维护酶的空间构象，进而增强酶的稳定性。值得注意的是，许多修饰分子都具有多个活性反应基团，因此它们能够与酶形成多点交联。这种多点交联不仅可以在空间上固定酶的构象，还能进一步增强酶的热稳定性。例如，腺苷脱氢酶、淀粉酶、过氧化氢酶、溶菌酶、糜蛋白酶及天冬酰胺酶等，经过右旋糖酐、肝素或聚氨基酸等物质的修饰后，其热稳定性均得到了显著的提升。

半衰期，作为衡量酶稳定性的关键指标，指酶的活力降低至原始活力一半时所需的时间。酶的半衰期越长，意味着其稳定性越佳；反之，半衰期短则稳定性较差。特别是一些药用酶，在进入人体后，往往因稳定性不足而导致半衰期短暂。然而，经过大分子结合修饰的酶，其抗蛋白水解酶、抗抑制剂和抗失活因子的能力得以增强，同时热稳定性也得到提升，因此其半衰期通常比天然酶要长。举例来说，木瓜蛋白酶、菠萝蛋白酶、胰蛋白酶、α-淀粉酶、β-淀粉酶、过氧化氢酶及超氧化物歧化酶（superoxide dismutase，SOD）等，在经过大分子结合修饰后，其酶的半衰期均得到了显著的延长。以超氧化物歧化酶为例，这种酶能够催化超氧负离子进行氧化还原反应，生成氧和过氧化氢，具有抗氧化、抗辐射、抗衰老的显著功效。然而，它在血浆中的半衰期仅为 6～30min。但经过大分子结合修饰后，其稳定性得到了大幅提升，半衰期甚至延长了 70～350 倍（表 7-1），这充分展示了化学修饰在提升酶稳定性方面的巨大潜力。

表 7-1　天然 SOD 和修饰后 SOD 在人体血浆中的半衰期及相对稳定性（郭勇，2015）

酶	半衰期	相对稳定性
天然 SOD	6min	1
右旋糖酐-SOD	7h	70
Ficoll （低相对分子质量）-SOD	14h	140
Ficoll （高相对分子质量）-SOD	24h	240
聚乙二醇-SOD	35h	350

（三）置换修饰

氨基酸和核苷酸奠定了酶复杂的化学构造与空间结构的基础，任何针对这些基本构造单元的细微调整，都不可避免地触动酶分子内在结构的微妙平衡，导致其化学架构与空间形态发生微妙的改变。这一过程可能显著影响并重塑酶的功能特性与催化效能。

对于蛋白类酶而言，其核心构成元素是氨基酸。将肽链上某一特定的氨基酸替换为另一种氨基酸时，这种修饰方法被称为氨基酸置换修饰。同样，核酸类酶的构成基石是核苷酸单元。当这些核苷酸链中的某一特定核苷酸种类发生改变时，这一过程被定义为核苷酸置换修饰。

通过酶分子组成单位置换修饰，可以提高酶的催化效率、增强酶的稳定性、改变酶的催化专一性和获得各种人造核酸类酶，举例如下。

1. 提高酶的催化效率　举例来说，酪氨酸-RNA 合成酶在生物合成过程中起着关键作用，它通过催化酪氨酸与相应 tRNA 的特异性结合，促成酪氨酰-tRNA 这一关键中间体的形成。将该酶结构中的第 51 位苏氨酸（Thr51）进行位点特异性的改造，巧妙地置换为脯氨酸（Pro51），这一细微的改动竟然使得修饰后的酶对 ATP 的亲和性显著增强，提升了近 100 倍。同时，这一修饰还使酶的催化效率大幅提升，高达原来的 25 倍。

2. 增强酶的稳定性　T_4 溶菌酶中，第 3 位点的异亮氨酸（Ile3）经过精心设计的定点突变策略，被成功转化为半胱氨酸（Cys3），随后还触发了一个关键的分子内反应，与第 97 位半胱氨酸（Cys97）之间形成了稳定的二硫键，新增的化学键不仅没有降低 T_4 溶菌酶的活性，反而显著增强了其结构的刚性，提高了热稳定性。

3. 改变酶的催化专一性　枯草杆菌蛋白酶中，活性中心的核心氨基酸残基丝氨酸（Ser），通过定点突变技术，将其替换成半胱氨酸（Cys），这一微妙变化，对酶的功能产生了深远影响，原本该酶所展现出的对蛋白质及多肽底物的高效水解能力显著减弱甚至消失，但有趣的是，它展现出对硝基苯酯等底物的水解活性。

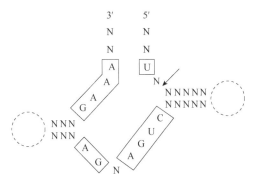

图 7-16　锤头形核酸类酶的结构
（邹国林和刘德立，2021）

4. 获得各种人造核酸类酶　具有锤头结构的核酸类酶分子，其核心架构精妙地融合了 11 个高度保守的核苷酸残基作为功能基石，并围绕这一核心，构筑起三个精巧的螺旋结构域（图 7-16）。值得注意的是，除却这 11 个对酶活性至关重要的保守核苷酸之外，其余核苷酸序列展现出了高度的灵活性，允许进行广泛的核苷酸置换与修饰。

基于对锤头结构自我剪切酶结构与功能关系的深入理解，能够设计出催化分子间反应的锤头形剪切酶，其结构如图 7-16 所示。利用核苷酸置换与修饰技术，能够精准地、选择性地替换掉那些非保守序列中的特定核苷酸或核苷酸组合，这一创造性过程不仅保留了核心保守核苷酸所赋予的基础酶活性，还成功解锁了制造多样化人造核酸类酶的可能性。

　　金属离子置换修饰作为一种创新的分子工程手段，将酶分子内部原有的金属离子精准替换为另一种金属离子，这一替换过程能够影响并重塑酶的固有特性与功能表现。

　　金属离子往往扮演着酶活性中心的关键角色，对酶的催化功能具有决定性的影响。将酶分子中的金属离子去除，它的酶活性显著降低甚至失活，反之，酶分子中重新引入金属离子，酶活性将得到恢复。有实验表明，当酶分子中的金属离子置换成不同种类的金属离子时，酶活性变化相差较大，有时候，酶与特殊金属离子结合后甚至展现新的特异性或者增强其结构稳定性。

　　值得注意的是，金属离子置换修饰仅适用于那些原本就含有金属离子的酶。在修饰过程中，常用的金属离子多为二价金属离子，如 Ca^{2+}、Mg^{2+}、Mn^{2+}、Zn^{2+}、Co^{2+}、Cu^{2+}、Fe^{2+} 等。

　　通过金属离子置换修饰，不仅可以更深入地了解各种金属离子在酶催化过程中的具体作用，有助于阐明酶的催化作用机制，还有可能提高酶的催化效率，增强其稳定性，甚至改变酶的某些动力学性质，为酶的应用和优化提供了更多的可能性。经过金属离子置换后的酶，往往呈现不同的催化特性：①提高酶的催化效率；②增强酶的稳定性；③改变酶的动力学特性。

五、化学修饰酶的性质与特点

　　目前为止，据报道有百余种蛋白质被进行了化学修饰研究，其中绝大部分是具有催化活性的酶，修饰后的酶性能显著改善，如热稳定性增强、体内半衰期延长、抗原性和潜在的毒性减弱甚至消失。此外，经过修饰后的酶在生物体内的分布和代谢行为更加合理，其中药用酶的治疗效果也得到提高。不仅如此，修饰后的酶在有机溶剂中的溶解度和对有机溶剂变性作用的耐受性也得到了加强。由于绝大部分天然酶的宿主是微生物，对于人体具有一定的免疫原性，可能会导致免疫反应和全身性过敏反应。为了克服这一难题，科研人员利用 PEG 对酶分子进行修饰并取得较好进展。例如，天冬酰胺酶经过 PEG 修饰后，其抗原性显著降低，同时增强了抗蛋白质水解能力，延长了体内半衰期，最终改善其疗效。另外，葡萄糖醛酸苷酶、葡萄糖苷酶、半乳糖苷酶和腺苷脱氨酶等经过 PEG 修饰后，在抗原性、抗蛋白质水解能力、体内半衰期等方面均大大改善，这拓宽了其在工业化界和科研领域中的应用范围。

（一）修饰酶的热稳定性

　　从热力学角度分析酶的热稳定性，酶分子的天然构象呈现高度有序且低熵值的状态。酶分子内部不同基团之间相互作用，同时与外部水溶液分子之间也存在相互作用。这些相互作用在某种程度上产生了补偿性的熵值，这样将酶分子结构的熵值维持在一个平衡的状态，确保酶分子保持紧密有序的构象。研究表明，当外界温度逐渐上升时，这种微妙的平衡状态开始失调。随着热量的增加，酶分子内各基团间的相互作用发生变化，原本维系其天然结构的平衡状态被打破。酶分子的结构向热力学上熵值增高的方向转变，即从熵值较低、紧密有序的状态逐渐转化为一个趋向于混乱和无序的松散状态，最终导致其催化活性的丧失。

为了克服这一问题，酶分子的化学修饰应运而生。这种修饰方法旨在通过增加天然构象的稳定性来提高酶的热稳定性，从而减少酶的热失活。具体来说，酶与修饰剂的交联可以使酶的天然构象变得"刚性"，不易伸展打开。同时，这种修饰还能减少酶分子内部基团的热振动，相对固定酶分子的构象，进而增强其热稳定性。表 7-2 比较了天然酶和修饰酶的热稳定性。

表 7-2　天然酶和修饰酶的热稳定性比较（梅乐和和岑沛霖，2006）

酶	修饰剂	天然酶		修饰酶	
		温度/时间	残留酶活/%	温度/时间	残留酶活/%
腺苷脱氢酶	右旋糖酐	37℃/100min	80	37℃/100min	100
α-淀粉酶	右旋糖酐	65℃/2.5min	50	65℃/63min	50
β-淀粉酶	右旋糖酐	60℃/5min	50	60℃/175min	50
胰蛋白酶	右旋糖酐	100℃/30min	46	100℃/30min	64
过氧化氢酶	右旋糖酐	50℃/10min	40	50℃/10min	90
溶菌酶	右旋糖酐	100℃/30min	20	100℃/30min	99
α-糜蛋白酶	右旋糖酐	37℃/6h	0	37℃/6h	70
β-葡萄糖苷酶	右旋糖酐	60℃/40min	41	60℃/40min	82
尿酸氧化酶	人血清白蛋白	37℃/48h	50	37℃/48h	95
α-葡萄糖苷酶	人血清白蛋白	55℃/3min	50	55℃/60min	50
尿激酶	人血清白蛋白	65℃/5h	25	65℃/5h	85
L-天冬酰胺酶	聚丙烯酰胺-丙烯酸	37℃/2d	50	37℃/2d	100
	聚乳酸	60℃/10min	19	60℃/10min	63
	聚丙氨酸	50℃/7min	50	50℃/22min	50
	人血清白蛋白	37℃/4h	50	37℃/40h	50
葡萄糖氧化酶	聚乙烯酸	50℃/4h	52	50℃/4h	77
糜蛋白酶	肝素	37℃/6h	0	37℃/24h	80
	聚 N-乙烯吡咯烷酮	75℃/117h	61	75℃/117h	100

（二）体内半衰期

经过化学修饰后，众多酶的抗蛋白水解酶、抗抑制剂和抗失活因子的能力均得到了显著增强，同时其热稳定性也得到了提升。这些改进相应地延长了酶在生物体内的半衰期，对于提高药用酶的疗效至关重要。这一进步不仅增强了酶在复杂生物环境中的稳定性，还提升了其作为治疗药物的效能，为医药领域的发展带来了新的可能性。表 7-3 比较了天然酶与修饰酶在生物体内的半衰期。

表 7-3　天然酶与修饰酶在生物体内半衰期的比较（梅乐和和岑沛霖，2006）

酶	修饰剂	半衰期或残留酶活率/时间	
		天然酶	修饰酶
羧肽酶 C	右旋糖酐	3.5h	17h
精氨酸酶	右旋糖酐	1.4h	12h
	PEG	1h	12h

酶	修饰剂	半衰期或残留酶活率/时间	
		天然酶	修饰酶
α-淀粉酶	右旋糖酐	16%/2h	75%/2h
谷氨酰胺酶-天冬酰胺酶	糖肽	1h	8.2h
L-天冬酰胺酶	聚丙氨酸	3h	21h
	PEG	2h	24h
尿酸氧化酶	白蛋白	4h	20h
	PEG	18%/3h	65%/3h
α-葡萄糖苷酶	白蛋白	10min	3h
超氧化物歧化酶	白蛋白	6min	4h
尿激酶	白蛋白	20min	90min
氨基己糖苷酶 A	PVP	5min	35min
腺苷脱氨酶	PEG	30min	28h
过氧化氢酶	PEG	0%/6h	10%/8h

（三）修饰酶的抗原性

酶分子结构复杂，除包含蛋白质水解酶的作用位点（即蛋白质水解酶"切点"）外，还存在一些能组成抗原决定簇的氨基酸残基。当酶作为异源蛋白质进入机体后，会诱发机体产生抗体，进而引发抗体与抗原之间的免疫反应。这种反应不仅可能导致酶失活，还可能引发免疫反应相关的其他问题。为了降低或消除天然酶的抗原性，科研人员采用化学修饰的方法。通过共价键将修饰剂与酶分子中组成抗原决定簇的基团相互结合，从而破坏抗原决定簇的结构。这种修饰可以有效降低甚至完全消除天然酶的抗原性。此外，大分子的修饰剂还可能起到"遮盖"天然酶上抗原决定簇的作用，进一步阻碍抗原与抗体之间的结合反应，从而减少或避免免疫反应的发生。

然而，值得注意的是，并非所有修饰剂都能有效消除或降低天然酶的抗原性。实际上，有些修饰剂在降低或消除天然酶抗原性方面并无显著作用。举例来说，多糖类物质如右旋糖酐等，并不容易达到消除或降低天然酶抗原性的效果。相对而言，目前被广泛认可且能有效消除或降低天然酶抗原性的修饰剂主要包括 PEG 和人血清白蛋白。

（四）最适 pH

经过化学修饰的部分酶，其催化的最适 pH 往往会发生改变。与天然酶相比，修饰酶的最适 pH 通常会有所不同。值得注意的是，有些酶经过修饰后，其最适 pH 会呈现出一个特定的范围，这使得酶在特定环境下，如生理或临床应用中，能够发挥更加优越的性能，从而具有更大的实际应用价值。

举一个例子来说，来源于猪肝的天然尿酸氧化酶在 pH 为 10.5 时表现出最佳的催化活性。然而，在生理环境 pH 为 7.4 的条件下，其酶活性损失高达 90%~95%，因此并不适合直接应用。但经过白蛋白修饰后，修饰酶的最适 pH 范围得到了拓宽。在 pH 为 7.4 的生理环境中，修饰酶仍能保持约 60% 的酶活性，相较于天然尿酸氧化酶，修饰酶在生理条件下的机体内更能有效发挥作用。另一个例子是天然的吲哚-3-链烷羟化酶，经过修饰后，其最适 pH 从 3.5 变为 5.5。在 pH 为 7 的环境中，修饰酶的活性相较于天然酶增加了 5 倍。因此，在生理环境下，修饰酶的抗肿瘤效果比天然酶要显著得多。

（五）酶学性质

应该说天然酶经过修饰后，绝大多数酶的最大反应速率 V_{max} 没有变化，但有些酶被修饰后，其米氏常数 K_m 会增大，如表 7-4 所示。

表 7-4 天然酶与修饰酶 K_m 的对比（梅乐和和岑沛霖，2006）

酶	修饰剂	$K_m/$（mol/L）	
		天然酶	修饰酶
苯丙氨酸解氨酶	PEG	6×10^{-5}	1.2×10^{-4}
L-天冬酰胺酶	白蛋白	4×10^{-5}	6.5×10^{-5}
	聚丙氨酸	4×10^{-5}	不变
尿酸氧化酶	白蛋白	3.5×10^{-5}	8×10^{-5}
腺苷脱氨酶	右旋糖酐	3×10^{-5}	7×10^{-5}
吲哚-3-链烷羟化酶	聚丙烯酸	2.4×10^{-5}	7×10^{-6}
	聚顺丁烯二酸	2.4×10^{-5}	3.4×10^{-6}
尿酸氧化酶（猪肝）	PEG	2×10^{-5}	6.9×10^{-5}
产朊假丝酵母尿酸氧化酶	PEG	5×10^{-5}	5.6×10^{-5}
精氨酸酶	PEG	6×10^{-5}	1.2×10^{-2}
谷氨酰胺酶-天冬酰胺酶	糖肽	2.6×10^{-5}	不变
胰蛋白酶	右旋糖酐	3×10^{-5}	不变

一般认为可能是天然酶经过大分子修饰剂结合修饰后，大分子修饰剂产生的空间障碍影响了底物对酶的接近和有效结合，从而导致 K_m（米氏常数，即酶促反应速率达到最大反应速率一半时的底物浓度）的增加。尽管如此，人们普遍认为修饰酶在抵抗各种失活因子方面的能力增强及体内半衰期的延长，能够有效弥补 K_m 增加带来的缺陷。因此，这并不影响修饰酶在实际应用中的价值。

六、酶分子化学修饰的应用

酶分子化学修饰有助于深入研究酶的结构与功能之间的关系，同时能有效提升酶的催化效率，增强其稳定性，降低或消除酶的抗原性，并改变其动力学特性。这些改进不仅提高了酶在医药领域的应用价值，还拓展了其在食品、轻工化工、环保和能源等多个领域的应用前景。

（一）在酶学研究方面的应用

20 世纪 50 年代起，酶分子侧链基团修饰便成为生物化学和酶学研究的焦点。这种修饰方法不仅有助于深入研究酶结构与功能的关系，还极大地推动了酶学的发展。

1. 酶的活性中心探索　　酶分子修饰是研究酶活性中心的关键手段。当某一基团修饰后酶活性未显著变化，则此基团可能非活性中心所必需；反之，若修饰后酶活性大幅下降或消失，则该基团很可能是催化中心的核心组成部分。

2. 酶的空间结构研究　　采用荧光修饰试剂，结合荧光光谱分析，可以揭示酶分子中各基团的空间分布和溶液中的构象。同时，利用巯基修饰剂可了解半胱氨酸的数量与分布，进而确定肽链和二硫键的数目。

3. 酶的作用机制阐明　　酶分子修饰有助于揭示残基及其侧链在催化过程中的作用。常用的修饰方法包括亲和标记法、差示标记法、氨基酸置换法和核苷酸置换法等。

（1）**亲和标记法**　　通过亲和标记试剂对酶分子进行修饰的方法称为亲和标记法。这些亲和标记试剂与酶分子上的某一特定部位（常常是酶的活性中心）具有高度的亲和力，能够精准地结合于该部位，从而实现酶分子的修饰。在实际应用中，酶的底物类似物常被用作亲和标记试剂，以实现对酶分子的有效标记和修饰，如表 7-5 所示。

表 7-5　某些酶常用的亲和标记试剂（郭勇，2015）

酶	亲和标记试剂	修饰的残基
天冬氨酸转氨酶	β-溴丙酮酸	Cys
	β-溴丙氨酸	Lys
羧肽酶 B	α-N-溴乙酸-D-精氨酸	Glu
	溴乙酸氨基苄琥珀酸	Met
α-胰凝乳蛋白酶	L-苯甲磺酰苯丙氨酰氯甲酮苯甲烷磺酰氯	His57
		Ser195
胰蛋白酶	L-苯甲磺酰赖氨酰氯甲酮	His
木瓜蛋白酶	L-苯甲氨酰苯丙氨酰氯甲酮	Cys
反丁烯二酸酶	溴代甲基反丁烯二酸	Met，His
半乳糖苷酶	溴代乙酰-β-D-半乳糖胺	Met
乳酸脱氢酶	3-溴乙酸吡啶	Cys，His
溶菌酶	2′,3′-环氧丙基-β-D-（N-乙酰葡萄糖胺）	Asp52
甲硫氨酰-tRNA 合成酶	对硝基苯-氨甲酰-甲硫氨酰 tRNA	Lys
RNA 聚合酶	5-甲酰尿苷-5′-三磷酸	Lys

（2）**差示标记法**　　在酶的作用过程中，当底物或竞争性抑制剂存在时，它们会保护酶分子活性中心上的特定结合基团，使其免受修饰剂的影响。随后，通过移除这些底物或抑制剂，并引入带有放射性同位素标记或荧光标记的修饰剂，原先受到保护的基团便会被标记上放射性或荧光。通过检测这些标记，可以识别出酶活性中心上的结合基团。

（3）**氨基酸置换法**　　运用定点突变技术或化学方法，能够精确地置换酶蛋白分子中的特定氨基酸残基。通过观察和比较置换前后酶催化反应的变化，可以深入分析和了解该氨基酸残基在酶催化过程中所扮演的角色和重要性。

（4）**核苷酸置换法**　　利用定位突变技术，可以精确地将酶 RNA 分子中的某个核苷酸残基替换为另一个核苷酸残基。随后，通过观察这一替换对酶催化反应的影响和变化，能够深入分析和了解该核苷酸残基在酶催化反应过程中的具体作用。

（二）在医药方面的应用

酶在疾病的诊断、治疗及药物生产等方面拥有广泛的应用前景。然而，酶在体内的不稳定性、抗原性及较短的半衰期均限制了其实际使用效果。通过酶分子修饰技术，可以显著增强酶的稳定性，减少或消除其抗原性，并延长其半衰期。这一技术的运用不仅大幅拓宽了酶的应用范围，还显著提升了其在各领域的应用价值。

1. 降低或者消除酶抗原性　　酶分子经过修饰，可以降低乃至完全消除其抗原性。例如，PEG 修饰精氨酸后，抗原性完全消除，仍然保留其抗癌功能。同样，L-天冬酰胺酶经过 PEG 修饰后，降低了抗原性保留了对白血病的疗效。据此，L-天冬酰胺酶被批准为治疗相关疾病的新药。

2. 增强医药用酶的稳定性

（1）超氧化物歧化酶　　鉴于其卓越的抗氧化、抗辐射及抗衰老效能，该酶成了医学领域瞩目的焦点。当通过大分子结合技术，尤其是聚乙二醇（PEG）化修饰将其转化为聚乙二醇-超氧化物歧化酶（PEG-SOD）复合物后，其稳定性实现了质的飞跃。这一转变大幅延长了酶在血浆中的循环半衰期，增幅高达 350 倍。

（2）青霉素酰化酶　　为了进一步优化青霉素酰化酶的性能表现，引入了葡聚糖二乙醛作为交联剂，实施分子内交联修饰策略。这一修饰不仅显著增强了酶在高温环境下的稳定性，特别是在 55℃的高温条件下，其半衰期延长了 9 倍，同时酶的最大反应速率 V_{max} 得以保持原有水平，未受影响。

（三）在抗体酶研究开发方面的应用

抗体酶（也被称为催化性抗体）是指一种特殊的、具备催化作用的抗体。它是由机体受到抗原刺激产生的免疫球蛋白，是能与抗原特异性结合的一种酶。有研究表明，在抗体与抗原结合部位引入催化残基，可以产生出具备催化功能的抗体酶，其中一些抗体酶在自然界中尚未发现。人为设计创造新的抗体酶，第一种方式是免疫系统诱导，第二种是对抗体分子进行修饰，包括氨基酸突变置换和侧链基团修饰。最终在抗体与抗原结合区域嵌入催化基团，使抗体具备催化性能。

（四）在核酸类酶人工改造方面的应用

自从切赫（Cech）在 1982 年发现核酸类酶（核酶，ribozyme），证实 RNA 分子具备催化活性以来，人们开始探索是否也能通过人工修饰核酸类酶赋予其全新的催化特性，正如蛋白类酶经过分子修饰后催化特性发生改变一样。利用核苷酸置换技术对非保守的核苷酸进行修饰，可以获得催化特性各异的人造核酸类酶。另外，对特定核苷酸残基点修饰，引入一些适当的有机物，可提高其催化效率，同时也丰富了核酸类酶的结构多样性。

RNA 分子具有催化活性，DNA 分子是否也具备类似功能呢？然而，至今尚未在自然界中发现具有催化活性的 DNA。这可能是因为 RNA 分子中的 2′-OH 能够作为质子供体直接参与多种催化反应，而 DNA 分子中缺少 2′-OH，导致其潜在的催化能力受到很大限制。

但正如缺少蛋白质分子中众多侧链基团的 RNA 分子具有催化活性一样，在特定条件下，缺少 2'-OH 的单链 DNA 分子也可能展现出催化功能。

（五）在有机介质酶催化反应中的应用

酶在特定的有机溶剂介质中能够保持其基本结构和活性中心的稳定构象，因此仍能有效发挥催化功能。在有机介质中进行酶催化时，常见的做法是将冻干的酶粉末悬浮于有机溶剂中。然而，酶粉末一般不易溶于有机溶剂，导致其在溶剂中的分布不够均匀，这直接影响了酶的催化效率。为了解决这些难题，可以对酶分子的侧链基团进行修饰，增加疏水性的基团，促进其在有机溶剂中均匀分布，增加其溶解度。经过精心设计的修饰策略，酶分子的性能在有机溶剂体系中得到了显著提升。特别是单甲氧基聚乙二醇这一高效修饰剂的引入，使脂肪酶、过氧化氢酶及过氧化物酶等多种酶类的氨基酸残基得到了巧妙的改造。这一过程不仅极大地增强了酶分子在苯、氯仿等有机溶剂中的溶解性与稳定性，还促使它们的催化效率实现了跨越式的提升，适当的修饰剂可以促进酶在有机介质中的应用。

第二节　酶 的 模 拟

在自然界漫长的进化中，生命体孕育出独特的生物机能，其中酶分子以其高效催化和专一识别功能尤为显著。自 20 世纪起，科学家寻求模拟自然生物体行为（尤其是酶的功能）作为技术创新的重要源泉。酶作为生物催化剂，不仅加速反应速率，而且反应条件温和、效率高、专一性强。然而，天然酶的高成本、难提纯、易失活等特性限制了其应用。因此，人工模拟酶的研发成为科学前沿，为可持续化学提供了新的路径。自 20 世纪 80 年代起，化学家深入研究利用简单分子模型构建酶特征，这不仅有助于理解酶的作用机制，还推动了具有酶功能的人工酶体系在实际生产中的应用，展现了人工模拟酶的巨大潜力和广阔前景。

诺贝尔奖得主 Cram、Pedersen 和 Lehn 的杰出贡献——提出了主客体化学和超分子化学，为模拟酶的研究领域奠定了坚实的理论基础。通过精心设计和合成具备催化基团并能精准识别底物的主体分子，科学家成功实现了对天然酶催化过程的模拟。随着生命科学和化学领域的深度融合与交叉发展，模拟酶在生化分析中的应用愈发广泛，展现出巨大的潜力和价值。

本节将深入探讨模拟酶的理论基础、核心概念、分类方法及设计要素，并通过具体案例如成功合成的酶和印迹酶，展示模拟酶研究的最新成果。同时，还将展望模拟酶在未来的发展前景，探讨其在科学研究、医学诊断和工业生产等领域可能带来的革命性变化。

一、模拟酶的基本概念

至今，人工酶（又称模拟酶、酶模型）这一领域尚未形成一个统一而明确的界定，这主要归因于天然酶本身的多样性及它们在模拟过程中的多路径、多方法、多原理与多目标所展现出的广泛差异性。这种复杂性使得为人工酶确立一个普遍适用的定义变得尤为具挑战性。它在化学生物学领域占据举足轻重的地位，同时也是生物有机化学的关键分支。目前研究的核心在于汲取酶分子的核心要素，然后基于多学科交叉方法，通过精心设计，创造出比天然酶结构更为精简的非蛋白质或蛋白质分子，旨在探索这些人工酶与特定底物之间的结合机制与催化过程。这一过程不仅局限于分子层面的精细操作，更深度触及模拟酶活性中心在形状、结构、尺寸等方面的特性解析。总括而言，人工酶的研究构成了一个跨学科领域，它不仅聚焦于酶活性模拟的精细构造，还广泛涉及酶作用机制的阐明及立体化学科特性的探索，为深入理解酶促反应提供了全新视角。

自 20 世纪 70 年代以来，酶学领域迎来了前所未有的技术革新，特别是蛋白质结晶学、X 射线衍射技术及先进光谱技术的迅猛发展，为研究者提供了前所未有的洞察能力。这些尖端技术使得科学家能够深入酶分子的结构核心，对酶活性中心、与抑制剂形成的复合物，乃至与底物反应过程中的过渡态进行细致入微的系统剖析。这一系列的技术突破极大地推动了人工酶领域的进步，不仅深化了对酶催化机制的理解，也为人工酶的设计与开发开辟了新的道路，促进了该领域的蓬勃发展。目前，已有多种理想的小分子仿酶体系，包括环糊精、冠醚、环番、环芳烃和卟啉等大环化合物。而在大分子仿酶体系中，主要有合成高分子仿酶体系和生物高分子仿酶体系两类。合成高分子仿酶体系涵盖了聚合物酶模型、分子印迹酶模型和胶束酶模型等多种类型。生物高分子仿酶体系运用了化学修饰与基因编辑等策略，对天然蛋白质进行了精准改造，以赋予其前所未有的催化功能。这一创新路径的杰出成果之一便是抗体酶的诞生与迅速崛起，它不仅标志着蛋白质工程领域的重大突破，更为人工酶的探索开辟了一扇全新的大门。

二、小分子仿酶体系模拟酶

（一）环糊精模拟酶

环糊精（cyclodextrin，CD），作为一种独特的环状低聚糖，其构成源于多个 D-葡萄糖分子之间通过精确的 1,4-糖苷键连接。根据它所含葡聚糖单元数量，分为 6～8 个单元 3 个类型的环糊精。其结构均呈现出一种独特的略呈锥形的圆筒状，伯羟基位于较小开口端，仲羟基位于较大开口端。这种形状决定了 CD 分子外侧呈现亲水性，而内侧部分碳原子上的氢原子和糖苷氧原子形成疏水性的空腔，它能选择性地包结多种客体分子并与其形成氢键，这一过程与酶识别底物类似（图 7-17）。在人工酶模型的主体分子中，环糊精凭借其卓越的分子识别能力和稳定性而具有天然优势。

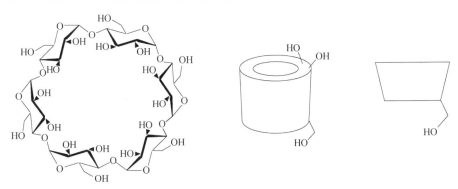

图 7-17　环糊精结构示意图（罗贵民等，2016）

CD 分子与底物的结合常数一般在 $10^2 \sim 10^4 \text{mol/L}$。之前研究人员对仿酶的研究主要为在 CD 分子两侧巧妙地引入催化基团或疏水基团，不仅优化了其疏水性结合特性，还显著提升了其催化效能。这些经过精心修饰的 CD 分子，虽常展现出单一包结位点和双重识别能力，但在模拟天然酶的高效性与高选择性方面仍显局限。为了跨越这一障碍，研究人员创新性地研发了桥联环糊精与聚合环糊精等新型结构，这些结构上的革新实现了仿酶的多重疏水结合效应与增强的多重识别能力，其结合常数更是跃升至 10^8mol/L 乃至更高水平，这一成就不仅超越了部分天然酶对底物的亲和力，还逼近了中等亲和力抗体对抗原的结合强度，为环糊精在仿酶领域的应用开辟了前所未有的广阔道路。

当前，环糊精作为理想的酶模型，正引领着模拟酶催化功能研究的新潮流。科研人员已在这一领域取得了一系列重大突破，成功模拟了包括氧化还原酶、核糖核酸酶、水解酶及转氨酶在内的多种关键酶的催化功能。这些成果不仅彰显了环糊精仿酶体系的巨大潜力，同时也说明研究人工酶具一定的前景。

（二）冠醚化合物的模拟酶

冠醚凭借其卓越的性能，具备与金属离子、铵离子及有机伯铵离子形成稳定配合物的独特能力。为了模拟酶的催化作用，将具有催化活性的基团连接至冠醚分子上，可以显著提高其催化效果。另外，手性冠醚分子在配位化合氨基酸酯时，展现出了超乎寻常的选择性，这一特性为如何设计模拟酶的活性区域提供了参考。

1．水解酶的模拟　　巧妙地利用冠醚化合物分子的冠醚环作为关键的结合区域，将含醚侧臂或亚甲基作为立体识别区域，同时，侧臂的末端被设计为催化区域，以实现特定的催化功能。

基于这样的设计，成功合成了一系列冠醚水解酶模拟物，如图 7-18 所示，展示了 A、B、C 三种模拟酶的结构。

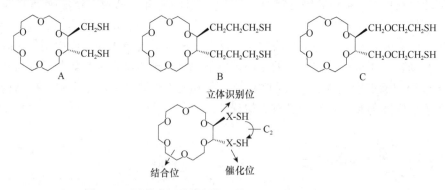

图 7-18　冠醚水解酶模拟物（梅乐和和岑沛霖，2006）

这些冠醚模拟酶在水解酶的催化能力模拟方面表现出色。表 7-6 展示了氨基酸-对硝基苯酯释放对硝基苯酚的速率常数。数据表明，在冠醚模拟酶 A、B、C 的作用下，各种氨基酸的盐与冠醚环结合，使得底物在—SH（巯基）附近的浓度增加，从而显著加快了反应速率。

表 7-6　氨基酸-对硝基苯酯释放对硝基苯酚的速率常数（梅乐和和岑沛霖，2006）（单位：$10^{-3}/s$）

酯	冠醚					
	无	18-冠-6	18-冠-6+BuSH	A	B	C
$Br^- H_3\overset{+}{N}CH_2COOC_6H_4—NO_2$	3	0.9	1	1700	50	2500
$Br^- H_3\overset{+}{N}CH_2COOC_6H_4—NO_2$ $\mid$ CH_3	5	5	4	6	4	37
$Br^- H_3\overset{+}{N}(CH_2)_2COOC_6H_4—NO_2$	<0.1	<0.05	<0.05	<0.4	7	2
$Br^- H_3\overset{+}{N}(CH_2)_3COOC_6H_4—NO_2$	310	1	0.9	6	42	41
$Br^- H_3\overset{+}{N}(CH_2)_3COOC_6H_4—NO_2$	<0.05	<0.05	<0.05	<0.05	<0.05	<0.05

2. 肽合成酶的模拟　　此外，图 7-19 和图 7-20 所示的冠醚化合物，都能有效地模拟肽合成酶，催化相关的反应。这些模拟酶不仅展示了冠醚在模拟生物酶催化机制方面的潜力，也为未来酶工程和新药物的开发提供了新的思路。

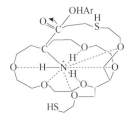

图 7-19　模拟肽合成酶的含巯基冠醚化合物
（梅乐和和岑沛霖，2006）

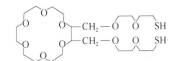

图 7-20　模拟肽合成酶的冠醚化合物
（梅乐和和岑沛霖，2006）

三、大分子仿酶体系模拟酶

（一）聚合物模拟酶

近年来，合成大分子作为模拟酶催化功能的骨架引起了广泛关注。相较于天然大分子，合成大分子能够在分子层面模拟底物识别、有效催化等信息，以及酶活性中心的柔性和诱导契合等特性。在这一前沿领域，首尔大学的 Suh 教授团队取得了令人瞩目的研究成果。

1998 年，他们首次报道了聚合物蛋白水解酶模型（图 7-21）。这一模型以聚乙二胺（PEI）为骨架，通过铁离子复合，将三个水杨酸分子固定在邻近位置。由于水杨酸分子间的协同作用，该模型显著增强了蛋白质的水解能力，成功将催化蛋白质水解的半衰期缩短至 1h。随后，他们进一步将具有催化活性的咪唑基团连接在聚氯甲基苯乙烯和二乙烯基苯交联的聚合物微球表面（图 7-21）。其中，聚合物模拟酶中的苯乙烯基有 24% 被咪唑基修饰。研究发现，当咪唑基的含量减少为 1/4.4 时，催化活力将降低为 1/24，这充分证明了咪唑基的协同性在酶催化过程中扮演着关键角色。这一发现为酶中心基团的协同效应提供了有力证据。

受到酶分子组成不断进化的启发，组合聚合物逐渐发展成为一种优秀的人工酶骨架。

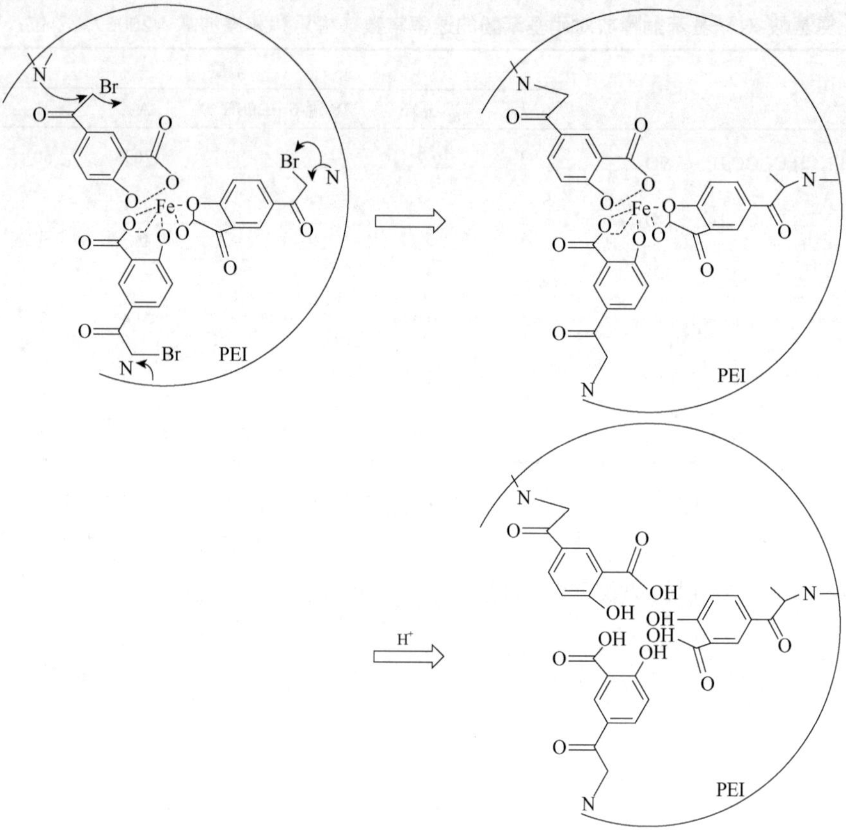

图 7-21　聚合物蛋白水解酶模型（罗贵民等，2016）

例如，Menger 等开发的一类聚丙烯酰胺的组合衍生物具备磷酸酶的催化活性（图 7-22）。他们通过酰胺键将 8 种功能性基团随机连接到聚丙烯酰胺骨架上，并在 Zn^{2+}、Fe^{3+} 或 Mg^{2+} 等金属离子的存在下进行催化活力的筛选。这种方法能够快速合成数百种潜在的聚合物催化剂，每种催化剂的性质和功能基团数量各不相同。对于同一磷酸水解反应，这种组合聚合物的催化速率甚至能够比抗体酶高出 3000 倍。从催化效果来看，这一体系无疑取得了巨大的成功。

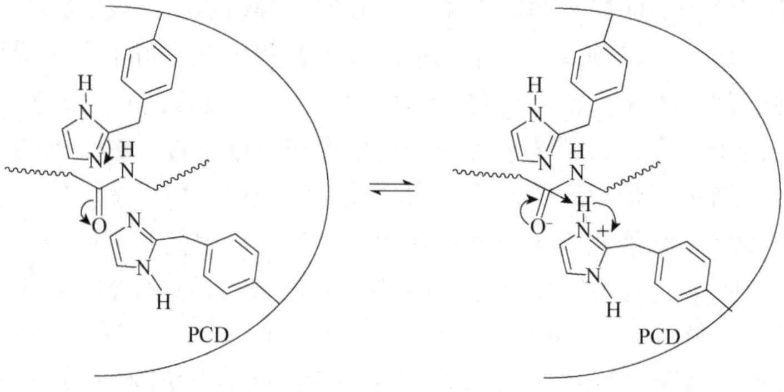

图 7-22　含咪唑基的聚合物水解酶模型（罗贵民等，2016）

（二）分子印迹模拟酶

目前，分子印迹技术已在制备人工酶方面取得较大的进展。该技术可以精准地创造出与酶活性中心极为相似的空腔，可有效结合底物，并诱导产生催化基团，促使底物的定向排列。如何利用分子印迹技术比较精准地模拟酶活性区域，以达到接近天然酶的结构状态存在较大困难。分子印迹技术是模拟并深入探索复杂酶体系的有效工具之一。

生物印迹作为分子印迹领域中的关键分支，其在酶的人工模拟上展现出了独特优势。凭借该技术，已成功制备出有机相生物印迹酶，并进行了详尽研究。随着生物印迹技术的不断发展与创新，已经能够利用该技术制备出水相生物印迹酶，这一突破给酶的人工模拟领域相关研究提供了更多便利。

1. 有机相生物印迹酶　　近年来，非水相酶学领域的研究获得了较大的进展。其一，酶在非水相环境中识别能力增强。其二，酶在非水相环境中构象刚性和热稳定性显著增强。一个有趣的现象为，在液态水相中，受体展现出一种非凡的能力，即诱导非酶类蛋白质或酶类分子形成独特的"记忆"机制。这一过程涉及蛋白质及其他生物大分子在受体调控下构象的重塑与稳固，即便这些分子随后经历冷冻干燥处理，从水相环境转换至非水相介质中，其因诱导而确立的特异性结合位点仍能保持高度的构象刚性。当酶的作用对象（底物、抑制剂或过渡态模拟物）作为诱导受体时，此类生物印迹化蛋白质不仅保留了原有的分子记忆，还展现出了针对特定催化反应的非凡效能，这一现象被形象地称为"生物印迹效应"。

以脂肪酶为例，自然状态下，水溶性的脂肪酶往往处于非激活态，其活性位点被一层"保护盖"所遮蔽。然而，当脂肪底物以脂质体这一特殊形态靠近时，这层"保护盖"仿佛被赋予了感知能力，自动开启，为脂肪的一端提供了通往结合位点的无障碍通道，实现了精准而高效的结合。为了进一步提升脂肪酶在非水相体系中的催化效能，Braco 等精心挑选了多种具有不同分子结构的两性表面活性剂，它们成功地诱导脂肪酶产生了适应非水环境的构象变化。在这样的环境下，酶的结合部位经历了新的适应性构象调整，从而使其更加契合特定的底物。因此，相较于未经过印迹处理的酶，经过优化的非水相脂肪酶的催化效率得到了显著提升，达到了两个数量级的增长。

在有机相中，生物印迹蛋白质由于保持了对印迹分子的结合构象，因此能够对相应的底物产生酶活力。那么，这种构象是否能在水相中得以保持呢？Keyes 的研究表明，通过使用交联剂，可以完全固定印迹分子的构象，从而在水相中产生高效催化的生物印迹酶。这一发现为生物印迹酶在更广泛的环境中的应用提供了可能性。

2. 水相生物印迹酶　　1984 年，Keyes 等首次报道了利用特定方法制备的具有酶水解能力的水相生物印迹酶。这种印迹酶的粗酶活力达到了 7.3U/g，而与其对照的非印迹酶无水解酶的活力。罗贵民等则进一步应用了单克隆抗体制备技术，以谷胱甘肽（GSH）修饰物为半抗原，成功制备出具有 GSH 特异性结合部位的含硒抗体酶，其催化活力已达到天然酶的水平。他们采用 GSH 修饰物作为模板分子，通过生物印迹法产生 GSH 结合部位。随后，将结合部位的丝氨酸经过化学诱变转化为催化基团硒代半胱氨酸，从而产生了具有谷胱甘肽过氧化物酶（glutathione peroxidase，GPx）活性的含硒生物印迹酶（图 7-23）。这一研究为水相生物印迹酶的制备和应用开辟了新的途径。

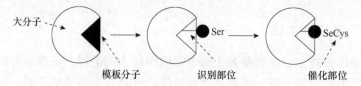

图 7-23　生物印迹过程示意图（罗贵民等，2016）

🎯 本章小结

　　本章深入探讨了酶的修饰和模拟的基础认知，起始于对其概念、特征及分类的全面解析。结合前人的研究历程，本章系统地梳理了酶的修饰和模拟的科学认知，这对于理解和研究本章内容至关重要。随后，重点介绍了酶的修饰和模拟的研究内容、发展历程及其在现代酶工程领域的核心地位，为读者构建了酶的修饰和模拟工程的系统学习框架。随着技术的不断革新和学科间日益紧密地交叉融合，酶的修饰和模拟领域迎来了新的发展机遇。新技术覆盖了从化学、物理到生物技术的广泛领域，这为酶的修饰和模拟研究及应用带来了全新的思路和方法，同时也为解决传统酶工程中的难题提供了有效途径。随着这些技术的进一步成熟和广泛应用，更多具有创新性和实用性酶的修饰和模拟技术将被开发出来，这为酶的修饰和模拟研究奠定了坚实基础，并引领该领域走向新的发展方向。

❓ 复习思考题

1. 简述酶的化学修饰定义及其主要方式。
2. 简述酶分子的化学修饰基本原理。
3. 酶分子的化学修饰主要特点是什么？
4. 酶分子的化学修饰有哪些可能的应用方向？
5. 描述一种酶分子的化学修饰实例，并解释其意义。
6. 简述模拟酶的定义及其特点有哪些。
7. 模拟酶的主要研究内容有哪些？
8. 简述模拟酶在生物技术领域的应用前景有哪些。

参 考 文 献

郭勇. 2015. 酶工程. 4版. 北京：科学出版社.

林影. 2018. 酶工程原理与技术. 3版. 北京：高等教育出版社.

罗贵民，高仁钧，李正强. 2016. 酶工程. 3版. 北京：化学工业出版社.

梅乐和，岑沛霖. 2006. 现代酶工程. 北京：化学工业出版社.

孙彦. 2024. 酶工程原理和方法. 北京：化学工业出版社.

陶慰孙，李惟，姜涌明，等. 1995. 蛋白质分子基础. 2版. 北京：高等教育出版社.

吴敬，方中明，李宪臻. 2016. 蛋白质工程. 北京：高等教育出版社.

周海梦，王洪睿. 1998. 蛋白质化学修饰. 北京：清华大学出版社.

邹国林，刘德立. 2021. 酶学与酶工程导论. 北京：清华大学出版社.

Formstecher P, Dumur V, Idziorek T, et al. 1984. Inactivation of unbound rat liver glucocorticoid receptor by N-alkylmaleimides at sub-zero temperatures. Biochim Biophys Acta, 802 (2): 306-313.

Harada M, Irie M. 1973. Alkylation of ribonuclease from *Aspergillus saitoi* with iodoacetate and iodoacetamide. J Biochem, 73 (4): 705-716.

Hass M A S, Hansen D F, Christensen H E M, et al. 2008. Characterization of conformational exchange of a histidine side chain: protonation, rotamerization, and tautomerization of His61 in plastocyanin from Anabaena variabilis. J Am Chem Soc, 130 (26): 8460-8470.

Li Q, Jiang T, Liu R, et al. 2019. Tuning the pH profile of β-glucuronidase by rational site-directed mutagenesis for efficient transformation of glycyrrhizin. Appl Mcrobiol Biotechnol, 103 (12): 4813-4823.

Neuman P, Did H, Caminade A M, et al. 2015. Redox control of a dendritic ferrocenyl-based homogeneous catalyst. Angew Chem Int Ed, 54: 311-314.

Somid D E Jr, Westeimer F H. 1971. PK of the lysine amino group at the active site of acetoacetate decarboxylase. Biochemistry, 10 (7): 1249-1253.

Weber B H, Kraut J. 1968. Identification of the most rapidly iodinating tyrosine in subtilisin. BPN Res Commun, 33 (2): 280-286.

Xin X, Zhang Y, Gaetani M, et al. 2022. Ultrafast and selective labeling of endogenous proteins using affinity-based benzotriazole chemistry. Chem Sci, 13 (24): 7240-7246.

Zhang C Q, Xue X D, Luo Q, et al. 2014. Sel-assembled peptide nanofibers designed as biological enzymes for catalyzing ester hydrolysis. ACS Nano, 8: 11715-11723.

第八章　酶的设计与改造

学习目标

1. 了解并掌握酶基因克隆的一般流程及操作步骤。
2. 了解酶分子定点突变位点的设计及实现定点突变的方法。
3. 了解亲本酶和突变酶的重组表达系统及其应用。
4. 了解酶分子定向进化的基本原理及策略。
5. 了解抗体酶和杂合酶的基本概念及其构建策略。

生物体内存在大量功能丰富、结构多样的酶，为酶的开发和利用提供了庞大的资源库。酶作为生物催化剂，在体内进行物质转化时具有催化效率高、专一性强和作用条件温和等特点。生物体内的酶是为了满足宿主适应外界环境生存的需要，并非为人类服务而产生，在体外应用时其催化活性、稳定性和选择性大多不能满足实际应用需求。因此天然酶不是理想的催化剂，有必要对其开展针对性的分子改造。酶是具有完整化学结构和空间结构的生物大分子，酶分子的结构决定了酶的性质和功能，而酶的空间结构是由其特定的氨基酸序列所确定的，因此序列的改变及由此导致的结构变化将会引发酶催化功能的改变，从而为酶的分子改造提供了可能性。随着基因工程和蛋白质工程技术的迅速发展，对天然酶进行基因克隆、序列优化及重组表达，从编码基因出发对其进行分子改造，以获得大量的重组酶及性能优越的新型酶，从而满足工业上的大规模应用及人们的实际需要。另外，通过抗体酶和杂合酶技术可以创造出自然界不存在的新型酶，可催化一些天然酶不能催化的反应。

第一节　酶分子的基因克隆及其定点突变

随着分子生物学实验技术和基因工程的不断进步，人们已经成功克隆了许多天然酶基因，包括蛋白酶、淀粉酶、脂肪酶、纤维素酶、植酸酶、木聚糖酶、β-葡聚糖酶、海藻糖合酶、尿激酶、Cas9 核酸酶等，为天然酶的基因改造和大规模表达提供了基础。与此同时，随着已测序物种数量的增加和蛋白质结构与功能关系数据库的不断完善，人们可以利用生物信息学网站和软件，根据酶蛋白分子的一级结构对其空间结构进行预测，从而合理设计酶的突变位点，并利用相关的分子生物学实验技术来实现酶分子的定点突变。

一、酶分子的基因克隆

酶分子的基因克隆是指首先从复杂的生物体基因组中采用不同方法分离并获得带有目标酶基因的 DNA 片段。其次将这些 DNA 片段与克隆载体连接，形成具有自我复制能力的重组克隆载体。再次将重组载体导入宿主细胞，并筛选出含有目标酶基因的阳性转化子细胞。然后对这些阳性转化子细胞进行培养，使重组克隆载体在宿主细胞中扩增。最后提取重组载体，从而获得大量的目标酶基因。

酶分子的基因克隆关键步骤包括：目标酶基因的获取、克隆载体的选择、重组载体的构建、重组载体导入宿主细胞及阳性转化子的筛选与鉴定。其中，目标酶基因的获取是至关重要的。

（一）目标酶基因的获取

目标酶基因的获取方法主要有以下几种。

1. 聚合酶链反应方法　　聚合酶链反应（PCR）是一种用于体外快速扩增特定基因或DNA序列的技术，它由 Mullis 于 1983 年发明。在当前的生物技术领域中，PCR 被广泛应用，并且是获得目的基因的最常用和最简单的方法之一。随着生物信息学的进步，核酸数据库每日更新，使人们能够直接利用在线数据库中的相关信息设计 PCR 引物。这些引物可以与含有目标酶基因的生物材料中的基因组 DNA（针对原核生物）或 cDNA（针对真核生物）特异性结合，通过 PCR 扩增获得目标酶基因两端的 DNA 片段，最后将这些片段进行拼接，就可以得到完整的目的基因序列。另外，如果文献或数据库中找不到目标酶基因序列，还可以通过分离纯化目标酶，进行两端氨基酸序列测定后设计简并引物，再进行 PCR扩增。

2. 建立基因文库的方法　　建立基因文库是从基因组或基因转录组直接获得目标基因的一种途径。一般来说，首先需要构建基因组文库或 cDNA 文库。然后，利用目标基因或同源基因作为探针，与构建好的基因组文库或 cDNA 文库进行杂交。在杂交后，通过筛选的方式，可以有效地获得目标基因。这种方法不仅能够获取特定的基因，还可以为进一步研究提供更多的基因资源。

基因组文库是收集某一生物体基因组所有 DNA 序列的重组 DNA 群体。构建基因组文库的一般操作步骤如下：首先，提取生物体内的基因组 DNA 和适当的载体 DNA（通常原核生物选择质粒载体，真核生物选择噬菌体或柯斯质粒）。其次，使用适当的限制性核酸内切酶分别酶切基因组 DNA 和载体 DNA。在此过程中，基因组 DNA 酶切片段应控制在 10～30kb，并通过凝胶电泳等方法分离出约 20kb 大小的随机片段群体。再次，将基因组 DNA经过限制性酶切后，得到的片段与载体进行体外连接以实现重组。如果选择 λ 噬菌体作为载体，则需要通过体外包装系统将重组体封装成完整的病毒颗粒。然后，将连接液（如果使用质粒作为载体）直接转化为感受态的大肠杆菌细胞，并通过抗生素抗性平板筛选转化子，或者利用重组噬菌体颗粒感染大肠杆菌，从而形成大量的噬菌斑。最后，这一过程将导致包含整个基因组 DNA 的重组 DNA 群体的形成，即成功构建基因组文库。

cDNA 文库是指由特定生物的成熟 mRNA 逆转录生成的 cDNA 序列所组成的 DNA 群体。构建时，通常选择 λ 噬菌体或质粒作为载体。其主要步骤包括：提取总 RNA、分离mRNA、合成双链 cDNA、与载体进行酶切和连接，最后通过包装及转染（或转化）获得大量噬菌斑或菌落，从而形成 cDNA 文库。与基因组文库相比，cDNA 文库更简单，工作量较少，并且不含内含子。由于 cDNA 是以真核生物的成熟 mRNA 为模板，因此可以在大肠杆菌中表达。在基因工程中，cDNA 文库常用于从真核生物细胞中提取目标基因。

3. 鸟枪法　　这是一种从生物基因组中提取目标基因的方法。首先，利用物理手段

（如剪切力或超声波）或限制性核酸内切酶将细胞染色体 DNA 切割成小片段，并与适当的载体连接，形成重组 DNA。然后，将重组 DNA 转入受体菌中进行扩增，从而建立基因文库。接着，通过筛选方法，从众多转化子中找出含有目标基因的菌株，并分离回收重组 DNA。由于目标基因在整个基因组中的比例较小，这一过程在很大程度上依赖运气，因此被称为"鸟枪法"或"霰弹枪实验法"。值得注意的是，由于真核生物中的目的基因通常是含有内含子的结构基因，在原核宿主中进行表达和筛选并不适合。因此，鸟枪法只适用于原核生物的基因克隆。

4．电子克隆法　　电子克隆法是一种通过同源基因筛选目标基因所在生物的表达序列标签（EST）库的方法。首先，对比序列，寻找与目标基因相似的 EST 序列。如果找到相似性较高的序列，就可以设计引物进行 PCR 或 RT-PCR，以获取目标基因的部分片段。接着，可以使用染色体步移或 cDNA 末端快速扩增（RACE）技术来获得完整的基因或 cDNA 序列。这种方法为基因克隆提供了一种快速有效的途径，尤其在发现目的基因的同源序列方面有着重要作用。最新研究表明，电子克隆法在生物信息学和分子生物学领域的发展中扮演着关键的角色，为基因挖掘和功能研究提供了重要的技术手段。

5．基因合成法　　基因合成法是基因工程中的重要组成部分，其主要方法之一是化学合成法，利用核酸合成仪直接合成基因。该方法适用于碱基较少的基因，而对于较大的基因，则需要将其分段合成后再连接成完整基因。基因合成法在基础生物学研究和生物科技应用领域具有重要意义。最新研究表明，根据目的基因的表达系统及其密码子的偏好性适当改变 DNA 的碱基种类，可提高重组蛋白的表达量，为基因工程提供快速有效的手段，也有望为合成生物学领域的发展带来新的突破。相对于传统的分子克隆技术，基因合成法具有独特优势，尤其在获取特定基因序列方面更为高效。当前的基因合成法包括 DNA 从头合成，利用寡核苷酸作为原料，通过拼接组装得到基因片段；自动化与高通量合成，采用芯片形式的固相合成载体以应对大规模 DNA 合成需求；基因片段合成，通过连接酶链反应或基于聚合酶的反应将短片段拼接成完整基因；基因库合成，利用高通量 DNA 合成技术构建基因库，几乎消除了传统基于 PCR 的饱和突变中氨基酸"偏好"的问题。

（二）克隆载体的选择

基因克隆载体是指能够携带外源基因并将其导入受体细胞以进行稳定复制的 DNA 分子。对于理想的克隆载体，希望它具备以下几个条件：①含有一个复制起始序列，这样就可以在宿主细胞中进行自主复制；②载体的大小应适中，通常介于 1～10kb；③含有多个克隆位点（即多个单一的限制性核酸内切酶位点），以便插入外源基因片段；④包含筛选标记基因，如抗生素耐药基因、荧光蛋白基因、β-半乳糖苷酶（LacZ）基因、草丁膦乙酰转移酶（BAR）基因等，以便于筛选出成功转化的阳性细胞；⑤克隆载体必须是安全的，不得含有对受体细胞有害的基因。常用的克隆载体包括大肠杆菌质粒载体、噬菌体载体、柯斯质粒载体、酵母质粒载体、动物病毒载体及人工染色体等。最新研究也在不断地发展改进克隆载体，以提高其克隆效率和稳定性，为基因工程和生物学研究提供更强大的工具。选择合适的克隆载体是基因工程中至关重要的一步，它直接影响了后续基因表达的效率和成功率。

（三）重组载体的构建

为了在宿主细胞中实现目标酶基因的大量复制，需要首先构建含有目的基因的重组载体。具体步骤包括使用相同的限制性核酸内切酶分别酶切目标酶基因和克隆载体（例如，如果目标基因是通过 PCR 法获得的，可直接使用 T 载体），然后利用适当的连接酶将酶切后的目标酶基因与克隆载体进行体外连接。

连接方法根据 DNA 片段的末端状态不同而有所差异。目前常用的有三种连接方法。①如果目标酶基因与克隆载体的 DNA 片段具有互补的黏性末端，则可以使用 T_4 DNA 连接酶或大肠杆菌 DNA 连接酶进行连接。②如果目标酶基因和克隆载体的 DNA 片段均为平末端，则可使用 T_4 DNA 连接酶进行连接。③如果目标酶基因和克隆载体的 DNA 片段一个是平末端，另一个是黏性末端，则需要先在 DNA 片段的平末端加入人工接头，使其形成黏性末端，然后再进行连接。

此外，新型的连接酶和改良的连接方法不断涌现，为基因工程和合成生物学领域的研究提供了更多的选择。

Gibson 组装法是一种用于构建基因组的分子生物学技术，它无须限制性内切酶消化即可将 DNA 片段黏合在一起。这种方法由 Daniel Gibson 和他的同事于 2009 年开发，是一种高效、简便的 DNA 组装技术。Gibson 组装法的原理是利用 DNA 片段上端部相互重叠的特性，通过外源酶系统将它们连接起来形成一个完整的 DNA 分子。这个外源酶系统通常包括外切酶、5′外切酶、3′外切酶和 DNA 聚合酶。Gibson 组装法的步骤相对简单，首先，需要设计一组寡核苷酸引物，这些引物在 DNA 片段的末端具有 30～40 个碱基的重叠序列。然后，将这些 DNA 片段、引物和外源酶系统混合在一起，并在适当的反应条件下进行混合反应。在反应结束后，通过转化到宿主细胞中，就可以获得所需的组装好的 DNA 分子。与传统的限制性内切酶消化和连接法相比，Gibson 组装法具有一些显著的优势。首先，它不需要限制性内切酶，因此可以避免限制性内切酶引起的序列特异性和剪切问题。其次，Gibson 组装法可以在较长的 DNA 片段上进行工作，并且不需要进行 DNA 连接酶的后续处理步骤。此外，该方法还可以实现多个片段的同时组装，从而提高了组装效率。

一步克隆法（one-step cloning）是一种用于将 DNA 片段插入质粒载体中的快速、高效的克隆方法。该方法通常基于 DNA 片段的端部互补性，利用 DNA 连接酶催化 DNA 片段与质粒的连接，从而实现 DNA 片段的插入。一步克隆法的基本步骤如下。①首先，设计两个引物，使得它们在 DNA 片段和质粒载体的两端各有一段重叠的序列。这些重叠的序列通常为 20～30 个碱基，足以确保引物的特异性和连接的稳定性。②使用设计的引物对目标 DNA 片段进行 PCR 扩增。这个 DNA 片段可以是来自基因组、cDNA 或其他来源的 DNA 序列。③准备含有适当限制性内切酶酶切位点的质粒载体。这些酶切位点通常位于质粒的多克隆位点，以便后续的 DNA 片段插入。④连接 DNA 片段和质粒，将 PCR 扩增的 DNA 片段与质粒载体一起与 DNA 连接酶（如 T_4 DNA 连接酶）反应。在反应中，DNA 连接酶将在 DNA 片段和质粒之间形成磷酸二酯键，从而连接它们。

RedE/T 重组法是一种用于基因组工程的技术，它可以在细菌中进行高效的 DNA 片段插入和替换。这个技术结合了 Red 重组系统和核酸外切酶 T（exonuclease T，Exo T）的作用。Red 重组系统通常来自大肠杆菌（*Escherichia coli*），包括 Redα、Redβ 和 Redγ 三种蛋白质。这些蛋白质可以促进 DNA 的重组和修复，使得 DNA 片段能够在细菌中进行高效地插入或替换。核酸外切酶 T（exonuclease T，Exo T）是一种 5′→3′外切酶，它可以降解 DNA 的末端。在 RedE/T 重组法中，Exo T 用于切除 DNA 末端的单链 DNA 片段，从而促进 DNA 片段的插入和拼接。RedE/T 重组法的基本步骤如下。①准备 DNA 片段，需要准备好待插入或替换的 DNA 片段，要实现 DNA 片段的插入、替换或删除，需要在目标 DNA 片段的两端设计适当长度的同源序列（通常为 70 个碱基），这些序列与目标 DNA 的两侧序列相互匹配。②载体准备，准备一个含有目标插入位点的载体，这个载体通常是一个质粒或染色体。③活化 Red 重组系统，将 Red 重组系统的成分引入目标细菌中，使其活化。这通常通过转化含有 Redα、Redβ 和 Redγ 基因的质粒来实现。④利用 Exo T 处理 DNA，添加 Exo T，用于切除 DNA 末端的单链 DNA 片段。这一步骤旨在为后续的 DNA 插入做好准备。⑤DNA 插入和拼接，将准备好的 DNA 片段与载体结合，利用 Red 重组系统的作用，将 DNA 片段高效地插入目标位点上，并完成拼接。

重组载体构建技术的发展已经越来越注重连接效率和准确性，以满足对于高效表达和精准遗传编辑的需求。

（四）重组载体导入宿主细胞

利用特定的方法将重组载体导入适当的受体细胞（也称为宿主细胞），并促使其与宿主细胞同步增殖，以实现目标酶基因在宿主细胞中的大量复制。根据所选用的克隆载体的不同，受体细胞的种类也各有差异，因此将重组载体引入受体细胞的方法也会有所变化。

受体细胞主要分为两大类：第一类为原核细胞，目前常用的有大肠杆菌、枯草杆菌、链霉菌等；第二类为真核细胞，包括真核微生物（如酿酒酵母和酵母等）、动物细胞、植物细胞及整个动物体和植物体。

针对原核细胞，将重组载体引入受体细胞的方法主要包括转化和转导。操作步骤大致分为：制备感受态细胞→将重组载体转化或转导到感受态细胞中→培养并筛选转化子。转化方法通常适用于重组质粒载体的导入，常见的有热激法、电转化法及接合转移法。感受态细胞的制备根据转化方式的不同也有所差异，对于热激法，通常会使用预冷的 $CaCl_2$ 溶液处理细菌细胞；对于电转化法，则会用低盐缓冲液彻底洗涤细胞，然后再以 10%甘油进行重悬处理；对于接合转移法，首先要将重组载体导入供体菌，再诱导供体和受体细胞进入接合状态，接着将供体细胞和受体细胞混合使其发生物理接触，一旦供体和受体细胞发生接合，外源 DNA 就会从供体细胞转移到受体细胞。转导方式主要适用于重组噬菌体载体的导入。这种方法通常是将重组噬菌体 DNA 分子体外包装成具有感染能力的噬菌体颗粒，然后用预冷的 $CaCl_2$ 溶液处理感染感受态受体细胞，使外源基因导入受体细胞内。

对于真核细胞而言，由于其种类的多样性，重组载体导入的方法也多种多样。这可以通过多种途径实现，包括化学转化法、电转化法、热激法和转染法等。在化学转化法中，通常使用带有负电荷的转染剂（如聚乙烯亚胺）与负电荷的 DNA 形成复合物，然后将其加入细胞培养基中，使 DNA 能够穿过细胞膜。电转化法则利用电脉冲产生的孔道来引入 DNA。热激法通过暴露细胞于高温和低温之间的快速变化温度中来实现。另外，转染法也是一种常用的方法，即利用病毒作为载体将外源 DNA 导入真核细胞。这种方法包括腺病毒、逆转录病毒和脱粒病毒等，这些病毒携带外源 DNA，并利用它们的天然感染力将 DNA 导入细胞内。除此之外，还可以利用脂质体作为载体将外源 DNA 送入真核细胞。脂质体是由合成的脂质分子组成的小囊泡，可以与 DNA 形成复合物，并通过与细胞膜融合将 DNA 送入细胞内。

除真核细胞通用方法外，在酵母细胞中，还有两种转化方法：原生质球转化法和全细胞转化法。原生质球转化法首先用蜗牛酶去除细胞壁，形成原生质体；然后用 $CaCl_2$ 和聚乙二醇处理，将重组载体导入原生质体中，最后在再生培养基上培养，使原生质体重新生成细胞壁，从而形成完整的酵母细胞。这种方法虽然常用，但操作周期长，转化率受到限制。近年来，出现了一些全细胞转化法，其转化率与原生质球转化法相当。对于酿酒酵母的完整细胞，使用碱金属离子（如 Li^+、Ca^{2+}）或 2-巯基乙醇处理后，再结合聚乙二醇进行热休克，可以有效吸收质粒 DNA。虽然不同的酵母菌株对 Li^+ 或 Ca^{2+} 的要求不同，但 LiCl 介导的全细胞转化法同样适用于非洲酿酒酵母、乳酸克鲁维酵母及解脂耶氏酵母系统。

而对于植物细胞，常用的转化方法包括农杆菌介导的 Ti 质粒载体转化法，这是植物最常用的转化方法之一。农杆菌通过其 Ti 质粒或辅助质粒（带有 T-DNA）将外源 DNA 导入植物细胞中。一旦 T-DNA 导入细胞核并整合到植物染色体中，它就会在植物细胞中表达。这种方法广泛应用于植物的基因转化，尤其是拟南芥、烟草、番茄等模式植物。

在最新的研究中，关于真核细胞的转化方法不断地得到改进和创新。例如，针对哺乳细胞的基因枪法（或称生物微粒子枪法）和微量注射法在基因编辑和转基因研究中发挥着重要作用，尤其对于大型动物胚胎（如受精卵），微量注射法更为适用。此外，利用 CRISPR/Cas9 技术进行基因编辑的高效性和精确性也在不断提升。

（五）阳性转化子的筛选与鉴定

阳性转化子通常是利用载体上的选择性标记进行初步筛选的，这些标记能够使得转化的细胞在特定条件下存活并形成菌落，从而被观察和鉴定。最常见的选择性标记包括抗生素抗性标记法、营养缺陷标记法和培养温度标记法等。

1. 抗生素抗性标记法 抗生素抗性标记法是一种常用的方法，通过在重组载体上携带抗生素耐受基因，使得转化细胞在含有抗生素的培养基上能够生存下来，而未转化的细胞则会死亡。这种方法的优势在于简单易行，然而，过度使用抗生素可能导致抗药性菌株的产生，因此也有一些替代方法正在研究中。

2. 营养缺陷标记法 即重组载体携带的基因使得细胞在含有特定营养物质的培养基上能够生长，而在缺乏这些营养物质的培养基上则无法生长。这种方法的优势在于避免了抗生素的使用，但也需要确保培养基的配方和条件能够有效地区分阳性和阴性转化子。

3. 培养温度标记法 培养温度标记法是另一种常见的选择性标记方法，通过调节培养基的温度来选择转化子。在特定的温度下，带有标记的细胞能够生存并形成菌落，而其他细胞则无法在该条件下生长。

尽管初步筛选能够排除大部分非阳性转化子，但为了确保获得的阳性转化子是目标基因的真正表达，还需要进行进一步的鉴定。

1）PCR 法是常用的一种用于筛选转化子中是否含有目的基因的方法。如果已经知道目的基因片段的大小和两端的序列，就可以设计并合成一对引物，然后利用转化子细胞中的 DNA 作为模板进行 PCR 扩增。如果扩增得到了预期长度的 PCR 产物，那么转化子中可能含有目的基因，这样的转化子被称为阳性转化子。然而，为了最终确定其中是否真正含有目的基因，还需要进一步进行质粒酶切鉴定及核苷酸序列测定。

2）DNA 限制性内切酶图谱分析是一种进一步鉴定转化子中是否含有目的基因的方法。首先，需要从初筛转化子细胞中提取重组载体 DNA，然后利用适当的 DNA 限制性内切酶对其进行酶切，并通过电泳分离观察其酶切图谱。由于目的基因片段插入载体会改变重组载体的酶切图谱，因此通过分析重组载体的酶切图谱，可以确定初筛转化子是否为阳性转化子。

3）核苷酸序列测定是确定目的基因是否存在于转化子中的重要方法。首先，提取含有目的基因的克隆子，然后对其进行末端放射性标记或化学降解，接着经过聚丙烯酰胺凝胶电泳和放射自显影检测，最终可以读出 DNA 分子的碱基序列。尤其是在通过 PCR 方法获得目的基因的阳性转化子时，核苷酸序列测定尤为重要，以防止可能存在的 PCR 过程中的碱基突变。

4）核酸杂交法是一种直接鉴定目的基因克隆是否成功的方法，它利用目的基因或同源基因作为探针与转化细胞的 DNA 进行杂交。然而，这种方法需要使用放射性核素或非放射性物质标记核酸，成本较高，因此目前常用的是前面提到的 PCR 法、DNA 限制性内切酶图谱分析法和核苷酸序列测定法。

二、酶分子的定点突变

酶分子的定点突变是指通过基因编辑技术或其他方法，在酶分子的基因序列中引入特定的突变，从而改变酶分子的氨基酸序列，进而影响酶的结构和功能。这种定点突变的目的是研究酶的结构与功能之间的关系，探索酶的催化机制，或者设计具有特定功能的改良酶。通过引入定点突变，可以改变酶分子的氨基酸序列，从而可能影响酶的底物结合性、催化活性、热稳定性、抗蛋白酶降解性等性质。这种定点突变的方法可以通过多种技术来实现，包括寡核苷酸引物介导的基因编辑、CRISPR/Cas9 系统、化学诱变等。

（一）酶分子突变位点的设计目标

酶分子定点突变常见的设计目标包括提高酶的稳定性、增强其抗氧化性、提升酶活性、加强对特定底物的特异性，以及深入研究酶的结构与功能之间的关系。在追求这些目标时，酶的改造焦点可能会不同。例如，若着眼于提高稳定性和抗氧化性，通常会针对酶的非催化位点进行改造；而若旨在增加活性、优化底物特异性或深入探究结构与功能之间的关系，则会着眼于酶的催化位点。酶的稳定性对于保持其活性至关重要，改善稳定性有助于拓展酶在工业上的应用，满足不同领域的需求。因此，改善酶的稳定性是酶分子设计和改造中的重要目标之一。通过这些设计目标的实现，可以进一步提高酶的工业应用性和生物活性，促进生物技术领域的发展和创新。

（二）酶分子突变位点的设计原则

酶分子突变位点的设计原则包括明确酶的功能和活性、了解酶的三维结构、选择关键氨基酸残基、考虑突变对稳定性的影响、预测突变对酶活性的影响、考虑突变对底物结合的影响、确保突变具有可行性及考虑突变的安全性等方面。这些原则为酶分子突变位点的设计提供了指导，有助于开发出具有优良性能的酶制剂，为生物技术的发展作出贡献。

1. 明确酶的功能和活性 在设计酶分子突变位点之前，首先要明确酶的功能和活性。这包括了解酶所催化的具体反应类型、底物的选择性及催化反应的机制。通过深入了解酶的功能和活性，可以为后续突变位点的设计提供明确的目标和方向。

2. 了解酶的三维结构 酶的三维结构是设计突变位点的基础。通过 X 射线晶体学、核磁共振等结构生物学方法获取酶的三维结构信息，可以直观地了解酶的活性中心、底物结合位点等重要结构特征。这些信息为后续的突变位点选择提供了依据。

3. 选择关键氨基酸残基 在酶的三维结构中，某些氨基酸残基对酶的活性和稳定性起着关键作用。通过分析和比较不同酶的三维结构及功能特点，可以选择那些可能对酶活性或稳定性产生显著影响的氨基酸残基作为潜在的突变位点。

4. 考虑突变对稳定性的影响 在设计突变位点时，需要评估突变对酶稳定性的影响。突变可能会导致酶的三维结构发生变化，从而影响其稳定性。因此，在选择突变位点时，需要考虑突变对酶稳定性的影响，并选择那些不会导致稳定性降低的突变位点。

5. 预测突变对酶活性的影响 突变位点的设计目的是提高酶的活性或改变其催化特性。因此，在设计突变位点时，需要预测突变对酶活性的影响。这可以通过比较野生型酶和突变型酶的催化效率、底物选择性等参数来实现。

6. 考虑突变对底物结合的影响 酶的活性与其和底物的结合能力密切相关。在设计突变位点时，需要考虑突变对底物结合的影响。选择那些能够改善底物结合能力或拓宽底物谱的突变位点，有助于提高酶的催化效率和应用范围。

7. 确保突变具有可行性 在设计突变位点时，需要确保所选突变位点具有可行性。这包括突变位点遗传编码的可行性，即突变后的碱基组合要符合遗传密码规则，能正常编码氨基酸；突变位点的可访问性，也就是该位点在蛋白质结构中应处于较易被修饰的位置，不能过于隐蔽或处于刚性过强的区域，便于后续实验操作，以及与突变位点相关的其他因素，如突变对周边氨基酸残基相互作用的影响、对蛋白质整体稳定性及功能的潜在改变等。确保突变具有可行性，有助于后续实验的顺利进行与精准分析。

8. 考虑突变的安全性 在设计突变位点时，需要考虑突变的安全性。突变可能会导致酶产生不良反应或对人体健康造成潜在风险。因此，在选择突变位点时，需要评估突变的安全性，并选择那些不会对人体健康造成潜在风险的突变位点。

（三）酶分子定点突变的一般程序

1. 建立酶分子的蛋白质结构模型 为了理解酶分子的突变位置（或区域）及预测突变酶的结构和功能，需要构建蛋白质的三维结构模型。这些模型主要包括蛋白质晶体结构和蛋白质三维结构预测模型。可以直接在蛋白质三维结构数据库 PDB（http://www.rcsb.

org/pdb/）中查找蛋白质晶体结构数据。如果在 PDB 中找不到目标酶分子的三维结构信息，需要首先对其进行分离纯化，然后获取结晶体，最后通过 X 射线晶体学、核磁共振等方法进行蛋白质三维结构测定。尽管蛋白质晶体结构信息是蛋白质三维结构的真实再现，可靠性更强，但获取其结晶体的操作难度大、周期长，而且对现代分析仪器的依赖性更强。随着生物信息学技术的不断发展，各种生物信息学的网站和软件层出不穷，蛋白质三维结构预测模型也在不断完善，目前采用蛋白质三维结构预测模型更为普及。

　　蛋白质三维结构模型的预测方法主要有同源建模和从头预测。同源建模是指以与目标酶分子氨基酸序列相似性较高的蛋白质晶体的三维结构为模板，依据一定的预测模型，在生物信息学的相关网站上，利用生物信息学软件预测目标酶分子的三维结构模型。当两个蛋白质序列的相似度超过 50% 时，所预测的三维结构模型可靠性较强。常见的同源建模的网络服务器有瑞士生物信息院（SIB）提供的蛋白质分析专家系统（expert protein analysis system.Expasy）（http://www.expasy.org/）中的 SWISS-MODEL 和 Columbio 的预测蛋白（predict protein）（http://predictprotein.org/）等服务器。如果在 PDB 中无法找到与所研究的目标酶分子氨基酸序列相似性较高的蛋白质晶体的三维结构信息，可以考虑使用从头预测的方法。这种方法可根据自由能全局最小化对蛋白质进行模拟折叠，并不与已知的蛋白质结构进行比对，可得到低分辨率的结构模型。

　　除了传统的方法，近年来冷冻电镜和 AlphaFold 等新技术也在蛋白质结构预测领域取得了重要进展。冷冻电镜技术通过快速冻结样品并在低温下进行电镜观察，可以得到生物大分子的结构，为蛋白质结构的解析提供了新的途径。而 AlphaFold（https://alphafold.com/）则是一种基于深度学习的蛋白质结构预测方法，可以根据蛋白质的氨基酸序列预测其三维结构，具有较高的准确性和效率。这些新技术的应用为酶分子的定点突变研究提供了更多选择和可能性。

　　2. 找出与突变目标密切相关的蛋白质结构区域　　在酶的分子改造过程中，确定与突变目标紧密相关的蛋白质结构区域或突变残基是一项至关重要的任务。这不仅需要分析氨基酸残基的性质，还需要结合已有的三维结构或结构模型。例如，可以根据突变位点设计原则，通过引入二硫键来提高酶的热稳定性。然而，选择合适的突变位点是一个挑战，因为二硫键在蛋白质中具有特定的结构特征。如果二硫键引入不当，可能会对整个蛋白质分子产生不利的张力，这不仅无法提高酶分子的热稳定性，反而可能导致其稳定性下降，甚至可能导致酶的活性下降或丧失。因此，选择突变位点时，最重要的信息主要来自结构特征。

　　如果研究的目标酶的空间结构未知，那么选择突变功能残基就会有一定的不确定性。为了有效地获取正确的突变位点，通常会采取以下措施。①根据几何学、分子热力学和分子动力学等多种方法，编制一些实用的程序，从可能的突变位点中筛选出较好的突变位点。②根据序列同源性或生物化学实验证实来选择突变残基，然后通过合理的筛选技术鉴定重要的功能区域，以便进一步重点分析蛋白质功能残基。③从天然蛋白质的三维结构出发，利用计算机模拟技术确定突变位点。同一家族中蛋白质的序列对比和分析往往是一种有效的途径。

　　总的来说，在选择突变位点时，需要考虑在对酶的分子改造中所要求的性质受哪些因素影响，并逐一对各因素进行分析找出重要位点，尽量保持酶分子的原有结构，避免发生大的变动。确定了突变区域后，需尽量在同源结构已有的氨基酸残基表中进行选择，还需要关注该残基的体积、疏水性等性质的变化所带来的影响。如果目标只是提高酶的稳定性和抗氧化性，应尽量避免选择蛋白质折叠敏感区域和酶的活性中心。如果目标是增加酶活性或提高酶的底物特异性，需要选择酶的活性中心及附近区域，但也需要尽量避开蛋白质折叠敏感区域。这样，就可以在保持酶基本结构的同时，通过精确的突变设计，实现酶性能的优化。这是一项需要综合运用生物信息学、结构生物学、分子生物学等多学科知识的复杂工作，但也是一项具有巨大潜力的研究方向。

3. 预测突变体的空间结构　　在酶的分子改造过程中，预测突变体的空间结构是一项关键步骤。这需要根据选定的氨基酸残基位点和突变后的氨基酸种类，使用相关的软件工具进行突变体的结构预测。然后，将预测的突变酶结构与亲本酶的蛋白质结构进行比较，利用蛋白质结构与功能或结构与稳定性相关的知识和理论计算，预测突变酶可能具有的性质。如果预测结果与预期目标一致，那么可以认为所设计的突变位点是正确的。然而，如果预测结果与预期目标存在差异，就需要调整所选择的氨基酸残基位点和突变后的氨基酸种类，然后重新进行预测，直到预测结果与预期目标达到一致。这个过程可能需要多次迭代和优化，但是通过这种方法，可以更准确地预测突变体的结构和性质，从而在保持酶基本结构的同时，通过精确的突变设计，实现酶性能的优化。

4. 突变位点的实现和突变体的重组表达　　在进行突变位点的实现和突变体的重组表达时，首先需要根据最终确定的氨基酸突变位点，找出相应的 DNA 序列中的碱基突变位点。这可以通过化学合成或 PCR 等方法来实现。经过突变基因的合成或扩增，将其导入适当的基因表达系统中进行重组表达和纯化，以获取设计的突变酶。这一过程涉及选择合适的表达宿主和表达载体，并进行适当的转染或转化操作。

5. 突变酶的性质分析　　进行突变酶性质的系统分析是非常重要的，它涉及酶的催化活性、底物特异性、稳定性及三维结构等方面的研究。通过对这些性质的分析，可以评估突变设计的效果，并与原始酶进行比较，以了解突变是否达到了预期的目标。首先，需要对突变酶的催化活性进行评估，这涉及酶在催化反应中的效率和速率。可以通过酶动力学实验和反应速率的测定来评估其催化活性的变化。其次，底物特异性也是需要考虑的重要因素。突变后的酶可能对底物的选择性发生变化，因此需要对其在不同底物上的活性进行测试，以确定其特异性的变化情况。稳定性是另一个需要关注的方面，因为稳定的酶更有可能在实际应用中保持其活性。可以通过热稳定性和耐受性等实验来评估突变酶的稳定性。最后，对突变酶的三维结构进行分析也非常重要。通过比较突变酶与原始酶的结构差异，可以了解突变对酶结构产生的影响，从而进一步解释其性质的变化。如果突变结果与预期目标不一致，就需要进一步修正设计方案。这可能涉及重新选择突变位点或调整突变类型，以期望达到更好的效果。

具体的突变程序可能因酶的种类、突变位点及实验条件等因素而有所不同。在实际操作中，需要根据具体情况进行调整和优化。

（四）酶的定点突变技术

基因定点突变技术是通过在基因水平上的特定碱基突变对其编码的蛋白质分子进行定向改造，从而获得性能优异的新型蛋白质，用于研究蛋白质结构与功能关系的一种技术。利用定点突变进行蛋白质的理性设计是蛋白质工程广泛使用的技术。与定向进化的方法相比，定点突变具有突变率高、简单易行、重复性好等特点。近年来，基因编辑技术的发展为突变位点的实现提供了更为精准和高效的方法。CRISPR/Cas9 等技术已经成为基因编辑领域的重要工具，其高度特异性和可编程性使得基因定点突变变得更加可行。目前酶的定点突变（site-directed mutagenesis）是通过盒式定点突变、寡核苷酸引物介导的定点突变、PCR 介导的定点突变等途径来实现的。通过这些技术，可以精确地改变酶的氨基酸序列，从而调控酶的活性、特异性、热稳定性等性质。这对于研究酶的生物学功能、工业应用及药物设计等领域具有重要意义。

1. 盒式定点突变 盒式定点突变技术是指利用转座酶（transposase）介导的转座子（transposon）插入基因组中的特定位点，从而实现基因组的定点突变或修饰。这种技术可以精确地在基因组中引入特定的突变、插入或删除，为研究基因功能、疾病机制、生物进化等提供了有力的工具。

盒式定点突变技术的基本原理是通过设计特定的转座子盒和引物，将目标基因的突变序列插入转座子盒中，然后利用转座酶介导转座子盒插入基因组中的特定位点。这样就可以实现对基因组的定点突变或修饰，达到精准编辑基因的目的。

盒式定点突变技术的步骤通常包括以下几个方面。①设计转座子盒，设计包含目标突变序列或修饰序列的转座子盒。②转座子盒的导入，将设计好的转座子盒导入目标细胞或生物体中。③转座子系统介导的插入，利用转座子系统（如转座酶）将转座子盒插入基因组中的目标位点。④突变或修饰效果的检测，检测目标位点是否成功发生了定点突变或修饰，评估技术的效果。

盒式定点突变技术相比传统的基因编辑技术，具有定点性和精准性，可以避免对整个基因组的随机修改，有助于研究人员更精细地控制基因组的变化。盒式定点突变技术可以用于产生特定的基因突变体，可以用于基因功能研究、疾病模型建立、农作物改良、动物遗传改良、药物开发等领域。但盒式定点突变技术设计过程相对复杂，成本较高，可能存在不确定性，适用范围有限。

2. 寡核苷酸引物介导的定点突变 寡核苷酸引物介导的定点突变是一种利用寡核苷酸引物（oligonucleotide）引导 DNA 修复机制在特定位点引入突变的技术。这种方法通常用于实现基因组中特定位置的点突变、插入突变或缺失突变等，以实现对目标基因的精确编辑。

在这种技术中，设计一对包含所需突变的寡核苷酸引物，其中一个是含有所需突变的正向引物，另一个是含有相同突变的反向引物。这些引物与目标 DNA 序列的特定位置互补，并且包含所需的突变。通过将这些寡核苷酸引物导入目标细胞，引导细胞的 DNA 修复机制在引物所指定的位置发生修复，从而引入所需的突变。

寡核苷酸引物介导的定点突变是一个复杂的实验过程，主要包括设计寡核苷酸引物、引物导入目标细胞、诱导 DNA 修复、鉴定突变及筛选和分离突变细胞步骤。以下是一般情况下寡核苷酸引物介导的定点突变的步骤。

（1）设计寡核苷酸引物　　首先需要设计包含所需突变的寡核苷酸引物。引物应该与目标 DNA 序列的特定位置互补，并且包含所需的突变。引物设计需要考虑引物长度、碱基组成、互补性等因素，以确保引物能够准确地引导 DNA 修复。

（2）引物导入目标细胞　　设计好的寡核苷酸引物通过化学方法或基因转染技术导入目标细胞中。引物的导入可以根据实验需要选择适合的方法，确保引物能够有效地进入细胞内。

（3）诱导 DNA 修复　　引物进入细胞后，通过适当的处理或诱导方式（如化学处理、光照等），诱导细胞的 DNA 修复机制发生作用。细胞会识别引物与目标 DNA 序列的不匹配，并启动错配修复或同源重组等修复途径。

（4）鉴定突变　　经过 DNA 修复后，需要对细胞中引入的突变进行鉴定和验证。常用的方法包括 PCR 扩增、测序分析、限制性内切酶切割等，以确认目标位点是否成功引入所需的突变。

（5）筛选和分离突变细胞　　对于成功引入突变的细胞，可以通过筛选和分离的方法，将突变细胞分离出来，进一步进行研究和应用。

寡核苷酸引物介导的定点突变技术可以用于研究基因功能、疾病机制及生物工程应用等领域。与其他基因编辑技术相比，这种方法具有操作简单、成本低廉、效率高等优点，适用于许多实验室和研究项目。通过精心设计引物、优化实验条件和准确鉴定突变，可以实现对基因组的精准编辑和定点修饰。

3. PCR 介导的定点突变　　PCR 介导的定点突变是利用聚合酶链反应（PCR）技术来实现特定基因序列中的突变。其基本原理是在 PCR 反应所用的两个引物（或一条引物）中含有所需的突变位点，然后按照 PCR 常规的扩增方法获得含有突变位点的双链 DNA 片段。自 PCR 方法建立以来，很快被应用于基因定点突变技术中，目前已成为一种简便、高效的定点突变技术。这种方法通常涉及设计引物，使其在 PCR 反应中引入所需的突变，然后通过 PCR 扩增特定的 DNA 片段来产生突变。PCR 介导的定点突变的优点在于所扩增得到的 DNA 片段中直接就含有突变位点，无须再进行筛选工作。根据突变位点在目的基因中的位置不同，可分为 3 种方法，即在基因末端产生突变、重叠延伸 PCR 法及大引物 PCR 法。

（1）在基因末端产生突变　　在基因的末端引入突变，通过设计上游或下游引物，可以直接引入所需的突变位点，并使用 PCR 扩增得到含有突变的双链 DNA 片段。同时，在设计引物的过程中，还可以考虑引入适当的限制性内切酶位点，以方便后续对突变基因的克隆和重组表达。

这种方法的优点是操作相对简单，能够有效地引入特定的突变位点，并且通过引入限制性内切酶位点，可以方便地对突变基因进行后续的克隆和表达操作。然而，在设计引物时需要仔细考虑引物的序列和特性，以确保引入的突变能够准确地被扩增和检测。

总的来说，通过在设计上游或下游引物时直接引入突变位点的方法，可以有效地实现对基因末端的突变，并为后续的实验操作提供了便利。

（2）重叠延伸 PCR 法　重叠延伸 PCR 法（overlap extension PCR）用于在目的基因序列中引入特定的突变或结构改变。该方法通过两轮 PCR 反应，将两个相互重叠的引物片段连接在一起，形成包含所需突变的完整 DNA 片段。重叠延伸 PCR 法的步骤如下。

1）引物设计：设计两对相互重叠的引物，每对引物分别位于目的基因序列的两侧，使它们在重叠区域有一定的交叉。引物的设计需要考虑引物之间的互补性和特异性。

2）第一轮 PCR：使用第一对引物进行 PCR 扩增，得到两个重叠的片段。

3）第二轮 PCR：将第一轮 PCR 反应产物作为模板，使用第二对引物进行 PCR 扩增。这两个引物将在重叠区域相互连接，形成包含所需突变的完整 DNA 片段。

4）纯化 PCR 产物：将第二轮 PCR 扩增得到的产物进行纯化，通常使用凝胶电泳或商业纯化试剂进行分离和提取。

5）鉴定突变：对 PCR 产物进行测序验证，确保引入的突变或结构改变的准确性。

重叠延伸 PCR 法可以用于引入各种类型的突变，如点突变、插入、缺失等，同时还可以用于构建融合蛋白、引入标签等。这种方法灵活、高效，广泛应用于基因工程、蛋白质工程和其他生物学研究领域。

（3）大引物 PCR 法　大引物 PCR 法（long primer PCR）主要用于引入较长的突变序列或 DNA 片段到目标基因中。相比传统的 PCR 方法，大引物 PCR 法使用较长的引物（通常为 30～50bp）来引导 PCR 扩增，以实现引入更大的突变或 DNA 片段。

大引物 PCR 法的步骤如下：

1）引物设计：设计包含所需突变序列或 DNA 片段的较长引物。引物的长度通常为 30～50bp，具有足够的特异性和互补性。

2）PCR 扩增：将目标基因作为模板，使用大引物进行 PCR 扩增。在 PCR 反应中，大引物会与目标基因序列特异性结合，引导扩增包含所需突变或 DNA 片段的产物。

3）纯化 PCR 产物：将 PCR 扩增得到的产物进行纯化，通常使用凝胶电泳或商业纯化试剂进行分离和提取。

4）鉴定突变：使用测序技术对 PCR 产物进行测序，确认是否成功引入了所需的突变或 DNA 片段。

大引物 PCR 法适用于引入较长的突变序列或 DNA 片段，如插入外源 DNA 片段、引入特定位点突变等。它是一种有效的方法，可用于基因工程、基因编辑和其他生物学研究领域。

三、亲本酶和突变酶的重组表达

微生物是酶制剂的主要来源，其优势在于培养方法简单、周期短、易于操作，并且能够满足大规模生产的需求。相比之下，微生物产生的酶通常具有比植物或动物来源的酶更优异的特性，如更高的稳定性和更适合工业生产的酶活性。为了获得大量的重组酶和突变酶，需要对获得的亲本酶（未突变的目标酶）基因和突变基因进行基因重组和异源表达。基因工程的表达系统主要包括原核生物表达系统和真核生物表达系统。通常，源自原核生物的基因会选择原核生物表达系统，而源自真核生物的基因则选择真核生物表达系统。然而，当真核生物中的目标酶不需要糖基化、磷酸化等修饰时，也可以考虑使用原核生物表达系统。

不同的表达系统具有各自的特点和适用范围。由于不同目的蛋白的相对分子质量和结构各异，其表达量、可溶性和稳定性也会有所不同。因此，如何选择适合的高效表达系统至关重要。在对各种生物酶进行重组表达时，常用的原核生物表达系统包括大肠杆菌表达系统，而真核生物表达系统则包括酵母表达系统。

（一）蛋白类酶在大肠杆菌中的表达

由于大肠杆菌作为外源基因表达的宿主具有表达背景清楚，表达水平高，培养周期短，培养条件容易控制，抗污染能力强及可进行大规模发酵等特点，因此，目前大肠杆菌是应用最广泛、最成功的表达系统之一，常被选择作为蛋白类酶高效表达的首选体系。外源蛋白质在大肠杆菌表达系统中的表达以胞质内表达形式为主。

大肠杆菌表达系统也存在一些缺陷，比如容易形成包涵体、复性率低及含有内毒素等，因此不适宜用作食品或饲料酶的生产菌株。此外，大肠杆菌缺乏真核细胞的翻译后修饰体系，这使其在高含量二硫键真核蛋白的表达方面显得不足。因此，大肠杆菌表达系统更适合那些水溶性好且无须表达后修饰的蛋白类酶的重组表达。

然而，可以通过一系列策略来克服这些问题。首先，密码子优化是一种常用的方法，可以调整大肠杆菌的基因序列，使其更适合在其宿主中表达目标蛋白。其次，可以使用融合标签来增强目标蛋白的稳定性和可溶性，并提高其在大肠杆菌中的表达水平。此外，与分子伴侣共表达也是一种有效的策略，通过这种方式可以促进目标蛋白的正确折叠和翻译后修饰。综合利用这些方法，可以克服大肠杆菌作为生产菌株的局限性，并提高其在工业生产中的应用潜力。要实现外源基因在大肠杆菌中的高效表达，关键在于正确选择合适的表达载体及优化表达条件。随着技术的发展，不断有新的方法和策略出现，以解决大肠杆菌表达系统存在的一些问题，进一步提高其在蛋白质表达领域的应用效率。

大肠杆菌表达载体的选择是基因工程中至关重要的一环，它必须满足特定条件，如表达量高、适用范围广、稳定性强且易于纯化。当前，大肠杆菌表达载体主要包括非融合表达载体、融合表达载体和分泌型表达载体等。

（1）非融合表达载体 是将外源基因插到表达载体强启动子和有效核糖体结合位点序列下游，以外源基因 mRNA 的 AUG 为起始翻译，其表达的蛋白质与天然存在的蛋白质在结构、功能和免疫原性等方面基本一致，可以直接进行后续研究。这样的载体通常具有较高的拷贝数、表达量及稳定性还易于纯化。

（2）融合表达载体 在融合表达载体中，目的基因与标签蛋白基因之间存在一段序列，这使得表达的蛋白质实际上是融合蛋白。标签蛋白的作用主要有两方面：一是增加重组蛋白的可溶性，如利用谷胱甘肽 S-转移酶（GST）标签、硫氧还蛋白 Trx 标签和 Nus 蛋白标签等；二是作为纯化标签，如 GST 标签和（His）标签，以便简化后续的纯化工艺。

（3）分泌型表达载体 这种载体在起始密码子与多克隆位点之间含有信号肽基因，使得表达的目的蛋白可通过信号肽被分泌到细胞外。这简化了后续的纯化工艺，因为蛋白质不再需要从细胞内部提取。

外源基因在大肠杆菌中的表达效率受到许多因素干扰，主要包括启动子结构、转录终止区、mRNA 的稳定性、密码子的偏好性、表达宿主选择和培养条件对表达效率的影响等。

（1）启动子结构的影响　　在大肠杆菌表达系统中，不同类型的启动子对外源基因的表达效率有着不同的影响。选择合适的启动子是确保目的蛋白高效表达的关键之一。一个合适的启动子需要具备以下特点：第一，启动子的活性应足够强，使得目的蛋白的表达量在菌体总蛋白中占据较大比例，通常为 10%～30%。这样可以确保蛋白质表达的充分性和高效性。第二，应具有较低的本底转录水平，这对于表达那些对宿主有毒性的外源蛋白尤为重要，可以避免不必要的背景噪声，确保表达系统的稳定性和可控性。第三，启动子应该能够通过简单、经济的方式被诱导启动，如温度诱导或化合物诱导等方法。这种诱导性能够使得表达系统具有更高的灵活性和可调控性。

（2）转录终止区的影响　　贯穿启动子的转录会影响其功能，因此，可以在编码序列下游的适当位置插入一个转录终止子和在目的基因启动子的上游放置一个转录终止子，以避免贯穿启动子现象的发生及最大程度地减少背景转录的产生。这样的优化策略有助于提高外源基因的表达效率和准确性。

（3）mRNA 稳定性的影响　　mRNA 的快速降解会对目标蛋白的产量产生负面影响。为了弥补这种 mRNA 转录物的不稳定性，常常采用非常强的启动子来提高转录的速率，从而增加蛋白质的合成量。这种策略有助于确保目标蛋白的充分表达，提高表达系统的效率和稳定性。

（4）密码子偏好性的影响　　密码子偏好性对基因表达有着重要影响，在翻译过程中，宿主菌对不同密码子的利用存在偏爱，即使是编码相同氨基酸的简并密码子，不同生物细胞（如大肠杆菌、酵母、动物和植物等）表现出不同程度的利用偏好。这种偏好性可能部分是由 tRNA 的含量差异引起的。那些不常用的密码子被称为稀有密码子。在大肠杆菌中，编码含量丰富的蛋白质所对应的密码子中，包括 AGA、AGC、ATA、CCG、CCT、CTC、CGA 及 GTC 等密码子。因此，含有大肠杆菌稀有密码子的外源基因可能无法在大肠杆菌中有效表达，因此需要通过基因合成或基因突变的方式将目的基因的密码子序列转化成大肠杆菌常用的密码子，以提高其在宿主中的表达效率。

（5）表达宿主选择的影响　　在选择大肠杆菌作为表达宿主时，需要考虑其特征。首先，表达宿主通常应该具备限制性外切酶和内切酶活性缺陷，如 recB⁻、recC⁻ 和 hsdR⁻ 菌株。其次，宿主菌株应该缺乏特定的蛋白酶，如 lon 蛋白酶和 ompT 外膜蛋白酶，以增加目的蛋白在菌株中的稳定性。因此，BL21（DE3）是最常用的表达菌株之一。另外，一些菌株可能存在氨基酸营养缺陷，如 Origami（DE3）/Origami B（DE3），这些菌株的特殊基因突变，如谷胱甘肽还原酶（GR）/硫氧蛋白还原酶（IrxB），能够促进细胞质中二硫键的形成，增加目的蛋白的可溶性。此外，为了解决富含大肠杆菌稀有密码子的外源基因在大肠杆菌中表达效率低的问题，可以将携带大肠杆菌稀有密码子的质粒 pRARE2 转入上述表达宿主中，以补充大肠杆菌缺乏的稀有密码子对应的 tRNA，从而提高外源基因的表达水平。

（6）培养条件对表达效率的影响　　重组大肠杆菌的培养条件是影响表达效率的关键因素，其中包括培养基的配方、培养条件的调控（如 pH、温度、氧气供应、诱导剂浓度和时机等）及培养方式的选择（如分批培养、补料培养和连续培养）。在培养基的选择上，常用的是半合成培养基，但其各成分的浓度和比例需适当调整，过量的营养物质可能会抑制细菌的生长。特别需要注意的是碳源和氮源的比例，需要进行优化和严格控制，以确保生长条件的最佳化。调控培养条件也是提高表达效率的关键。大肠杆菌的适宜 pH 通常在7.0～7.2，而最适生长温度为37℃。然而，在具体的培养过程中，可以通过调节 pH 和温度来优化环境，以防止水解酶的活性下降或减缓蛋白质水解酶的作用。此外，为增加目的蛋白的可溶性表达量，有时会选择较低的温度和诱导剂浓度进行诱导表达，以减缓目的蛋白的表达速度，避免形成包涵体。诱导时机的选择也需要实验优化，以平衡生物量和目的蛋白产量之间的关系。诱导剂的添加浓度和时机也是影响表达效率的关键因素。不同的诱导剂对于不同的表达系统可能有不同的最佳浓度和最佳诱导时机。因此，在实验设计中需要仔细考虑这些因素并进行优化，以达到最佳的表达效果。在培养方式方面，采用补料分批培养、连续培养或透析培养等方法可以减少细菌副产物（如乙酸）的产生和对表达的影响，进一步优化表达效率。分批培养适用于小规模的实验，补料培养可以在一定程度上减少培养过程中的营养耗尽现象，而连续培养则可以保持培养环境的稳定性，从而提高表达的一致性和稳定性。

在大肠杆菌表达系统中，重组蛋白常面临错误折叠而形成包涵体的问题。为解决这一问题，融合标签的开发和应用起着重要作用。常用的融合标签包括 MBP、GST、NusA、SUMO、TrxA、mCherry 等，它们各具特定功能。例如，MBP 作为分子伴侣能够协助重组蛋白的正确折叠，通过与未折叠蛋白质的疏水性氨基酸相互作用防止聚集或蛋白质水解。然而，由于融合标签分子质量较大，可能会干扰目标蛋白的构象并影响其功能，因此需要特殊的蛋白酶处理去除融合标签。为解决这一问题，人们开发了一些长度较短的短肽融合标签，如 D5、E5、NT11 等。其中，研究人员设计了一种含有不同阴离子氨基酸的短肽新融合标签系统，结合 peIB 信号序列能有效促进南极假丝酵母来源的脂肪酶 B 的细胞内表达和细胞外分泌。另外，促溶标签 NT11 能显著提高碳酸酐酶在大肠杆菌中的表达量和胞内可溶性水平，而且不影响目标蛋白的功能。这些研究为解决重组蛋白折叠问题提供了有效的策略。

（二）蛋白类酶在酵母细胞中的表达

酵母是一类单细胞真菌，能够利用糖类进行发酵，被归类为低等真核生物。酵母细胞表达系统融合了原核和真核表达系统的优点，包括简单易操作、适合高密度培养、表达效率高等特点。与此同时，酵母细胞还具备真核生物的一些特性，如对外源蛋白进行翻译后修饰、糖基化和磷酸化等，这有助于保持重组蛋白的生物学活性和稳定性。某些酵母表达系统带有的分泌信号序列，可以使表达的外源蛋白分泌到细胞外，达到简化纯化的目的。在基因工程中酵母细胞表达系统经常被用作外源基因表达的重要工具之一，特别适用于真核生物基因的表达及制备功能性重组蛋白质。

目前常用的酵母细胞表达系统包括酿酒酵母（*Saccharomyces cerevisiae*）系统和巴斯德毕赤酵母（*Pichia pastoris*）系统。酿酒酵母系统因其启动子较弱、分泌效率低及表达质粒易丢失等缺点，逐渐被巴斯德毕赤酵母系统所取代。而巴斯德毕赤酵母是一种甲醇营养型酵母，适合利用甲醇进行生长。为实现外源蛋白基因的表达，需要将表达载体整合到毕赤酵母染色体上。商业化的毕赤酵母表达系统试剂盒包括 Multi-Copy Pichia Expression Kit、

EasySelect Pichia Expression Kit、PichiaPink Expression System、resDNASEQ™ 定量毕赤酵母 DNA 试剂盒等，其中常用的表达载体有 pPICZa、pPIC9K 和 pPinka-HC 系列质粒。常用的表达菌株包括 GS115、X33、KM71、PMAD11、PMAD16 和 SMD1168 等。利用巴斯德毕赤酵母表达系统进行外源基因表达具有以下几个优点。①有强大的乙醇氧化酶基因（*AOX1*）启动子。②能够对表达的蛋白质进行翻译后修饰，包括糖基化、磷酸化和正确的折叠，确保重组蛋白的活性和稳定性。③可以进行高密度连续发酵培养，使外源蛋白的表达量更高。④根据不同的载体类型，外源基因表达产物既可以在细胞内积累，也可以被分泌到培养基中，便于纯化和提取。⑤外源蛋白基因整合到毕赤酵母染色体上，随着染色体的复制而复制，不易丢失，保证了外源基因的遗传稳定性。此外，通过 CRISPR/Cas9 系统进行基因编辑，敲除参与非同源末端连接修复的 *Ku70* 基因，可以提高毕赤酵母的基因整合效率至接近 100%。⑥巴斯德毕赤酵母表达系统对营养要求低，培养基成分简单且成本低廉，非常适合工业化生产。

为了实现在酵母中高效表达外源基因，关键在于构建适合的表达载体、选择合适的表达宿主及优化发酵培养条件。

1. 表达载体的构建　　在构建表达载体时，巴斯德毕赤酵母通常使用整合型载体作为外源基因的表达平台。这种方法可以将外源基因整合到酵母宿主的染色体 DNA 上，从而保证了遗传稳定性，尽管基因的拷贝数相对较低。为了简化操作，酵母表达载体通常被设计成大肠杆菌和酵母细胞的穿梭质粒。这意味着它可以首先在大肠杆菌中进行保存、扩增及重组表达质粒的构建，然后在线性化后再转入酵母细胞中，最终将外源基因整合到酵母宿主的染色体 DNA 上。

1）大肠杆菌复制子。复制子用来保证质粒在大肠杆菌中能够进行自我复制，常用的复制子有 ColE1 和 pMB1。

2）大肠杆菌选择标记。常见的有氨苄青霉素（ampicillin）和卡那霉素（kanamycin）抗性标记，主要是为了便于在大肠杆菌中筛选重组子。

3）启动子。启动子是基因表达的关键元件，具有影响外源基因表达水平的能力。AOX1 启动子是巴斯德毕赤酵母最常用的启动子之一，仅在受到甲醇诱导时，其控制的外源基因能够得到较高水平的表达，但由于使用该启动子时需要添加大量甲醇而存在火灾隐患。因此，研究人员后续开发了一些不以甲醇为唯一诱导物的启动子，如 GCW14、GAP、FLD1、DAS 和 AOX2 等启动子。其中 GAP 启动子为 3-磷酸甘油醛脱氢酶基因的启动子，它可在多种碳源如葡萄糖、甘油或油酸诱导下表达外源基因。由于这些新型启动子无须甲醇诱导，发酵过程安全、简单，同时其表达量也很高，因此有望成为替代 AOX1 的启动子。

4）信号肽序列。如果希望外源基因所表达的蛋白质能够有效地分泌到细胞外，在编码外源蛋白的上游需要加上一段信号肽序列。毕赤酵母的信号肽分为有外源基因自身信号肽和酵母本身信号肽。而外源基因自身信号肽的存在不能被毕赤酵母有效利用时，可以通过删除其信号肽，直接使用载体上的酵母信号肽进行处理。目前的酵母信号肽有来自酿酒酵母 α 交配因子（α-mating factor，MFα）的信号肽、酸性磷酸酶信号肽和蔗糖酶信号肽等。其中，MFα 信号肽使用最为广泛。

5）多克隆位点。即在表达载体上的多个单一内切酶位点，便于外源基因的插入，其位于启动子或信号肽序列的下游。

6）终止子。毕赤酵母常用的终止子为乙醇氧化酶基因（*AOX1*）终止子，处于多克隆位点的下游，以保证重组基因转录的终点。

7）酵母选择标记。为了筛选酵母重组子，一般采用两种选择标记：一是营养缺陷性选择标记，如 His4、Suc2、Arg4、Ura3 等；二是抗性选择标记，如来自大肠杆菌转座子 Tn903 编码的 *G418* 抗性基因，一般采用不同浓度的抗生素 G418 来筛选目的基因高拷贝数阳性转化子。

8）基因整合位点。表达载体转化到酵母细胞后，以整合方式进入酵母染色体基因组中。整合方式有两种：一是单交换，即外源基因通过基因重组插入毕赤酵母染色体基因组 *His4* 位点或 *AOX1* 基因的上游或下游，*AOX1* 基因仍保留；二是双交换，即载体酶切后，标记基因的两端与酵母染色体中的 *AOX1* 基因的 3′端和 5′端及外源基因的表达元件发生双交换整合（整合率为 10%～20%），即载体上的外源基因的表达元件和标记基因替代了酵母染色体中的 *AOX1* 基因，导致酵母只能依靠醇氧化酶进行甲醇代谢，这种方式的转化子利用甲醇效率很低，但它表达外源基因的效率高。

巴斯德毕赤酵母的载体系统可以分为两大类：胞内表达和分泌表达。胞内表达的载体包括 pPIC3、pPIC3K、pPIC3.5K、pHILD2 和 pPICZA（B，C）等，而分泌表达的载体则包括 pPIC9、KpHIL-S1pAC0815 和 pPICZaA（B，C）等。这些载体都是大肠杆菌和酵母细胞的穿梭质粒，因此，酵母重组表达载体的构建过程主要在大肠杆菌中进行。构建酵母重组表达载体的一般步骤如下：①选择合适的表达载体，根据实验需求和目的基因的特性，选择最适合的表达载体；②设计目的基因的 PCR 引物，上、下游引物上分别含有一个表达载体多克隆位点中的不同酶切位点，通过 PCR 技术扩增目的基因片段；③双酶切和连接，表达载体和目的基因片段分别进行双酶切后进行连接；④转化大肠杆菌感受态细胞，将连接液转化到大肠杆菌感受态细胞后，在含有抗生素的抗性平板上进行初筛；⑤进一步鉴定，通过菌落 PCR、质粒提取及酶切等方式进行进一步鉴定；⑥DNA 测序，对所构建的表达载体进行目的基因的 DNA 测序，以确保目的基因"阅读框"和核苷酸序列的正确性。

2．表达宿主的选择　　在选择表达宿主时，巴斯德毕赤酵母表达系统常用的宿主包括 GS115、X33、KM71、PMAD11、PMAD16 等，这些都是甲醇诱导型的宿主。这意味着当这些宿主在以葡萄糖或甘油为碳源的培养基中生长时，宿主中 *AOX1* 基因的表达会被抑制；然而，当以甲醇为唯一碳源时，宿主中的 *AOX1* 启动子会被强烈诱导，从而使外源蛋白得到大量表达。为了防止外源蛋白的降解，科学家开发了一类蛋白酶缺陷株，如 SMD1168、SMD1163、SMD1165 等。在这些菌株中，敲除了 *pep4* 和 *prb1* 两个蛋白酶基因，蛋白水解酶活性的丧失，可以保护表达产物免受降解，促进表达量的提高。

3．发酵培养条件的优化重组　　在优化重组毕赤酵母的发酵培养条件时，需要考虑多个因素，包括培养基的组成、pH、培养温度、通气量及甲醇的诱导方式、用量和诱导时间等。这些因素都会影响外源蛋白在酵母中的表达量。

毕赤酵母表达培养基通常使用甘油作为碳源。理想的甘油添加水平应该是在利用甲醇诱导时能够被完全消耗。此外，通过添加适量的蛋白胨和酵母提取物、降低培养基的 pH

（一般控制在 pH 5.0 左右）和培养温度（22～30℃）及避开蛋白酶作用的最适条件等方法，可以达到减少目的蛋白的降解和外源目的蛋白的降解。

发酵培养时的通气量（溶氧量）是影响外源蛋白表达水平的重要因素。采用发酵罐培养重组毕赤酵母菌体时，其外源蛋白的表达水平一般比普通摇瓶培养高出 10～100 倍。

甲醇的诱导方式、用量和诱导时间都会对外源蛋白的表达水平产生影响。因此通常使用甘油培养，细胞达到一定浓度时，加入甲醇诱导其所表达的外源蛋白产率高于普通方法。通过诱导 5d 左右的时间，添加 0.5%～1.0% 的甲醇，达到最高的外源基因表达水平。菌的表达有时需要诱导 3d 或 7d，过长的时间会导致外源蛋白的降解量增加。因此，最佳诱导时间需要根据实际情况来进行优化。

第二节　酶分子的定向进化

从原始的单细胞生物到复杂的多细胞生物，生命形式在亿万年的演化中不断演变，以适应不断变化的环境和资源。在自然条件下，物种通过 DNA 复制发生突变或重组，产生遗传多样性，从而有利于物种在环境压力下朝着适应其生存环境的方向发展，这是一个漫长而缓慢的自然选择过程。酶在生物体内执行着特定的生物学功能，对生命活动的正常进行发挥至关重要的作用。在物种的自然进化过程中，酶也经历了长期的自然进化，产生了大量功能多样的酶，为生物催化应用领域提供了丰富的天然酶资源库。酶制剂的应用超出了范围，人们发现天然酶存在许多局限性，已经难以满足工业化应用的要求。在对天然酶进行改造的过程中，为了提高蛋白质进化的目的性和有效性，科学家在实验室内模拟自然进化机制，在体外进行酶基因的人工随机突变，建立突变基因文库，在人工控制条件的特殊环境下，通过定向选择获得具有优良催化特性的酶的突变体，这一过程即为酶分子的定向进化。酶的定向进化属于蛋白质的非理性设计，与传统的化学修饰、定点突变等理性设计相比，它无须事先了解酶分子的结构、活性位点、催化机制等因素，而是人为模拟自然进化过程，从而获得具有某些预期特征的进化酶。它与酶的自然进化不同，天然酶的自然进化是一个极其漫长的过程，自然选择使进化朝着有利于生物适应环境的方向发展，环境的多样性和适应方式的多样性决定了进化方向的多样性，其突变是随机的，是不被人为控制的。因此，酶的定向进化大大拓宽了蛋白质工程学的研究和应用范围，是蛋白质工程技术发展的一大飞跃。定向进化与合理设计互补，使生物学家可以有效解决复杂的酶蛋白设计问题。定向进化作为一种强大的生物进化工具，能够通过人为设计和引入基因突变来改变生物体的性状和功能。这种方法不仅可以提高生物体的适应性和生存能力，还可以为生物学研究和工业应用提供新的可能性。在生物技术领域，定向进化已经被广泛应用于改良酶的催化性能、优化微生物的生产能力，甚至设计新的生物体系。

一、酶分子定向进化的基本原理及一般流程

（一）酶分子定向进化的基本原理

酶分子定向进化是通过模拟自然进化机制（随机突变、基因重组和自然选择），在体

外对亲本酶基因进行随机突变,获得突变基因群,进而将基因的突变文库转换成对应的蛋白质突变库,最后通过高通量筛选流程,分析基因突变引发的酶蛋白性状变化,最终获得性状优良的突变体。因此,定向进化又被称为"代替自然选择的上帝之手",为试管中的达尔文主义。定向进化的基本原理是:随机突变+定向选择=目标突变体,如图8-1所示。

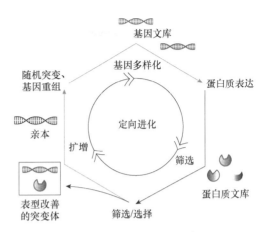

图 8-1　蛋白质定向进化原理

　　酶分子定向进化的特点包括:①突变位点是随机的、不确定的;②突变位点的数目也是不确定的;③突变的效应更是不可预知的;④理论上讲,凡是能够引起突变的因素(物理因素、化学因素、生物因素)都可以应用于定向进化中突变体的产生。酶的定点突变属于酶分子的"理性设计",需要在事先了解酶分子的结构特点、催化特性等信息的基础上进行分子改造,而酶定向进化不需要事先了解酶的结构、催化作用机制等相关信息,就可以对其编码基因在体外人为进行基因的随机突变和高通量筛选。酶分子定向进化呈现出适应面广、目的性强和效果显著的优点,该技术大大缩短了酶的自然进化过程,极大地发展和丰富了酶类资源。

(二)酶分子定向进化的一般流程

　　酶分子定向进化的一般流程包括6个步骤:①选择目的基因,即选择编码所需改造的目标酶分子的 DNA 序列;②突变或重组,即采用特定定向进化策略对目标基因进行突变或重组;③突变基因文库的构建,即将获得的突变重组基因插入表达载体中构建突变库;④突变酶的表达,即将载体转入受体细胞中表达各种突变酶;⑤突变酶的筛选和鉴定,即利用筛选和选择方法确定有益特性的克隆;⑥以有益突变基因为新的基因改造起点并重复上述过程,进行定向进化的迭代,直到获得满足应用需求的性能最优酶突变体。其中,关键步骤在于通过各种定向进化策略创造酶基因的多样性。

二、酶分子的定向进化策略

　　目前常用的酶分子定向进化策略主要有两大类;一是以易错 PCR 技术为代表的无性进化;二是以 DNA 改组技术为代表的有性进化。这些策略的侧重点有所不同,但它们之间在思想上和实验手段上有重叠之处,在实际应用过程中,有时也可以同时使用、相互补充以实现对酶分子的定向进化。

　　1. 以易错 PCR 技术为代表的无性进化　　易错 PCR(error-prone PCR)技术是从酶的单一基因出发,在改变反应条件的情况下进行聚合酶链反应(PCR),使扩增得到的基因出现碱基配对错误,从而引起基因突变的技术过程。易错 PCR 技术所引起的基因突变和遗传进化仅在单一分子内发生,所以属于无性进化(asexual evolution)。

　　易错 PCR 技术以普通 PCR 为基础,在易错 PCR 技术的进行过程中,为了增加碱基配对错误的出现频率，可以采取以下主要措施：①采用非校读型 DNA 聚合酶，使错配的碱基进一步扩增。由于普通的 *Taq* DNA 聚合酶不具有 3′→5′核酸外切酶活力，在扩增过程中不可避免地发生一些碱基的错配。②提高镁离子的浓度，可适当加入锰离子。常规 PCR 扩增时，镁离子浓度为 0.5～2.5mmol/L，进行易错 PCR 时，在原有基础上提高镁离子的浓度。③改变扩增体系中 4 种底物（dATP、dTTP、dCTP、dGTP）的浓度比，使扩增的基因出现碱基错配。④采用较高的循环数，循环次数增多会增加碱基错配数。

在采用易错 PCR 技术进行基因的体外突变时，要控制好扩增条件以获得适当的基因突变率。如果突变率过低，所产生的突变基因数量将会过少，导致难以从少量的突变体中筛选得到正向突变体；如果突变率过高，则突变基因数量太多，导致突变基因文库过于庞大，大多数突变属于负突变或者中性突变，从而使得筛选正突变体的工作量大大增加，影响正突变体的获取及实验周期。通常每一个目的基因通过易错 PCR 技术引入的错配碱基数目应控制在 2～5 个，因此，易错 PCR 技术最佳条件的优化是获得理想碱基突变率的关键。在通常情况下，经过一次突变难以获得理想的酶突变体，因此目前发展出连续易错 PCR（sequential error-prone PCR）策略，即将第一轮 PCR 扩增得到的有益突变基因作为下一轮 PCR 扩增的模板，连续反复进行随机诱变，使每一次获得的小突变累积而产生重要的有益突变。李晨霞等（2022）对米曲霉 β-半乳糖苷酶进行定向进化，以提高其水解乳糖的效率，通过易错 PCR 构建米曲霉 β-半乳糖苷酶的突变体文库，高通量筛选水解乳糖效率高的突变体，将其在毕赤酵母中高效表达，用于制备无乳糖牛奶。

易错 PCR 技术具有操作简便、随机突变丰富的特点，已经在酶的定向进化方面得到广泛的应用。但是其正突变的概率低，突变基因文库较大，文库筛选的工作量大，一般情况下只适用于较小基因（＜800bp）的定向进化。如果酶的编码基因序列较长，可以通过序列比对、关键结构域和位点预测等方法，确定需要改造的关键功能域，设计特定引物后对包含关键功能域的片段进行易错 PCR，随后通过酶切连接或者同源重组技术将原始基因的关键功能域序列替换为易错 PCR 产物，从而获得酶的突变体库。

除利用易错 PCR 在体外对靶标酶基因进行随机突变外，美国 Stratagene 公司还开发了利用致突变菌株在体内对酶基因进行随机突变的方法。该公司构建了一株 DNA 修复途径缺陷的大肠杆菌突变株 XL1-Red，它体内的 DNA 突变率比野生型高 5000 倍。将带有要突变基因的质粒转化到 XL1-Red 菌株内复制过夜的过程中会产生随机突变，通常每 2000 个碱基中约有 1 个碱基置换，然后将带有突变基因的质粒转化到表达系统中进行表型筛选，从而获得正向突变体。

2. 以 DNA 改组技术为代表的有性进化

（1）DNA 改组技术　　DNA 改组（DNA shuffling）技术是在正突变基因文库中分离获得同源 DNA，用酶将其切割成随机片段，经过不加引物的多次 PCR 循环，使 DNA 的碱基序列重新排布而引起基因突变的技术过程。该技术是 1994 年由 Stemmer 等首次提出并成功运用的，他们通过对 β-内酰胺酶进行定向进化研究，使该酶的催化效率提高了 32 000 倍。DNA 改组技术将存在于两种或多种不同基因中的正突变结合在一起，通过 DNA 碱基序列的重新排布，形成新的突变基因，因此属于有性进化（sexual evolution）。

DNA 改组技术的基本操作过程包括以下步骤。①从正突变基因库中分离获得酶的编码基因。②对不同亲本来源的编码 DNA 用 DNase Ⅰ进行随机切割，产生若干随机 DNA 片段。③去除体系中的 DNase Ⅰ。④这些随机片段均有部分碱基序列重叠，将这些随机片段在不加引物的条件下进行多次 PCR 循环，使这些 DNA 随机片段互为模板和引物进行扩增、延伸。⑤最后加入适宜的引物进行 PCR 反应，获得全长的融合基因。由于来自不同亲本的 DNA 片段之间可借助重叠序列而自由匹配，一个亲本的突变可与另一个亲本的突变相结合，构成嵌合突变文库。重复上述步骤进行多次改组和筛选，直至获得性能符合应用要求的酶突变体。

DNA 改组技术的特点如下。①由于不同的亲本基因均来自正突变基因库，通过 DNA 改组，不仅可加速积累有益突变，而且可使酶的两个或更多的已优化性质合为一体。②重组可伴随点突变同时发生。③可以删除个体中的有害突变和中性突变，显著提高有益突变的概率。

（2）DNA 改组技术的改进方法　　为了弥补传统 DNA 改组技术的不足，目前已经衍生发展了多种改进方法，现简介如下。

1）交错延伸 PCR 技术：该方法是阿诺尔德等在 1997 年提出的。在一个反应体系中以两个以上的 DNA 片段为模板进行 PCR 反应，把 PCR 反应中常规的退火和延伸合并为一步，并且大大缩短了反应时间（55℃，5s）。在反应过程中，引物先在一个模板链延伸，随后进行多轮变性、短暂复性及延伸反应，在每个循环中，部分延伸的片段在复性时随机杂交到不同的模板上继续延伸。由于模板的转换，所合成的 DNA 片段中包含了不同模板 DNA 的信息，实现了不同模板间的重组，这种交错延伸过程继续进行，直到获得全长的基因。交错延伸 PCR 技术是一种简化的 DNA 改组方法，可以省去 DNA 改组技术中 DNase Ⅰ切割这一步骤，具有简便、快速的特点。

2）随机引物体外重组技术：该方法是阿诺尔德等在 1998 年提出的。采用一套随机序列引物，以单链 DNA 为模板进行 PCR 反应，从而产生若干个与模板不同部分的序列互补的 DNA 小片段。由于碱基的错误掺入和错误引导，这些 DNA 小片段中也含有少量的点突变。随后除去模板，这些 DNA 小片段互为模板和引物进行扩增，通过碱基序列的重新排布而获得全长突变基因。随机引物体外重组技术同样可以省去 DNA 改组技术中 DNase Ⅰ切割这一步骤，操作简便快捷，而且所需亲代 DNA 模板量少。

3）基因家族改组技术：该方法是从自然界存在的基因家族出发，利用它们之间的同源序列进行 DNA 改组实现同源重组。用 DNase Ⅰ将不同来源的亲本 DNA 切割成随机片段，经过不加引物的多次 PCR 循环，使 DNA 的碱基序列发生重新排布，进而引起基因突变。由于自然界中每一个天然酶的基因都经过千百万年的自然进化，形成了既具有同源性又有所差别的基因家族。通过基因家族改组技术获得的突变重组基因库既体现了基因的多样化，又最大限度地排除了不需要的突变，大大加快了基因体外进化的速度。而传统的 DNA 改组技术是以单一的酶分子技术进行进化的，其基因的多样性是源于 PCR 等反应中的随机突变，而这种突变大多是有害的或中性的，从而使其集中有利突变的速度比较慢。因此，基因家族之间的同源重组技术表现出改组基因的效率高、基因突变的概率高及有害突变的掺入率低等优势。

三、酶分子突变文库的定向筛选方法

在酶分子的定向进化中，在体外对酶的编码基因进行随机突变会产生庞大的突变基因文库，通过载体表达将突变文库转换成对应的蛋白质突变库后，需要通过高通量定向筛选，在较短时间内确定正突变基因，以获得满足应用需求的酶的特定突变体。可靠的高通量筛选技术对于酶分子定向进化的成败具有非常重要的影响。目前在酶的定向进化中，对突变基因文库进行筛选的方法主要有以下几点。

1）平板筛选法。平板筛选法是将含有随机突变基因的重组细胞，涂布在平板培养基上，在一定条件下培养，依据重组菌细胞的表型鉴定出有效突变基因的筛选方法。其特点是简便、快速、直观、容易控制和调整环境条件。可根据重组细胞的表型，如细胞生长情况（热稳定性、低温耐受性、抗生素耐受性、pH 稳定性、极端环境耐受性）、颜色变化情况、透明圈情况等筛选突变基因，快速获得具有特定表型的突变酶。

2）荧光筛选法。该方法广泛用于酶突变体的筛选，挑选具有活性的宿主菌接种于微孔中，根据突变酶与底物作用后产生的荧光信号强度变化来筛选突变体。

3）表面展示技术。该方法是将酶的突变基因克隆到特定表达载体中，使其表达产物展示在细胞、噬菌体、核糖体的表面，进而通过亲和富集法、酶活力测定等技术筛选获得含有特定突变基因的个体。常用的表面展示技术有：噬菌体表面展示技术、细胞表面展示技术、核糖体表面展示技术、mRNA 表面展示技术等。其中噬菌体表面展示技术是将突变基因整合到噬菌体或噬菌粒的基因组中，以融合形式与噬菌体的表面蛋白共同表达于噬菌体表面，之后经过各种活性筛选与表达产物性质分析，筛选出所需要的突变基因。目前噬菌体展示系统常用 M13 噬菌体。细胞表面展示技术是将突变基因与细胞表面结构蛋白基因融合，使目标酶蛋白表达并将其锚定于细胞表面的一项技术。现已用于外源蛋白展示的体系有大肠杆菌中的外膜蛋白、鞭毛蛋白、菌毛蛋白、脂蛋白等。核糖体表面展示技术是用一定量核糖体翻译没有终止子的 mRNA 文库，在肽段已翻译出来并折叠成三级结构时，其末端还在核糖体中，即翻译到 mRNA 末端后，核糖体仍停留在 mRNA 的 3′端而不脱离，使目的基因的翻译产物展示在核糖体表面，形成"mRNA-核糖体-蛋白质"的三元复合物，将基因型和表型直接偶联起来。mRNA 表面展示技术是通过在体外翻译一段与嘌呤霉素相连的 mRNA，实现酶蛋白与编码它们的 mRNA 通过一个小分子共价连接成 mRNA-嘌呤霉素-蛋白质复合物。

四、计算机辅助的定向进化

计算机技术的发展促进了生物信息学、计算化学等学科的进步，推动了"精准"定向进化技术的发展，其对蛋白质定向进化的帮助可以体现在多个方面，如蛋白质结构的预测、蛋白质功能的分析和高计算能力带来的数据分析、学习能力等。这些功能的出现使定向进化从随机走向半理性设计，从而提高突变和筛选过程的效率。

在计算机的辅助下，通过运用分子对接（molecular docking）、分子动力学模拟（molecular dynamic simulation）、量子力学（quantum mechanics）方法、蒙特卡罗（Monte Carlo）模拟退火（simulated annealing）等一系列计算方法，可预测并评估数以千计的突

变体在结构、自由能、底物结合能等方面的变化。基于计算结果，从中筛选可能符合改造要求的突变体并进行实验验证（如突变体能否正常表达、折叠及行使预期功能等），再根据实验结果制订下一轮计算方案，循环往复直到获得符合需求的酶（图 8-2）。

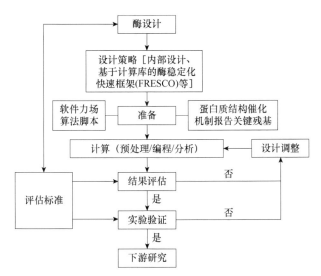

图 8-2　计算机辅助蛋白质设计流程（曲戈等，2019）

在传统的定向进化实验中，由于无法确定与功能相关的结构域，基因多样化的目标通常是整段基因。这种实验方法虽然能够获得更多的突变样本，但极大程度地增加了实验负担。一段仅由 30 个碱基对组成的基因片段的突变体，便能产生超过 10^{13} 种不同的氨基酸序列，因此以整段基因为突变目标的方法很难覆盖理论中的突变文库。现如今，通过生物信息学、结构生物学和分子动力学等方法预测蛋白质功能域，并以功能域中特定位点或特定区域为突变目标进行突变改造的思路越发普遍。该方法可以通过创建"小"而"精"的突变文库来大大减轻实验负担并降低筛选难度，而这种计算机辅助的定向进化通常依赖于对蛋白质三维结构的分析，以寻找其可能与功能相关的区域。

随着计算机技术的迅速发展，机器学习技术在近几十年中迅速崛起。机器学习（machine learning，ML）方法，在构建输入数据到输出数据的复杂函数关系后，利用模型对训练集以外的序列空间进行探索，帮助富集有益突变。目前这一方法已经成功应用于新酶的分类、酶或其底物属性的预测、反应最佳微环境的预测等工作。不同于早期的生物信息学算法和软件，机器学习基于大量具有不同特征的数据点的训练找到一种通用的模型，并套用该模型解决问题。

机器学习的两种主要类型为无监督学习和监督学习。监督学习即为算法提供一个或几个目标属性作为标签，使用标记的数据集，根据标签对数据进行分类分析；而无监督学习则不提供标签，由计算机在学习过程中对样本进行分类，在学习过程中通常将高尺度的数据压缩或转换为低尺度的数据，用数学方法对特定信息进行分析。此外，这两种类型结合的方法被称为半监督学习。

随着机器学习技术的发展，研究者也在探索更高效的算法，其中，高斯过程和人工神经网络模型受到了广泛的关注（图 8-3）。高斯过程因为可以直接从数据中学习信息，具有减轻模型性能对预测效果影响这一显著优点。而深度学习方法通过模拟人脑的神经元形成人工神经网络模型，可以挖掘序列特征中隐含的函数关系，在酶工程中发挥着重要作用。

机器学习在酶的定向进化应用中涉及两个关键步骤，即构建序列功能模型和利用模型指导酶的分子改造。随着计算能力和实验技术的进步，未来的机器学习技术在酶分子的定向进化过程中，基于功能蛋白质的分布采样和训练所获得的模型将有助于探索未知的蛋白质序列空间，并且随着序列功能对数据的不断增长，机器学习技术将在蛋白质的从头设计中发挥越来越重要的作用。

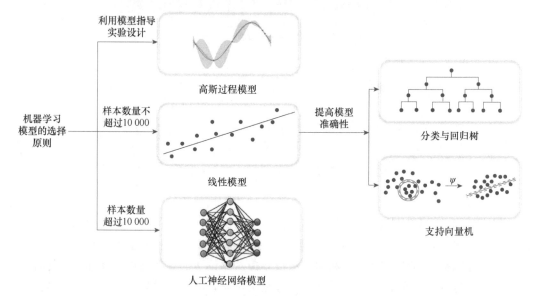

图 8-3　机器学习模型选择的流程（王慕镪等，2023）

五、分子定向进化的应用

定向进化技术已成为开发新型酶的一种高效工具，被广泛应用于提高酶的催化效率、增强酶的稳定性、改变酶的底物特异性、改变对映异构体特异性等方面（表 8-1）。

1．提高酶的催化效率　　酶活力的高低反映一个生物催化与转化过程反应速率的快慢，酶活力越高，反应速率越快。酶催化效率不够高是酶的应用过程中经常碰到的问题。为此，提高酶的催化效率是酶定向进化研究的主要目标之一，在生物催化、合成生物学和药物研发等领域具有广泛的应用。吉林大学张今教授课题组对 L-天冬氨酸酶、α-天冬氨酰二肽酶进行定向进化研究，提高了酶的催化活力。

2．增强酶的稳定性　　作为生物催化剂的酶所处的应用环境与其来源的生物体内环境差异显著。在酶的应用过程中，人们要求酶具有较好的稳定性，能够适应体外催化环境如高温、极端 pH、去污剂和非水相体系等条件。酶本身的结构与酶的稳定性高低有密切关系，而酶本身结构的改进可以通过定向进化技术来实现。

3．改变酶的底物特异性　　定向进化可以改变酶的底物特异性，使其对不同的底物具有更高的催化效率和选择性。改变酶底物特异性的方法包括以下几方面。①引入特定的突变，通过随机突变或有目的地改变酶的基因序列，可以引入特定的氨基酸残基，从而改变酶的底物特异性。②筛选和选择，将经过突变的酶进行筛选，选择对目标底物具有更高催化活性的突变体。③重复进化，将选出的突变体进行再次随机突变和筛选，重复该过程直到获得满足要求的酶。

4. 改变对映异构体特异性　　对映异构体是具有相同分子式和结构，但空间构型不同的化合物。在有机合成和药物研发领域，对映异构体的选择性催化是非常重要的，因为对映异构体可能具有不同的生物活性或药效，通过定向进化改变酶对映异构体的特异性，可以提高其对目标对映异构体的选择性和催化效率。改变酶对映异构体特异性的方法包括以下几方面。①引入特定的突变，通过定向进化或有目的地改变酶的基因序列，可以引入特定的氨基酸残基，从而改变酶对映异构体的选择性。②筛选和选择，将经过突变的酶进行筛选，选择对目标对映异构体具有更高催化活性的突变体。③重复进化，将选出的突变体进行再次随机突变和筛选，重复该过程直到获得满足要求的酶。

表 8-1　酶分子定向进化的应用实例

酶名称	定向进化策略	酶学性质的改变
L-天冬氨酸酶	易错 PCR	进化酶的酶活力提高 28 倍；进化酶 pH 稳定性和热稳定性均优于天然酶
D-泛解酸内酯水解酶	易错 PCR 结合 DNA 改组方法	进化酶的酶活力提高 5.5 倍；进化酶在低 pH 条件下稳定性得到提高
（S）-2-氯丙酸脱卤酶	易错 PCR	进化酶的比活力提高 3.9 倍，最适温度和热稳定性均有所提高
内切葡萄糖酶	易错 PCR 结合 DNA 改组方法	进化酶的酶活力提高 2.7 倍
植酸酶	易错 PCR	进化酶的酶活力提高 42%
碱性磷酸酶	易错 PCR	进化酶的酶活力提高 3 倍
几丁质酶 C	易错 PCR	进化酶的酶活力提高 3.3 倍，最适温度提高 20℃
醇脱氢酶	易错 PCR 结合 DNA 改组方法	进化酶的催化效率提高 30 倍
脂肪酶	易错 PCR	进化酶的酶活力提高 6 倍
葡萄糖脱氢酶	家族 DNA 改组技术	进化酶的热稳定性提高 400 倍
β-半乳糖苷酶	DNA 改组技术	进化酶水解邻硝基苯半乳糖吡喃糖苷的相对活力提高了 1000 倍
谷胱甘肽 S-转移酶	DNA 改组技术	进化酶针对不同底物酶活力提高了 65～175 倍
吲哚-3-甘油磷酸合成酶（IDPS）	合理设计与 DNA 改组技术相结合	突变酶具有了磷酸核糖邻氨基苯甲酸异构酶的活性，失去了 IDPS 活性
N-氨基甲酰-D-氨基酸酰胺水解酶	DNA 改组技术	进化酶的氧化稳定性和热稳定性均有提高
D-2-酮-3-脱氧-6-磷酸葡萄糖酸醛缩酶	易错 PCR 结合 DNA 改组方法	进化酶可以催化非磷酸化的 D-甘油醛和 L-甘油醛，拓宽了酶的特异性底物范围
1,6-二磷酸己酮糖醛缩酶	DNA 改组重排	进化酶以非天然的果糖-1,6-二磷酸为底物时，立体定向性提高了 100 倍
乙内酰脲酶	易错 PCR 结合饱和诱变方法	由野生酶倾向于 D 型底物转变为进化酶倾向于 L 型底物

　　总的来说，酶分子定向进化为生物催化剂从实验室走向工业应用提供了强有力的技术支持。这一过程不仅能够使酶获得非天然的功能或性能改进，还能将多个酶的优良特性整合在一起，进而发展出具备多种优异特性或功能的进化酶，从而丰富和拓展酶类资源。然而，目前构建和筛选突变文库的方法仍然无法完全满足实验室对酶改造的需求，无论是在进化效率还是性能方面，都有待进一步提升。因此，科研人员需要不断完善现有技术，探索和开发新的、更高效的文库构建及筛选方法，以为酶分子定向进化技术开辟更加广阔的前景。

第三节　抗体酶和杂合酶

一、抗体酶

（一）抗体酶的发现

　　1946 年，Pauling 认为酶的活性中心针对的是酶的过渡态结构而不是底物分子。基于 Pauling 的观点，Jencks 等在 1969 年首次提出抗体酶的概念。17 年后，美国化学家 Schultz 首次观察到了抗体具有选择性的催化活性。1985 年，Richard Lerner 与 Peter Schultz 等制备了催化酯水解反应的单克隆抗体，称为抗体酶（abzyme），又称为催化抗体（catalytic antibody）。1986 年以来，人们已经获得了 100 余种催化不同化学反应的抗体酶，并且部分抗体酶的特异性超过了某些天然酶，催化速度也超过了某些天然酶。

（二）抗体酶的概念

　　抗体酶是指通过一系列化学与生物技术方法制备出的具有催化活性的抗体，它既具有相应的免疫活性，又能像酶那样催化某种化学反应。

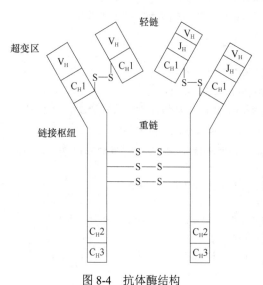

图 8-4　抗体酶结构

（三）抗体酶与天然酶的比较

　　与天然酶相比，抗体酶具有更丰富的多样性、更强的稳定性和专一性。抗体酶的可变区赋予了其酶的特性，该区域大约由 110 个氨基酸组成，一种抗原能够产生 108 种不同的抗体分子。天然酶分子底物识别部位的氨基酸一般为 7 个左右，而抗体酶则为 15～20 个，因而抗体酶能够表现出更强的底物特异性。抗体酶主要来自免疫球蛋白 G（immunoglobulin G），其结构如图 8-4 所示，由两条相同的轻链和重链构成，重链与重链及重链与轻链之间通过二硫键相连，其蛋白质性质较蛋白酶更加稳定。

（四）抗体酶的制备

抗体酶的催化机制符合过渡态学说，通过可变区与过渡态稳定结合，加速反应进行。根据该理论，可以设计一种尽可能接近某一特定反应的过渡态，这样就可以诱导生物体产生相应的抗体。因此抗体酶最初的产生手段基本可以归结为以下几个步骤。①合成稳定的反应过渡态类似物。②过渡态类似物与载体蛋白相连。③通过免疫动物产生抗体。④抗体筛选。其中，过渡态类似物分子是在立体化学和电荷分布方面简单地类似于感兴趣反应的过渡态（或中间体）的稳定分子。上述方法的关键在于设计并合成合适的过渡态类似物，由于过渡态是不稳定的，无法被用作免疫的半抗原，因此实际上采用的类似物是根据理论推测而设计的，设计合适的过渡态类似物是抗体酶制备的关键步骤。

1. 诱导法 如图 8-5 所示，在催化抗体制备中，首要步骤是选择与合成适配的半抗原。半抗原需与目标反应过渡态相似，从而起到诱导免疫系统合成相关抗体酶的作用。接着，通过间隔链将这一半抗原与载体蛋白偶联，从而制成抗原。随后，对动物进行免疫处理，刺激其免疫系统产生针对该抗原的特异性抗体。在免疫过程结束后，从产生的抗体分子中筛选出能够特异性结合半抗原的单克隆抗体。最终，从单克隆抗体中进一步挑选出具有催化活性的抗体，即催化性抗体，以备后续的研究或应用。

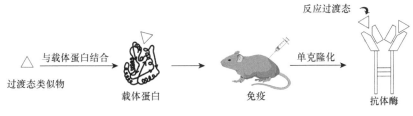

图 8-5 诱导法制备抗体酶示意图

2. 相似分子诱导法 在有些情况下，反应过渡态类似物的合成十分困难，此时选择或合成与过渡态类似物化学结构相似的分子作为半抗原也可以筛选到抗体酶。免疫系统针对一个半抗原产生的抗体并非完全一致，通过后续筛选也可以得到所需要的有特殊识别功能及催化作用的抗体酶。这种方法也称为相似分子诱导法。

3. 引入法 通过将催化基团或者辅因子引入已有底物结合能力抗体的抗原结合部位，获得高活性抗体酶的方法称为引入法。在抗体结合部位，可运用选择性化学修饰将新的催化基团引入抗体。此外，也可运用基因工程与蛋白质工程技术改变抗体结合部位的氨基酸。氨基酸的改变，使得酸碱催化基团或亲和基团也可能随之引入，同时抗体的亲和性和专一性也会产生变化。当这些新引入的催化基团与底物结合部位的相对位置与空间布局达到理想状态时，抗体将展现出高活性的酶催化功能，形成抗体酶。

4. 拷贝法 根据 Jerne 提出的免疫网络学说，用抗原免疫动物会产生第一代抗体（Ab1），具有针对抗原上一个表位的抗原结合位点。用 Ab1 的可变区免疫诱导第二代抗体（Ab2）的产生，该抗体的抗原结合域与 Ab1 的可变域互补，该流程示意图见图 8-6。这意味着如果最初的抗原是一种酶，那么 Ab2 就可能呈现出酶催化位点的"影像"，从而获得与该酶相同的催化作用。

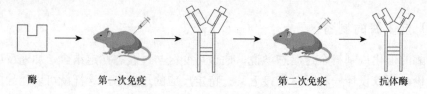

图 8-6　拷贝法制备抗体酶示意图

5. 组合文库法　　在动物体内，有 5000～9000 个不同的 T 细胞针对一个抗原产生抗体。相比之下，细胞融合所产生的抗体一般仅有上百个。因此，为了提高获得抗体的数量，组合文库法逐渐成了人们的选择。将多种轻链基因与重链基因随机组合，然后重组入合适的表达载体，从而构建抗体的组合文库。通过该方法得到的组合抗体种类多达 $10^5～10^8$ 种。

6. 抗体的筛选　　获得大量抗体酶后，需要对抗体酶进行筛选，常见的筛选方法包括以下几种。

（1）酶联免疫吸附测定（enzyme-linked immunosorbent assay，ELISA）法　　ELISA法是研究和临床中检测生物分子的最特异、最直接的检测方法之一，可以用于检测抗体酶对半抗原的亲和力。

（2）酶学活性检测法　　通过检测抗体酶与底物反应产物评估活性。可直接检测细胞培养液中的抗体酶活性。操作简便，但要求抗体具有可观测的酶活力。

（3）短过渡态类似物法　　选取过渡态类似物中的重要结构单元，合成相应的物质后用于筛选抗体酶。

（4）基因筛选法　　设计基因探针，然后用该探针对抗体酶库中各酶的基因进行分析与筛选，从而得到符合目标需求的抗体酶。

（五）抗体酶催化的反应类型

1. 酯水解反应　　Paul 等通过化学法合成了硝基苯磷酰胆碱酯，诱导产生抗体MOPC167，并用单克隆技术纯化。该抗体在催化碳酸酯水解反应（图 8-7）中，产物生成速率常数 K_{cat} 为（0.40±0.04）/ min，米氏常数 K_m 为（208±43）μmol/L。

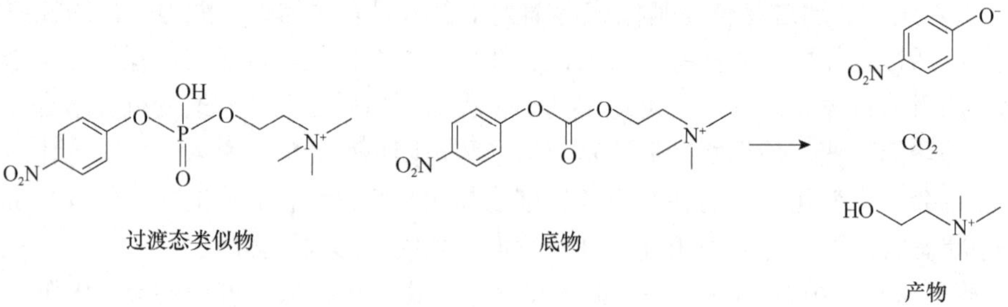

图 8-7　酯水解反应

2. 转酰基反应　　转酰基反应又称氨酰基化反应（图 8-8），在肽链的合成过程中，氨基酸需要通过转酰基反应活化后才能与 tRNA 结合。首个转酰基抗体酶由 Tramontano

等在 1986 年研制成功。6 年后，Jacobson 等以中性磷酸二酯作为反应过渡态类似物，将反应速率提高了 10^8 倍。这对于新型 tRNA 的合成有着重要意义。

3. 异构化

（1）Claisen 重排反应　　Claisen 重排是有机化合物异构化的重要过程，分支酸转化为预苯酸是 Claisen 重排的典型例子（图 8-9）。在生物体内，该反应是芳香氨基酸生物合成的关键，由分支酸变位酶催化。Hilvert 等设计了一个椅式构象的氧杂双环化合物作为反应的过渡态类似物，制备出了可催化分支酸生成预苯酸的抗体酶，诱导的抗体酶比原反应速率加快 $10^2 \sim 10^4$ 倍。同时，该抗体酶只能催化以（－）分支酸为底物的 Claisen 重排，表现出较高的立体专一性。

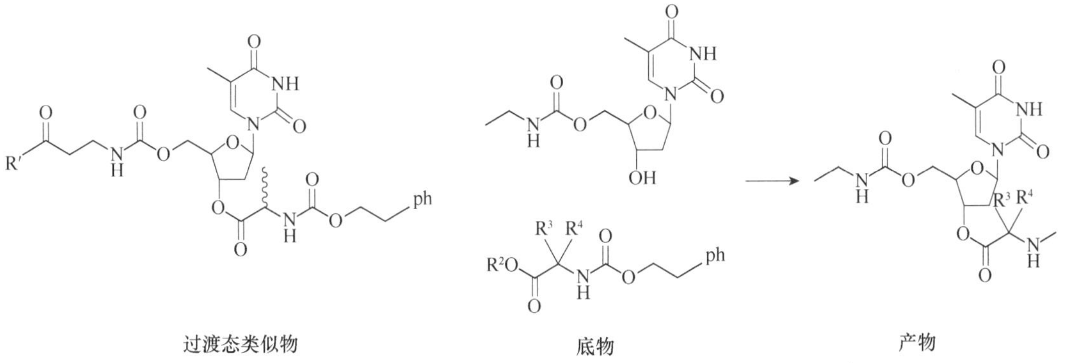

图 8-8　转酰基反应

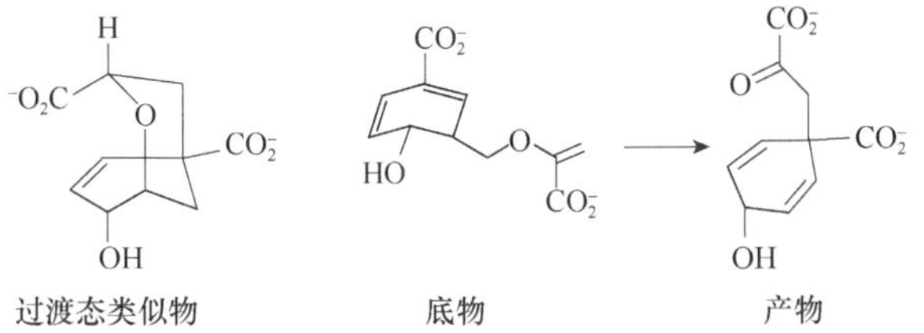

图 8-9　Claisen 重排反应

（2）Oxy-Cope 重排反应　　Oxy-Cope 重排反应是热重排可逆反应，通过改变分子结构并引入共轭基团或羟基，增强了产物稳定性，降低了反应温度并使其不可逆。Lerner 等首次报道了此催化反应。一个过渡态类似物，实现了在室温下 3-对甲氧苯基-4-羟基-1,5-己二烯重排生成 6-对甲氧苯基-5-烯-己醛的反应（图 8-10）。

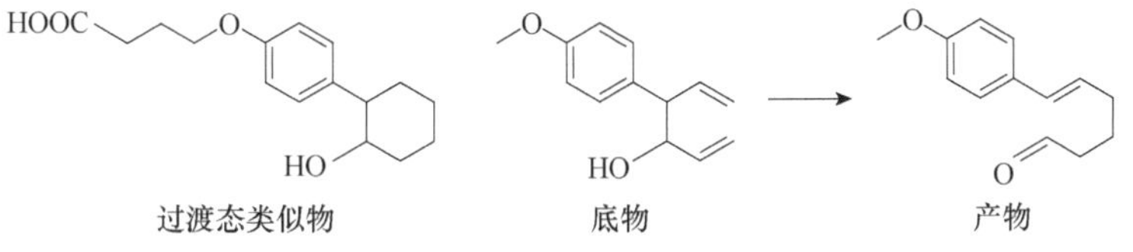

图 8-10　Oxy-Cope 重排反应

（3）顺反异构　　肽基-脯氨酸异构酶（EC5.2.1.8）作为一类高效的普遍酶类，能显著催化 P1-脯氨酸酰胺键的立体异构。经过 α-酮酰胺半抗原诱导，成功获取了 28 种抗体，其中两种展现出独特的催化活性，它们能有效地催化荧光底物的顺-反脯氨酸异构化反应。这些抗体的催化机制主要依赖于稳定过渡态及 P1-脯氨酸酰胺键的变性，进而通过引发基态的不稳定状态，显著加速催化反应的效率。

4．酰胺合成反应　　蛋白质是氨基酰胺键相互连接形成的。研究抗体酶对酰胺键的催化作用，以及理解这一键的形成与断裂机制，对于蛋白质的合成（或水解）过程具有极其重要的价值。目前已有多种能够催化多肽合成的抗体酶被报道，酰胺合成反应见图 8-11。

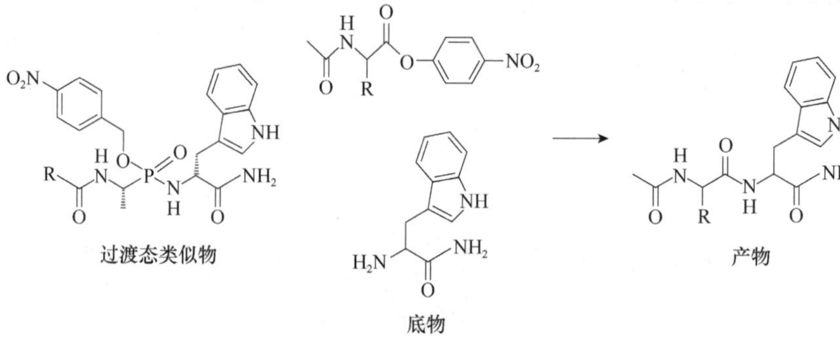

图 8-11　酰胺合成反应

5．Diels-Alder 反应　　Diels-Alder 反应是由德国化学家 Diels 与 Alder 在 1928 年研究 1,3-丁二烯和顺丁烯二酸酐的相互作用时发现的一类反应。它是有机合成中最强的转化反应，需要环状过渡态协同进行。该反应以共轭双烯与含烯键或炔键的亲二烯分子为底物，经反应得到含六元环的化合物（图 8-12）。目前尚未报道能催化该反应的天然酶。具有催化 Diels-Alder 反应活性的抗体酶将为相关天然产物与生物活性产物的合成开辟新思路。

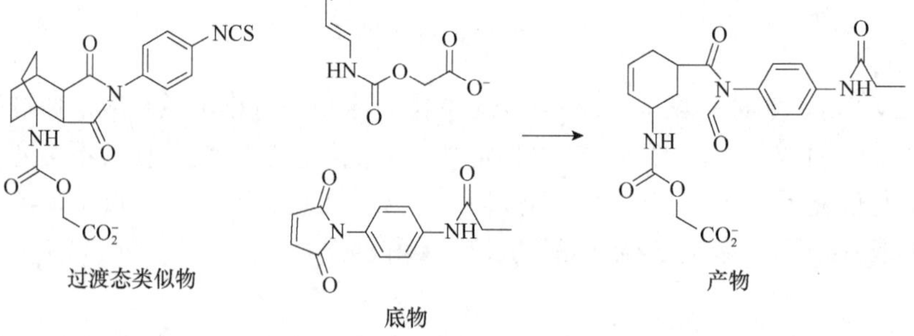

图 8-12　Diels-Alder 反应

6．光诱导反应　　光诱导反应（photo-induced reaction）包括光聚合反应（photopolymerization）和光诱导裂解反应（photo-induced cleavage），这两类反应（图 8-13，图 8-14）在植物体内具有至关重要的地位。特别值得一提的是，DNA 修复机制同样离不开光诱导反应的参与。此外，顺式胸腺嘧啶二聚体作为 DNA 在光照条件下产生的损伤产物，它的修复过程涉及细菌光复合酶活性部位的 Trp 和可见光的共同催化作用，这种光复活反应机制相当精妙。研究者利用含有极化 π 系统的平面的胸腺嘧啶二聚体的衍生物作为半抗原，成功诱导出互补的 π 堆积芳香族氨基酸，高效实现二聚体的光催化裂解。该实验验证了 π-π 互补诱生抗体的可能性，且催化反应的量子产率接近 DNA 光化酶水平，这为深入理解和应用光诱导反应在生物体系中的作用提供了有力的依据。

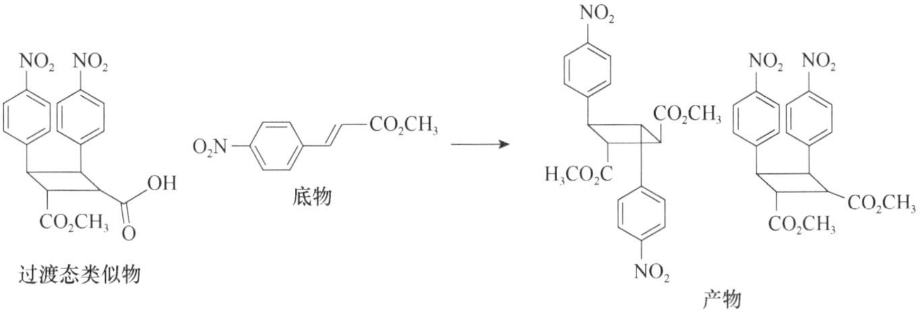

图 8-13 光聚合反应

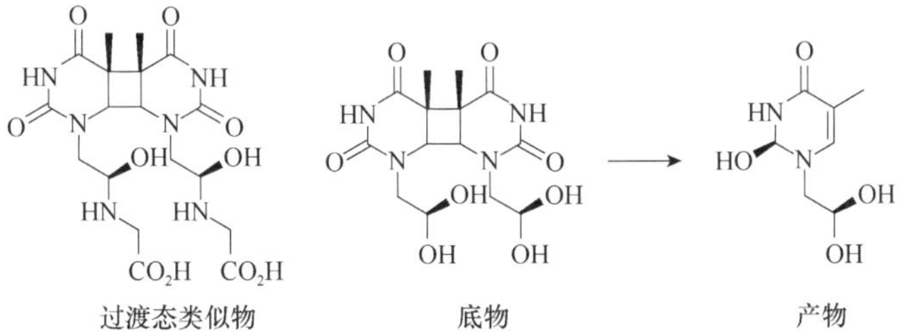

图 8-14 光诱导裂解反应

7. 氧化还原反应

（1）氧化还原反应 1　　氧化还原反应在生物体内广泛存在，Shokat 所研发的抗体与氧化态黄素结合，通过特异性机制稳定氧化态，成功将氧化态黄素与还原态黄素在溶液中的标准电位差提升至 340mV，相较于原先的 206mV 有了显著增强。这一提升扩大了黄素还原态的还原能力范围，使得原先无法被其还原的物质得以成功还原。这一发现揭示了抗体酶在促进热力学上难以发生的氧化还原反应方面的巨大潜力，如图 8-15 所示。

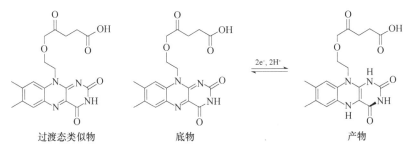

图 8-15 氧化还原反应 1

（2）氧化还原反应 2　　抗体酶在氧化还原反应中，还可以表现出高度的区域选择性，完成一些用已知的化学法无法完成的转化。在图 8-16 的反应中，两个羰基具有相似的化学环境，这对催化反应的区域选择性提出了挑战。利用 N-氧化物作为半抗原，通过该方法生成的抗体具有良好的区域选择性并能够准确区分前手性底物的对映异构面，从而表现出高度立体选择性。

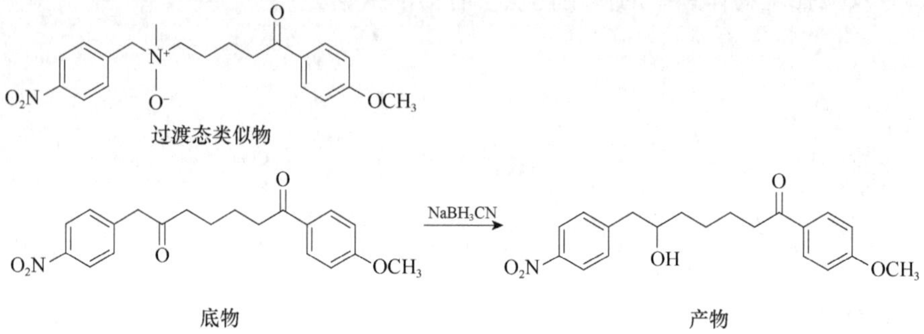

图 8-16　氧化还原反应 2

8. 脱羧反应　　脱羧酶催化的脱羧反应是生物有机化学领域的重要研究内容，其过程协同进行，无须经过中间体，而是通过一个带电荷的过渡态来完成，如图 8-17 所示。

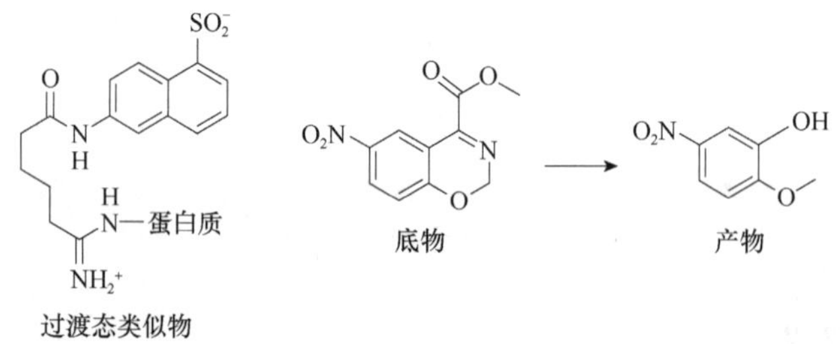

图 8-17　脱羧反应

9. 金属螯合反应　　金属螯合反应在一些酶促反应过程中十分重要，如图 8-18 所示。Schultz 等以 N-甲基卟啉为过渡态类似物，诱导得到的抗体酶具有催化平面状卟啉与 Zn^{2+}、Co^+、Mn^{2+} 螯合的活性。

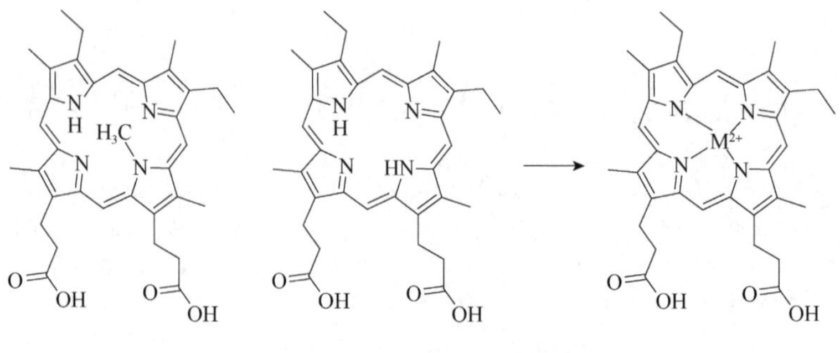

图 8-18　金属螯合反应

10. 芳基磺酸酯闭环反应 Lerner 小组以脒基离子化合物（一种阳离子过渡态类似物）为半抗原，经过诱导产生的抗体酶具有催化芳基磺酸酯闭环反应的活性，使其转化为1,6-二甲基环己烯和 2-甲烯-1-甲基环己烷的混合物，如图 8-19 所示。

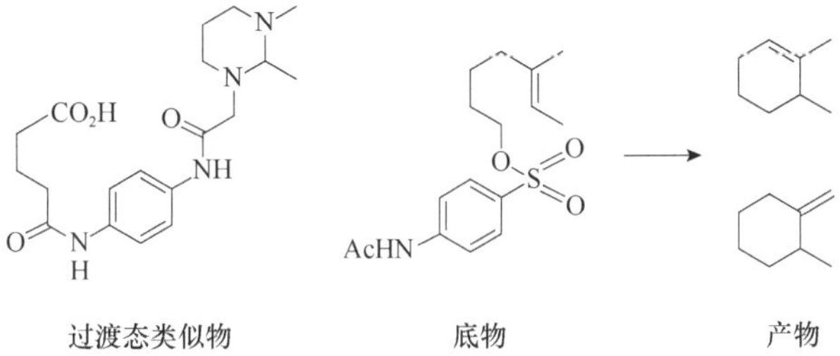

过渡态类似物　　　　底物　　　　产物

图 8-19　芳基磺酸酯闭环反应

（六）抗体酶的应用

1. 用于有机磷化物解毒 有机磷化物最初被用于制作杀虫剂，但其同时对人有严重的毒害作用。有机磷毒素与乙酰胆碱酯酶的不可逆结合，会导致乙酰胆碱在中枢神经系统中的积累，进而导致呼吸系统崩溃。Reshetnyak 等通过噬菌体展示方法获得了抗体酶A17，该抗体酶能够中和有机磷毒素，从而实现解毒作用。

2. 戒毒 可卡因成瘾会引起心血管疾病、脑损伤甚至死亡。目前存在两种治疗可卡因滥用的疫苗策略。一种是使用抗体结合可卡因，从而阻止其通过血液进入中枢神经系统。另一种则是使用抗体酶，将可卡因等抗原水解为非精神活性物质。与不可再生的抗体相比，抗体酶在完成对抗原的水解后实现了自身的再生，因而抗体酶的用量相对较少，也减轻了抗体酶的免疫原性。因此，采用人工抗体酶的被动免疫策略，有望有效阻断可卡因上瘾，从而实现戒毒的目标。

3. 在前药设计中的应用 前药（prodrug）是一类为了降低药物毒性而特别设计的化合物，它们自身活性较低或无活性，但能在体内经过代谢转化为具有活性的药物，从而发挥治疗效果。在抗体导向酶促前药治疗（antibody-directed enzyme-prodrug therapy，ADEPT）体系中，抗体酶展现了巨大的应用潜力。抗体酶通过与肿瘤抗原的特异性结合，精准地定位到肿瘤细胞表面。当前药扩散至肿瘤细胞表面或附近时，抗体酶能够迅速将这些前药水解，释放出具有抗肿瘤活性的药物。这一机制显著提高了肿瘤细胞附近局部药物的浓度，使得药物能够更直接、更有效地攻击肿瘤细胞，同时减少了对正常细胞的潜在杀伤作用。

4. 抗体酶在疾病治疗中的应用 由于抗体酶能够特异性识别抗原同时表现出对抗原的破坏作用，抗体酶被应用于多种疾病的治疗，或被视作具有潜在治疗价值的手段。例如，抗体酶可特异性结合病毒、β-淀粉样蛋白、促炎性细胞因子、凝血因子，从而在感染、炎症、阿尔茨海默病和血友病的治疗中发挥积极作用。

（七）展望

1985 年抗体酶被发现后，人们对它产生的热情很快被生产困难和低催化率所浇灭。然而，抗体酶的治疗潜力又使其重新回到人们的视野中。高底物结合特异性、高周转率和半衰期的提升使得其很可能在未来应用于各种病例的治疗。抗体酶是多种前沿学科的交叉领域，它突破了传统模拟酶的框架，开辟了新的模拟酶研究方向和催化剂研究的新领域，无论是探索方面还是实际应用方面都已显示出潜在的应用价值。随着抗体酶表达系统和工程技术的改进，抗体酶或将作为一种新的治疗工具得到进一步开发。

二、杂合酶

（一）概要

随着工业技术的发展，天然酶的功能、催化能力或在工业条件下的稳定性不能满足生产的需要，因而人们需要创造具有新的功能或性能改善的蛋白质，即人工酶。人工酶即人们根据对酶结构与功能的认识，通过人工手段合成一些天然不存在的非蛋白质或蛋白质分子，也称模拟酶，杂合酶是人工酶的一种。杂合酶尚没有统一的定义，一般认为其是由来自不同酶分子的片段经人工结合而制成的人工酶。杂合酶已成为对酶结构功能改造的一种重要的手段。

（二）杂合酶的构建策略与技术

杂合酶的构建策略是采用随机突变并获得大量突变体，然后设计适当的筛选方法，筛选得到符合预期性状的酶。

1. DNA 改组（DNA shuffling）技术　　DNA 改组技术首先需要获得被改进对象的同源或同工酶基因，将这些基因混合起来并用 DNase Ⅰ 随机切割成合适大小的 DNA 片段，然后进行无引物的 PCR 扩增，获得一个随机重组的基因突变库。将所得基因进行表达并筛选，得到活性提高的阳性克隆，再用这些克隆重复前面的突变与筛选，直到获得满意的突变体。

2. 表达克隆　　表达克隆具有结合灵敏、简便、可信的优点。候选菌株在高水平产酶条件下发酵，利用获得的菌体制备 mRNA，采用酵母大肠杆菌穿梭质粒在大肠杆菌中构建 cDNA 文库。在大肠杆菌中提取质粒并转化到酵母中，再将酵母转化子接种到酶活性检测琼脂培养皿上，从而筛选阳性克隆。对阳性克隆的质粒进行序列分析即可得到目的酶的基因序列。

3. 分子筛选　　分子筛选是指选择合适的序列并设计引物，利用该引物直接从基因组 DNA 中识别和扩增保守序列。用该方法检测酶基因无须研究酶的表达水平。

（三）杂合酶的应用

杂合酶主要应用于以下三个方面：改变酶的非催化特性、调整或改变现有酶的特异性或催化特性、研究蛋白质的结构与功能的关系。

1. 改变酶的非催化特性　　以热稳定性为例，当需要提高目标功能酶的耐热性时，可将一个具有高度同源性的较高耐热性的酶的部分架构与该酶进行交换，以提升其热稳定性。一般而言，所得杂合酶的热稳定性介于双亲酶之间。

2．调整或改变现有酶的特异性或催化特性　杂合酶最大的用途之一就是将现有酶的催化特异性或催化特性进行改造。目前所获得的大部分杂合酶属于这一领域。根据发生变化的类型可以简单地划分为三个水平：①改变特定的氨基酸；②功能域交换；③功能域与结构域的结合。

1）改变特定的氨基酸：有时几个甚至单个氨基酸的改变就足以改变一个酶的催化活性。例如，来源于安氏伯克霍尔德菌（*Burkholderia ambifaria*）的 *N*-酰基氨基酸羟化酶 SadA，仅将催化中心的天冬氨酸突变为甘氨酸后便获得了卤化酶活性。

2）功能域交换：在许多酶中，特定的结构域执行特定的功能，这样的结构域可以看作是酶的"模块"。将两个酶的"模块"进行互换也是获得具有新催化活性酶的有效手段。

3）功能域与结构域的结合：将一种酶的功能域与另一种酶的结构域结合可以获得兼有两种酶功能的杂合酶。

3．研究蛋白质的结构与功能的关系　杂合酶常常被用来确定相关酶之间的差异，鉴定那些一种酶具有，但另一种同源酶没有的特定性质的残基或结构。例如，来自乳酸乳球菌（*Lactococcus lactis*）的两种高度同源的蛋白酶之间的杂交被用来确定哪些残基负责它们的切割特异性和对 α_{s1}-和 β-酪蛋白的作用速率。杂合酶还可用于鉴定各参与底物结合的额外独特结构域，该结构域在相关的枯草杆菌蛋白酶类中不存在。杂合酶也已被用来研究相关酶结构和序列对比的相对优点。

（四）展望

杂合酶技术在新酶开发与酶性能改造方面有着巨大的应用前景。杂合酶在确定酶之间的差异、对酶关键功能域与结构域的表征方面有着重要的作用。其在医药、农业、工业化学与疾病治疗领域有着不可替代的作用。从技术层面看，杂合酶技术将酶基因序列的突变与筛选和蛋白质水平上的酶学研究相结合。新克隆基因序列的增多、基因组序列信息的日新月异及 DNA 与蛋白质研究技术的突破，必将推动杂交酶技术的发展。

第四节　酶的设计与改造技术的应用

大自然提供了一系列奇妙的酶（天然酶），它们负责基本的生化功能，但通常无法满足多数特定反应的需要，研究者往往需要在分子层面对天然酶进行改造、修饰等操作以调整其性质，从而以更少的资源消耗实现重要化合物的高效率合成或有毒物质的降解，涉及的酶属性包括活性、选择性、稳定性、非天然反应等。

一、活性

酶活性（activity）的高低决定了其催化某个反应的速率快慢。通常，酶活性的测定可以用一定时间内一定体积中反应物的消耗量或生成物的增加量来表示。此外，也可以通过定量测定反应体系中底物/产物某一性质的变化，如紫外吸光度变化、荧光强度变化等来测定（图 8-20）。

人们往往期许更快的化学反应速率，因而研究者会向着研究具有更高活性酶的方向而努力。聚对苯二甲酸乙二醇酯（polyethylene terephthalate，PET）是世界上应用最广泛的人造合成塑料之一，其年生产超过 3000 万 t。然而，它卓越的稳定性现在已经成为一种环境损害。为解决该问题，Wu 等（2021）利用"贪婪累积策略"（GRAPE 策略）成功设计了PETase（PET 降解酶），最终突变体对 PET 的降解能力提升超过 300 倍，同时也展现了对其他半芳香聚酯类塑料膜的降解能力（图 8-21），这为减少环境微塑料积累的研究开辟了途径。

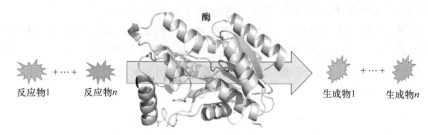

图 8-20　酶活性的测定

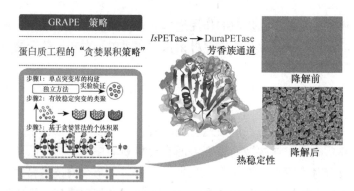

图 8-21　"GRAPE 策略"提升 PET 降解酶的活性（Wu et al.，2021）

*Is*PETase 为来源于大阪堺菌的 PET 降解酶，DuraPETase 为重新设计的 *Is*PETase

反式肉桂酸，在化学酶合成、农业和医药方面有着广泛的应用，可以通过苯丙氨酸氨裂合酶催化 L-苯丙氨酸脱氨的反应获取。为提高该反应速率，Nair 等（2022）通过"深度突变扫描（deep mutational scanning，DMS）"策略创建了一种苯丙氨酸氨裂合酶的详细"序列-功能"谱图，在 79 个功能相关位点上发现了 112 个突变，利用"结构-功能"分析，选择了一个位置子集进行全面的单点和多点饱和突变，以确定最终突变组合，改善底物向活性部位的扩散，进而增强了酶活。

商业食品和 L-氨基酸工业中存在的 D-氨基酸污染物依赖 D-氨基酸氧化酶来检测和去除。然而，因为未能针对特定的动力学步骤及对催化重要的环动力学的理解不足，工程化具有更快反应速率的 D-氨基酸氧化酶有一定困难。Gadda 等（2023）猜测位于铜绿假单胞菌的 D-精氨酸脱氢酶（*Pseudomonas aeruginosa* D-arginine dehydrogenase，*Pa*DADH）活性口袋入口的环 L2 上 E246 的残基侧链可能有利于封闭的活性位点构象（图 8-22）。将 E246 定点突变为甘氨酸后，D-精氨酸转换数 K_{cat} 提高了 3 倍。

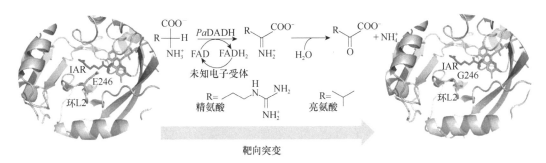

图 8-22　环上残基的靶向突变增加 D-精氨酸脱氢酶的转换率（Gadda et al.，2023）

二、选择性

酶的选择性（selectivity）主要分为立体选择性、区域选择性。立体选择性是指酶在含有等量对称的化合物中辨识其中一种构型化合物能力大小的指标。区域选择性是指酶能够优先选择反应物分子中某一位置的官能团进行反应。

（一）立体选择性

立体选择性（stereoselectivity）的应用一般为改造酶分子以获得具有不同手性（chirality）的产物。手性是指物质的分子与其镜像相似但不能完全重合的性质。在生物体中，具有重要生理意义的活性物质，几乎都是具有手性的，并仅以一个对映体发挥作用（孙志浩，2004）。对于手性化合物，可能只有一种异构体（isomer）具有希望的生理活性（李明，2021），而另一种没有明显的生物活性，甚至具有毒性。综上所述，单一构型的手性物质合成在医药、农药等方面有着重大意义。

（S）-四氢呋喃-3-醇［（S）-tetrahydrofuran-3-ol］是第五代抗逆转录病毒蛋白酶抑制剂安瑞那韦（amprenavir）合成的关键中间体，该抑制剂通过阻断从受感染的宿主细胞表面释放新的、成熟的病毒粒子的形成过程，抑制病毒的蛋白酶发挥生理功能（吴正中和何林，2001），从而减少血液中的 HIV 病毒载体，降低感染艾滋病的概率。Sun 等（2016）通过将"三重编码饱和突变"策略应用于一种醇脱氢酶（alcohol dehydrogenase，ADH），成功以大于 95%的（S）-对映体过量（enantiomeric excess，e.e.）还原四氢呋喃-3-酮（tetrahydrofuran-3-one）生成（S）-四氢呋喃-3-醇（图 8-23），为 HIV 抑制剂安瑞那韦的制备提供基础。

（3R,5R）-6-氰基-3,5-二羟基己酸叔丁酯［（3R,5R）-6-cyano-3,5-dihydroxyhexanoate］是降脂药阿托伐他汀（Atorvastatin）合成的关键手性砌块（chiral block）。然而，以期望的选择性控制羰基还原酶（carbonyl reductase，CR）的立体选择性具有挑战性，因为天然羰基还原酶通常表现出普雷洛格（Prelog）偏好，即对应产物多数为 S 构型。Zheng 等（2021）采用"半理性设计"识别了调控羰基还原酶 KmCR（Kluyveromyces marxianus CR）对 6-氰基-（5R）-羟基-3-氧代己酸叔丁酯立体偏好的关键残基，发现了由它们组成的"结构切换"（图 8-24），通过分析具有不同偏好性的酶家族中结构/序列比对信息，最终的四点突变体对目标底物的非对映选择性大于 99%。

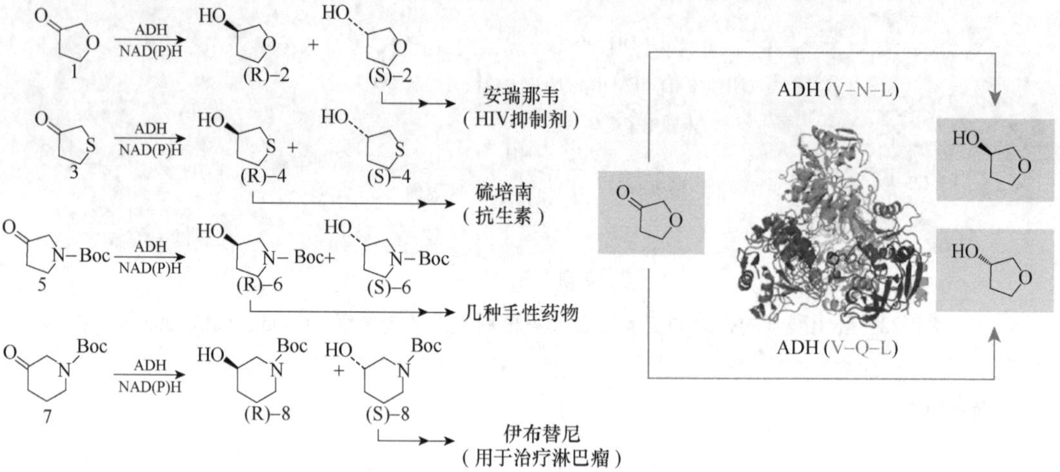

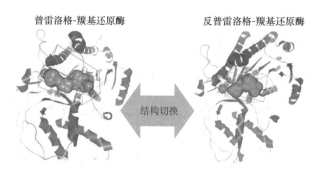

图 8-23 "三重编码饱和突变"策略增强醇脱氢酶的立体选择性（Sun et al.，2016）

普雷洛格-羰基还原酶　　　反普雷洛格-羰基还原酶

结构切换

图 8-24 通过"结构切换"控制羰基还原酶的立体偏好（Zheng et al.，2021）

（S）-4-氯苯基-2-吡啶基-甲醇［（S）-CPMA］是抗过敏药贝托斯汀（Bepotastine）合成的关键中间物质，由于该物质具有两个庞大的芳香侧链，酶促反应时空间位阻较大，对应底物通常被认为是"难还原"（difficult-to-reduce）酮。Zhou 等（2018）为了调节 KpADH（Kluyveromyces polyspora alcohol dehydrogenase）的立体选择性，提出了一种"极性扫描"（polarity scanning）策略（图 8-25），并识别了活性口袋内部和入口处的 6 个关键残基。经过迭代组合诱变（iterative combinatorial mutagenesis），分别获得了 R 型（99.2%）和 S 型（97.8%）立体选择性的突变体，该结果为大体积双芳基酮的立体互补醇脱氢酶的工程研究提供了见解。

（二）区域选择性

非对称还原 1,3-环戊二酮至对应手性醇是孕二烯酮、左炔诺孕酮等甾体类药物全合成的关键，但由于该类物质具有多个手性中心，通过化学合成单一异构体产物是一项极具挑战性的任务。为解决该难题，Chen 等（2019）工程化来自罗尔斯通氏菌（Ralstonia sp.）的醇脱氢酶（RasADH），通过位点突变改变活性位点处 α-螺旋的位置，从而适应更大的底物和催化辅因子，最终优势突变体的酶活提升 182 倍且以大于 99.5%的区域选择性（regioselectivity）实现单构型产物的合成（图 8-26）。

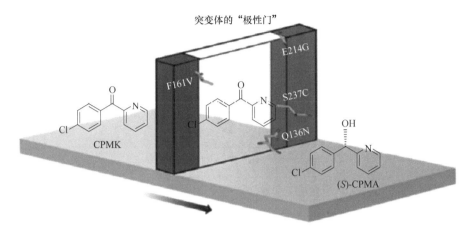

图 8-25 "极性扫描"策略调节 *Kp*ADH 的立体选择性（Zhou et al.，2018）

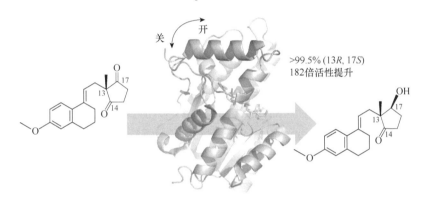

图 8-26 改变 α-螺旋的位置控制 *Ras*ADH 的区域选择性（Chen et al.，2019）

脂肪酸经选择性一步 C—H 活化后的羟基脂肪酸具有广泛的应用，根据活化位置的不同，主要可分为三大类：羧基末端羟化（药物和抗菌）、链中羟化（化学工业和食品工业中的香味和食品风味）和末端/亚末端羟化（化学、化妆品、食品和制药），但至今催化该反应酶的发现依赖于费力的筛选，并且产生的效果有限。Jones 等（2024）利用"祖先序列重建"（ancestral sequence reconstruction，ASR）方法获得了 P450 单加氧酶家族的若干祖先酶，通过系统发生树（phylogenetic tree）中的祖先酶和子孙（descendant）酶，实现了在不同区域羟化癸酸（图 8-27）。

三、稳定性

（一）热稳定性

当应用某一酶促反应时，常常需要稳定性（stability）更高的酶来承受工业过程条件、增加蛋白质治疗的保存期和开发稳健（robust）的"生物积块"（biobrick）以用于合成生物学应用和研究目的（如结构测定）。因此，如何提高酶的热稳定性（thermostability）是酶工程中一个值得深入研究的问题。酶的热稳定性衡量了其在保证具有活性的前提下对环境温度耐受程度的高低。在较高温度下进行酶促反应是非常有利的，这是由于：①大约每升高 10℃反应速率翻一倍；②介质黏度降低，底物扩散更快；③分子的溶解度增加；④潜在污染的风险较低。

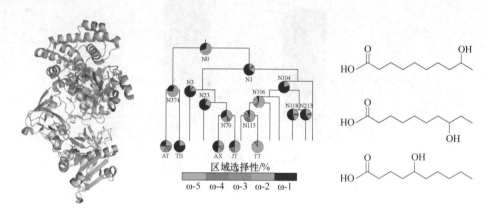

图 8-27　"祖先序列重建"实现癸酸的区域选择性羟化（Jones et al.，2024）

DhaA115 是一种对诸多卤化底物有催化活性的卤代烷脱卤酶（haloalkane dehalogenase），这些物质多数是环境中持续存在的有毒和致癌化合物，如 1,2-二氯乙烷和 1,2-二溴乙烷，这使得该酶在解毒和降解有害污染物的生物技术应用上有重大价值。Kunka 等（2023）通过联合系统发育分析（phylogenetic analysis）、力场计算（force field calculation）与额外的基于机器学习（machine learning）的预测工具工程化该脱卤酶，成功将 DhaA115 的解链温度（melting temperature，T_m，蛋白质解折叠 50%时的温度）从 73.3℃提升至 81.7℃，提高了该酶在较宽温度范围内的催化效率（图 8-28）。

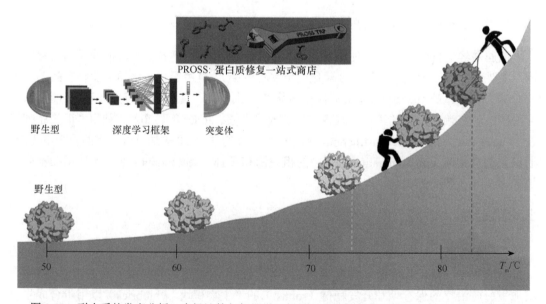

图 8-28　联合系统发育分析、力场计算与机器学习提升脱卤酶的热稳定性（Kunka et al.，2023）

丁醇（butanol）生物燃料广泛应用于内燃机，添加丁醇可以提高汽油的辛烷值，降低尾气排放中的有害物质含量，且丁醇燃烧时产生的二氧化碳相对较少。细菌来源的酮醇酸还原异构酶（ketol-acid reductoisomerase，KARI）可以用于制备丁醇生物燃料。为此，Gumulya等（2018）基于"祖先序列重建"（ancestral sequence reconstruction，ASR）策略，分析现有的子体（descendent）II类 KARI（包括变形菌门、疣微菌门、拟杆菌门、纤维杆菌门和螺旋体门）序列比对（sequence alignment）结果并构建系统发育树，重建的最后共同祖先（last common ancestor）酶的 T_m 值提升 15.2℃，且祖先酮醇酸还原异构酶在 25℃时的比活高出同源子代酶 7 倍（图 8-29）。

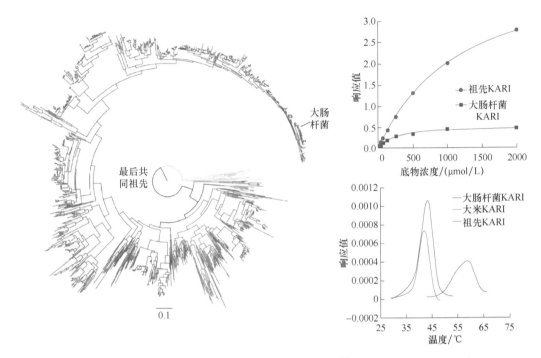

图 8-29　"祖先序列重建"策略提升 KARI 的热稳定性（Gumulya et al.，2018）

D-阿洛糖（D-allose）是 D-葡萄糖的 C-3 差向异构体（epimer）（图 8-30），其除了用作甜味剂替代品，也具有抗炎、抗氧化等作用。因此，D-阿洛糖的合成在制药和食品行业中有着重要意义。L-鼠李糖异构酶（L-rhamnose isomerase，L-RI）可以催化 D-阿洛酮糖（D-allulose）异构化为 D-阿洛糖。为工业化制备

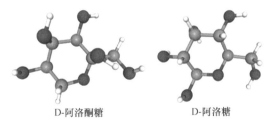

图 8-30　D-阿洛酮糖与 D-阿洛糖

D-阿洛糖，Wei 等（2023）利用分子动力学（molecular dynamics，MD），确定了 *Cs*L-RI（*Clostridium stercorarium* L-RI）结构上的 4 个灵活区域，并对 N 端前 24 个残基部分（α0）截断处理，结合结构分析和多序列比对，最终组合突变体在 75℃下的半衰期（half-life）增加了 5.7 倍，同时催化效率也有所提升（图 8-31）。

（二）有机溶剂耐受性

在工业过程中，常常会在体系中添加适当有机溶剂。使用有机溶剂有很多优点：①可

以提高非极性底物或产物的溶解性；②可以进行不能在水相中进行的合成反应，控制反应进行的方向；③可以减少产物对酶的反馈抑制作用；④可以提高手性化合物不对称反应的对映选择性；⑤可以提高酶使用的连续性；⑥反应所得的产物易于纯化回收；⑦可以控制反应的进程，得到特定的反应中间体，帮助研究反应机制等。因而如何提高酶的有机溶剂耐受性（organic solvent tolerance）同样受到关注。

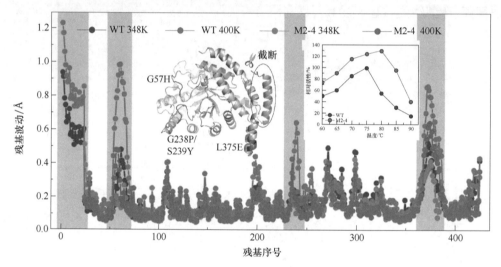

图 8-31　基于计算重新设计柔性区域，提高 *Cs*L-RI 的热稳定性（Wei et al.，2023）

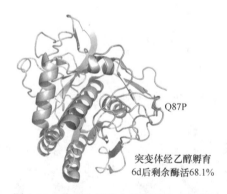

图 8-32　基于分子动力学模拟定点突变，
提高 SPH 的有机溶剂耐受性
（Gu et al.，2019）

耐有机溶剂蛋白酶在小肽合成、制药、洗涤剂添加、食品加工领域有广泛的应用，而天然蛋白酶大多不耐有机溶剂。所以明确蛋白酶有机溶剂耐受性的分子机制，通过分子改造获得耐有机溶剂的高活性蛋白酶是研究的一大热点。Gu 等（2019）通过分子动力学模拟海洋球形芽孢杆菌（*Bacillus sphaericus*）蛋白酶 SPH 在不同浓度甲醇溶液中构象的变化，鉴定出有机溶剂耐受性相关的关键位点。对其进行定点突变，突变体 Q87P 的有机溶剂耐受性增强（图 8-32），在乙醇和正丁醇中分别孵育 6d 后剩余酶活力可达68.1%、62.2%。

肽酰胺乙二酸裂解酶（peptidylamidoglycolate lyase，PAL）催化裂解 C 端具有羟甘氨酸残基的肽段，生成相应的去甘氨酸肽酰胺和乙醛酸，在动物中，PAL 与肽基-甘氨酸羟化单加氧酶（peptidyl-glycine hydroxylating monooxygenase，PHM）协同生成 C 端酰胺化肽激素和毒素。来源于微小杆菌类（*Exiguobacterium* sp.）的PAL（*Exi*PAL）由于其有机溶剂耐受性较差，其对依赖盐酸胍（guanidine hydrochloride）维持溶解的多肽和蛋白质的利用受限。为扩大 PAL 的应用，Zhu 等（2024）通过集成多种数据驱动和模型驱动的计算方法识别潜在位点，预测蛋白质表面和主链上的有益突变（图 8-33），最终突变体在 2.5mol/L 盐酸胍的作用下，活性增加了 24 倍。

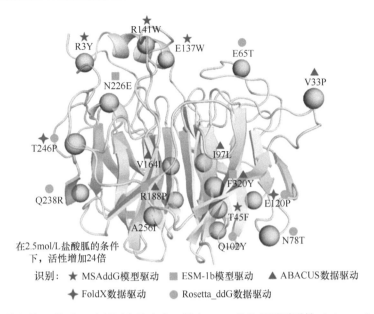

图 8-33 整合数据/模型驱动预测有益突变, 提高 PAL 的盐酸胍耐受性 (Zhu et al., 2024)

(三) 酸碱耐受性 (acid-base tolerance)

除了高温、有机溶剂, 极端 pH 也是影响酶在工业化应用的关键因素之一 (路福平等, 2020)。木聚糖酶 (xylanase) 作为一种半纤维素降解酶, 在利用半纤维素多糖资源、环境保护和工业等方面具有巨大的应用价值。然而, 在实践中, 极端的加工条件严重影响酶的性能, 限制了木聚糖酶的应用范围。为解决该难题, Wu 等 (2020) 基于序列比对的分析结果, 将来源于疏绵状嗜热丝孢菌 (*Thermomyces lanuginosus*) 的 CH11 木聚糖酶的精氨酸 (Arg)、赖氨酸 (Lys) 突变为谷氨酰胺 (Gln) 和苏氨酸 (Thr), 该突变体在 pH 为 3 的环境下, 催化活性相比野生型分别提高 0.5 倍和 0.4 倍 (图 8-34)。类似

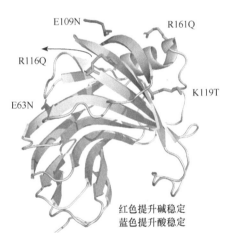

图 8-34 序列比对分析突变提高木聚糖酶的酸碱耐受性 (Wu et al., 2020)

的, 用碱性氨基酸代替酸性氨基酸后, 酶在碱性环境下的稳定性提高 (路福平等, 2020)。

四、非天然反应 (non-canonical reaction)

线性和环状挥发性甲基硅氧烷 (volatile methylsiloxanes, VMS) 具有高主链柔韧性和低表面张力等材料特性, 可用于洗涤剂、消泡剂、乳液、洗发水和护发素等许多消费应用。但该类物质因具有生物蓄积性和可疑的生殖毒性而被欧洲化学品管理局指定为高度关注物质 (substance of very high concern, SVHC) (张晓芸等, 2024)。鉴于以上问题, 如何通过 Si—C 键断裂降解它们越来越受到关注。Sarai 等 (2024) 通过双位点饱和突变、易

错 PCR、交错延伸过程重组等定向技术工程化细胞色素 P450$_{BM3}$ 获得了能够催化线性和环状 VMS 两次串联氧化的突变体，随后自发的［1,2］-Brook 重排和水解完成 Si—C 键断裂（图 8-35），为 VMS 的最终生物降解开辟了可能性。

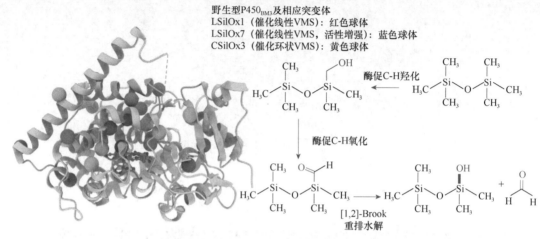

图 8-35　定向进化细胞色素 P450$_{BM3}$ 实现 VMS 的 Si—C 键断裂（Sarai et al.，2024）

功能化有机硅化合物是一种有价值的化学试剂和中间体，在材料科学、药物化学和有机合成等方面有广泛的应用。其中的一个亚类手性 α-氨基硅烷可以作为氨基酸和肽等排物和蛋白酶抑制剂的结构基序的类似物。目前主要通过化学方法合成 α-氨基硅烷，但由于使用空气敏感试剂、贵金属催化剂等，这些方法的应用范围受到限制。Das 等（2023）利用定向进化中的易错 PCR、交错延伸过程重组和位点饱和突变技术工程 uAmD5-5117（一种酰胺化甲基环己烷中未激活 C—H 键的细胞色素 P450 酶）。最终突变体 P411-SIA-5291 对苯并 Si—C—H 键酰胺化活性提升 430 倍（图 8-36）。

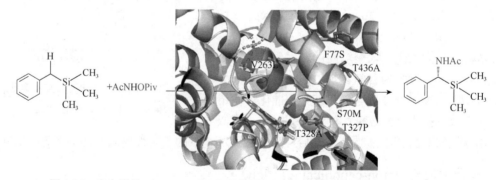

图 8-36　定向进化 uAmD5-5117 实现苯并 Si–C–H 键酰胺化（Das et al.，2023）

📖 本章小结

酶作为生物催化剂，在众多领域发挥着关键作用，但在实际应用中，往往面临活性不够高、稳定性欠佳、底物特异性不符合要求等局限，甚至需要酶实现某些非天然反应。通过设计与改造酶，可以克服这些缺陷，使其更好地服务于工业生产（如制药、化工、食品等行业）、生物医学研究（疾病诊断与治疗）及环境保护等领域，推动相关领域向高效、绿色、精准方向发展。主要方法与技术分为理性设计（基于结构信息，基于序列同源性分析等）和非理性设计（随机突变、易错 PCR、DNA 改组等）。此外，借助抗体酶和杂合酶技术这两把神奇的"钥匙"还能够开启创造全新酶类的大门，这些自然界原本不存在的新型酶能够催化一些天然酶无法触及的特殊化学反应，为科学研究与实际应用开拓了更为广阔的天地。

❓ 复习思考题

1．简述获取目标酶基因的几种方法。
2．设计酶分子突变位点的原则有哪些？
3．酶的定点突变技术分为哪几种？
4．影响外源基因在大肠杆菌中表达效率的因素有哪些？
5．简述酶分子定向进化与定点突变的异同。
6．简述制备抗体酶的几种方法。

参 考 文 献

李晨霞，向芷璇，李敬，等．2022．米曲霉 β-半乳糖苷酶的定向进化、高效表达及应用．食品与生物技术学报，41（10）：49-57.

李明．2021．高效体烯效唑的不对称还原合成方法．生物化工，7（6）：72-76.

路福平，黄爱岚，赵蕾，等．2020．计算机模拟在食品工业用酶改造中的应用．中国食品学报，20（11）：1-10.

祁延萍，朱晋，张凯，等．2022．定向进化在蛋白质工程中的应用研究进展．合成生物学，3（06）：1081-1108.

曲戈，朱彤，蒋迎迎，等．2019．蛋白质工程：从定向进化到计算设计．生物工程学报，35（10）：1843-1856.

孙志浩．2004．手性技术与生物催化．生物加工过程，2（4）：6-10.

王慕锱，陈琦，马薇，等．2023．机器学习方法在酶定向进化中的应用进展，生物技术通报，39（4）：38-48.

吴正中，何林．2001．安瑞那韦．中国新药杂志，10（8）：622-623.

张晓芸，孙星宇，丁逸梅．2024．气相色谱法测定注射用雷替曲塞中甲基环硅氧烷．海峡药学，36（1）：48-52.

Adrian H, Xavier G, Thomas Y. 2020. Synthese enzymatique massivement parallele de brins D' acides nucleiques: WO2020020608A1. January 30.

Arnold F H. 2015. The nature of chemical innovation: new enzymes by evolution. Quarterly Reviews of Biophysics, 48 (4): 404-410.

Baldridge K C, Jora M, Maranhao A C, et al. 2018. Directed evolution of heterologous tRNAs leads to reduced dependence on post-transcriptional modifications. ACS Synthetic Biology, 7 (5): 1315-1327.

Barrera F N. 2022. On 'Fourier transform infrared study of proteins with parallel β-chains' by Heino Susi, D.

Michael Byler. Archives of Biochemistry and Biophysics, 726: 109114.

Beaucage S L, Iyer R P. 1992. Advances in the synthesis of oligonucleotides by the phosphoramidite approach. Tetrahedron, 48 (12): 2223-2311.

Broom A, Rakotoharisoa R V, Thompson M C, et al. 2020. Ensemble-based enzyme design can recapitulate the effects of laboratory directed evolution in silico. Nature Communications, 11 (1): 4808.

Chen F, Cheng H, Zhu J, et al. 2021. Computer-aid directed evolution of GPPS and PS enzymes. BioMed Research International, 2021: 1-7.

Chen J J, Liang X, Li H X, et al. 2017. Improving the catalytic property of the glycoside hydrolase LXYL-P1–2 by directed evolution. Molecules, 22 (12): 2133.

Chen L, Liu R, Tan Q, et al. 2023. Improving the herbicide resistance of rice 4-hydroxyphenylpyruvate dioxygenase by DNA shuffling basis-directed evolution. Journal of Agricultural and Food Chemistry, 71 (41): 15186-15193.

Chen X, Zhang H L, Maria-Solano M A, et al. 2019. Efficient reductive desymmetrization of bulky 1, 3-cyclodiketones enabled by structure-guided directed evolution of a carbonyl reductase. Nature Catalysis, 2 (10): 931-941.

Cheng C, Zhou M, Su Q, et al. 2021. Genome editor-directed *in vivo* library diversification. Cell Chemical Biology, 28 (8): 1109-1118.

Cheng F, Chen Y, Qiu S, et al. 2021. Controlling stereopreferences of carbonyl reductases for enantioselective synthesis of atorvastatin precursor. ACS Catalysis, 11 (5): 2572-2582.

Creus M C, Ginn S, Amaya A, et al. 2019. Codon-optimization of wild-type adeno-associated virus capsid sequences enhances DNA family shuffling while conserving functionality. Molecular Therapy-Methods & Clinical Development, 12: 71-84.

Cribari M A, Unger M J, Unarta I C, et al. 2023. Ultrahigh-throughput directed evolution of polymer-degra- ding enzymes using yeast display. Journal of the American Chemical Society, 145 (50) : 27380-27389.

Cui Y L, Chen Y C, Liu X Y, et al. 2021. Computational redesign of a PETase for plastic biodegradation under ambient condition by the GRAPE strategy. ACS Catalysis, 11 (3): 1340-1350.

Dadwal A, Sharma S, Satyanarayana T. 2021. Thermostable cellulose saccharifying microbial enzymes: Characteristics, recent advances and biotechnological applications. International Journal of Biological Macromolecules, 188: 226-244.

Das A, Long Y M, Maar R R, et al. 2023. Expanding biocatalysis for organosilane functionalization: enantioselective nitrene transfer to benzylic Si-C-H bonds. ACS Catalysis, 14 (1): 148-152.

Efcavitch J W, Sylvester J E. 2016. Modified template-independent enzymes for polydeoxy nucleotide synthesis: US20160108382 A1. April 21.

Fanaei Kahrani Z, Emamzadeh R, Nazari M, et al. 2017. Molecular basis of thermostability enhancement of Renilla luciferase at higher temperatures by insertion of a disulfide bridge into the structure. Biochimica et Biophysica Acta (BBA)- Proteins and Proteomics, 1865 (2): 252-259.

Fernandez-Gacio A, Uguen M, Fastrez J. 2003. Phage display as a tool for the directed evolution of enzymes. Trends in Biotechnology, 21 (9): 408-414.

Francis D M, Page R. 2010. Strategies to optimize protein expression in *E. coli*. Curr Protoc Protein Sci, 5 (1): 24-29.

Fukunaga K, Yokobayashi Y. 2022. Directed evolution of orthogonal RNA–RBP pairs through library-vs-library in vitro selection. Nucleic Acids Research, 50 (2): 601-616.

Golgiyaz S, Talu M F, Daşkın M, et al. 2022. Estimation of excess air coefficient on coal combustion processes via gauss model and artificial neural network. Alexandria Engineering Journal, 61 (2): 1079-1089.

Gu Z H, Lai J L, Hang J H, et al. 2019. Theoretical and experimental studies on the conformational changes of organic solvent-stable protease from Bacillus sphaericus DS11 in methanol/water mixtures. International Journal of Biological Macromolecules, 128: 603-609.

Gumulya Y, Baek J M, Wun S J, et al. 2018. Engineering highly functional thermostable proteins using ancestral sequence reconstruction. Nature Catalysis, 1 (11): 878-888.

Hammerling M J, Fritz B R, Yoesep D J, et al. 2020. In vitro ribosome synthesis and evolution through ribosome display. Nature Communications, 11 (1): 1108.

Han Z, Luo N, Wang F, et al. 2023. Computer-aided directed evolution generates novel AAV variants with high transduction efficiency. Viruses, 15 (4).

Jensen M, Roberts L, Johnson A, et al. 2014. Next generation 1536-well oligonucleotide synthesizer with on-the-fly dispense. J Biotechnol, 171: 76-81.

Jones B S, Ross C M, Foley G, et al. 2024. Engineering biocatalysts for the C-H activation of fatty acids by ancestral sequence reconstruction. Angewandte Chemie International Edition, e202314869.

Kim S, Park Y, Lee H H, et al. 2015. Simple amino acid tags improve both expression and secretion of Candida antarctica lipase B in recombinant Escherichia coli. Biotechnology and Bioengineering, 112 (2): 346-355.

Kunka A, Marques S M, Havlasek M, et al. 2023. Advancing enzyme's stability and catalytic efficiency through synergy of force-field calculations, evolutionary analysis, and machine learning. ACS Catalysis, 13 (19): 12506-12518.

Lei Y, Chen W, Xiang L, et al. 2022. Engineering an SspB-mediated degron for novel controllable protein degradation. Metabolic Engineering, 74: 150-159.

Li A T, Acevedo-Rocha C G, Sun Z T, et al. 2018. Beating bias in the directed evolution of proteins: combining high-fidelity on-chip solid-phase gene synthesis with efficient gene assembly for combinatorial library construction. ChemBioChem, 19 (3): 221-228.

Li A T, Sun Z T, Reetz M T. 2018. Solid-phase gene synthesis for mutant library construction: the future of directed evolution? ChemBioChem, 19 (19): 2023-2032.

Liao J, Li Z, Xiong D, et al. 2023. Quorum quenching by a type IVA secretion system effector. The ISME Journal, 17 (10): 1564-1577.

Liu Q, Dong P, Fengou L C, et al. 2023. Preliminary investigation into the prediction of indicators of beef spoilage using Raman and Fourier transform infrared spectroscopy. Meat Science, 200: 109168.

Liu Q, Shi X, Song L, et al. 2019. CRISPR-Cas9-mediated genomic multiloci integration in Pichia pastoris. Microbial Cell Factories, 18 (1): 144.

Ma E, Chen K, Shi H, et al. 2022. Improved genome editing by an engineered CRISPR-Cas12a. Nucleic Acids Research, 50 (22): 12689-12701.

Ma F, Chung M T, Yao Y, et al. 2018. Efficient molecular evolution to generate enantioselective enzymes using a dual- channel microfluidic droplet screening platform. Nature Communications, 9 (1): 1030.

Mahendra A, Sharma M, Rao D N, et al. 2013. Antibody-mediated catalysis: induction and therapeutic relevance. Autoimmun Rev, 12 (6): 648-652.

Martins M, dos Santos A M, da Costa C H S, et al. 2024. Thermostability enhancement of GH 62 α-larabinofuranosidase by directed evolution and rational design. Journal of Agricultural and Food Chemistry, 72 (8): 4225-4236.

Mateljak I, Monza E, Lucas M F, et al. 2019. Increasing redox potential, redox mediator activity, and stability in a fungal laccase by computer-guided mutagenesis and directed evolution. ACS Catalysis, 9 (5): 4561-4572.

Mitchell A J, Dunham N P, Bergman J A, et al. 2017. Structure-guided reprogramming of a hydroxylase to halogenate its small molecule substrate. Biochemistry, 56 (3): 441-444.

Navaratna T, Atangcho L, Mahajan M, et al. 2019. Directed evolution using stabilized bacterial peptide display. Journal of the American Chemical Society, 142 (4): 1882-1894.

Needle D, Waugh D S. 2014. Rescuing aggregation-prone proteins in Escherichia coli with a dual His$_6$-MBPtag. Methods in Molecular Biology, 1177: 81-94.

Nixon A E, Ostermeier M, Benkovic S J. 1998. Hybrid enzymes: manipulating enzyme design. Trends in Biotechnology, 16 (6): 258-264.

Okuda M, Ozawa T, Kawahara A, et al. 2020. The hydrophobicity of an amino acid residue in a flexible loop of KP-43 protease alters activity toward a macromolecule substrate. Applied Microbiology and Biotechnology, 104 (19): 8339-8349.

Padiolleau-Lefèvre S, Naya R B, Shahsavarian M A, et al. 2014. Catalytic antibodies and their applications in biotechnology: state of the art. Biotechnol Lett, 36 (7): 1369-1379.

Parkinson J, Hard R, Ainsworth R I, et al. 2022. Engineering a histone reader protein by combining directed evolution, sequencing, and neural network based ordinal regression. Journal of Chemical Information and Modeling, 60 (8): 3992-4004.

Paul S, Tramontano A, Gololobov G, et al. 2001. Phosphonate ester probes for proteolytic antibodies. Journal of Biological Chemistry, 276 (30): 28314-28320.

Qiu Y, Hu J, Wei G W. 2021. Cluster learning-assisted directed evolution. Nature Computational Science, 1 (12): 809-818.

Quaye J A, Ouedraogo D, Gadda G. 2023. Targeted mutation of a non-catalytic gating residue increases the rate of pseudomonas aeruginosa D-arginine dehydrogenase catalytic turnover. Journal of Agricultural and Food Chemistry, 71 (45): 17343-17352.

Reece R, Tamaki F K. 2020. Directed evolution of enzymes. Emerging Topics in Life Sciences, 4 (2): 119-127.

Reshetnyak A V, Armentano M F, Ponomarenko N A, et al. 2007. Routes to covalent catalysis by reactive selection for nascent protein nucleophiles. Journal of the American Chemical Society, 129 (51): 16175-16182.

Rix G, Liu C C. 2021. Systems for in vivo hypermutation: a quest for scale and depth in directed evolution. Current Opinion in Chemical Biology, 64: 20-26.

Saito Y, Oikawa M, Nakazawa H, et al. 2020. Can machine learning guide directed evolution of functional proteins. Biophysical Journal, 118 (3): 339a.

Samson C, Legrand P, Tekpinar M, et al. 2020. Structural studies of HNA substrate specificity in mutants of an archaeal DNA polymerase obtained by directed evolution. Biomolecules, 10 (12): 1647.

Sarai N S, Fulton T J, O'Meara R L, et al. 2024. Directed evolution of enzymatic silicon-carbon bond cleavage in siloxanes. Science, 383 (6681): 438-443.

Schultz P G. 1998. Bringing biological solutions to chemical problems. Proc Natl Acad Sci USA, 95 (25): 14590-14591.

Shokat K M, Leumann C J, Sugasawara R, et al. 1989. A new strategy for the generation of catalytic antibodies.

Nature, 338 (6212): 269-271.

Su L, Yao K, Wu J. 2020. Improved activity of sulfolobus acidocaldarius maltooligosyltrehalose synthase through directed evolution. Journal of Agricultural and Food Chemistry, 68 (15): 4456-4463.

Su Q, Zhou M, Cheng C, et al. 2021. Harnessing the power of directed evolution to improve genome editing systems. Current Opinion in Chemical Biology, 64: 10-19.

Sun Z T, Lonsdale R, Ilie A, et al. 2016. Catalytic asymmetric reduction of difficult-to-reduce ketones: triple-code saturation mutagenesis of an alcohol dehydrogenase. ACS Catalysis, 6 (3): 1598-1605.

Tabatabaei M S, Ahmed M. 2022. Enzyme-linked immunosorbent assay (ELISA). Methods Mol Biol, 2508: 115-134.

Trivedi V D, Chappell T C, Krishna N B, et al. 2022. In-depth sequence-function characterization reveals multiple pathways to enhance enzymatic activity. ACS Catalysis, 12 (4): 2381-2396.

Truong P W K, Singh A K, Hillson N J, et al. 2018. De novo DNA synthesis using polymerase-nucleotide conjugates. Nat Biotechnol, 36 (7): 645-650.

Unger E K, Keller J P, Altermatt M, et al. 2020. Directed evolution of a selective and sensitive serotonin sensor via machine learning. Cell, 183 (7): 1986-2002.

Wang X, Chen Y, Nie Y, et al. 2019. Improvement of extracellular secretion efficiency of *Bacillus naganoensis* pullulanase from recombinant *Escherichia coli*: Peptide fusion and cell wall modification. Protein Expression and Purification, 155: 72-77.

Wang Y, Xue P, Cao M, et al. 2021. Directed evolution: methodologies and applications. Chemical Reviews, 121 (20): 12384-12444.

Wei M J, Gao X, Zhang W, et al. 2023. Enhanced thermostability of an L-rhamnose isomerase for D-allose synthesis by computation-based rational redesign of flexible regions. Journal of Agricultural and Food Chemistry, 71 (42): 15713-15722.

Wittmann B J, Johnston K E, Wu Z, et al. 2021. Advances in machine learning for directed evolution. Current Opinion in Structural Biology, 69: 11-18.

Wu X Y, Zhang Q, Zhang L Z, et al. 2020. Insights into the role of exposed surface charged residues in the alkali-tolerance of GH11 xylanase. Frontiers in Microbiology, 11: 10.

Xie V C, Styles M J, Dickinson B C. 2022. Methods for the directed evolution of biomolecular interactions. Trends in Biochemical Sciences, 47 (5): 403-416.

Yu H, Ma S, Li Y, et al. 2022. Hot spots-making directed evolution easier. Biotechnology Advances, 56: 107926.

Zhou J Y, Wang Y, Xu G C, et al. 2018. Structural insight into enantioselective inversion of an alcohol dehydrogenase reveals a "polar gate" in stereorecognition of diaryl ketones. Journal of the American Chemical Society, 140 (39): 12645-12654.

Zhu T, Sun J Y, Pang H, et al. 2024. Computational enzyme redesign enhances tolerance to denaturants for peptide C-terminal amidation. JACS Au, 4 (2): 788-797.

第九章 核 酸 类 酶

本章彩图

学习目标

1. 了解核酶及脱氧核酶的概念。
2. 理解核酶及脱氧核酶的催化功能。
3. 了解核酶的类型和特点。

核酸类酶（nucleic acid enzyme）是具有催化功能的核酸分子，包括核酶（ribozyme，catalytic RNA，RNAzyme）与脱氧核酶（deoxyribozyme，catalytic DNA，DNAzyme）。

核酶最早是在 1982 年由 Thomas Cech 等发现的。当时发现四膜虫的前体 26SrRNA 可以在没有蛋白质存在的情况下催化自身剪接反应。随后 Sidney Altman 和 Thomas Cech 团队开创性研究了具有催化活性的 RNA，这类具有催化活性的 RNA 分子被称为核酶，至此打破了"酶的化学本质都是蛋白质"的传统观念。1994 年，Gerald Joyce 和 Ronald Breaker 首次人工筛选出具有催化活性的 DNA 分子，这是催化性核酸研究历史上的第二次重大突破。DNA 分子因化学性质更为稳定而需要依靠特定的活性中心和分子机制进行催化反应。核酶的发现与脱氧核酶的获得是酶学发展史上的里程碑事件，改变了"酶是蛋白质"的传统观念，也为生命的起源与进化研究、基因治疗等相关学科的发展注入了新的活力。由于高催化活性的核酶和脱氧核酶可以通过酶工程设计且基于 PCR 技术的体外筛选获得，因此人们已经设计和合成出多种核酸类酶来应对各种疾病。同时，核酸类酶在基因功能研究、核酸突变分析、生物传感器构建等方面已成为新型的工具酶，在生物技术领域具有很大的应用潜力。

第一节　核酶的发现与分类

一、核酶的发现

核酶一词用于可以作为酶的 RNA。核酶主要存在于选定的病毒、细菌、植物细胞器和低层真核生物中。核酶于 1982 年被首次发现，当时 Thomas Cech 的实验室观察到 I 型内含子作为酶（图 9-1 四膜虫核酶）。不久之后，Sidney Altman 的实验室发现了另一种核酶——核糖核酸酶 P。迄今为止，在自然界中被发现并鉴定的天然核酶被分为 12 种。它们的分布广泛，能够催化包括转酯、水解及肽酰基转移反应等多种化学反应类型。由于 RNA 可以携带遗传信息并可作为酶，它们可能在蛋白质之前进化，而蛋白质需要核酸来合成。

二、核酶的分类

根据其催化反应类型，可将核酶分为两大类：自身剪切类核酶及自身剪接类核酶。自身剪切类核酶，包括 9 类小型核酸剪切酶和核糖核酸酶 P（RNP）。这类核酶催化自身或者

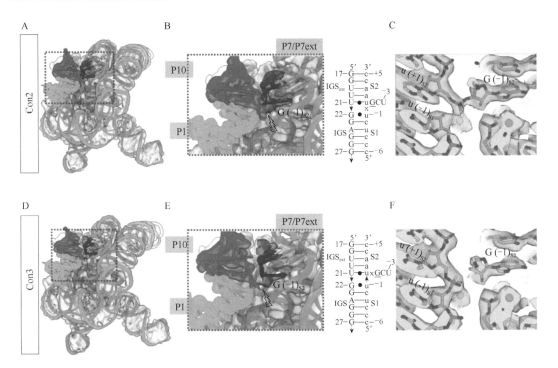

图 9-1 冷冻电镜观察四膜虫核酶的两种不同构象（Li et al.，2023）

A，D．Con2，Con3 冷冻电镜模型；B，E．Con2，Con3 的 P1，P10 区放大；C，F．Con2，Con3 断裂的磷酸放大结构比较

异体 RNA 的切割，相当于核酸内切酶，主要包括锤头型核酶、发卡型核酶、丁型肝炎病毒（HDV）核酶、VS 核酶、glmS 核酶和 CPEB3 核酶等。自身剪接类核酶在催化反应中具有核酸内切酶和连接酶两种活性，以实现 mRNA 前体的自我拼接。自身剪接类核酶主要是内含子类核酶，包括Ⅰ类内含子、Ⅱ类内含子、类Ⅰ类内含子和剪接体等。大型核糖核蛋白纳米颗粒，即剪接体和核糖体，在功能上也是核酶。

核酶也可以根据大小进行分类。小的通常不需要金属离子来活动，为 30～150 个核苷酸，而大型核酶的长度可以是几千个核苷酸。根据其大小分为两组，大型核酶需要金属离子才能活动，其大小从几百到几千个核苷酸不等，主要是自身剪接类核酶及 RNase P。小的严格上说也不是真正的酶，因为它们主要催化自身切割，也有些酶可以切割其他 RNA 底物。大型的核酶符合严格意义上酶的特征。小分子核酶包括锤头型核酶、发卡型核酶、丁型肝炎病毒核酶和 VS 核酶等，大小一般为 35～155 个核苷酸。大分子核酶包括Ⅰ型内含子、Ⅱ型内含子和核糖核酸酶 P 的 RNA 亚基，一般都是几百个到几千个核苷酸组成的结构复杂的大分子。

（一）自身剪切类核酶

这里主要介绍 4 种：锤头型核酶（hammerhead RNA）、发卡型核酶（hairpin ribozyme）、类病毒（viroid）核酶和葡萄糖-6-磷酸胺开关核酶（glucosamine-6-phosphate riboswitch）。它们都通过酯交换反应水解内部磷酸二酯键（顺式催化）或特定底物（反式催化）。内部顺式催化反应将核酶切割成两个片段，从而使自身的催化活性丧失。从这个角度来看，它们不是真正意义上的酶，因为它们只能催化一轮反应。反式催化是底物 RNA 结合到核酶上并被其切割，因此是真正的核酶。顺式催化反应的切割机制可以参考 SN2 的酯交换反应（图 9-2）。自身剪切类小分子核酶也存在于人体中，并且可能是长链非编码 RNA（lncRNA）的一部分。

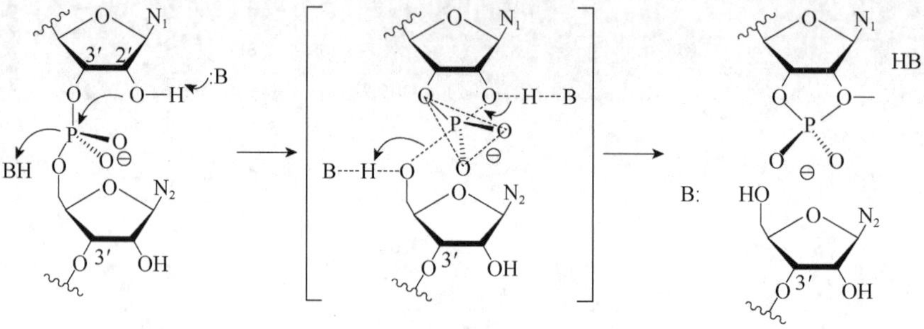

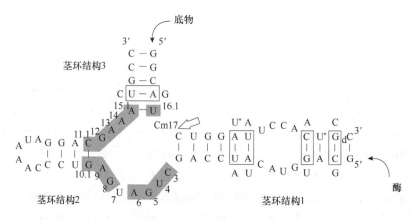

图 9-2　小分子核酶 SN2 通过酯交换反应水解磷酸二酯键（Lönnberg，2022）

1. 锤头型核酶　　锤头型核酶是一种小分子核酶，具有保守的催化核心及 3 个短的螺旋茎环。其结构与锤头鲨的头很像，故而得名锤头型核酶，结构如图 9-3 所示，其中灰色部分是保守区域。

图 9-3　锤头型核酶（Martick and Scott，2006）

　　锤头型核酶是结构最简单的核酶，也是第一个获得晶体结构并被广泛表征和研究的核酶（图 9-4）。Symons 等在比较了一些植物类病毒、抗病毒和卫星病毒 RNA 自身剪切规律后提出锤头结构（hammerhead structure）状二级结构模型。其中螺旋 I、螺旋III是反义片段（框中），茎环结构 2 是催化中心，3 个螺旋排列成 Y 形。骨架在螺旋连接处发生扭曲，使得 Cm17 堆叠在臂上，同时这样也把它置于了三个螺旋的连接处，此处正是活性中心所在，呈口袋形。易切割的 Cm17（图 9-3 中箭头）的 3′磷酸位于 C3-A6 序列形成的发卡型转折的上部，这个 CUGA 转折可以作为一种金属结合处。锤头型核酶属于金属酶，催化过程需要 2 价金属离子（如 Mg^{2+}）的参与，催化磷酸二酯的异构化反应。锤头型核酶催化反应的化学机制有两种，即单金属氢氧化物离子（one-metal-hydroxide-ion）模型和双金属离子模型，锤头型核酶的切割位点遵循 NHH 规则（N 为任意核苷酸，H 为 A、U 或 C）。

图 9-4 锤头型核酶的立体结构（NCBI：3DZ5）

大多数实验支持双金属离子模型。锤头型核酶的结构在催化反应发生前必须经过构型变化，但三螺旋连接的结构并没有因为骨架在切割位点处的旋转而受到大的扰动，这显示了锤头型核酶活性位点的高度流动性。

2. 发卡型核酶 发卡型核酶是由植物病毒中的卫星 RNA 编码的，长大约为 50 碱基，可以在自身内部切割，或者截短部分可以通过酯化反应切割其他 RNA 链。结构上包括两个结构域，茎环 A 是结合所需的，茎环 B 是切割所需的（图 9-5A）。发卡型核酶的自我切割发生在茎环 A 的 A 和 G 碱基之间，碱基 A 上的 2'OH 攻击连接 A 和 G 的磷酸键，形成一个五价中间体（图 9-5B）。Repert 等利用不能切割的底物类似物解析了发卡型核酶

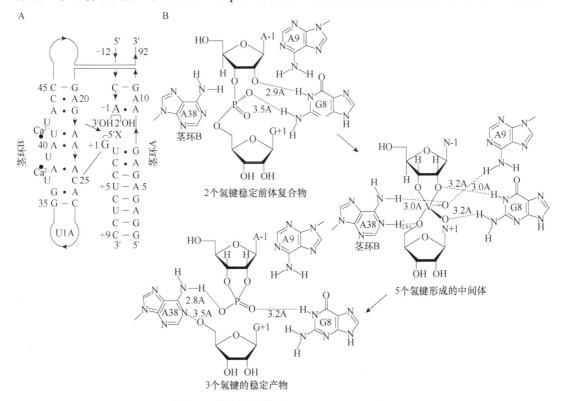

图 9-5 发卡型核酶（Rupert et al.，2002）

酶的结晶结构。结果显示通过酯化反应的亲核攻击切割 RNA。

　　1989 年发现的发夹核酶是烟草环斑病毒中卫星 RNA 的一部分，长 359nt，具有自身切割活性。目前发现的天然发卡型核酶都来自于植物病毒卫星 RNA。一共有 3 种不同植物的发卡型核酶，即烟草环斑病毒、菊苣黄色斑点病毒和筷子芥花叶病毒。三种发卡型核酶分别是这些 RNA 病毒卫星 RNA 的负链，英文缩写分别是 sTRSV、sCYMVT 和 sARMV，都是单链 RNA，以滚环方式复制。

　　3. 类病毒核酶　　类病毒（viroid）核酶，典型的是丁型肝炎病毒（hepatitis D virus, HDV），故有些书中叫作 HDV 核酶。类病毒核酶是单链环形小 RNA（图 9-6），可以感染植物细胞等。这些病毒没有衣壳蛋白，有些可以跟病毒一起进入细胞，所以叫作病毒体（virion）或者类病毒样卫星 RNA（viroid-like satellite RNA）。链内可以配对，通过串联重复合成，包含多个顺序连接的类病毒。这些串联的类病毒可以被链内的核酶序列所切割，形成成熟的类病毒。HDV 是乙肝病毒的卫星病毒。HDV 核酶包括 4 个螺旋臂（P1～P4）、2 个环区（L3 和 L4）和 3 个连接区的双假结结构。每个结构分别有不同的功能。P1 是 HDV 核酶与底物结合并进行切割的区域，其中位于切割位点＋1 位的非正常配对碱基对"GU"高度保守。

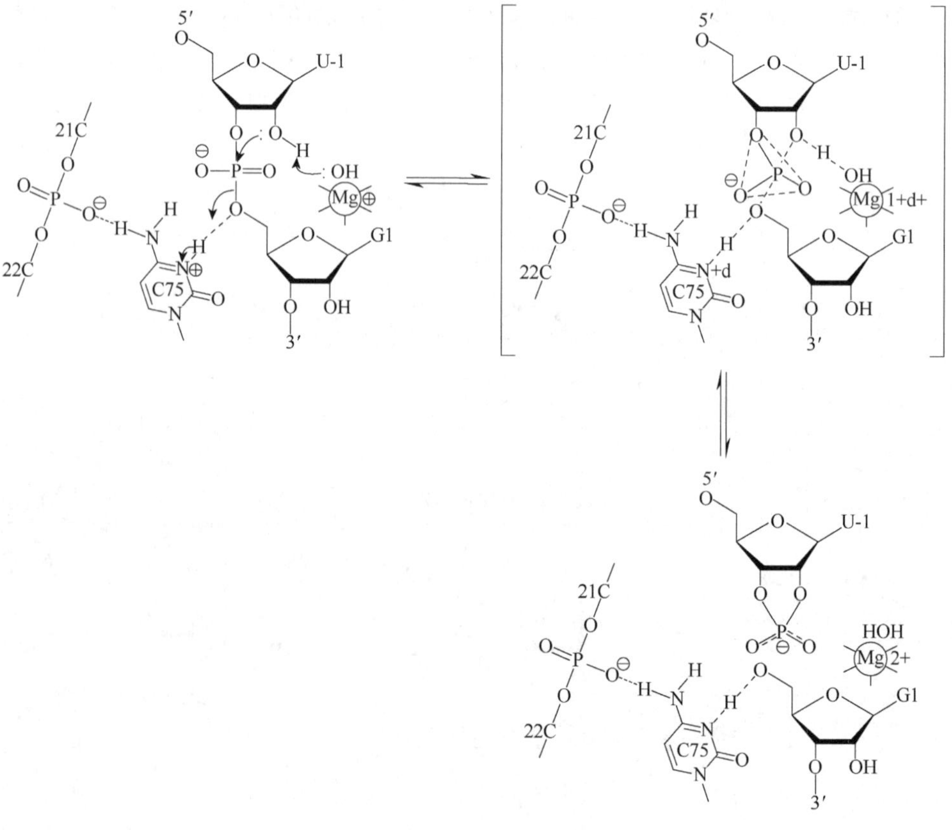

图 9-6　类病毒核酶

HDV 核酶分基因组型和反基因组型两种，它们具有相似的二级结构，在病毒基因组中高度自身互补，对于病毒基因组复制是必需的。HDV 核酶是唯一在人体细胞中天然具有裂解活性的核酶类型，也是催化效率较高的核酶，它的活性发生在丁型肝炎病毒基因组复制的中间环节。

4. 葡萄糖-6-磷酸胺开关核酶 Winkler 等于 2004 年报道了一种新的核酶，即葡萄糖-6-磷酸胺开关核酶（glucosamine-6-phosphate riboswitch, glmS 开关核酶）。他们发现 *glmS* 基因（革兰氏阳性细菌）mRNA 5′端是一种核酶。*glmS* 基因编码葡萄糖-6-磷酸胺合成酶（glmS），催化果糖-6-磷酸与葡萄糖胺形成葡萄糖-6-磷酸胺（GlcN6P）和谷氨酸（图 9-7），这是细菌细胞壁合成的第一步。葡萄糖-6-磷酸胺结合到核酶（mRNA 的 3′端），作为一个辅因子引导核酶自我切割。最神奇的是，当 GlcN6P 浓度升高结合到核酶会抑制自身合成。

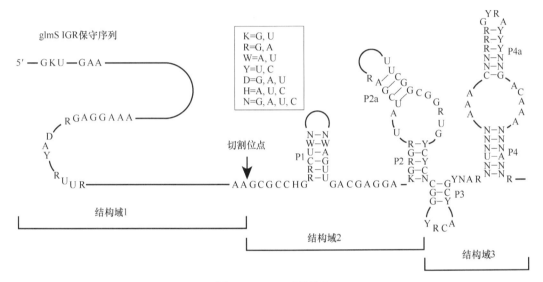

图 9-7　glmS 开关核酶

（二）自身剪接类核酶

自身剪接类核酶主要催化 mRNA 前体的拼接反应。这类核酶多为内含子核酶，包括Ⅰ类内含子、Ⅱ类内含子、类Ⅰ类内含子和剪接体等。相对于自身剪切类核酶而言，其无论是组成、结构还是参与催化的反应都比较复杂。

1. Ⅰ类内含子 四膜虫的前体 26S rRNA 既是Ⅰ类内含子，也是最早发现的内含子核酶。Ribocentre（https://www.ribocentre.org/ribozyme/）收录了大量的Ⅰ类内含子的序列信息。Ⅰ类内含子的催化能力各异（图 9-8），不同的Ⅰ类内含子长度差别很大，为 140～4200nt，分析表明，Ⅰ类内含子序列保守性很低，更多的是在二级结构上表现出来的结构保守性。Ⅰ类内含子的剪接反应包括需要外源 G 参与的 5′剪接和需要 ωG 帮助定位的 3′剪接两个位点连续的切割和连接反应。此外环化反应则需要 ωG 的 3′羟基参与，G 结合位点是外源 G 与 ωG 共同的结合位置（图 9-8）。Ⅰ类内含子除了剪切活性，还能催化各种分子间反应，包括剪切 RNA 和 DNA、RNA 聚合、核苷酸转移、模板 RNA 连接、氨酰基酯解等。

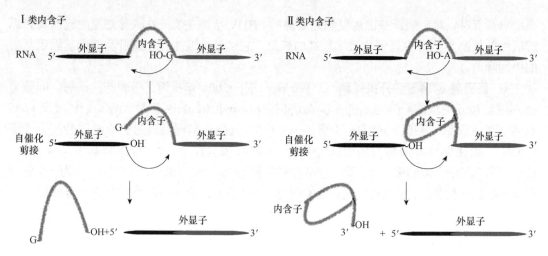

图 9-8　Ⅰ类内含子及Ⅱ类内含子切割机制

2. Ⅱ类内含子　　Ⅱ类内含子不含高度保守序列，也是在二级结构上高度保守。Ⅱ类内含子在体外无蛋白质参与下经过两个转酯化反应实现剪接。Ⅰ类和Ⅱ类内含子的主要差别是第一步反应，其他都是类似的（图 9-9）：进攻基团在Ⅰ类内含子中是鸟苷的 3′羟基，Ⅱ类内含子中是内部腺苷的 2′羟基；这个反应形成一个带突环的内含子-3′外显子分子。在第二步反应中，外显子的羟基进攻内含子-3′外显子连接点，释放出带有突环的内含子（图 9-9 A）。

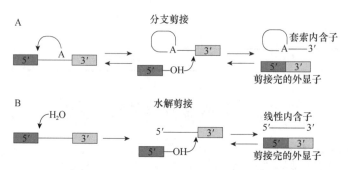

图 9-9　Ⅱ类内含子剪接机制（Smathers and Robart，2019）

（三）其他核酶

1. 剪接体内含子　　剪接体内含子和Ⅱ类内含子之间有相似性。剪接体内含子和Ⅱ类内含子在结构上和机制上都是同源的。在真核生物中，通过剪接和随后的外切前 mRNA 中的内含子，以分支的形式释放内含子。该反应由剪接体进行，剪接体是一种大型核糖核蛋白（RNP）复合物。剪接体去除内含子，并拼接大多数核基因的外显子。它们由 5 种核小 RNA（snRNA）分子和 100 多种不同的蛋白质分子组成。催化剪切反应的是 RNA（而不是蛋白质）。反应的分子细节与Ⅱ类内含子相似，推测这种剪接机制是从它们演变而来的。

2. 核糖核酸酶 P　　这种酶是一种核糖核酸蛋白，通过基础的 RNA 亚单位展现核酶活性，催化切割 RNA，存在于大多数生物体中。与许多核酶一样，结合蛋白质后活性增加 2～3 倍，这些蛋白质可以稳定核酶结构，并帮助结合最佳底物前 tRNA。

三、核酶与酶催化特性的比较

核酶和蛋白类酶都是生物催化剂，具有与一般催化剂相同的性质。但是，也具有与一般催化剂不同的性质。例如，对底物有高度的专一性；参与化学反应过程，与底物结合形成过渡态中间复合物；具有某些动力学特性参数，如 K_m 值等；在催化时需要特定的空间构象形成活性中心或特定的序列。核酶除有一般催化剂和酶的一般性质外，还有一些与酶不同的特点，现分述如下。

（一）化学本质

酶的化学本质是蛋白质，具有蛋白质的各种性质，其催化活性及催化专一性都由酶的蛋白质性质所决定。核酶的化学本质是 RNA，其催化活性及催化专一性都由其结构和特性所决定。因此，酶的催化作用范围远比核酶广泛。酶由 20 种氨基酸构件分子组成，这些氨基酸的相互排列、组合的多样性及其侧链基团的相互影响，是酶具有广泛催化功能的基础；而核酶只有 4 种构件分子（G、C、A、U），通常以碱基互补的方式与底物结合，从而限制了其催化作用范围。

（二）底　物

酶催化的底物种类繁多，几乎生物体内所有物质的化学反应都是在酶的催化下进行的；各类核酶主要以 RNA 为底物，少数以 DNA 等为底物，相对比较单调。

（三）产　物

酶催化化学反应，本身不出现在产物之中；核酶则集底物、产物于一身，但也有核酶能催化异体 RNA 的切割反应。

（四）催化反应的类型

酶催化生物体内几乎所有的化学反应，涉及六大反应类型；而核酶主要催化 RNA 的切割和（或）RNA 的连接；只有少数核酶可以催化 DNA 的切割、氨酰基酯解、肽键的形成、醛醇缩合反应，少数酶具有 α-葡聚糖分支酶的活性。

（五）反应专一性

酶具有高度专一性，这是代谢过程按照一定规律进行的基础，根据其对底物的不同要求，可分为相对专一性、绝对专一性和立体异构专一性，而核酶具有严格的碱基专一性。

（六）催化效率

酶的催化效率很高，而核酶催化效率较低。例如，四膜虫 rRNA 具有核糖核酸酶的作用，水解 RNA 的速率为每分钟两次，而胰核糖核酸酶的催化效率则为每秒钟数千次。

（七）在生命活动中的重要性

酶是生物体的组成成分，酶的组成成分是生物进化与组织功能分化的基础，几乎所有生命活动都有酶的参与。在生命长期进化的过程中，为适应各种生化功能的需要和外界环境的变化，形成各种水平的调节机构。因此，酶在生命活动的过程中起着至关重要的作用。20 世纪 80 年代初发现核酶的催化作用以来，随着研究的不断深入，人们发现，核酶催化的反应越来越多，对催化机制的认识更加清晰，越来越显示出了其在生命活动过程中的重要性，给生命起源、生物进化也提供了新的佐证。核酶与酶的差异比较见表 9-1。

表 9-1　核酶与酶的比较

属性	核酶	酶（蛋白质类）
转录	是	是
翻译	否	是
分子设计	简单	比较复杂
表达控制	相对简单	比较复杂
结构预测	比较困难	非常困难
基于序列的互作控制	相对容易	困难
催化功能	有限	多样

第二节　脱 氧 核 酶

受核酶思想的启发，1994 年，Breaker 等利用体外选择技术首次发现了切割 RNA 的 DNA 分子，它们具有催化 RNA 或 DNA 底物中特定化学键断裂的能力，将其命名为脱氧核酶（deoxyribozyme，DNA enzyme，DNAzyme，DNA 酶），迄今已经发现了近百种具有不同催化功能的脱氧核酶。

相对于核酶而言，脱氧核酶具有明显的优势：①脱氧核酶分子量小，合成成本低，稳定性高，选择性强，可催化的化学反应广泛；②脱氧核酶具有与一般药物相似的动力学特点，作用程序和时间容易控制。这些优势决定了脱氧核酶在生命科学中的不可替代性和研发的必要性。

体外选择技术基于磷酸二酯的水解裂解和巢式 PCR，建立了一个包含 ssDNA 分子的库，每个分子中包含一个 5′生物素部分及一个 50 个随机脱氧核糖核苷酸构成的结构域，两侧是固定序列。将这些分子暴露于链霉素亲和基质中，并用缓冲液洗涤以除去未结合的分子。接下来，含有某种阳离子的相同缓冲液通过基质，引起磷酸二酯的阳离子依赖性裂解，并从混合物中释放催化 DNA。收集这些 DNA，重新引入 5′生物素和靶磷酸二酯，通过巢式 PCR 扩增，最后进行几轮选择。

DNA 酶有两个结构域：催化结构域和底物结合结构域。但是，它们的顺序可能会有所不同。从体外选择系统中分离出的 DNA 酶有两种主要类型（图 9-10）：10-23DNA 酶和 8-17DNA 酶。10-23DNA 酶是经过 10 轮扩增后从第 23 个克隆中获得的，而 8-17DNA 酶是在 8 轮扩增后从第 17 个克隆中获得的。8-17DNA 酶的催化核心由 13nt 组成，具有一个短的内部茎环，连接到 4nt 的不成对区 w 域。该环包含一个固定的 5′-AGC-3′序列。不成对区域的序列代表 5′-WCGR-3′或 5′-WCGAA-3′（W=A/T，R=A/G）。在 10-23DNA 酶中，催化核心由 15nt 组成，而其中第 8 个通常是 T、C 或 A，T 通常提供最高的活性。

图 9-10 脱氧核酶的结构（Thomas et al.，2021）

催化核心通过脱酯反应与其靶 RNA 结合并切割。大多数 DNA 酶由特定的金属离子（如 Mg^{2+}、Pb^{2+}、Mn^{2+}、Cu^{2+} 和 Na^+）辅助，这些金属离子作为辅因子，有助于实现令人满意的反应速率。此外，这些金属阳离子促进脱氧核酶结构的形成，因为 DNA 带负电荷，其折叠强烈依赖于静电作用力。

脱氧核酶的催化性质是特殊的，结合臂中的错配序列或催化核心中的点突变使脱氧核酶不具有活性。多种结构修饰可以增强脱氧核酶的稳定性和催化效率。与其他酶相比脱氧核酶显示出一些固有的优势，如结构稳定性、识别位点特异而没有任何免疫原性及大多数可忽略不计的细胞毒性。脱氧核酶具有很高的特异性，可以很容易地被修饰或功能化。

一、切割 RNA 的脱氧核酶

（一）8-17 脱氧核酶

1994 年，Joyce 等在体外选择脱氧核酶的第 8 轮实验中得到的第 17 个克隆经验证具有切割 RNA 磷酸二酯键的酶活性，即 8-17 脱氧核酶。8-17 脱氧核酶（Dz），是一个经典的、研究深入的脱氧核酶，其二级结构相对简单（图 9-11）。该酶的催化结构域由大约 14 个碱基构成，而作为结合结构域的两个臂通过 Watson-Crick 碱基配对与底物序列结合（图 9-11）。由于结合臂的非保守性，8-17 脱氧核酶展现出对底物选择的灵活性，这一特性与 10-23 脱氧核酶相似。在 8-17 脱氧核酶与底物结合的下游区域存在 "rG-dT" 摆动配对，当酶与底物结合时，形成一个三向接合体。其核心催化结构域的特征是具有 3 个碱基对的茎-突环结构和 4~5 个碱基的单股扭转区，其中 A6、G7、C13 和 G14 这 4 个碱基是绝对保守的。系统的突变研究获得了多个具有催化活性的 8-17 脱氧核酶的突变型。

（二）10-23 脱氧核酶

10-23 脱氧核酶是研究最广泛的切割 RNA 的脱氧核酶。它是通过从随机 DNA 序列库中进行体外选择获得的。10-23 脱氧核酶是由 15 个核苷酸组成的催化环，其两侧是两个底物结合臂（图 9-12）。这些臂的长度和顺序可以改变，以便与几乎任何目标 RNA 进行特异性结合。结合后，催化环促进 5′中心嘌呤与其 3′邻嘧啶核苷酸之间 RNA 底物的裂解。10-23

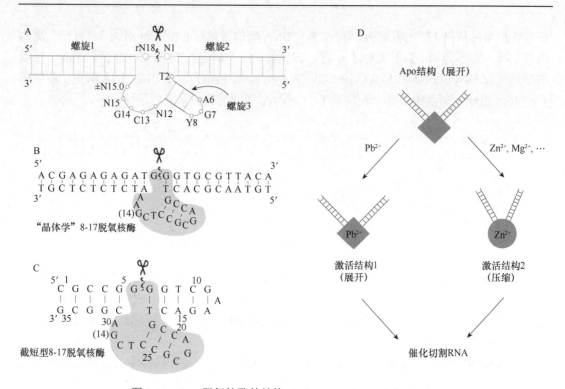

图 9-11　8-17 脱氧核酶的结构（Wieruszewska et al.，2024）

A. 保守序列；B. 用于晶体学研究的结构；C. 用于 NMR 研究的结构；D. 二价离子与脱氧核酶协同催化

脱氧核酶被认为是一种有前途的工具，可以减少 RNA 水平上相关基因的表达。然而其体内应用的一个主要障碍是脱氧核酶对二价金属离子的高度依赖性。事实上，最近的研究表明，10-23 脱氧核酶在细胞内的条件下是失活的，敲低效应可归因于反义效应。区域（G2-C7）是回文的，负责二聚体内发生的大多数碱基对相互作用。第二个相互作用区域（T8-A15）不像回文区域那样具有连续的碱基配对，但具有两个催化核心的 A11 和 A12 之间的碱基堆积相互作用（图 9-12）。

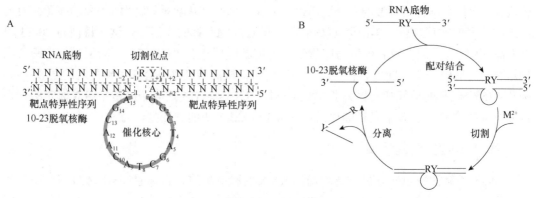

图 9-12　10-23 脱氧核酶（Rosenbach et al.，2020）

A. Dz 结构；B. 催化过程

除经典的 8-17 脱氧核酶和 10-23 脱氧核酶以外，科学工作者通过体外选择技术获得的具有分裂 RNA 活性的脱氧核酶还有二分脱氧核酶、组氨酸作为辅因子的 DH2 脱氧核酶等。

二、切割 DNA 的脱氧核酶

切割 DNA 的脱氧核酶开发的动力来白对可以作为限制性内切酶的人工 DNA 核酸酶需求。在 RNA 中，经体外筛选获得了水解 ssDNA 的 I 类内含子核酶的先例，将 DNA 酶的催化库扩展到更难反应的可能性（RNA 非酶促的水解半衰期为 4～10 年，而 DNA 为 14 万～3000 万年），解答了存在天然 DNA 酶的问题。最初的筛选实验分离获得的脱氧核酶都是通过氧化机制（Cu^{2+} 及同时有或无抗坏血酸作为辅因子）或脱嘌呤的无碱位点进行 β 消除，而不是通过磷酸二酯键的直接水解来促进 DNA 序列断裂的（图 9-13）。最近，在一项体外选择实验中利用催化性 DNA 的碱基切除能力来产生 Cu^{2+}/Mn^{2+} 依赖性脱氧核酶，该酶促进胸腺嘧啶核苷酸的选择性氧化切除，可以用作替代单核苷酸多态性（SNP）的工具。第一个具有 DNase 活性的脱氧核酶是由 Silverman 等偶然发现的。活性最高的脱氧核酶为 10MD5，在 ATG^T 位点切割，对杂合或者纯 DNA 底物的催化活性是类似的，并且其活性依赖于同时存在 Mn^{2+} 和 Zn^{2+} 作为辅因子。

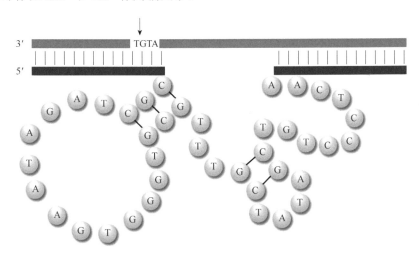

图 9-13 切割 DNA 的脱氧核酶 10MD5（Hollenstein，2015）

除了催化切割 RNA 和 DNA 为底物的 P—O 键，脱氧核酶很少能够切割其他共价键。不过确实也有包含 DNA 的模拟酶，包括酯酶、CPD-光修复酶、磷酸酶等，可以切割其他共价键。可以水解氨基酸侧链上的磷酸单酯键的脱氧核酶 14WM9 及可以水解清除丝氨酸侧链上磷酸基团的脱氧核酶 DhaDz1（图 9-14）。

三、催化键合成的脱氧核酶

作为有功能的核酸,脱氧核酶最早发现的是 Pb^{2+} 依赖的具有 RNA 切割活性的 DNA 酶。基于巨大的治疗和诊断潜力，早期的脱氧核酶研究主要基于替代核酶（RNAzyme）。实际上核酶可以催化形成 C—C 键、氨酰基-RNA 连接和肽键。脱氧核酶能够参与催化的反应类

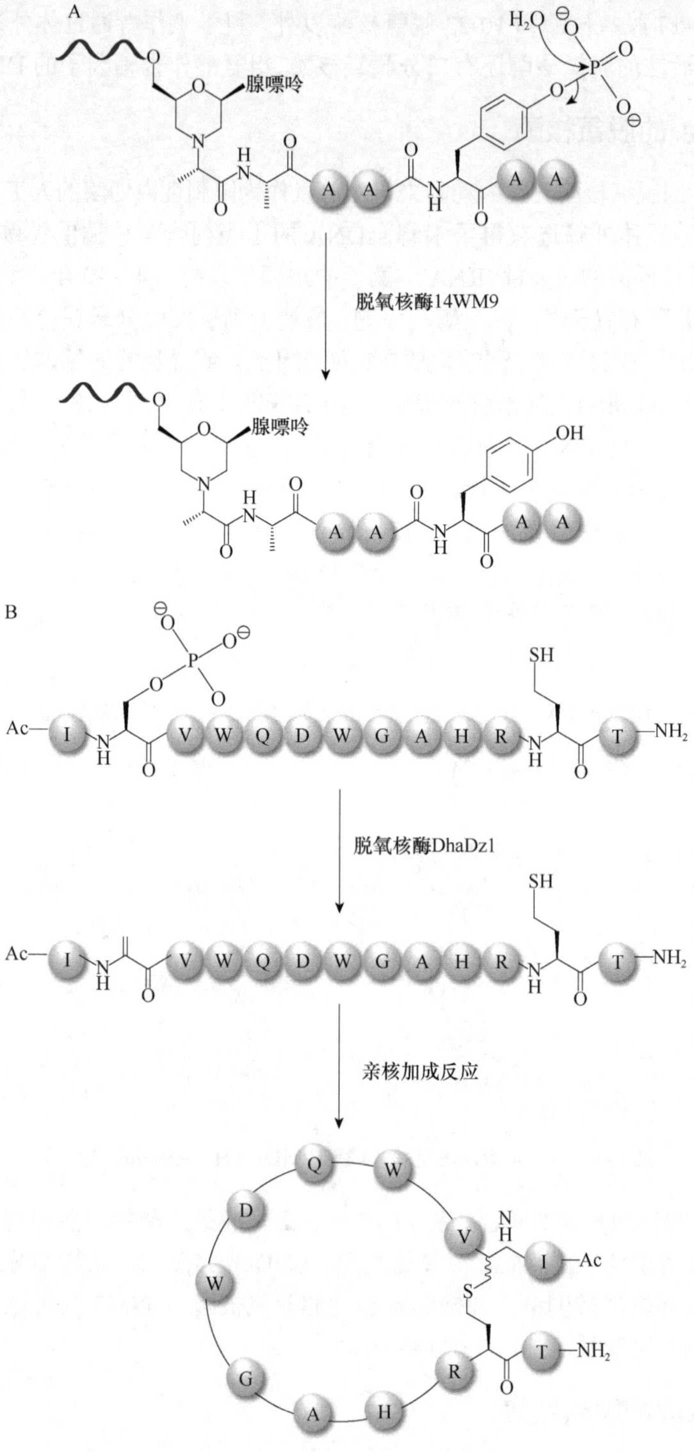

图 9-14　脱氧核酶 14WM9 及 DhaDz1（Hollenstein，2015）

型很多，除上述切割 RNA、切割 DNA 和具有磷酸化激酶活性的脱氧核酶外，还参与连接 RNA、连接 DNA、催化卟啉环金属螯合，以及具有光解酶活等。

第三节　核酸类酶的筛选与进化

核酶的一部分及全部的脱氧核酶都是经过体外选择和进化得到的，因此，体外选择和进化对核酸类酶十分重要，也是核酸类酶发展历程中的重要技术。体外选择（*in vitro selection*）或者 SELEX（英文 systematic evolution of ligand by exponential enrichment 的缩写，即指数富集配体系统进化技术）是从顺序随机的 RNA 或 DNA 分子构成的大容量随机分子库出发，在其中筛选得到极少数具有特定功能的分子，属于分子进化的范畴。它的产生和发展归功于达尔文进化论和组合化学思想在分子生物学中的应用。通过人工合成或借助于生物表达手段，模拟自然进化机制，人为制造大量突变，并定向选择所需性质的突变体，将随机突变与定向筛选结合起来，从而实现生物大分子在试管中的进化。这些技术拓宽了对核酸分子催化能力的认识，增加了 RNA 世界假说（RNA world hypothesis）的可能性，同时提供了新型的医疗诊断试剂。

一、技术和历史

功能性核酸的筛选基本思想是在一个顺序随机的 RNA 分子库中，通过一定的筛选方法，得到极微量的具有某种功能（切割或连接核酸分子，与配体结合等等）的 RNA 分子，然后用 RT-PCR 将这些微量到难以检测到的分子扩增，再对 PCR 产物进行序列分析及其他各种性质的测定。这种方法是利用待筛选分子的可遗传特性，将分子的基因型（可以被聚合酶扩增）和表现型（根据顺序具有特定的性质）联系起来，在筛选得到具有目的性质的表现型的同时，也获得了可以体现这种性质的基因型。

尽管这些最初的体外选择实验思想新颖，并且出色地完成，但 RNA 分子可被筛选的表型仅仅局限在基因组的复制速度上，而且 RNA 分子的突变频率也有限，因而缺少实际应用价值。20 多年后，针对 RNA 分子库的又一种表型筛选方案日渐成熟，这就是对 RNA 与靶分子结合能力的筛选；用化学法合成 DNA 分子可以在其链的任何位置上引入完全随机的顺序。逆转录酶的应用及 PCR 技术的发明使人们可以在体外条件下不必依靠 Qβ 复制系统就很容易地扩增出几乎任何的核酸顺序。所有这些开发出多种 RNA 分子的体外选择和定向进化方法，为获得新功能的 RNA 创造了条件。

从体外选择中产生的配体称为"适配体"（aptamer）。选择适配体的一般程序如下（图 9-15）：化学合成 DNA 库，每端各有一个随机或诱变序列区域，两侧是恒定序列，并在 5′端有一个 T7 RNA 聚合酶启动子。该 DNA 通过几个循环的 PCR 扩增，随后在体外转录以形成 RNA 库。然后根据 RNA 分子是否与所选靶化合物结合来对 RNA 分子

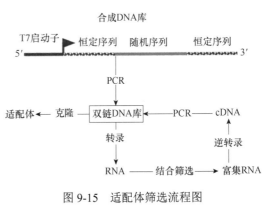

图 9-15　适配体筛选流程图
（Wilson and Szostak，1999）

进行分割。例如，将它们通过与靶标衍生的亲和柱。将保留的 RNA 洗脱，逆转录，通过 PCR 扩增，转录，然后重复整个循环。所有操作均在体外进行，这意味着库的复杂性不受转化效率的限制。随着一轮成功的选择，活性：非活性序列的比例增加。5～10 轮后，库被之前稀有的分子所主导，这些分子可以结合靶配体。该技术还可以简化为找到与靶标结合的双链或单链 DNA 序列，或者可以对其进行优化以选择催化 RNA 或 DNA。

在大多数情况下，选择从序列库开始，这些序列是完全随机的，但末端恒定区域除外。这可以对序列进行最大程度的无偏采样，从而可以恢复对给定选择压力的各种不同和独立的适应。在这样的实验中，一个样本最多可以包含 1015 个核酸序列。经过几个循环的筛选和扩增，可以从初始库中获得单个功能分子复制子。根据序列长度（N）的不同，筛选的序列覆盖范围可以从全部（$N=25$）到极微小（当 $N=220$ 时，只有 $10\sim117$ 的序列被覆盖）。这样就有一个问题，对较长的随机顺序筛选时，由于库容量的限制，绝大多数顺序没有被筛选的机会，那么是不是筛选得到一定功能的核酸分子变得几乎不可能了呢？其实在这些被筛选的分子中得到目的分子的可能性还是很大的，因为实际上没有任何一种功能性核酸含有所有的特异序列，也就是说，一级顺序不同的核酸分子可能形成相同的高级结构并具有相同的活性中心，从而都具有相同的功能，甚至具有不同高级结构的核酸分子也可能具有类似的活性。

功能性核酸通常含有若干构成保守二级结构的长度比较小的功能中心序列，这些序列由长短不一、顺序不同的突环（loop）连接。以锤头型核酶为例，其催化核心序列仅含 14 个保守碱基，由三个环状结构相连。实验证明，这些环状结构不论在长短，还是在碱基配对方面均可承受一定的变化，而不显著地影响功能性核酸的活性，这就是功能型核酸顺序的冗余性。因此，功能性核酸结构中的序列大致可分为三类：第一类是绝对保守序列，如靶分子结合序列或催化核心序列；第二类是只涉及二级结构形成，相对保守的序列；第三类则是非保守序列。从以上的叙述可以看出，功能性核酸体外选择的终产物实际上是一种序列与结构特定的小单位，而且这种小单位的形成有一定的序列可塑性。这一可塑性本身为功能性核酸的选择提供了较大的成功机会，同时或多或少地补偿了库大小带来的限制。

二、适配体的选择

适配体不是酶，但适配体的筛选原理也和核酶的基本一样，另外，适配体可以作为核酶的底物结合模块或者辅因子结合模块而被引入核酶中，同时适配体本身也具有很大的应用价值，所以先介绍一下适配体的选择。运用体外选择已经获得了一些适配体，它们的结合目标范围很广，包括比较简单的离子、小分子化合物、小肽、蛋白质、细胞器、病毒，甚至是整个细胞，对于像细胞这样的复杂的结合目的物来说，适配体的靶分子是细胞表面一些比较多的或者比较容易识别的分子。确定 RNA 可以识别的分子范围可以为"RNA 世界"的假说提供证据。另外，以通常不与 RNA 相互作用的蛋白质为靶分子，可以开发出一些蛋白质的 RNA 适配体作为调节这些特定蛋白质生物功能的试剂。

如果"RNA 世界"的假说是正确的话，那么 RNA 必须能够催化一些最基本的代谢反应，指导合成一些延续生命信息最基本的物质，如 RNA 本身。为了完成这些任务，RNA 就需要以很高的专一性和亲和力来识别一些小分子、过渡态及一些协同因子。在体外选择技术应用以前，人们已经知道Ⅰ类内含子可以结合鸟嘌呤核苷和精氨酸，但不知道是否还有其他的RNA分子可以和另一些小分子相互作用，以及这样的RNA分子出现的频率。为回答这个问题，有人用有机染料为配基，从一个含有10^{13}个不同分子的RNA库中筛选得到可以与某种染料特异结合的RNA分子（图9-16）。这些染料是含有多个芳香环的平面有机分子，整体上带负电荷，并且有几个潜在的氢键供体或受体原子。以这几种染料为配基，从RNA库中都筛选到了相应的适配体，每10^{10}个RNA分子中就有一个可以形成一定的空间结构和结合位点且与某种染料结合的RNA分子。实验结果显示，RNA的这种仅仅由4种相似的元件构成的长链大分子所形成的空间结构具有令人惊讶的多样性。

一般适配体结合配基的部位是富含嘌呤的环状序列，这些序列中非规范的碱基对之间的相互作用形成了特定的空间结构和精确的氢键受体及供体的位置与取向，实现了与配基的高亲和性、高特异性的相互作用。不规则链的排布及交叉螺旋之间的相互作用稳定了适配体的活性构象。

ATP的RNA适配体的NMR解析结果显示，分子量比较小，并且二级结构看起来也很简单的RNA分子精确地形成了一个与ATP分子结构相适合的结合口袋。ATP的RNA适配体与配基结合部分是其中间有一段富含嘌呤碱基的序列，链的骨架连续3次回折，类似于希腊字母ξ形状，区域两端由螺旋结构中的G之间的非匹配的碱基对封闭。这些组合到一起的不规则的空间结构使位置与空间取向正确的碱基与ATP的腺嘌呤形成氢键，还有一部分碱基与ATP的核糖相互作用。令人感兴趣的是，ATP的DNA适配体的一级顺序和二级结构与RNA适配体很不相同，但NMR结果揭示它们与ATP的实际结合位点是十分相似的，如两种适配体都有一个位于螺旋小沟的G与ATP的Watson-Crick面形成的氢键。

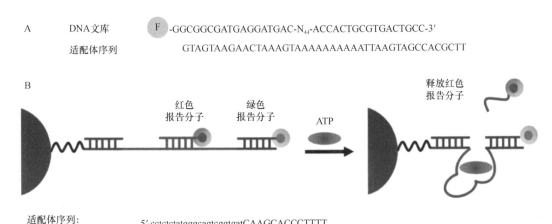

A　　　DNA文库　　　F-GGCGGCGATGAGGATGAC-N₄₄-ACCACTGCGTGACTGCC-3′
　　　适配体序列　　　GTAGTAAGAACTAAAGTAAAAAAAAAATTAAGTAGCCACGCTT

适配体序列：　　5′-cctctctatgggcagtcggtgatCAAGCACCCTTTT
CTGCAGCGATTCTTGTTTAGAATCGTCGCCAACAGCCAggagaatgaggaacccagtgcag-3′

图9-16　ATP适体酶构建示意（Li and Liu，2020）

通过体外选择的方法还得到了一些蛋白质分子及RNA分子的RNA适配体，如16S核糖体RNA的RNA适配体和酵母RNA聚合酶的RNA适配体等。RNA适配体可以通过与这些大分子的相互作用来调节它们的生理功能。

第四节　脱氧核酶的应用研究进展

脱氧核酶最早在 1994 年被发现，这标志着在医学领域及生物催化领域的重大突破。迄今为止，尚未发现天然具有催化活性的 DNA 序列。人造的脱氧核酶已经在生物传感器和医疗领域应用了 30 年。在生物传感器领域，除了众所周知的金属传感活性，脱氧核酶也对细菌裂解物及诸如 DNA、小 RNA（miRNA）、特殊基因序列和 ATP 等生物靶标有响应。反之在医疗领域，脱氧核酶等进展较为缓慢，可能是其体内活性相对较弱造成的。随着研究的深入和技术的发展，脱氧核酶具有 RNA 切割活性、高选择性、且设计简单，适合大规模生产等特点，因此在肿瘤、病毒、心血管疾病、炎症、中枢神经系统疾病等领域有了研究突破。

一、脱氧核酶在医学上的应用

自脱氧核酶获得以来，它们最大的特点是通过改变催化环中的碱基序列来靶向不同的 RNA 底物并实现特异性 RNA 切割，使其成为治疗疾病的有用工具。已经证明脱氧核酶可以用于靶向癌症、心血管疾病、细菌和病毒感染及中枢神经系统疾病中相关靶基因并影响其表达。

（一）用于肿瘤治疗

最早用于治疗肿瘤的脱氧核酶是由 Wu 等报道的。他们设计了 3 种脱氧核酶（图 9-17），可以在体外有效切割两个原癌基因，*p210 bcr-abl* 和 *p190* 突变体。脱氧核酶抑制了靶细胞 K562 中 40% *p210 bcr-abl* 蛋白质表达及细胞 50% 的生长率。

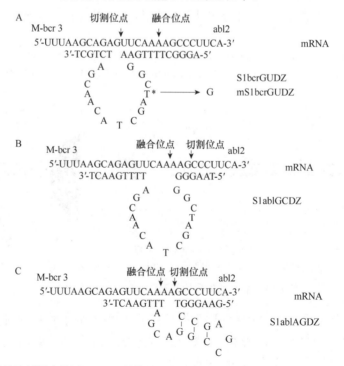

图 9-17　用于抑制原癌基因 *bcr-abl* 剪接体 1 的脱氧核酶及响应 mRNA（Wu et al., 1999）

针对人β1整合素亚单位的脱氧核酶DEβ1可以显著抑制上皮细胞和K1细胞中响应mRNA和蛋白质的合成，从而阻碍毛细管形成。可见脱氧核酶也可以通过抑制肿瘤相关因子的表达来抑制肿瘤。

（二）用于治疗心血管疾病

早期生长因子（Egr-1）是一种锌指转录因子，可以在多种条件下通过损伤机制增加血管平滑肌细胞（SMC）和内皮细胞。Santiago等设计的特异性靶向Egr-1 mRNA的脱氧核酶ED5，可以有效抑制SMC核中Egr-1信使RNA和蛋白质的表达。

心血管疾病的另一个重要标志物是纤溶酶原激活物抑制物（PAI-1），它在诱导梗塞性心肌新血管的形成中起着重要作用。注射靶向PAI-1 mRNA的脱氧核酶两周后，改善了梗死组织的新生血管形成。类似地，还可以通过脱氧核酶抑制维生素D上调蛋白1（VDUP1）、抑制 *c-jun* 等基因来治疗心血管疾病。

（三）用于治疗炎症疾病

在肾小球肾炎中，通常会导致系膜细胞增殖和细胞外基质（ECM）的积累。由于转化生长因子-β（TGF-β）在调节细胞增殖、分化和免疫应答，特别是调节ECM蓄积中的重要作用，因此抑制TGF-β的表达是治疗肾小球疾病的有效策略。Isaka等设计了一种针对TGF-β1信使RNA的特异性脱氧核酶（TGFDE）。在培养的大鼠细胞中，TGFDE能有效抑制TGF-β mRNA的表达。

脂多糖（LPS）诱发的炎症反应一般都会增加诱导型一氧化氮合酶（iNOS）。通过iNOS mRNA特异性的脱氧核酶，可以有效降低白细胞的浸入和水肿，同时降低了IL-12、IL-1、TNF-α、IFN-γ等炎症因子。

GATA-3是慢性炎症疾病中一种重要的转录调控因子，调节产生炎症因子IL-4、IL-5、IL-9、IL-13等。针对GATA-3的脱氧核酶gd21可以有效降低GATA-3的表达，进而降低炎症因子的产生（图9-18）。

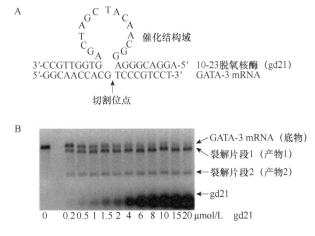

图9-18 切割GATA-3的脱氧核酶gd21（Sel et al., 2008）

（四）用于抗药性细菌感染

通过靶向耐药细菌的抗生素抗性基因，可以提高耐氧菌的敏感性。以 β-内酰胺酶抗性基因 mecA 介导的耐青霉素金黄色葡萄球菌为例，以 blaR1 和 mecR1 基因的 mRNA 为靶标设计的脱氧核酶 PS-Dz602 和 PS-Dz147 注入金黄色葡萄球菌 WHO-2 中后，恢复了抗生素敏感性。此外，可以通过脱氧核酶，抑制细菌的代谢途径，从而用于有效治疗细菌感染。

（五）用于治疗病毒感染

CCR5 和 CXCR-4 是人类免疫缺陷病毒感染的关键受体。目前通过设计针对人 CCR5 和 CXCR-4 基因的脱氧核酶，从而阻止 HIV 的感染和传播。此外，通过靶向 TAT 和 REV 蛋白质的脱氧核酶，也可以用于阻断 HIV 病毒的感染。

（六）用于治疗中枢神经系统疾病

利用特异性脱氧核酶，通过抑制 HD 蛋白 GAG 链，可以治疗某些神经系统疾病。

二、脱氧核酶与生物传感器

传感器是一种对物理或化学信息响应并产生可检测信号的设备。核酸类酶特别是脱氧核酶，由于其特异性强，且具有分子小、结构简单、易于合成、反应过程易于控制等特点，近些年被越来越多地应用于构建生物传感器。

（一）检测金属离子

从细胞到生态系统水平的许多复杂生物系统中，金属离子起着至关重要的作用，因此对特定金属离子的灵敏度检测对于各种应用都很重要。通常金属离子检测是利用复杂的仪器通过实验室的方法实现的，这些方法非常耗费人力和时间。因此，对易于使用且价格低廉的金属离子检测方法的需求非常大。基于 DNA 酶的传感器可用于检测复杂基质中的许多金属离子，如 Pb^{2+}、Hg^{2+}、Tl^{3+}、Cd^{2+}、Cr^{3+}、Ag^+、Cu^{2+}、Ca^{2+}、Mg^{2+} 和 Na^+ 等。脱氧核酶的催化活性通常需要金属离子作为辅因子，该特性可被用于检测金属和非金属分析物的各种方法中。通过测定脱氧核酶的活性，反过来可以判定作为辅因子的复杂基质中金属离子的含量。

目前最常见的金属离子传感器是铅离子传感器。最早合成的脱氧核酶 GR-5 可以被用来检测 Pb^{2+}。不过最早改良的以脱氧核酶为基础的金属离子传感器是 17S/17E 铅离子荧光检测系统。该传感器基于嵌入 Pb^{2+} 依赖的脱氧核酶的 RNA 切割位点使得其产生荧光。荧光团和淬灭剂共价结合在脱氧核酶和底物上，从而产生荧光信号变化（图 9-19）。

除了原始的 GR-5，很多基于 GR-5 或者 8-17（尤其是 17S/17E）等脱氧核酶优化的及其他脱氧核酶金属离子传感系统被大量开发。利用这些传感系统可以检测包括湖水、土壤、牛奶等复杂体系中的金属离子。

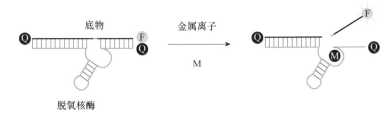

图 9-19 荧光脱氧核酶金属离子传感器（McConnell et al.，2021）

得益于金属离子依赖型脱氧核酶的高灵敏性和高特异性，它们被广泛应用于环境监测和医疗用途。此外，由于脱氧核酶的高生物兼容性和检测生物靶标的可能性，除了检测复杂样品中的金属离子，大量的脱氧核酶传感器被开发用于活细胞成像。比如铀酰特异性 39E 脱氧核酶-纳米金复合物，作为生物传感器，基于荧光成像和流失细胞技术用于 HaLa 细胞中铀酰成像。

（二）检测小分子和蛋白质

利用变构脱氧核酶或者 DNA 适体酶（aptazyme）可以检测小分子。比如最经典的就是整合 ATP 的 DNA 适体酶，可以识别 ATP、ADP、AMP 或者腺苷，如一种名为 pH6DZ1 的脱氧核酶与 ATP 结合 DNA 适配体连接（图 9-20），部分适配体与 RCD 的几个催化重要核苷酸形成配对元件。在 ATP 结合后，这些核苷酸变得不配对，恢复了脱氧核酶的切割活性。

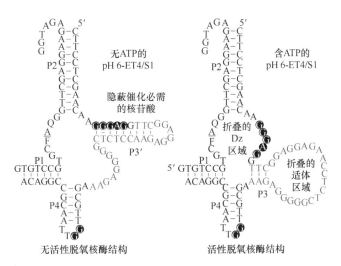

图 9-20 pH6DZ1 的脱氧核酶（Shen et al.，2006）

（三）检测细菌

利用适体酶，除了可以检测小分子和蛋白质，还可以检测微生物。例如，利用 RFD-EC1 脱氧核酶，在无扩增的情况下，用特异性细胞质蛋白检测细菌。

有些特殊情况下，由于细菌含量极低，可以利用等温扩增的方法，同样基于 RFD-EC1

脱氧核酶的适体酶，高效检测微量细菌。

三、核酸类酶在其他方面的应用

核酸类酶特别是脱氧核酶催化的反应种类众多，它的高度特异性及其低廉的合成成本使其有望成为新一代的工具酶。

核酸类酶是酶学的重要分支，其广泛应用给人们带来了新的希望，同时也存在着众多亟待解决的问题。首先是如何进一步地提高核酸类酶的催化效率，催化效率的高低是决定一种酶能否被很好地开发利用的重要前提，现有的绝大多数的核酶或脱氧核酶的催化效率并不理想。其次，如何将核酸类酶高效、特异地导入靶细胞，使其转染率高且整合后的基因能够持续稳定地表达是核酸类酶在生物医药领域应用一直面对的问题。此外，由于实际生物样品成分的复杂性，核酸类酶在生物传感器上的应用还没有达到临床检测阶段。

自然界中已发现的核酸类酶的种类很少，且催化速率比蛋白酶慢很多。为了寻找新的和更高效的核酶和脱氧核酶，可通过人工合成并应用核酸类酶体外筛选法和动态组合筛选法获得具酶活性的小片段的 RNA 或 DNA 分子。核酶或脱氧核酶在抗病毒及治疗肿瘤方面的临床潜力巨大。核酶或脱氧核酶可抗 HIV、乙型肝炎病毒、丙型肝炎病毒及呼吸道合胞等多种病毒，还可使端粒酶活性明显降低，抑制肿瘤新血管的生成，使某些癌基因失活，以抵抗多药耐药性，并能修补突变的基因。

未来 20 年核酸类酶研究应集中在核酸类酶和蛋白质的相互作用与核酸类酶的结构生物学等主要方面。随着这些方面的突破，核酸类酶新的应用领域必将被开拓。核酸类酶的发现和获得是酶学发展史上的里程碑事件，也是核酸学领域的重大突破。核酸类酶理论研究和实际应用的不断深入，必将引起人们极大的关注，产生深刻的影响。

🔘 本章小结

核酶于 1982 年由 Tom Cech 首次发现，随后各种核酶被大量发现。目前已知的核酶包括自身剪切类核酶及自身剪接类核酶两大类。其中自身剪切类核酶，包括 9 类小型核酸剪切酶和核糖核酸酶 P，主要包括锤头型核酶、发夹型核酶、丁型肝炎病毒（HDV）核酶、VS 核酶、glmS 开关核酶和 CPEB3 核酶等。自身剪接类核酶在催化反应中具有核酸内切酶和连接酶两种活性，以实现 mRNA 前体的自我拼接，主要是内含子类核酶，包括 I 类内含子、II 类内含子、类 I 类内含子和剪接体等。

核酶和酶（蛋白质酶）都是生物催化剂，具有与一般催化剂相同的性质。但是在结构和功能上，核酶相对比较简单。

1994 年，Breaker 等利用体外选择技术首次发现了切割 RNA 的 DNA 分子，并将其命名为脱氧核酶。脱氧核酶都是人工设计的，自然界中没有天然的脱氧核酶。

核酶的一部分及全部的脱氧核酶都是经过体外选择和进化得到的，因此，体外选择和进化对核酸类酶十分重要，也是核酸类酶发展历程中的重要技术。

生物医药和临床医学是核酸类酶最主要的应用领域，也是迄今取得进展比较多的领域。核酸类酶在抗病毒和肿瘤治疗中都显示了其广泛的应用前景，也可以用于生物传感器和其他应用领域。

复习思考题

1. 简述核酶的定义。
2. 简述脱氧核酶的定义。
3. 如何设计脱氧核酶？
4. 核酶与蛋白类酶有什么异同点？
5. 核酶有什么应用？
6. 核酶有哪些种类？

参 考 文 献

杜翠红，方俊，刘越，等. 2014. 酶工程. 武汉：华中科技大学出版社.

居乃琥. 2011. 酶工程手册. 北京：中国轻工业出版社.

罗贵民，高仁钧，李正强，等. 2016. 酶工程. 北京：化学工业出版社.

Altman S. 2000. The road to RNase P. Nat Struct Biol, 7 (10): 827-828.

Angenent G C, Posthumus E, Bol J F. 1989. Biological activity of transcripts synthesized *in vitro* from full-length and mutated DNA copies of tobacco rattle virus RNA 2. Virology, 173 (1): 68-76.

Been M D, Wickham G S. 1997. Self-cleaving ribozymes of hepatitis delta virus RNA. Eur J Biochem, 247 (3): 741-753.

Breaker R, Joyce G F. 1994. A DNA enzyme that cleaves RNA. Chemistry & Biology, 1 (4): 223-229.

Cech T R. 1989. RNA as an enzyme. Biochem Int, 18 (1): 7-14.

Chandra M, Sachdeva A, Silverman S K. 2009. DNA-catalyzed sequence-specific hydrolysis of DNA. Nat Chem Biol, 5 (10): 718-720.

Cramer E R, Starcovic S A, Avey R M, et al. 2023. Structure of a 10-23 deoxyribozyme exhibiting a homodimer conformation. Commun Chem, 6 (1): 119.

DeYoung M, Siwkowski A M, Lian Y, et al. 1995. Catalytic properties of hairpin ribozymes derived from Chicory yellow mottle virus and arabis mosaic virus satellite RNAs. Biochemistry, 34 (48): 15785-15791.

Doudna J A, Cech T R. 2002. The chemical repertoire of natural ribozymes. Nature, 418 (6894): 222-228.

Fu S, Sun L Q. 2015. DNAzyme-based therapeutics for cancer treatment. Future Med Chem, 7 (13): 1701-1707.

Gopalan V, Vioque A, Altman S. 2002. RNase P: variations and uses. J Biol Chem, 277 (9): 6759-6762.

Hollenstein M. 2015. DNA catalysis: the chemical repertoire of DNAzymes. Molecules, 20 (11): 20777-20804.

Isaka Y, Nakamura H, Mizui M, et al. 2004. DNAzyme for TGF-beta suppressed extracellular matrix accumulation in experimental glomerulonephritis. Kidney Int, 66 (2): 586-590.

Kruger K, Grabowski P J, Zaug A J, et al. 1982. Self-splicing RNA: autoexcision and autocyclization of the ribosomal RNA intervening sequence of Tetrahymena. Cell, 31 (1): 147-157.

Li S, Palo M Z, Zhang X, et al. 2023 Snapshots of the second-step self-splicing of Tetrahymena ribozyme revealed by cryo-EM. Nat Commun, 14 (1): 1294.

Li Y , Liu J . 2020. Aptamer-based strategies for recognizing adenine, adenosine, ATP and related compounds.

Analyst, 145 (21): 6753-6768.

Lönnberg H. 2022. Structural modifications as tools in mechanistic studies of the cleavage of RNA phosphodiester linkages. Chem Rec, 22 (11): e202200141.

Lott W B, Pontius B W, von Hippel P H. 1998. A two-metal ion mechanism operates in the hammerhead ribozyme-mediated cleavage of an RNA substrate. Proc Natl Acad Sci U S A, 95 (2): 542-547.

Martick M, Scott W G. 2006. Tertiary contacts distant from the active site prime a ribozyme for catalysis. Cell, 126 (2): 309-320.

McConnell E M, Cozma I, Mou Q, et al. 2021. Biosensing with DNAzymes. Chem Soc Rev, 50 (16): 8954-8994.

Park S V, Yang J S, Jo H, et al. 2019. Catalytic RNA, ribozyme, and its applications in synthetic biology. Biotechnol Adv, 37 (8): 107452.

Rakowski A G, Symons R H. 1989. Comparative sequence studies of variants of avocado sunblotch viroid. Virology, 173 (1): 352-356.

Rosenbach H, Victor J, Etzkorn M, et al. 2020. Molecular features and metal ions that influence 10-23 DNAzyme activity. Molecules, 25 (13): 3100.

Rupert P B, Massey A P, Sigurdsson S T, et al. 2002. Transition state stabilization by a catalytic RNA. Science, 298 (5597): 1421-1424.

Sel S, Wegmann M, Dicke T, et al. 2008. Effective prevention and therapy of experimental allergic asthma using a GATA-3-specific DNAzyme. J Allergy Clin Immunol, 121 (4): 910-916.

Shen Y, Chiuman W, Brennan J D, et al. 2006. Catalysis and rational engineering of trans-acting pH6DZ1, an RNA-cleaving and fluorescence-signaling deoxyribozyme with a four-way junction structure. Chembiochem, 7 (9): 1343-1348.

Silverman S K. 2005. *In vitro* selection, characterization, and application of deoxyribozymes that cleave RNA. Nucleic Acids Res, 33 (19): 6151-6163.

Smathers C M, Robart A R. 2019. The mechanism of splicing as told by group II introns: ancestors of the spliceosome. Biochim Biophys Acta Gene Regul Mech, 1862 (11-12): 194390.

Thomas I B K, Gaminda K A P, Jayasinghe C D, et al. 2021. DNAzymes, novel therapeutic agents in cancer therapy: a review of concepts to applications. J Nucleic Acids, 2021: 9365081.

Tomita R, Morikawa Y, Hisamatsu S, et al. 1995. Cis and trans reactions of hairpin ribozymes derived from the negative strand of arabis mosaic virus satellite RNA. Nucleic Acids Symp Ser, (34): 117-118.

Walker S C, Engelke D R. 2006. Ribonuclease P: the evolution of an ancient RNA enzyme. Crit Rev Biochem Mol Biol, 41 (2): 77-102.

Wieruszewska J, Pawłowicz A, Połomska E, et al. 2024. The 8-17 DNAzyme can operate in a single active structure regardless of metal ion cofactor. Nat Commun, 15 (1): 4218.

Wilson D S, Szostak J W. 1999. *In vitro* selection of functional nucleic acids. Annu Rev Biochem, 68: 611-647.

Winkler W C, Nahvi A, Roth A, et al. 2004. Control of gene expression by a natural metabolite-responsive ribozyme. Nature, 428 (6980): 281.

Wu Y, Yu L, McMahon R, et al. 1999. Inhibition of bcr-abl oncogene expression by novel deoxyribozymes (DNAzymes). Hum Gene Ther, 10 (17): 2847-2857.

Zhang X, Yan C, Zhan X, et al. 2018. Structure of the human activated spliceosome in three conformational states. Cell Res, 28 (3): 307-322.

第十章 酶的应用

学习目标

1. 了解酶在不同领域中的应用。
2. 了解不同领域中相关酶的种类及其功能。
3. 了解酶应用的技术与方法。

酶工程作为生物技术的一个重要分支，近年来在医药、农业、食品、轻工化工、环保及能源开发和分子生物技术研究等领域取得了显著的进展。这些进展不仅推动了相关产业的发展，也为解决一些全球性问题提供了新的思路和方法。

在医药领域，酶工程的应用主要集中在疾病诊断、治疗、药物制造等方面。通过酶工程技术，可以高效地生产出具有特定功能的药物成分，提高药物的生产效率和质量。

在农业领域，酶因具备催化效率高、能耗低、无毒等特点而受到高度关注。酶在农业领域的应用主要体现在农产品保鲜、加工、质量检测和废弃物处理等方面。通过改造植物体内的酶系统，增强作物对环境变化的适应能力，从而提高其生长速度和产量。

在食品工业中，酶制剂在淀粉、蛋白质、果蔬、酿造、食品添加剂等工业中的应用非常广泛。通过引入特定的酶来改善食品的品质和安全性，或者通过酶催化反应来开发新的食品添加剂和功能性食品。

在轻工化工领域，酶工程技术被应用于饲料、洗涤剂、有机酸和造纸等领域。通过优化酶的性能，提高产品的质量和生产效率，同时降低环境污染。

在环保及能源开发领域，酶工程技术被用于降解有机污染物、处理废水和废气等。酶工程技术通过改造微生物产生具有高活性的酶，提高生物质转化率，从而提高生物燃料的产量和经济价值。

在分子生物技术研究领域，酶工程是研究基因表达调控、蛋白质相互作用等基本生命过程的重要工具。通过设计和改造具有特定功能的酶，深入探索生命现象的本质。

本章主要介绍酶在医药、农业、食品工业、轻工化工、环保及能源开发和分子生物技术研究这 6 个领域中的最新应用进展。

第一节　酶在医药领域中的应用

人体的生命活动实际上是由许多生化反应综合而成的，而这些生化反应之间的协调与控制几乎都与酶相关。从生物化学角度看，健康的具体表现是体内物质代谢有规律地进行，一旦代谢出现异常，就会产生疾病。维持正常的酶催化活性是机体健康的保证，酶活性过高或过低都会导致疾病，由此可见，酶与医学的联系十分紧密。

先天性代谢缺陷（inborn error of metabolism，IEM）是代谢途径中编码酶蛋白的基因发生突变，从而使酶蛋白的结构异常引起的遗传性疾病。目前已报道的 IEM 疾病已达 1000

多种。例如，编码苯丙氨酸羟化酶的基因发生突变，会使苯丙氨酸在体内累积，导致苯丙酮尿症（phenylketonuria，PKU）的发生。通常表现出发育异常、行为异常和精神异常等问题。编码酪氨酸酶的基因突变会导致眼皮肤白化病Ⅰ型（oculocutaneous albinism type Ⅰ），通常表现为皮肤和眼睛黑色素沉着减少及视力丧失。在小肠中存在能够将乳糖水解为半乳糖和葡萄糖的乳糖酶，乳糖酶的缺乏会导致乳糖吸收不良，称为乳糖不耐症（lactose intolerance，LI），通常表现为在摄入乳糖后出现腹痛、腹泻等症状。

　　酶与疾病的发生和发展息息相关，酶的测定是临床辅助诊断的重要手段之一。同时，工业酶在原料药和医药中间体中的应用也取得了卓越的成就。随着酶工程的发展，用于医学领域的酶也越来越多。本节从疾病诊断、疾病治疗、药物制造方面介绍几种医学中常用的酶及酶应用。

一、酶在疾病诊断中的应用

　　酶广泛存在于组织和器官中，以维持人体的正常运转。疾病发生于组织和器官的功能受到损害的过程，也会影响到酶的合成、分泌、分解及在体内的分布，导致酶含量的异常改变。由于酶的变化与疾病息息相关，可以将酶作为疾病诊断与预测的重要因子，应用于疾病的诊断、检测、预后判断等领域。

（一）碱性磷酸酶

　　碱性磷酸酶（alkaline phosphatase，ALP）是一组典型的同工酶，存在于人体肝、骨骼等组织器官中，可以水解多种底物，如三磷酸腺苷（ATP）等。ALP是公认的肾性骨病的标志物，可以通过调节无机磷酸盐（Pi）与无机焦磷酸盐（PPi）之间的平衡来刺激组织矿化。ALP通过去磷酸化使组织矿化抑制剂——骨桥蛋白失活，营造能够促进组织矿化的细胞外环境，也可以直接与Ⅰ型胶原结合，为组织矿化提供支架。由于ALP在体内分布广泛，甲状旁腺功能亢进、结肠炎、细菌性腹膜炎、慢性肾病等疾病及妊娠过程，都有可能引起该酶血清活力升高，也可以根据患者体内碱性磷酸酶的浓度初步评估人体的骨转化状态。

（二）转氨酶

　　转氨酶（transaminase）主要存在于肝细胞的线粒体内，是对肝细胞损伤最为敏感的指标之一。在临床上常通过测量谷草转氨酶（GOT）与谷丙转氨酶（GPT）的浓度来评估肝损伤。正常生理状态下，丙氨酸转氨酶（ALT）与天冬氨酸转氨酶（AST）的水平通常低于40U/L，当肝细胞受损时，血清ALT与AST水平将明显升高，可以通过两者的升高幅度和比值来诊断肝细胞损伤的原因。国际上通常根据ALT与AST水平、总胆红素水平与国际标准化比值（INR）作为急性药物性肝损伤（DILI）的分级依据。除肝疾病外，转氨酶的升高还与冠心病、动脉粥样硬化风险和2型糖尿病风险增加有关。也有数据表明，ALT水平与许多脂蛋白（LDL、HDL、VLDL）的异常相关，还会与高胰岛素血症协同作用，对心血管疾病患者产生不利影响。

（三）乳酸脱氢酶

乳酸脱氢酶（lactate dehydrogenase，LDH）几乎存在于所有组织细胞中，可催化乳酸脱氢生成丙酮酸，是糖酵解与糖异生途径的关键酶之一。LDH 由不同的基因编码形成两个亚型（LDH-A、LDH-B），并以不同的比例组合形成 5 种同工酶。LDH 与肿瘤的代谢活性、侵袭性、免疫原性相关，已经成为诊断癌症或监测癌症治疗效果的标准支持工具，同时也是一种极具吸引力的癌症治疗靶点。与正常患者相比，LDH 升高的黑色素瘤患者的总生存期（OS）显著缩短，通常将高血清 LDH 水平视为与黑色素瘤等肿瘤有关的不良预后的生物标志物。除此之外，当发生心肌损伤时，也会引起 LDH 数值升高，可以认为 LDH 是测定心肌梗死患者特异性组织损伤的指标。LDH 对急性早幼粒细胞白血病在中枢神经系统中的复发也有预测作用。

（四）酶激活荧光探针技术

与血清酶学检测相比，酶激活荧光探针在疾病诊断方面具有更高的灵敏度与分辨率。荧光探针通常由识别基团、连接臂和荧光基团组成。通过将酶催化底物基团进行荧光修饰设计探针，荧光基团在酶催化作用下产生荧光信号的改变，从而识别酶活性的变化，可实现非侵入性成像和实时动态监测。目前酶的表达异常已经成为激活荧光探针的研究重点之一，许多酶激活荧光探针被应用于疾病诊断。例如，利用 γ-谷氨酰转移酶设计荧光探针，有助于外科手术或内窥镜手术中的肿瘤切除，还可以通过局部喷洒荧光探针，将肿瘤部位与周围组织区分。糖苷酶、硝基还原酶、氨肽酶等已在医用荧光探针诊断领域多有应用。

二、酶在疾病治疗中的应用

（一）菠萝蛋白酶

菠萝蛋白酶（bromelain，BRO）主要存在于菠萝的茎和果肉中，在碱性环境中有很强的适应能力，具有水解血纤维蛋白及血红蛋白的能力，对炎症有很好的治疗效果，还可以在一定程度上调节肿瘤细胞的增殖与凋亡。菠萝蛋白酶对温度敏感性高，通过光热激活菠萝蛋白酶可以促进胶原蛋白的降解，从而改善药物在肿瘤组织中的积累，放大治疗效果。富含菠萝蛋白酶的清创剂已被证明是一种快速、有效和安全的烧伤酶清创剂，能够选择性地清除湿润、无活性的痂创，对于治疗慢性伤口具有潜在的安全性和有效性。菠萝蛋白酶能够裂解 S 蛋白胞外结构域（ectodomain）中的二硫键，靶向降低血管紧张素转换酶 2（ACE2）和跨膜丝氨酸蛋白酶 2（TMPRSS2）的表达，抑制新型冠状病毒 SARS-CoV-2 对细胞的感染。同时，血栓的形成也是 SARS-CoV-2 感染者多器官衰竭和死亡的重要因素，菠萝蛋白酶的溶栓作用与抗感染作用使其可有效对抗 SARS-CoV-2 或其他冠状病毒。

（二）胰岛素降解酶

胰岛素降解酶（insulin-degrading enzyme，IDE）是一种蛋白酶，属于锌金属内肽酶家族，主要功能是降解胰岛素，与血糖代谢密切相关。IDE 除调节胰岛素外，还调节胰高血糖素和胰淀素的丰度和信号传导，通过对 IDE 的抑制，可以显著提高葡萄糖耐量，减缓胃排空，可以将调节 IDE 活性作为治疗 2 型糖尿病的策略。IDE 在改善认知障碍方面也有相关应用，它可以降解导致阿尔茨海默病的关键因子—可溶性 β-淀粉样蛋白（amyloid-β-protein，Aβ），适度的 IDE 过表达也可以阻止病理性淀粉样斑块形成，降低晚发型阿尔茨海默病风险，有助于对抗 AD 和相关神经退行性疾病。

（三）超氧化物歧化酶

超氧化物歧化酶（superoxide dismutase，SOD）是一种专门清除超氧自由基（O_2^-·）的金属蛋白酶，按金属辅基的不同，可将超氧化物歧化酶分为 Cu/Zn-SOD、Ni-SOD、Mn-SOD 和 Fe-SOD。细胞中过量的活性氧会通过刺激中性粒细胞诱发炎症，SOD 能够催化超氧自由基（O_2^-·）歧化为过氧化氢和氧，具有消除活性氧的作用。肠胃中的 SOD 活性降低会导致胃溃疡，增加肠胃黏膜中的 SOD 可以预防黏膜损伤。相关 SOD 突变蛋白的错误折叠也被认为是家族性肌萎缩侧索硬化（ALS）发病的关键因素。SOD 基因的突变体频率与心血管疾病患病率之间存在显著关联，SOD 基因分型的多态性也可以作为筛查高风险心血管疾病的诊断靶点。

（四）尿激酶

尿激酶（urokinase，UK）是一种非选择性纤溶酶原激活物，能够水解赖氨酸与精氨酸之间的肽键，催化纤溶酶原转化为纤溶酶，起到溶栓的作用，已成为临床中不可缺少的溶栓治疗剂。对于急性缺血性脑卒中患者，可以在中风发作 6h 内使用尿激酶进行动脉溶栓。使用局部低剂量尿激酶溶栓（LLDUT）可以迅速降低血栓负荷与肺动脉压，改善右心室功能，降低肺栓塞伴右心功能不全（RVD）患者的死亡率。将尿激酶与 RGD 环肽结合，可以有效延长尿激酶在血液中的滞留时间，提供更强的溶栓效果，并能够有效防止治疗后可能出现的再阻塞。

三、几种酶在药物制造方面的应用

（一）组蛋白脱乙酰酶

组蛋白脱乙酰酶（HDAC）是调控基因表达的重要分子，可以去除组蛋白 N 端的乙酰基团，阻断转录机制对 DNA 的"访问"，从而使某些肿瘤抑制基因的表达水平降低，HDAC 的异常表达会促进肿瘤细胞的生长、分化和增殖等。此酶已经成为治疗癌症的关键靶点之一。HDAC 抑制剂是一类表观遗传药物，通过抑制 HDAC 的活性，上调组蛋白的乙酰化水平，使肿瘤抑制基因重新激活。目前临床上常用的 HDAC 抑制剂药物有以下几种。

1. 伏立诺他（vorinostat）　　国家食品药品监督管理总局于 2006 年正式批准伏立诺他用于治疗皮肤 T 细胞淋巴瘤。

2. 贝利司他（belinostat）　　美国食品药品监督管理局（FDA）于 2014 年批准贝利司他（belinostat）用于治疗外周 T 细胞淋巴瘤。

3. 帕比司他（panobinostat） 美国食品药品监督管理局（FDA）与欧洲药品管理局（EMA）于 2015 年共同批准帕比司他与硼替佐米和地塞米松联合用于治疗多发性骨髓瘤。

4. 西达本胺（chidamide） 国家食品药品监督管理总局（CFDA，现更名为国家市场监督管理总局）于 2014 年正式批准西达本胺用于治疗外周 T 细胞淋巴瘤。

（二）间变性淋巴瘤激酶

间变性淋巴瘤激酶（anaplastic lymphoma kinase，ALK）是受体酪氨酸激酶家族的一员，首次以融合蛋白形式发现于间变性大细胞淋巴瘤（ALCL）中。研究发现，ALK 在中枢和外周神经系统的正常发育中起着重要的调节作用，ALK 基因的变异和过表达与很多肿瘤细胞尤其是非小细胞肺癌（NSCLC）等癌症的发展密切相关，3%~5% 的 NSCLC 患者存在 ALK 基因突变，靶向 ALK 成为治疗肿瘤的重要方式之一，目前临床上常用的 ALK 抑制剂药物有以下几种。

1. 克唑替尼（crizotinib） 克唑替尼于 2011 年获得 FDA 加速批准，用于治疗 ALK 阳性局部晚期或转移性非小细胞肺癌（NSCLC）。于 2022 年获 FDA 批准，用于治疗不可切除、复发或难治性 ALK 阳性肌成纤维细胞肿瘤（如炎性肌成纤维细胞瘤，IMT）。

2. 阿来替尼（alectinib） 阿来替尼于 2015 年获 FDA 加速批准，用于治疗 ALK 阳性非小细胞肺癌。

3. 劳拉替尼（lorlatinib） 劳拉替尼于 2018 年获 FDA 加速批准，用于治疗 ALK 阳性非小细胞肺癌。

（三）血管紧张素转换酶

血管紧张素转换酶（angiotensin converting enzyme，ACE）又称为激肽酶 II，是一种含锌金属肽酶，是肾素-血管紧张素系统（RAS）的重要调节因子，该系统是控制心血管系统和水电解质平衡的关键角色。ACE 水平增高时，会导致血管紧张素 I 转化为血管紧张素 II，从而增加血管收缩，增高血压。血管紧张素转换酶抑制剂（ACEI）抑制 RAS 系统的循环活性，对高血压、慢性心力衰竭、糖尿病、肾病都具有良好的治疗作用。目前临床上常用的 ACEI 药物包括：贝那普利（benazepril）、卡托普利（captopril）、依那普利（enalapril）、福辛普利（fosinopril）、赖诺普利（lisinopril）、莫西普利（moexipril）、培哚普利（perindopril）、喹那普利（quinapril）、雷米普利（ramipril）和群多普利（trandolapril）。

第二节　酶在农业领域中的应用

农业是我国的基础产业之一，农业活动不仅为社会提供基本的生存保障，还为其他产业提供生产原材料。农业的重要性不言而喻，同时农业生产存在着诸多问题，如产品附加值不高、农药滥用和残留、重金属污染等。随着酶工程技术不断进步，酶具备催化效率高、附加值高、能耗低、无毒、可降解、可循环使用等特点，受到农业行业的高度关注。酶在农业领域中已经被广泛应用，主要体现在农产品保鲜、农产品加工、农产品质量检测和农业废弃物处理这 4 个方面。因此，本节将从以上 4 个方面阐述酶在农业领域中的应用。

一、酶在农产品保鲜中的应用

（一）溶菌酶

溶菌酶（lysozyme），具有水解肽聚糖中 N-乙酰胞壁酸链内侧连接 N-乙酰葡萄糖胺的糖苷键的生物活性，故又称为胞壁酰胺酶或 N-乙酰胞壁酸水解酶。革兰氏阳性菌细胞壁中肽聚糖干重含量占比大，因此，溶菌酶对革兰氏阳性菌有较强的抑菌活性。然而，革兰氏阴性菌的肽聚糖成分少，溶菌酶对革兰氏阴性菌的抑制效果较差，这使得单用溶菌酶在实际应用中非常少见。

为了扩大溶菌酶的应用，可采用物理、化学和生物手段增强溶菌酶对革兰氏阴性菌的抗菌效果。溶菌酶与抑菌物质或可成膜物质复合制备成食用薄膜/涂层，包括壳聚糖、胶原蛋白、明胶等。胶原蛋白-溶菌酶保鲜涂层可有效降低总挥发性盐基氮（TVB-N），抑制细菌生长，延长新鲜三文鱼片保质期。溶菌酶-儿茶素的活性明胶膜抑制冷藏猪肉的脂质氧化和微生物生长。壳聚糖-溶菌酶薄膜降低大黄鱼的 TVB-N 水平和抑制微生物生长，提高了大黄鱼的感官评分。此外，热化学修饰的溶菌酶（60℃，10min）能够抑制假单胞菌属和肠杆菌科微生物生长。

（二）乳过氧化物酶

乳过氧化物酶（lactoperoxidase，LP）是一种动物源性过氧化物酶，存在于人类和其他动物的唾液和眼泪等分泌物中，尤其在牛奶初乳中含量特别丰富。乳过氧化物酶（LP）主要与 SCN— 和 H_2O_2 共同组成哺乳动物天然乳过氧化物酶系统（LPOS）。该系统的抑菌活性主要取决于 OX— 或 HOX 分子，如 OSCN— 和 HOSCN。它可以特异性地与硫醇部分结合，破坏细菌中的主要代谢酶，并抑制相关的生理或代谢途径，包括糖酵解和葡萄糖转运。基于 LPS 及其聚合体开发了可食用薄膜/涂层，并成功应用于肉类产品的保鲜，其中聚合体主要包括壳聚糖、乳清蛋白、海藻酸等。壳聚糖-LPOS 薄膜抑制微生物生长，延长了鳟鱼片的保质期。乳清蛋白-LPOS 薄膜在 4℃冷藏抑制虹鳟鱼片的总特异性腐败微生物生长，保持鱼片 16d 新鲜。

二、酶在农产品加工中的应用

（一）淀粉酶

淀粉酶（amylase）是一类特异性水解淀粉糖苷键的酶，根据酶的作用方式，淀粉酶可分为四大类，包括内切酶、外切酶、去支链酶和转移酶。内切淀粉酶是以 α-淀粉为主，其水解 α-葡聚糖的内部糖苷键，释放低聚糖。最常见的 β-淀粉酶和葡萄糖淀粉酶是外切淀粉酶的典型代表，它们通过攻击 α-葡聚糖的非还原端来释放低聚糖。去支链酶选择性水解支链淀粉和支链淀粉中的 α-1,6-糖苷键。常见的去支链酶包括异淀粉酶、支链淀粉酶等。转移淀粉酶水解底物供体的 α-1,4-糖苷键，并将部分供体转移至糖苷受体上，产生 α-1,4-糖苷键或 α-1,6-糖苷键。

天然获得的微生物淀粉酶不能耐受极端 pH、极端温度和高底物浓度等严格条件，难以适应许多特殊环境的农产品加工。工程化淀粉酶由于较好的热稳定性、pH 稳定性及高催化效率等优良的特性，已经广泛应用于农产品加工，包括玉米、小麦等。在玉米淀粉加工中，玉米淀粉被真菌 α-淀粉酶修饰后，淀粉颗粒上形成的孔隙和通道为苹果酸酯化淀粉提供了更多的可能性，其可提高酯化反应的效率至 86.6%，并降低酯化淀粉的消化率。

（二）纤维素酶

纤维素酶（cellulase）是一组复杂的酶系，主要包括外切葡聚糖酶、内切葡聚糖酶（纤维二糖酶）和 β-葡萄糖苷酶。纤维素酶的来源众多且种类丰富，这都源自其产酶微生物的种类多样性。产纤维素酶的微生物主要包括细菌、真菌、放线菌、古细菌和微藻等。纤维素酶易于获取，已经广泛应用于农产品加工中，包括澄清果汁、动物饲料加工等。在果汁加工过程中，通过物理压榨破坏植物细胞壁释放内部的果汁，果胶的保护使果汁呈现混浊，而纤维素酶的添加破坏果胶的胶体结构使果汁澄清。此外，纤维素酶自身及其与饲料作物的饮食成分之间的协同作用，可以改善动物肠道环境，促进饲料吸收。

（三）蛋白酶

蛋白酶（protease）是一类催化蛋白质肽链中肽键断裂的水解酶，其催化反应特异性形成广泛的底物谱，并存在多种不同底物特异性的蛋白酶。根据肽键水解位点不同，蛋白酶可分为两大类，即内肽酶和外肽酶。内肽酶水解蛋白质内部肽键形成短肽，而外肽酶则水解 C/N 端的末端肽键形成游离氨基酸。

根据最适 pH 的不同，蛋白酶可分为碱性、中性和酸性蛋白酶。碱性蛋白酶可以水解肉类的肌纤维蛋白和结缔组织蛋白，通过浸泡或涂覆的手段实现肉类嫩化。在水产养殖中添加膳食蛋白酶对各种水生生物肠道微生物群落有积极影响，可增强鱼类生长性能、提高饲料营养消化率。此外，蛋白酶还可以改善鱼类的抗病性，提高寄生虫或细菌感染后的鱼类存活率。

三、酶在农产品质量检测中的应用

（一）乙酰胆碱酯酶

乙酰胆碱酯酶（acetylcholinesterase，AChE）是一种丝氨酸水解酶，主要位于神经突触间隙，具有乙酰胆碱的水解活性，对神经递质的传递起着至关重要的作用。因此，乙酰胆碱酯酶常被应用于检测农产品中的农药残留，主要包括有机磷农药（OP）和氨基甲酸酯类农药（OC）。大多数的 OC 和 OP 农药能与 AChE 的活性位点结合，促使丝氨酸残基磷酸化，从而抑制 AChE 的活性。其中 OP 农药毒性更致命，这源于它能与 AChE 发生不可逆结合，导致 AChE 的活性受到不可逆抑制。AChE 催化乙酰胆碱和水生成生理惰性的胆碱和乙酸盐。

根据乙酰胆碱酯酶活性抑制的特性，研究人员开发了一类农药残留快速检测技术。传统的农药残留快速检测技术采用酶抑制法与分光光度法对农药进行快速筛选，具备操作简单、检测时间短、成本效益高等优势，但是在实际应用中对低浓度农药的检测效果差。为了提高检测灵敏度，使用荧光分析法替代分光光度法，开发了一种新型的农药残留快速检测技术。这类检测技术大多以小分子荧光探针或量子点为荧光材料，进而构建单酶-荧光体系和多酶级联体系。

（二）酪氨酸酶

酪氨酸酶（tyrosinase）是一种含铜的氧化还原酶，其结构与儿茶酚氧化酶相似，对各种酚类底物具有双功能活性。该酶催化单酚羟基化为邻酚及邻酚氧化为邻醌。由于酪氨酸酶广泛的底物谱，它会被多种农药抑制，如氨基甲酸酯和二硫代氨基甲酸酯农药、敌敌畏、氯酚和甲基嗪磷。这一特性已被用于开发用于酶法检测许多农药的生物传感器，如酶电极生物传感器。酶电极生物传感器将酪氨酸酶固定在电极上的纳米复合平台，通过测定酪氨酸酶产生的还原电流来量化邻醌的后续电化学还原，或者通过监测儿茶酚氧化为邻醌来获得儿茶酚的信号，从而实现快速检测农药。在聚（3,4-乙烯二氧噻吩）-氧化铱纳米复合材料上固定酪氨酸酶，开发了检测甲基嗪磷农药的生物传感器；吡咯并喹啉醌（PQQ）因其独特的杂环邻醌结构被整合到酪氨酸酶电极中用于检测敌敌畏。

（三）有机磷水解酶

有机磷水解酶（organophosphorus hydrolase，OPH）是一种水解有机磷化合物（如有机磷农药）的酶，对一系列具有 P—O、P—S、P—F 和 P—CN 键的 OP 化合物有广泛的特异性，如对氧磷、对硫磷、香豆磷、二嗪农等。有机磷水解酶因其广泛的催化底物范围，被开发成检测有机磷农药的生物传感器。该传感器是通过不同换能器识别该酶水解产物 4-硝基苯酚的含量来检测有机磷农药的。目前，有机磷水解酶生物传感器可分为电化学、光学、微生物和 DNA 四大类生物传感器。以光学传感器为例，这类传感器利用 OPH 水解 P—O、P—S 和 P—CN 键的特性，并结合荧光基团，从而响应荧光酶与有机磷之间相互作用产生的光信号，以实现定量检测有机磷农药浓度的目的。基于荧光酶抑制的有机磷生物传感器，已开发了一种有机磷水解酶-金纳米颗粒光学生物传感器。该生物传感器检测有机磷农药抑制 OPH 产生的荧光变化，用于定量有机磷浓度。其中荧光变化是由附着在酶上的金纳米颗粒产生的。

（四）脲酶

脲酶（urease）是一种含镍的寡聚酶，以水解尿素而著名。第一次报道的含镍脲酶的晶体结构来自产气克雷伯氏菌（*Klebsiella aerogenes*）。产气克雷伯氏菌组装的脲酶是由三个亚基 UreA、UreB 和 UreC 组成的三聚体（UreABC）$_3$，其包含三个双核镍活性位点。镍活性位点的 Ni^{2+} 会被其他重金属离子取代，使其活性受到抑制。此外，脲酶催化活性的丧失还与半胱氨酸残基的共价修饰相关。据研究表明，金属离子对脲酶抑制强度大小的顺序为 $Hg^{2+}>Cu^{2+}>Zn^{2+}>Cd^{2+}>Ni^{2+}>Pb^{2+}>Co^{2+}>Fe^{3+}>As^{3+}$，并且重金属离子对脲酶的抑制是不可逆的。脲酶通过酶抑制的方法检测重金属离子，其机制是基于重金属离子与存在于酶活性中心的半胱氨酸之间的相互作用。溶胶-凝胶固定化脲酶的光学传感器通过酶抑制前后的尿素变化，检测 Cd^{2+}、Cu^{2+} 和 Hg^{2+} 三种重金属离子。

（五）葡萄糖氧化酶

天然的葡萄糖氧化酶（glucose oxidase，GOD）由于成本高和缺乏稳定性等问题，难以被广泛应用于实际情况中。为了检测复杂环境中的莠去津，引入纳米酶代替天然酶。纳米酶是一种具有类似酶催化能力的功能性纳米材料，它们可以通过模拟天然酶的活性位点和结构来实现催化特性，或者通过将天然酶加载/封装到纳米材料中来提高酶活性。此外，金属合金电极上固定化葡萄糖氧化酶，并与戊二醛交联制备的电化学酶传感器可应用于重金属阳离子的测定。

四、酶在农业废弃物处理中的应用

（一）漆酶

漆酶（laccase）是一种含铜的氧化还原酶，催化反应：苯二醇＋O_2 $\rightleftharpoons$ 4-苯并对苯醌＋H_2O。常用的漆酶是从子囊菌、壳菌和担子菌等腐生真菌和木质素分解真菌中获得的。漆酶主要天然底物是木质素，这类底物是一种由植物的果胶纤维素壁组成的烷基芳香族杂聚物，难以分解。木质素也是农业废弃物的主要组成之一，其数量之大给人们带来巨大的困扰。因此，通过漆酶降解木质素，并进行多次再利用、更新和回收，以合理实现循环生物经济。此外，漆酶独特的结构有助于催化各种有毒污染物，包括腐殖酸、异生素、杀虫剂和多酚化合物等。在过去 10 年的研究中，使用漆酶与其他介质复合组成漆酶-介质系统（LMS），该系统可以进一步扩大漆酶底物范围。

（二）木质素过氧化物酶

木质素过氧化物酶（lignin peroxidase，Lip）是一种单体糖基化酶，含有保守的血红素基团、钙结合位点和二硫键。木质素过氧化物酶具有较高的氧化电位，能够依赖于 H_2O_2 氧化解聚木质素。木质素过氧化物酶在无须介质的情况下催化木质素的酚类和非酚类芳香单元氧化的木质素分解酶，还可氧化几种有机分子。木质素过氧化物酶通过氧化木质素的主要成分单木质醇，形成酚类二聚体。木质素过氧化物酶通过断裂木质素 C—C 键来实现分解利用木质素。此外，白腐担子菌分泌的几种木质素氧化酶已经被用作生物修复剂，以降解合成染料和多环芳烃等污染物。例如，固定 Lip 于纳米微球中可用于活性纺织染料脱色，并降低其溶血细胞毒性。

（三）混合功能氧化酶

混合功能氧化酶（mixed function oxidase，MFO）是一个酶系，包含两种酶：细胞色素 P450 酶和 NADPH-细胞色素 P450 还原酶，这两种酶都是膜蛋白，也被称为依赖性细胞色素 P450 单加氧酶系统。在 MFO 催化的反应中，一个氧分子的原子被结合到底物中，而另一个则被还原为水。因此，MFO 的催化需要还原型辅酶Ⅱ和氧气。

细胞色素 P450 家族是一大类特征明确的单加氧酶，能够使用分子氧以对映特异性方式氧化或羟化底物。许多细胞色素 P450 酶具有广泛的底物范围，并且已被证明可以催化非活性碳原子的氧化或羟基化，这些特性非常适合清除环境持久性农药残留。MFO 一般存在于内质网和线粒体中，参与生长、发育、繁殖、解毒等大量过程，尤其是参与内源性和外源性物质的代谢，如有机磷酸酯、氨基甲酸酯、拟除虫菊酯、DDT 等农药。因此，这些化合物促进 MFO 诱导，加速细胞体内的农药代谢。

（四）羧酸酯酶

羧酸酯酶（carboxylesterase，CE）是一种具有水解羧酸酯键活性的酯酶，并且已被证明是环保、快速和有效的，可以原位清理污染物并去除环境中的有毒农药，包括有机磷酸酯、氨基甲酸酯和拟除虫菊酯。无数的酯酶可能对 OP 产生反应，但方式不同。在标准酯酶命名法中，羧酸酯酶被称为 B-酯酶，因为它们被 OP 抑制，而 A-酯酶被定义为水解未被 OP 或其他酰化抑制剂抑制的不带电荷酯。碳纳米管固定化羧酸酯酶的复合物能修复淡水中农药，尤其类似于敌敌畏的亲水农药。此外，羧酸酯酶在降解塑料中也有涉及。邻苯二甲酸酯（phthalate）是一种增塑剂，已被广泛用在塑料制品制造和加工中。羧酸酯酶被提出通过水解侧链和生产邻苯二甲酸酯、短链醇和脂肪酸来进行 PAE 生物降解。

（五）聚对苯二甲酸乙二酯降解酶

农业土壤中的大多数塑料来自农业活动。例如，使用塑料地膜覆盖和保护农作物；施用微塑料污染的生物肥料和灌溉水。微塑料和纳米塑料的积累和持续碎裂可能对健康有潜在影响且有毒性。聚对苯二甲酸乙二酯（PET）是聚合物最主要的微塑料之一。因此，PET 酶也成为降解微塑料的首选。叶枝堆肥角质酶（LCC）是早期已鉴定的 PET 降解酶，它的突变体 LCC^{ICCG} 是目前催化聚酯塑料最活跃的水解酶之一。LCC^{ICCG} 比野生型 LCC 降解活性高出 160%，其最佳温度约为 70℃，与最佳温度的较大偏差会显著降低其活性。LCC^{ICCG} 适用于堆肥温度达到约 60℃ 的微塑料的降解，但在温度仅为约 20℃ 的土壤条件下并不适用。

第三节　酶在食品领域中的应用

随着生活水平的改善，人们对食品的质地、营养、安全等提出更高的质量要求。酶制剂作为一种高效、绿色的生物催化剂，在较温和条件下可通过催化作用改变食品功能特性，降低化学试剂的毒害作用，提高食品的加工工艺水平和感官价值，被广泛应用于食品生产、加工、质量检测工业中。本节主要介绍不同酶在淀粉、蛋白质、果蔬、酿造类等食品工业中的使用，展示了酶制剂的应用趋势。

一、酶在淀粉类食品工业中的应用

（一）α-淀粉酶

1. α-淀粉酶概述　　α-淀粉酶（EC3.2.1.1）在自然界中广泛分布，是应用最普遍的淀粉水解酶，通过随机切割淀粉分子的 α-1,4-糖苷键，产生葡萄糖、麦芽糖和糊精，在淀粉类食品工业中主要用于生产淀粉糖和变性淀粉。

2. α-淀粉酶应用 α-淀粉酶水解直链淀粉产生以麦芽糖为主的部分还原糖,可以降低面团黏度,提高面团柔软度和组织结构,改善面包、面条、馒头等食品的风味色泽。面包生产过程中加入 α-淀粉酶,催化产生的麦芽糖也为酵母发酵提供更多能量来源,减少发酵时间,从而延缓面包老化,延长保质期。此外,面包烘烤时会促进美拉德反应的发生,即淀粉糖与蛋白质反应导致面包表面产生褐色光泽,使其更好上色,也增加风味。由于 α-淀粉酶常用于淀粉糊化或烘焙过程中,作用温度较高,在食品工业中常需要筛选或利用生物技术改造出中高温酶以满足生产需求。使用米根霉 FSIS4 新纯化的耐热 α-淀粉酶可以制得拥有均匀蜂窝小孔的面包,表现出体积增加的充气结构,明显改善了面包品质。

（二）木聚糖酶

1. 木聚糖酶概述 木聚糖酶（xylanase,EC3.2.1.8）是最关键的纤维素木聚糖降解酶,主要以内切方式断裂 β-1,4-糖苷键,水解得到多种功能性低聚木糖（XOS）。XOS 可以作为葡萄糖、蔗糖等的替代甜味剂,能量较低且不易消化,在糖尿病与肥胖治疗方面具有优良的应用前景,因此木聚糖酶的开发也备受重视。

2. 木聚糖酶应用 在食品工业中,木聚糖酶广泛应用于分解谷物麸皮、蔬菜食物中的半纤维素,生产高商业价值的 XOS。木聚糖酶作为生物制剂,其生产效率常常受限于酶的生物活性与反应条件,常常伴随其他化学试剂或材料组合进行催化反应。玉米芯中纤维素、半纤维素含量较高,使用甲酸和丙酸混合木聚糖酶从玉米芯中高效水解出木二糖和木三糖,以降低低聚木糖生产成本。对游离木聚糖酶使用铜基金属有机骨架（Cu-BTC MOF）处理,制得固定化木聚糖酶（Xy-Cu-BTC）,可以从废核桃壳中提取高聚合度的 XOS,减弱木糖干扰,具有生产纯 XOS 的潜力。

（三）L-天冬酰胺酶

1. L-天冬酰胺酶概述 L-天冬酰胺酶（L-ASNase,EC3.5.1.1）主要用于解决食品中丙烯酰胺含量过高的问题。丙烯酰胺（acrylamide,AA）是一种在富含淀粉的食品油炸过程中常见的致癌物质,通过 L-天冬酰胺酶能够将食品中的天冬酰胺水解为天冬氨酸,降低 AA 重要前体物质——天冬酰胺的含量,从而抑制 AA 的产生。

2. L-天冬酰胺酶应用 AA 的主要来源为炸土豆、爆玉米花、面包、饼干等。利用 L-天冬酰胺酶控制薯条中 AA 含量时,来自嗜铁古球菌中的新重组 L-ASNase 具有更高的催化活性和热稳定性,能够显著降低炸薯条中 AA 的含量。在饼干加工过程中,为了增强高温下 L-天冬酰胺酶的作用效果,Chi 等（2023）基于半理性设计,对 L-天冬酰胺酶进行定点突变和组合突变,筛选出热稳定性增强、催化活性不受影响的突变体,得到的突变体酶对丙烯酰胺处理量增加 16.53%,减弱了 AA 毒性的影响。

二、酶在蛋白质类食品工业中的应用

（一）木瓜蛋白酶

1. 木瓜蛋白酶概述 木瓜蛋白酶（papain,EC3.4.22.2）属于半胱氨酰基蛋白酶,可以分解肉制品中肌动球蛋白和胶原蛋白为氨基酸和肽，降解肌原纤维和结缔组织，目前在肉制品的嫩化、蛋白质水解、乳制品工业中广泛使用，用于改善食品口感。

2. 木瓜蛋白酶应用　　木瓜蛋白酶嫩化肉制品时，除了加工中常用作嫩肉粉，也可以制成薄膜用于食品包装中。在预胶化木薯淀粉中加入木瓜蛋白酶制成结构较稳定的可食用薄膜，能够减少酶活性损失，当与食品表面直接接触时薄膜溶解，木瓜蛋白酶析出，可以有效增强肉的嫩化。老年人常产生咀嚼困扰，利用木瓜蛋白酶可以改良肉类质地，满足老年人咀嚼和营养需求。将新鲜猪肉浸入木瓜蛋白酶溶液中，模拟老年人胃肠道消化过程，分析风味酶处理后样品质地及仪器模拟咀嚼后猪肉样品的消化，会发现处理过的样品弹性较低、蛋白质消化率提高。在汉堡肉饼中加入木瓜蛋白酶与转谷氨酰胺酶，二者相互作用可以在降低肉块硬度的同时影响质地特性，改善咀嚼过程。

（二）组织蛋白酶

1. 组织蛋白酶概述　　组织蛋白酶（cathepsin）是内源性蛋白酶，位于细胞溶酶体中，可以水解肌原纤维，降解肌球蛋白、肌动蛋白、肌钙蛋白，在干腌火腿、保持肉质方面起着重要作用。

2. 组织蛋白酶应用　　在腌制火腿工程中，组织蛋白酶 B 分解肌肉蛋白质，促进与火腿感官相关的多种活性肽的形成，这是决定火腿质量的重要因素。组织蛋白酶 L 可以影响牛体内和体外老化过程中肌联蛋白和肌钙蛋白-T 的水解，从而进一步参与肌原纤维蛋白降解和肉质嫩化改善过程。虾头中组织蛋白酶 B、组织蛋白酶 L、组织蛋白酶 D 含量丰富，以这些内源性蛋白酶为基础，对比无头虾和全虾处理后制得的虾鱼糜凝胶，发现去除虾头的鱼糜凝胶强度和质地均高于全虾，品质显著改善。

（三）脂肪酶

1. 脂肪酶概述　　脂肪酶（lipase，EC3.1.1.3）作为生物催化剂在动植物和微生物中普遍存在，主要催化酯键，使脂肪水解为甘油和脂肪酸。脂肪酶应用广泛，在蛋白质类食品工业中主要参与肉制品与乳制品的加工过程，通常用于生产纯瘦肉去除多余脂肪，也在增加乳品营养和风味方面发挥重要作用。

2. 脂肪酶应用　　芽孢杆菌中脂肪酶含量较高，在植物乳杆菌发酵的香肠中使用芽孢杆菌脂肪酶可以增强脂肪和蛋白质水解，生成酯类、酮类等各种风味物质，提升香肠品质。猪肉防腐过程中，脂肪酶的催化作用使咖啡酸和壳聚糖的连枝反应增强，乳化性能提高，显著影响壳聚糖抗氧化能力和抑菌活性，有助于猪肉保鲜。此外，脂肪酶还用于乳制品的脱脂，它不仅可以影响液态奶的感官特性，还能够改变乳制品体系稳定性、粒度分布等结构性能，利于液态奶产品生产工艺的创新。

三、酶在果蔬类食品工业中的应用

（一）漆酶

1. 漆酶概述　　漆酶（laccase，EC1.10.3.2）是具有 4 个铜离子协同作用的铜蓝氧化

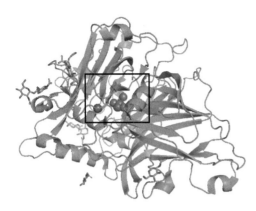

图 10-1　玉米漆酶 ZmLac 3 的晶体结构
（框内为铜中心）

酶，图 10-1 所示为玉米漆酶。漆酶可以催化酚类、芳胺类等物质氧化。在果蔬汁加工中，常处理果蔬贮藏过程中因酚类物质氧化作用产生的二次混浊现象，经漆酶氧化后的多酚类物质可以自身聚合为大颗粒而被滤除净化，实现澄清果汁且无后混浊。

2. 漆酶应用　　果汁加工过程中，在交变磁场辅助的磁稳定流化床中，用金属螯合的磁性纳米粒子对漆酶固定化并与微滤技术结合可以连续澄清果汁，在提高苹果汁透光率的同时减小对酚类化合物和抗氧化活性的影响，增加苹果汁的冻融和热稳定性。此外，漆酶可以催化酯化阿魏酸基团氧化交联程度，经漆酶处理后的甜菜浆的果胶多糖重均分子质量实现从 147～661kDa 的显著增加。甜菜果胶含有少量蛋白质可以负载姜黄素，并加入漆酶诱导凝胶化，可以提高姜黄素的稳定性，用于制备功能性食品及新型果冻，具有优良的开发利用前景。

（二）果胶酶

1. 果胶酶概述　　果胶酶（pectinolytic enzyme，pectinase，EC3.2.1.15）普遍存在于高等植物和微生物中，是分解果胶多种酶的总称，在果蔬加工中广泛应用，可以通过酶解影响果蔬出汁率、澄清色泽，还能够提取果蔬中花色苷、姜黄素等活性物质，是一种重要的商业酶制剂。

2. 果胶酶应用　　芒果果肉中含有较多生物活性物质，用果胶酶发酵处理可以提高总酚含量和其抗氧化活性，提升芒果果肉质量。食品工业中果胶酶生产成本高且重复性差，现常使用载体将其固定化，以提高果胶酶催化活性。将硅烷化蒙脱石黏土作为载体固定黑曲霉的果胶酶，固定化果胶酶的酶活与底物亲和力更高，对菠萝汁的黏合澄清效率也高于游离果胶酶，且最多能够进行 6 次重复使用。以戊二醛、聚甲醛拉普兰和聚甲醛克菲兰为交联剂，在硅烷化玻璃珠上固定果胶酶，将其用于石榴汁澄清，得到浊度显著下降、透明度提升的样品，效果显著。

（三）柚皮苷酶

1. 柚皮苷酶概述　　柚皮苷酶由 α-L-鼠李糖苷酶（EC3.2.1.40）和 β-D-葡萄糖苷酶（EC3.2.1.21）组成，主要作为脱苦酶，通过水解苦味柚苷生成柚配质、鼠李糖来去除苦味，在酸性条件下稳定，在食品工业中一般用于柑橘、蜜柚等果汁脱苦。

2. 柚皮苷酶应用　　为了提高柚皮苷酶去除苦味的能力，研究者开发了许多固定化新技术。固定化酶的方法是使柚皮苷酶固定在聚醚砜超滤膜上，酶促膜反应器将柚皮苷转化率提高至 73%，保证抗氧化性的同时降低苦味值，且实现柚皮苷酶的重复利用。以磁性纳米颗粒为载体，通过壳聚糖交联将柚皮苷酶与果胶酶共固定化，合成的热稳定性较高的生物催化剂可以使葡萄汁澄清脱苦，浊度约降低 52%，柚苷含量减少 85%，为食品工业中固定化酶技术的应用提供又一参考。

四、酶在酿造类食品工业中的应用

（一）糖化酶

1. 糖化酶概述　糖化酶（glucoamylase，EC3.2.1.3）是葡萄糖淀粉酶的缩写，与α-淀粉酶水解直链淀粉的作用方式相同，作用于α-1,4-糖苷键。当水解支链淀粉时作用于α-1,6-糖苷键，水解产物只有葡萄糖，在乙醇、酱油等酿造工业中广泛应用，可以提高产品质量。

2. 糖化酶应用　糖化酶也是食品酿造工业中最常用的淀粉酶之一，糖化酶和其他微生物组成的糖化剂在米酒酿造中发挥至关重要的作用，糖化剂为米酒的酿造提供乙醇发酵必需的糖，制得的米酒具有独特的微生物和代谢特征。在白酒固态发酵过程中，将糖化酶制备为微胶囊珠形式，可以显著增加白酒的酒精度，提高淀粉利用率，解决白酒固态发酵后期糖化酶活性下降的问题。

（二）单宁酶

1. 单宁酶概述　单宁酶也称鞣酸酶（tannase，EC3.1.1.20），是一种单宁酰基水解酶，可以水解没食子单宁得到没食子酸与葡萄糖。最早常用于速溶茶叶中提高冷溶性，在酿造工业中用来降低果汁、果酒中的苦涩味，提升饮品口感，被视为安全的食品工业加工助剂。

2. 单宁酶应用　由于未成熟的柿子口感发涩、新鲜柿子的成熟期太短，因此柿子常被制成柿饼和柿子醋，在柿子醋酿造过程加入单宁酶，一方面水解苦味单宁使醋更鲜醇，另一方面避免单宁被氧化而加深柿子醋颜色，提升色泽、风味、口感。在啤酒酿造中单宁酶也发挥着重要作用，单宁酶通常在酵母接种前使用，用以去除啤酒花原料中高浓度单宁与其他物质作用造成的啤酒胶体混浊，防止啤酒中产生"冷雾"，且单宁酶的最佳反应条件与酿造要求接近，适于在啤酒酿造工业过程投入使用，以避免雾化现象的产生。

（三）酯酶

1. 酯酶概述　酯酶（esterase）是一类能够催化酯键水解和合成的生物催化剂，在动植物及微生物中均普遍存在，当其介导酯键合成时会产生有香味的酯类物质。常在乙醇发酵过程中加入酯酶，可以增加酯类物质含量，有助于酒特色香味的形成及提高酒质，缩短发酵周期。

2. 酯酶应用　酯酶在酿造工业中常用于生产香味物质。菠萝蜜风味独特，但因目前缺少适用菠萝蜜果酒发酵的菌株而处于单薄口味境地，选用突变酿酒酵母的酯酶加入菠萝蜜果酒酿造中，可以增加乙酸乙酯、丁酸乙酯等风味物质含量，丰富发酵酒的香气，使其品质得到显著提升。来自不同微生物的酯酶水解产生的风味物质不尽相同，在淡味白酒发酵过程，使用来自本土乳酸菌的酯酶还促进除乙酸乙酯外，乙醇、乙酸等物质的形成，综合其相互作用产生更和谐丰富的香味，有助于改善白酒风味。

第四节 酶在轻工化工领域中的应用

酶作为生物催化剂，在轻工化工领域中的应用日益广泛，为这些行业带来了变革，其高效、专一且环保的特性，使得酶在轻工产品的精细加工、化工原料的高效转化等方面展现出独特的优势。在轻工领域，酶的应用不仅提高了产品质量，还降低了生产成本。例如，在纺织工业中，酶可用于纤维素的改性，提高织物的柔软度和舒适度。而在化工领域，酶的应用更是推动了绿色化工的发展，利用酶催化反应，可以实现原料的高效转化，减少副产物的生成，从而降低环境污染。因此，深入研究酶在轻工、化工领域的应用，不仅有助于提升这些行业的科技水平，更对推动可持续发展、实现绿色生产具有重要意义。本节将从饲料工业、洗涤剂工业、有机酸工业和纺织、造纸、皮革工业这 4 个方面，介绍几种轻工化工领域中常用的酶及酶的应用。

一、酶在饲料工业中的应用

（一）淀粉酶

淀粉酶是水解淀粉和糖原的酶类总称，具有高效性和专一性，主要作用于各种淀粉的糖苷键，常见的有葡萄糖淀粉酶和 α-淀粉酶等。其中，葡萄糖淀粉酶是一种绿色、安全的淀粉酶，能够将玉米淀粉分解成易于吸收的小分子，从而有效提升日粮中淀粉的利用效率。研究表明，从海藻中提取纯化的 α-淀粉酶可有效增加鱼饲料中还原糖的含量，它可以在非常温和的条件下发挥酶活性。饲粮中添加淀粉酶可提高淀粉消化率，但不影响粪便废物产出量、去除效率和非应激粪便的粒径分布（particle size distribution，PSD）。饲粮中添加 α-淀粉酶对肉鸡的活产性能、能量利用率和淀粉全道消化率均有显著影响，其影响明显取决于玉米粒硬度和干燥温度。

（二）植酸酶

植酸酶是一种耐热磷酸酶，从植酸分子中释放游离无机磷和肌醇酯，通过水解植酸，植酸酶降低了其与酶和营养物质的结合能力，提高了它们的生物利用度。第一个商业植酸酶是 1991 年从黑螺旋体中分离出来的，从那时起，微生物植酸酶的产量在工业规模上大幅增加。在动物饲料中使用植酸酶对于提高磷的利用率非常重要，因为单胃动物缺乏酶或适当的微生物群，因此要从饲料成分所含的植酸盐中吸收磷元素。在饲料中添加它可以提高营养化合物的利用率，改善动物的生长特性，减少环境中的无机磷，在肉鸡日粮中添加植酸酶补充剂可促进肉鸡的整体生长发育。在全植物蛋白饲粮中添加过量植酸酶可使饲粮磷含量降低 60%，池磷负荷降低 40%。

（三）β-葡聚糖酶

β-葡聚糖酶是一种非淀粉多糖降解酶。研究表明，在罗非鱼水产饲料中添加木聚糖酶和 β-葡聚糖酶（xylanase and β-glucanase，XB）可以缓解高粱含有可溶固形物的干酒糟（distillers

dried grains with solubles，DDGS）中抗营养因子的不良影响。饲粮中添加 XB 能够改善小麦
和大麦中非淀粉多糖对肉鸡胃肠道的负面影响，能够改善艾美耳球虫刺激下肉鸡生产性能参
数和脚垫皮炎，调节肠道菌群，且 Abiodun Bello 等强调了在营养充足、未添加酶的饲粮基
础上，补充植酸酶或植酸酶加木聚糖酶、β-葡聚糖酶的低营养小麦-玉米-豆粕型饲粮在饲料
成本和环境可持续性方面的潜在益处。饲粮中营养物质规格（钙、磷、代谢能和氨基酸）降
低了骨矿化程度、密度和骨折强度，增加了腹泻的发生率，在 20.3kg 体重仔猪饲粮中添加
1000FTU/kg 或 500FTU/kg 木聚糖酶和葡聚糖酶可改善这些有害影响。无壳大麦会降低肉仔
鸡的生长性能，而外源 β-葡聚糖酶能呈剂量依赖性地提高肉仔鸡的生长性能。

二、酶在洗涤剂工业中的应用

（一）脂肪酶

　　脂肪酶是一类在工业生物技术中有着广泛应用的生物催化剂，它催化甘油三酯在脂-
水界面产生甘油和脂肪酸。在众多脂肪酶种类中，微生物脂肪酶由于其出色的稳定性、区
域特异性及对多种底物的广泛适应性，被认为是能够适应恶劣工业环境的优良催化剂。与
其他化学品和合成催化剂相比，无毒和环保的脂肪酶被认为是更合适的。脂肪酶在商业洗
涤剂中的高稳定性及其非区域选择性使其成为洗涤剂配方中的理想候选物。粗脂肪酶和纯
化脂肪酶在工业洗涤剂中存在 5h 后仍保持 80%以上的活性，废食用油在纯化脂肪酶的催
化下释放出大量的脂肪酸。在 Patanjali 洗涤剂存在的情况下，桉树曲霉的纯化脂肪酶 LFS-7
的残留活性为 94.74%，纯化脂肪酶 MTS-03 的残留活性为 120.14%，MTS-03 脂肪酶具有
很强的去除汽车油渍的能力，且纯化脂肪酶与去污剂的组合可用于脂质染色的去除。
PersiLipase1 是一种强大的脂解酶，具有弹性催化活性，可以降解植物和动物来源的油性化
合物及制革厂废水中的油脂。亲热碱性脂肪酶（TA）提高了棉织物对污渍的去除能力，与
商业洗涤剂混合后，TA 保持了 90%以上的活性，强调了其在洗涤剂配方中的能力。从短
小芽孢杆菌 WSS5 分离得到的脂肪酶对广泛的温度、pH、金属离子、表面活性剂和有机溶
剂表现出稳定性，因此该酶是洗涤剂工业应用中的良好候选酶。

（二）淀粉酶

　　在工业上，淀粉酶约占世界酶市场的 30%。大约 90%用于洗碗和洗衣的液体洗涤剂含
有淀粉酶，它可以去除顽固的污渍，并将淀粉类食物残留物降解为糊精和更小的低聚糖。
乳酸类芽孢杆菌 OPSA3 碱性淀粉酶具有稳定的洗涤性能，增强了各种商用洗衣剂的洗涤
能力。以农业废弃物脱油米糠（DORB）为底物制备的 α-淀粉酶具有亲碱性、热稳定性和
洗涤剂稳定性，它对淀粉类污渍具有良好的清洁效果，与洗衣粉共同使用的洗涤性能优于
它们各自单独使用的洗涤性能。枯草杆菌 TLO3 9B 产的热碱稳定 α-淀粉酶已成功地用作
洗衣粉添加剂，并比工业洗衣粉有较好的改善。与纯洗涤剂相比，寡孢根霉 α-淀粉酶
（ROAA）与商业洗涤剂混合的织物洗涤效率较高，该酶具有较高的热稳定性，在无机盐存
在下具有最佳的活性，并且对几种表面活性剂和螯合剂具有抗性。烟曲霉 NTCC1222 粗淀
粉酶与各种市售洗涤剂配方显著相容，在洗涤剂配方的存在下，酶活性实际上得到了改善，

即使在劣质（人工硬水）水中，酶也能保持一定程度的稳定。

（三）碱性蛋白酶

碱性蛋白酶是一类蛋白质水解酶，在中性至碱性 pH 范围内表现出最大的活性。这类蛋白酶主要应用于洗涤剂行业，占其市场份额的近 1/3。藻酸盐-高岭土制备的丝氨酸碱性蛋白酶（SPSM）微球在碱性和高温条件下具有最佳的活性和稳定性，与洗衣液的相容性最好。纳米蛋白酶在 80℃时稳定且具有活性，而蛋白酶在 60℃和 pH 8.0 条件下具有活性，纳米蛋白酶增强的生物催化活性使其成为一种安全、环保的洗衣添加剂，用于满足高清洁标准。重组蛋白酶（rKNBSSP1） 与金属离子、商业洗涤剂和表面活性剂表现出出色的兼容性和稳定性，rKNBSSP1 与商业洗涤剂 Surf Excel 和表面活性剂（surface active agent）表现出的稳定性分别为（97.8±2.5）%和（96.9±2.0）%。有研究表明，寡孢根霉碱性蛋白酶（ROAP）在去除污渍方面非常有效，单独使用时对油渍的去除率达到 94%，其强调了 ROAP 作为一种有价值的洗涤剂、添加剂的潜力，特别是在处理血液和油脂等具有挑战性的蛋白质污渍方面。芽孢杆菌 SPⅡ-4 释放的蛋白酶在 pH 10.0、40℃条件下具有较好的稳定性和活性，蛋白酶与普通化学消毒剂配合使用，对含物镜片的清洁效果较好。

三、酶在有机酸工业中的应用

（一）酶在乳酸生产中的应用

乳酸（lactic acid，LA）在食品和饮料工业中被用作防腐剂、pH 调节剂和风味增强剂。LA 在食品行业中的广泛应用是基于美国食品药品监督管理局（FDA）的 GRAS（一般认为是安全的）分类。全球近 90%的 LA 生产是通过细菌发酵进行的，乳酸杆菌具有分解淀粉的 α-淀粉酶及糖化酶，能以葡萄糖、麦芽糖等为底物产生乳酸。在工业生产上有时外加酶制剂，加快淀粉水解。Hedaiatnia 等利用来源于宏基因组的双功能酶在壳聚糖-海藻酸盐/纳米纤维素水凝胶上进行固定化以促进发现壳聚糖-海藻酸盐/纳米纤维素水凝胶固定化促进乳酸生产。粪肠球菌菌株 DB-5 是一种新分离的乳酸菌，在 45℃发酵过程中，粪肠球菌 DB-5 可以有效地将约 94%的蔗糖转化为 LA。分离株 SLC45-1、SLC45-3 和 SLC45-9（肠球菌属）能够在中等嗜热条件下（45℃）使用未经处理的稻草和稻草液体水解物产生乳酸。在未经处理的稻草中添加液体水解液增强了纤维素酶的活性，诱导了乳酸的连续生成。与存在于乳酸中的细菌相比，根霉菌株的主要优势是营养需求低，淀粉物质发酵能力强，下游加工成本低。在根霉菌株中，米根霉是最有前途的乳酸合成微生物之一。枣果渣（DFP）是一种潜在的乳酸发酵原料，发酵过程中 pH 保持在 6.2 时，利用 Cellic CTec2 酶从渣中释放糖，乳酸产率提高 56.34%。两株乳酸菌的共培养已被证明具有较高的乳酸滴度和生产力，如植物乳酸杆菌 TSKKU P-8 和短乳酸杆菌 CHKKU N-6 通过预水解和同步糖化发酵（SScF）工艺，将蔗渣（bagasse）中的纤维素和木聚糖转化为乳酸（LA），LA 产率为 91.9g/L，体积产率为 0.85g/（L·h）。

（二）酶在柠檬酸生产中的应用

柠檬酸（citric acid，CA）是一种普遍存在的代谢中间产物，几乎在所有植物和动物中都能找到 CA 的踪迹，且广泛应用于食品（70%）、制药（12%）和其他（18%）行业。CA 的标准工业微生物生产涉及使用黑曲霉丝状真菌，这是最有效的 CA 生产者，黑曲霉具有水解淀粉的酶，其中主要为 α-淀粉酶及葡萄糖淀粉酶（又称糖化酶）。研究表明，两种椰枣品种 MECH DEGLA 和 GHARS 都可以作为培养基中黑曲霉生产 CA 的底物，且在初始 pH 为 3.0、温度为 30℃、培养时间为 8d 时 CA 产量最高，当两种培养基中甲醇含量均为 4% 时，CA 产量最大。黑曲霉 LPB B6-CCT 7717 突变体在 72h 后产生了高滴度的 CA（978.52g/kg），超过了当时报道的最高 CA 产量。利用酒糟和乙醇作为甘蔗渣颗粒的浸渍液生产 CA 是有效的，在理想的间歇时间下，黑曲霉和里氏木霉联合固态培养可以获得较高的产量。与重复分批发酵过程中自由细胞产生的 CA 量相比，固定化解脂耶氏酵母增加了 CA 的产量。以葡萄糖和甘油双碳源为合成介质，以解脂耶氏酵母 CGMCC 2.1506 为原料生产 CA，该方法使得用木质纤维素衍生培养基的解脂耶氏酵母产生了最高浓度的 CA。

（三）酶在衣康酸生产中的应用

衣康酸（itaconic acid，IA）是一种不饱和二羧酸，尽管它在需求量上远不及柠檬酸和乳酸，然而它在工业应用中扮演着举足轻重的角色，是合成树脂、纤维、塑料及螯合剂不可或缺的原料或重要辅助成分。生产 IA 的微生物种类繁多，但具有显著工业生产价值的主要集中在土曲霉和衣康酸曲霉这两种微生物上。IA 的产生途径依赖于柠檬酸经乌头酶（Acn）转化为中间产物顺式乌头酸（CAA），最后经顺式乌头酸脱羧酶（cadA）转化为 IA。有研究表明，大肠杆菌、谷氨酸棒状杆菌、酿酒酵母和解脂耶氏酵母等非本地宿主通过引入关键酶进行 IA 的基因工程生产。利用工程大肠杆菌进行体外全细胞生物转化已成为一种新兴的高水平 IA 生产策略，有研究利用整合了 GroELS 的大肠杆菌 Lemo21（DE3）染色体成功构建了一种强大的生物催化剂。该菌株通过调整三个关键部分：GroELS 辅助、在 −80℃ 下冷处理 24h 和在富集培养基上播种策略，可达到 98.17g/L 的最终 IA 滴度。为了在不解毒的情况下从木质纤维素生物质中生产 IA，优化谷氨酰胺合成 IA 的 cadA 基因在谷氨酰胺中的表达，消除寄主菌株的副产物形成途径，提高 IA 产量，除了 cadA 基因或 Irg1 基因的顺式途径外，还可以在谷氨酸棒状杆菌中通过 Adi1 酶和 Tad1 基因表达反式途径，使得 IA 产量高于 Irg1 基因，其最终滴度为 12.25g/L。目前研究表明，在工程谷氨酰胺中，反式途径比顺式途径更容易产生 IA。

四、酶在纺织、造纸、皮革工业中的应用

（一）酶在纺织工业中的应用

酶在纺织加工中被用作生物催化剂，淀粉酶可以帮助去除杂质和淀粉；葡萄糖氧化酶、漆酶和纤维素酶促进纤维漂白；漆酶如平菇酶、墨脱菌酶因其独特的催化活性，在天然或化学前体染色方面显示出广泛的应用潜力。纤维的提取通常采用化学和机械的方法，但该方法会导致纤维的损坏，影响纤维的质量。黑曲霉能合成工业上适用的酶并能软化香蕉假茎纤维表面的真菌。经黑曲霉分离的纤维素酶、果胶酶处理 4h 的香蕉假茎纤维具有较好的力学性能和柔软性，而未经处理的纤维由于黏结剂的沉积，表面粗糙、不规则。纤维素酶

处理可改善抗菌提取物的表面性能和吸附性能，从而提高香蕉织物的抗菌性能。脱油米糠（DORB）制备的 α-淀粉酶减重或退浆率约为 17.34%，因此其作为纺织品退浆剂具有巨大潜力。从纺织厂废水中成功分离出念珠菌，提取的果胶酶被用于棉花的预处理，即生物洗涤，它有助于增加棉织物的吸收性，使其适合进一步着色。使用传统和生物洗涤的染色织物的颜色值相当，与传统精炼工艺相比，生物精炼工艺的出水负荷较低。纺织废水，特别是含有有毒染料的废水，在排放到环境中之前必须经过适当处理，如过氧化物酶、漆酶和偶氮还原酶能将染料分子分解成危害较小的物质，它们可能是一种潜在的脱色剂，可取代大多数其他昂贵的纺织废水处理方法。

（二）酶在造纸工业中的应用

纸浆和造纸工业（PPI）是全球经济的主要支柱之一，但其高能耗、污染和排放，因而迫切需要转型。各种类型的酶在提高纸浆性能、降低能耗、减少污染等方面发挥着至关重要的作用，有利于清洁和可持续发展。造纸过程中的热干燥过程是纸浆和造纸工业中所有单位操作中能耗最高的。在造纸过程中引入酶，可以增强脱水，缩短干燥时间，提高纸制品的整体质量。由于对温室气体排放和水土污染的担忧，许多国家限制甚至禁止造纸厂污泥的填埋。可通过酶和均质处理的结合，建立一种从纸厂污泥（PMS）制备纤维素纳米纤维（CNF）的新型综合方法：从 PMS 现场生成的粗酶对 PMS 到 CNF 的纤维化表现出与商业酶相当的性能，酶预处理的 CNF 表现出更好的热稳定性和更低的能量消耗。菌株卧螺节杆菌 TDS9 能够利用纸浆生产过程中产生的造纸厂废弃物（初级污泥），具有较高的纤维素利用率和还原糖收得率。有研究提出废纸纸浆的可持续再利用途径：利用矮秆芽孢杆菌分离木聚糖酶处理废纸纸浆对木糖的生产有显著的效果，木糖可用于生产木糖醇等各种增值产品。在化学和酶处理的情况下，脱墨后的纸张质量几乎相同，但考虑到化学物质对自然和人类消费的有害影响，酶处理比化学处理更重要。相关研究表明，通过从枯草杆菌中分离纤维素-木聚糖水解酶观察到，与化学脱墨能力相比，酶脱墨效率（74.3%）有所提高。

（三）酶在皮革工业中的应用

酶制剂应用于皮革的生产和研究始于 20 世纪 70 年代，利用蛋白酶的水解作用达到脱毛目的。蛋白酶可以通过水解反应断裂蛋白质分子内部的肽键，导致蛋白质失去原有的空间构象和活性。因此，蛋白酶能够破坏表皮生发层和毛鞘的细胞组织，从而削弱毛、表皮和真皮粒面层之间的关系。黄曲霉和枯草杆菌产生的蛋白酶在碱性 pH 范围内具有最佳活性和稳定性，这一特性使它们更适合以可持续和绿色的方式应用于脱毛。使用微生物蛋白酶作为硫化钙脱毛的替代品，减少了硫化钙对环境的总污染负荷，也有助于提高皮革质量。固定化枯草杆菌蛋白酶（subtilisin Carlsberg，SC）的热稳定性高于游离 SC，固定化酶在70℃下保持 50% 的初始活性（4h），采用 SC 法对皮革皮肤进行酶解脱毛，作为一种替代的生态脱毛工艺。与化学方法相比，获得了更柔软、更光滑的皮肤表面。皮革工业每年产生大量的废物，角蛋白是这种废物的主要成分，不易降解，一些细菌如铜绿假单胞菌 YK17合成的角化蛋白酶可用于降解皮革工业中顽固的角蛋白废物和化学脱毛，从而防止环境污染。枯草杆菌 ZMS-2 碱性丝氨酸蛋白酶在 60℃和 pH 8 条件下活性最佳，已成功地在中试规模上应用于皮革的软化剂，其在皮革加工中作为发胶剂具有较大潜力。胰蛋白酶在牛皮加工中用于去除非胶原蛋白，但由于胰蛋白酶对牛皮表面的蛋白质水解作用快，穿透整个牛皮的速度慢，容易损伤牛皮表面，降低皮革质量。用胰蛋白酶-大豆粉混合物发酵，避免了胰蛋白酶对皮革表面的损伤，改善了皮革胶原纤维的分散均匀性，提高了皮革的柔软度和机械强度。

第五节　酶在环保及能源开发领域中的应用

酶作为一种高效的生物催化剂，因其具有高效性、专一性、环境友好性及温和性等诸多优势，在环保及能源开发领域正逐渐展现出其不可或缺的价值。在环保领域，酶的应用降低了环境修复与监测的成本，同时避免了传统环境修复与监测方法易产生二次污染的问题。此外，环境修复过程中产生的生物能还可用于能源回收，实现资源循环利用。而在能源开发领域，酶的应用实现了生物质能源的高效转化，以酶作为催化剂的生物燃料电池也为能源储存与转换提供了新的途径。因此，深入研究酶在环保及能源开发领域的应用，对实现环境的可持续发展和能源的绿色利用意义非凡。本节将从废水处理、土壤修复、环境监测与评价这三个方面介绍酶在环保领域中的应用，并从生物乙醇、生物柴油、氢气及生物燃料电池的生产方面来阐述酶在能源开发领域中的应用。

一、酶在废水处理中的应用

废水处理是一个极其复杂的过程，其中涉及多种污染物的去除与转化，且不同类型的废水因为来源与产生过程各异而具有不同的污染物。工业废水一般来源于生产过程中产生的废液，所包含的污染物种类比较丰富，主要包含重金属、有机溶剂、油脂、染料等多种组分。生活污水（市政污水），因为其来源于人们的日常生活，所包含的污染物组分相对简单，主要包括有机物、氮、磷等营养元素及少量的细菌和病毒等微生物。酶作为一种高效的生物催化剂，针对不同类型的废水，不同的污染物组分，选择适宜的酶，可以有效降解污染物。此外，酶法处理的反应条件温和，常温常压下即可进行，处理成本不高，已经成为废水资源化、无害化的重要途径之一。

（一）酶在生物降解有机物中的应用

有机污染物是废水中的常见污染物，主要包括油脂、蛋白质及合成有机物（如染料、农药等），广泛存在于工业废水、生活污水及农业废水中。

油脂是餐饮行业、肉类加工厂、乳制品厂、炼油厂等所排放废水中的主要成分，若排放处理不当的含油废水，会在水面形成油膜，降低水体中的溶解氧，阻碍光线渗透，破坏水生生态系统平衡。废水中的油脂也有可能堵塞管道，增加维护成本。脂肪酶处理含油废水的形式主要有三种：由可分泌胞外脂肪酶的菌株进行全细胞生物催化、使用粗脂肪酶制剂及固定化脂肪酶。铜绿假单胞菌 VSJK R-9、橘青霉 URM 4216、米根霉 CCT3759 等可分泌胞外脂肪酶的菌株已在实验室研究中得到验证，具有较好的去油效果，但实际应用仍需进一步优化。由于纯化脂肪酶的价格昂贵，在实际生产中的应用成本也相应较高，因此粗脂肪酶制剂的应用也顺势而生。Vijay 等利用从南极土壤周围分离出的高产脂肪酶的不动杆菌 Ant12 制备粗脂肪酶，并应用于废食用油处理，在 24h 后降解了 73.7%的脂质。但粗脂肪酶与全细胞生物催化都具有稳定性低的应用局限，因此，实际应用中会将酶固定在合适的介质上，进而提高酶的稳定性。Abir 等将嗜热脂肪芽孢杆菌所分泌的脂肪酶固定在 $CaCO_3$ 上，与游离的脂肪酶一同应用于橄榄油废液的处理，结果表明，相较于游离脂肪酶，固定化脂肪酶具有更好的储存稳定性和热稳定性，也具有更好的去油效果。

染料是印染工艺、纺织工业等所排放废水中的主要成分，其中最常用的染料包括偶氮染料、蒽醌染料及三苯甲烷。染料废水的排放，同样会降低水体的透明度，阻碍光线渗透，降低水体中的溶解氧，危害水生生物生存。部分染料是芳香胺合成染料，具有致癌性和致突变性。酶法处理染料废水涉及的酶包括：偶氮还原酶、过氧化物酶、漆酶和苯酚氧化酶等。其中偶氮还原酶只能特异性降解偶氮染料，在降解过程中还需要如 NADH2 和 FADH2 等辅因子的帮助，过氧化物酶只能在过氧化氢存在的条件下降解合成染料。漆酶的底物特异性低，但在实际应用中，只有在有效固定后才能发挥显著的催化作用。将漆酶固定在壳聚糖水凝胶上，利用壳聚糖吸附能力与酶的催化性能之间的协同作用，显著提高了亚甲蓝、溴酚蓝及考马斯亮蓝这三种染料的去除率。

（二）酶在脱氮除磷中的应用

氮元素主要以氨氮、硝态氮及有机氮的形式存在于废水中，是市政污水、工业废水和养殖废水等的主要成分，含氮废水若处理不当，排放后会导致水体富营养化，消耗水体中的溶解氧，破坏水生生态环境。而在缺氧条件下，过量的有机氮会转化为亚硝酸盐和氨氮，通过生物累积危害人类的健康，增加患癌风险。生物脱氮包括硝化与反硝化两个主要过程。硝化过程包括氨氧化与亚硝酸盐氧化，由不同微生物使用不同的酶完成该步骤。氨氧化是氨氧化细菌（AOB）在氨单加氧酶（AMO）及羟胺氧化还原酶（HAO）的作用下，将氨转化为亚硝酸盐；亚硝酸盐氧化是转化后的亚硝酸盐由亚硝酸盐氧化细菌（NOB）在亚硝酸氧化还原酶（NXR）的作用下，转化为硝酸盐。反硝化就是将硝酸盐还原为氮气的过程。硝酸盐首先被膜结合型硝酸还原酶（NAR）和/或周质型硝酸还原酶（NAP）催化为亚硝酸盐，之后进行逐步转化，经由亚硝酸还原酶（NiR）转换为一氧化氮，再由一氧化氮还原酶（NOR）转化为一氧化二氮，最后由一氧化二氮还原酶（NOS）转化为氮气。

磷元素在废水中主要以无机磷和有机磷的形式存在，是生活污水和工业污水的主要成分，含磷废水若处理不当，排放后同样会导致水体富营养化。酶法除磷的主要对象是废水中的有机磷，通过磷酸酶将有机磷催化为无机磷，与钙和其他盐形成不溶性化合物，沉淀后将其去除。

（三）酶在污泥减量中的应用

活性污泥法被广泛应用于城市生活污水的处理中，但活性污泥法会产生大量的剩余污泥，对其进行污泥无害化处理，成了环境领域中的一个新的难题。对剩余污泥的处理需要投入很高的成本，约占环境处理总成本的一半，因此有必要通过污泥减量技术，有效减少产生的污泥体积，从而降低废活性污泥的处理成本。厌氧发酵是最为典型的污泥回收方法，厌氧发酵涉及一系列步骤，包括水解、产酸（发酵）、产乙酰和产甲烷，由于废活性污泥中具有复杂的絮凝结构，厌氧发酵中的水解步骤就成了限速步骤。而酶在污泥减量中发挥的主要作用就是对污泥进行预处理，降解废活性污泥中的生物大分子，提高废活性污泥的可生化性与脱水性，有利于后续的处理。有研究结果表明，α-淀粉酶和中性蛋白酶在废活性污泥预处理中最低活性污泥的脱水性指标分别达到 68.67% 和 69.82%。

二、酶在土壤修复中的应用

随着工业化和城市化及农业的不断发展与精细化，土壤污染问题日益凸显，成为制约可持续发展的重大环境挑战之一。土壤污染不仅威胁着生态系统的健康与安全，也直接关联到人类的食品安全和生存环境。传统的土壤修复方法，如物理修复、化学修复等，虽然在一定程度上能够降低土壤污染物的浓度，但往往存在成本高、周期长、对土壤生态系统影响大等问题。相较于传统的物理和化学修复方法，酶修复技术具有高效性、特异性、环境友好性等诸多优势。首先，酶能够特异性地作用于污染物，实现高效降解和转化；其次，酶法修复通常在常温常压下进行，不需要额外添加化学药剂，避免了传统化学修复方法中可能带来的二次污染问题。此外，酶修复过程不会破坏土壤结构，有利于保持土壤肥力和生物多样性。

（一）石油烃类污染物的酶修复

石油烃类污染物是土壤污染中常见的一类有机污染物，主要来源于石油泄漏、炼油废水排放等。这类污染物具有难降解、易积累的特点，一旦其到达土壤表面，往往会黏附在土壤颗粒或植被根部，经过生物积累，危害人类健康。Aguilera 等从蓖麻籽粉末中提取脂肪酶，并在优化条件下对土壤中的废弃润滑油进行降解，降解率高达 94.26%。Indo 等将橙子皮与西瓜皮分别发酵 90d 后，在各自的提取液中鉴定出蛋白酶、过氧化氢酶、脂肪酶和淀粉酶，随后将提取液用于降解土壤中的废弃机油，结果表明二者均有较好的机油去除效果。

（二）有机农药污染土壤的酶修复

随着农业的不断发展与精细化，有机农药（杀虫剂、抗菌剂、除草剂）被广泛应用于农业生产实践中，以杀死、驱除、预防害虫，提高农作物产量与农业劳动效率。但长期使用甚至过量使用有机农药，使大量未被利用的农药残留通过农药的挥发、淋溶等过程在土壤、水体中不断积累，反而会危害农作物生长，造成食品安全隐患，农药残留最终通过生物积累而危害人类健康。例如，磺酰脲类除草剂使用不当，致使经济作物产量严重下降、十字花科植物（常见于花椰菜）雄性不育；邻苯二甲酸酯（PAE，杀虫剂中的添加剂）已被公认为是内分泌干扰化学物质（EDC），可干扰动物和人类的生理内分泌功能，人类接触PAE 经常导致内分泌失调、发育和生殖功能障碍及其他不良反应。有研究表明，羧酸酯酶和脂肪酶可以将邻苯二甲酸酯降解为邻苯二甲酸（PA），但漆酶和过氧化物酶对邻苯二甲酸酯的降解效果并不理想。而羧酸酯酶同样适用于降解磺酰脲类除草剂的残留有机污染物，其能够催化氯嘧磺隆-乙基的脱酯反应，从而达到降解磺酰脲类除草剂的目的。

三、酶在环境监测与评价中的应用

环境监测与评价是保护环境、实现可持续发展的关键环节。相较于传统的环境监测与评价方法，酶的应用具有显著优势。传统方法往往依赖于复杂的仪器设备和烦琐的操作流程，不仅成本高昂，而且检测周期较长。而酶检测方法则更加简便快捷，具有高灵敏度和高特异性，能够准确识别并定量检测各种污染物，为环境评价提供更为准确的数据支持。此外，酶检测方法还具有环保和可持续性的优势。由于酶是生物催化剂，其催化过程通常不会产生有害物质，减少二次污染。同时，酶还可以通过生物合成或基因工程手段进行大规模生产，以满足环境监测与评价的需求，具有良好的可持续性。

（一）β-葡萄糖醛酸酶

β-葡萄糖醛酸酶在 94%～96% 的大肠杆菌中表达，因此通过测定 β-葡萄糖醛酸酶的活性，可以检测大肠杆菌等指示微生物的污染情况，从而评估水体的卫生状况。β-葡萄糖醛酸酶的活性检测原理是通过检测其催化反应中底物或产物的变化来反映酶活性，其检测方法包括比色法、荧光法及电化学法等。

比色法即不同显色底物被 β-葡萄糖醛酸酶催化后，会产生不同可见特征性信号。例如，3-吲哚基-β-D-葡糖苷酸环己胺盐（IBDG）被 β-葡萄糖醛酸酶催化裂解后，释放出水不溶性蓝靛苷元，在 450nm 处具有最大紫外吸收光，根据吸光值换算出 β-葡萄糖醛酸酶活性。有研究表明，利用 IBDG 可在短时间内检测沿海海水中大肠杆菌含量，其结果与标准培养计数法测定大肠杆菌含量无显著差异，说明比色法具有很好的检测效果。4-硝基苯基-D-吡喃葡糖苷（PNPG）、5-溴-4-氯-3-吲哚-β-D-葡萄糖苷酸环己胺盐（X-Gluc）及荧光底物 4-甲基伞形酮-β-D-葡萄糖醛酸苷（MUG）经 β-葡萄糖醛酸酶催化水解后，相应释放对硝基苯酚、二聚靛蓝衍生物及 4-甲基伞形酮（4-MU），三者在合适的光照下会呈现不同的颜色。将 PNPG、X-Gluc 与 MUG 应用于壳聚糖水凝胶比色传感器中，检测大肠杆菌含量，结合三种不同的显色底物应用，减少了检测结果的假阳性。

荧光法即底物经过 β-葡萄糖醛酸酶水解后的产物具有自发荧光，以此反映酶活性。前文提及的 MUG 是目前常用的荧光底物。《生活饮用水标准检验方法》（GB/T 5750—2023）中就规定了以 MUG 为底物的酶底物法检测大肠杆菌，大肠杆菌在选择性培养基上可以产生 β-半乳糖苷酶，水解色原底物释放色原体，使培养基呈现颜色变化并产生 β-葡萄糖醛酸酶，特异性水解 MUG，在紫外线下产生特征性荧光。

电化学法利用电化学探针或电极检测酶反应过程中产生的电化学信号，如电流、电位等，通过分析这些信号的变化可以计算酶的活性。相较于前文所述的比色法及荧光法，电化学法具有简单易行、灵敏度高、便于携带等显著优势。8-喹啉基-β-D-吡喃葡糖苷酸（8-HQG）或 8-羟基喹啉基-β-D-吡喃葡萄糖醛酸钠盐（8-HQG-SS），经 β-葡萄糖醛酸酶水解后的产物 8-羟基喹啉（8-HQ）具有电活性，被广泛应用于电化学法检测大肠杆菌研究中。以 8-HQG-SS 为底物构建低成本恒电位仪，通过添加甲基-β-D-葡萄糖醛酸钠诱导产生 β-葡萄糖醛酸酶，促进了底物裂解为电活性化合物 8-羟基喹啉。使用循环伏安法在恒电位仪的工作电极上进一步氧化该裂解产物。将酶活性转化为特定电压范围（400～600mV）下获得的电流输出信号。

（二）脲酶

脲酶是一种广泛存在于土壤中的酶，对土壤重金属污染具有敏感性。当土壤受到重金属污染时，脲酶的活性会受到抑制。因此，通过检测土壤中脲酶的活性变化，可以间接评估土壤重金属的污染程度。Li 等基于对 pH 具有高度敏感性的反蛋白石聚合物光子晶体（IOPC）与脲酶，构建了检测痕量汞离子的方法。将 IOPC 浸入尿素溶液中，呈现亮绿色，随着脲酶的添加，水解尿素产生 NH_4^+ 和 HCO_3^-，此时溶液的 pH 增加，IOPC 通过布拉格衍射波长红移快速接收信号，但脲酶和汞离子一同加入时，尿素水解受到汞离子的抑制，导致 IOPC 的颜色变化很小甚至没有变化，通过测定 IOPC 的红移，定量检测汞离子的浓度。同理，Liu 等将同样对 pH 具有高度敏感性的胆固醇液晶光子水凝胶薄膜与脲酶相结合，也具有良好的汞离子检测效果。

四、酶在能源开发领域中的应用

能源作为现代社会的基石，在推动经济增长、科技进步和人类社会持续发展中起重要作用。然而，随着全球能源需求的不断增长及传统化石能源的日益枯竭，能源开发正面临着前所未有的挑战。传统化石能源的开采和使用不仅导致资源紧张，更引发了严重的环境问题，如温室气体排放、空气污染和生态破坏等。因此，开发清洁、高效、可持续的新能源已成为全球性的迫切需求。

在能源开发的众多领域中，酶技术凭借其独特的优势和潜力，正逐渐展现出其不可或缺的价值。酶作为一种生物催化剂，具有高效、专一、条件温和等特点，在能源生产、转化和利用过程中发挥重要作用。从生物乙醇生产、生物柴油生产、氢气生产，再到生物燃料电池生产，酶技术都有着广泛的应用前景。

（一）酶在生物乙醇生产中的应用

生物乙醇作为一种清洁、可再生的能源，正逐渐成为全球能源结构转型的焦点。酶技术凭借其高效、环保和条件温和的特性，发挥着不可或缺的作用。富含淀粉或纤维素的原料如小麦、玉米等，是生物乙醇生产的主要来源之一。

在生物乙醇的生产流程中，酶技术发挥着核心作用。首先，通过 α-淀粉酶在高温（85～105℃）下将淀粉降解为糊精，随后糊精在糖化酶的作用下完全水解为葡萄糖，这一过程为后续的酵母发酵提供了充足的碳源，从而实现了乙醇的高效产出。然而，面对纤维素的复杂结构和高稳定性，酶技术同样展现出了其独特的优势。在同步糖化发酵（SSF）过程中，纤维素和半纤维素可以通过纤维素酶和半纤维素酶（如木聚糖酶）进一步酶解转化为可发酵糖（戊糖和己糖）。与传统的酸水解相比，酶水解不仅反应条件更为温和，对设备的要求也相对较低，而且副产品少、糖化率高，对环境友好。典型的纤维素酶体系包括内切葡聚糖酶、外切葡聚糖酶和 β-葡萄糖苷酶，它们协同作用以高效降解纤维素。同样，木聚糖酶体系也包含了多种酶类，如 β-木糖苷酶、内切木聚糖酶等，它们共同作用于半纤维素，使其转化为可发酵糖。

近年来，多糖单加氧酶（PMO）的研究也取得了显著进展，这种酶不同于传统的水解酶，但可以与它们协同作用或提高其活性。例如，将 Tascus aurantiacus GH61A（TaGH61A）与纤维素二糖脱氢酶结合使用，可以显著提高纤维素的水解效率，从而增加生物乙醇的产量。为了进一步提高生物乙醇的产量和效率，研究者对酶技术进行了优化，从绿色木霉中纯化的 7 种纤维素酶的混合物，可以显著提高玉米秸秆的水解率，使糖的产量达到粗混合物的 2 倍以上。这些成果展示了酶混合物在改善水解效率方面的巨大潜力，并且随着酶技术的持续优化，其在推动能源可持续发展方面的作用将日益显著。

（二）酶在生物柴油生产中的应用

生物柴油作为一种环境友好型生物燃料，以其可生物降解、无硫、含氧和无毒的特性，逐渐成为传统石油柴油的潜在替代品，并受到了广泛关注。在生物柴油的生产过程中，脂肪酶在有机溶剂中展现出高活性和广泛的反应选择性，这使其成为生物柴油生产中的理想生物催化剂。其中，源自南极假丝酵母（Candida antarctica）的脂肪酶因其具有高效催化油脂与酰基受体之间酰基转移反应的能力，已成为生物柴油生产中应用最广泛的生物催化剂。

除南极假丝酵母脂肪酶外，基因工程技术也为脂肪酶的生产和生物柴油的生产效率带来了显著的进步。Damanjeet Kaur 等研究者通过基因工程技术，成功将来源于枯草杆菌的碱性脂肪酶（alkaline lipase）基因插入 pJN105 载体中，并在假单胞杆菌中表达，构建了一个高效生产脂肪酶的重组假单胞杆菌菌株。与原始菌株相比，这个重组菌株中的脂肪酶产量提高了约 15 倍，这是一个非常显著的进步，有助于提高工业生物柴油的生产效率。此外，Zheng 等研究者也通过基因工程技术，将来自嗜热真菌的脂肪酶和来自小球藻的脂肪酸光脱羧酶共表达在大肠杆菌中，构建了一种能够高效生产烷烃基生物柴油的工程菌株。这种新型生物柴油相比传统产品具有更高的比热值，展示了其在可再生能源领域的巨大潜力和应用价值。

Arumugam 等研究了以沙丁鱼油为原料，利用脂肪酶催化生产生物柴油的方法，他们对所使用的生物制品在柴油机上进行了试验，结果显示，该方法不仅具有较高的生物柴油产量，而且产出的生物柴油符合法规标准。尽管游离态脂肪酶具有显著优势，但其对反应介质的敏感性和较低的操作稳定性限制了其在大规模生产中的应用。为了克服这些问题，研究者探索了固定化技术，该技术通过增强酶的活性和选择性，提高对抑制剂的抗性，并允许生物催化剂从反应介质中快速回收，从而显著降低了总操作成本。在固定化脂肪酶的研究中，Giraldo 等发现，与游离脂肪酶相比，正确固定化的生物催化剂在酶促酯交换反应中表现出更高的转化率，这一发现为生物柴油的生产提供了新方向。Xie 等则开发了一种磁性可回收的固定化脂肪酶，这种生物催化剂在外加磁场作用下可以快速回收，并可以重复使用 5 次而不损失其催化活性，其转化率高达 92.8%，展示了固定化技术在生物柴油生产中的巨大潜力。Suarez 等则研究了以鱼油为底物的酯交换反应中酶的再利用情况，他们评估了三种不同的脂肪酶在乙醇中的性能，发现 Novozym 435 在此过程中表现尤为出色，转化率达到 82.91%。更值得一提的是，该生物催化剂可重复使用多达 10 个连续循环，且活性损失仅为 16%，进一步证明了固定化酶在生物柴油生产中的稳定性和经济性。

固定化技术在提高脂肪酶在生物柴油生产中的活性和稳定性方面发挥了重要作用，随着研究的深入，未来将有更多高效、稳定、环保的生物催化剂被开发出来，为生物柴油的生产提供更加可靠的技术支持。

（三）酶在氢气生产中的应用

氢作为一种清洁燃料，其能量密度极高，远超甲烷和天然气等碳基能源，约为后者的两倍以上。其独特的优势在于，当氢在燃料电池中转化为电能或直接燃烧时，唯一的副产品仅为水，不会产生任何有害的碳产品，因此在推动能源转型和环境保护方面具有重大意义。

在氢气生产领域，一种前沿且环保的方法是借助特定的微生物和它们所含的氢化酶。这些微生物能在无氧或低氧环境下，高效地将生物质或其他有机物质转化为氢气。氢化酶作为一类广泛存在的金属酶，不仅具备催化质子和电子产氢的能力，还能催化分子氢氧化为质子的逆反应，从而在维持细胞内的氧化还原平衡中发挥着关键作用。

氢化酶根据活性位点内金属离子的不同，主要可分为 [Fe] 氢化酶、[NiFe] 氢化酶和 [FeFe] 氢化酶（也称为 Hmd）。然而，氢化酶的一个显著挑战在于其对氧气的敏感性，尤其是藻类中的 [FeFe] 氢化酶，这限制了其在工业生产中的直接应用。

为了克服这一挑战，科研人员通过深入研究氢化酶的结构和催化机制，成功模拟了其活性中心，通过一氧化碳和氰基连接形成铁簇复合物替代自然结构，并将其整合到具有催化潜力的基础蛋白质中，与未激活的生物酶结合，制成半合成氢化酶。这种半合成人工氢化酶在氢气生产领域展现出了巨大的潜力。它不仅继承了天然氢化酶的高效催化性能，还通过人为的设计和优化，克服了对氧气的敏感性。更重要的是，半合成氢化酶的制备过程中无须使用贵金属催化剂，显著降低了生产成本。因此，应用生物技术通过半合成氢化酶催化手段制备氢气，在节能、环保和经济效益方面均展现出显著优势，为氢能的可持续发展提供了有力的技术支持。

（四）酶在生物燃料电池中的应用

生物燃料电池（EBFC）在可持续能源领域的应用，无疑是一项引人注目的进步。作为一种前沿的清洁能源技术，EBFC 巧妙地利用酶促反应，将生物可再生燃料中的化学能直接转化为电能，同时实现零二氧化碳排放，这完全符合了当前全球对绿色、环保电力生产方式的迫切追求。

EBFC 的核心在于氧化还原酶的高效催化作用。这些生物催化剂不仅高效且具有高度的选择性，能在温和的条件下促进燃料和氧化剂的氧化还原反应。相较于传统燃料电池中昂贵且稀有的铂基催化剂，酶展现了更高的特异性和生物相容性，这不仅降低了制造成本，还简化了电极的组装过程，无须使用额外的膜和贵金属。

在 EBFC 中，生物燃料如葡萄糖在生物阳极被特定的酶（如葡萄糖氧化酶）催化氧化，而生物氧化剂如氧气则在生物阴极被另一种酶（如过氧化氢还原酶）催化还原。这一酶促反应过程产生的电子和质子，通过外部电路和电解质形成稳定的电流，实现了化学能向电能的直接转化。

　　近年来，纳米技术的飞速发展为 EBFC 带来了新的发展机遇。研究者通过开发多种新型纳米复合载体，有效固定酶并显著提升了其生物电催化性能。例如，Pakzad 等设计的 Co_3O_4 纳米棒负载在掺杂铈的多孔 $g-C_3N_4$ 纳米片上的高效电催化剂，为超级电容器设计提供了新的思路。同样，Ruma Perveen 等利用磁性氧化铁（Fe_3O_4）、碳纳米管（CNT）、金纳米颗粒（Au）和导电聚合物聚吡咯（PPy）构建的复合载体，极大提升了葡萄糖氧化酶（GOD）对葡萄糖的催化氧化效率，进而增强了 EBFC 的电化学性能和功率输出。

　　尽管 EBFC 的电压输出通常低于商用电池，但其能量密度却能达到近 300Wh/kg，远超可充电锂离子电池的 150Wh/kg。这一优势使得 EBFC 在植入式医疗设备、可穿戴设备等领域展现出巨大的应用潜力，尤其是在对体积、重量和续航有严格要求的场景中。

　　酶在生物燃料电池中的应用不仅推动了可持续能源领域的发展，也为生物医学、可穿戴设备等领域提供了可靠的能源支持。随着研究的深入和技术的不断进步，EBFC 将在未来能源领域中扮演更加重要的角色。

第六节　酶在分子生物技术研究领域中的应用

　　酶因其专一性强、反应条件温和及催化效率高，极大地推动了基因工程、蛋白质组学、DNA 克隆与测序等分子生物学技术的发展，从 DNA 的切割、连接与修饰，到 PCR 扩增中的模板链分离，酶都是不可或缺的工具。本节将全面解析酶在分子生物技术研究领域的深度应用，以展现其在生命科学领域的巨大潜力与广阔前景。

一、酶在基因重组中的应用

（一）限制性内切酶

　　限制性内切酶（restriction enzyme）是一种特异性识别、切割特定外来 DNA 序列的 3′,5′-磷酸二酯键，并保护自身核酸序列免受损伤的酶系。通常根据限制性内切酶的亚基组成、酶切位点等因素分为Ⅰ型、Ⅱ型、Ⅲ型三大类，其中Ⅱ型限制性内切酶可以识别并修饰双链 DNA，进行准确定点切割，这是基因重组中最常用的工具酶之一。

　　分子生物学技术在微生物和动物实验中广泛应用，其中瞬时表达系统为植物生物工程研究中的分子育种领域注入新的活力。设计植物中合成新的 5′和 3′非翻译区（UTR），利用区域中不同组合调节瞬时表达重组蛋白，开发新的表达载体（pHRE），驯化 pHRE 用于Ⅱ型限制性内切酶，可以实现更快速克隆及直接评估 UTR 不同组合。循环肿瘤 DNA（ctDNA）是凋亡肿瘤细胞产生的 DNA 片段，目前对 ctDNA 的分析尚不能确定疾病信息。通过设计限制性内切酶与 DNA 聚合酶协同作用引发核酸链置换扩增，结合高效液相色谱技术进行多个 ctDNA 中单核酸多态性的检测，能够实现癌症早期的筛查与监测，并已在肺癌或乳腺癌患者血清中得到有效应用。

（二）DNA 连接酶

　　DNA 连接酶（DNA ligase）也是基因工程最主要的工具酶之一，通过黏合限制性内切酶切割的磷酸二酯键来连接双链 DNA 的 3′-OH 端与 5′磷酸化末端，进行 DNA 的修复与重组。大肠杆菌中的 DNA 连接酶可以催化双链 DNA 相邻黏性末端磷酸二酯键的形成，但在常规条件下，不能进行平末端双链 DNA 的连接。T₄ DNA 连接酶来自感染 T₄ 噬菌体的大肠杆菌，该酶不仅连接黏性末端和平末端，还可以修复双链 DNA、RNA 或者 DNA/RNA 杂合分子之间的缺口。

非同源末端连接（NHEJ）可以修复脊椎动物 DNA 双链断裂（DBS），实现断裂末端重新连接，但无法立即重新连接，易产生错配。Stinson 等通过确定 DNA 末端短程突触复合体中 NHEJ 特异性 DNA 连接酶Ⅳ（Lig4）结构的相互作用，进行双链 DNA 修复实验，分析结果表明单个 Lig4 可以瞬间结合 DNA 两端，并提高 NHEJ 保真度。此外，DNA 连接酶也常用于组成 DNA 纳米结构的分子克隆 Golden Gate 技术中，在"一锅"酶促反应中提高组装 DNA 纳米结构效率，Ⅱ型限制酶的切割可以得到黏性末端，通过 DNA 连接酶连接增强黏性末端内聚力，从而进行高阶纳米结构的分层组装。

二、酶在基因编辑中的应用

（一）Cas 酶

Cas 酶起源于细菌免疫系统——CRISPR/Cas 系统，是一种 DNA 特异性核酸内切酶。CRISPR/Cas 系统根据不同 Cas 酶的类型可分为两大类，即Ⅰ类和Ⅱ类，共六大类型。Ⅰ类系统利用多亚基 crRNA-Cas 蛋白效应复合物，包括Ⅰ型、Ⅲ型和Ⅳ型。相比之下，Ⅱ类则是使用单亚基多结构域 crRNA-Cas 蛋白效应物，包括Ⅱ型、Ⅴ型和Ⅵ型。CRISPR/Cas 系统由于位点特异性基因组插入技术的发展和进步，已经应用于基因编辑中。该技术在所需的基因组位点断裂双链 DNA（DSB），触发几种相互排斥或互补的 DNA 修复途径，包括同源定向修复（HDR）、非同源末端连接（NHEJ）和微同源介导的末端连接（MMEJ）。

Cas1 和 Cas2 是 CRISPR/Cas 系统的通用酶，它们形成的 Cas1-Cas2 复合酶具有识别和切割 DNA 活性，能够识别外来核酸的 PAM 区，切割原间隔区，将其依次插入 CRISPR 序列的重复序列中，从而获得新间隔区。简而言之，该类蛋白质参与免疫过程第一阶段外源片段获取间隔区和整合。

Cas9 是Ⅱ类Ⅱ型 CRISPR/Cas 系统的标志性酶，已被广泛用于各种模式微生物的基因编辑中，如大肠杆菌、酵母、枯草杆菌等。Cas9 由两个具有 DNA 切割活性的核酸酶结构域和一个与 gRNA 相互作用的识别结构域组成。两个核酸酶结构域分别是具有靶向切割与 crRNA 互补配对的 DNA 链活性的 HNH 结构域，以及具有相似活性却靶向切割另外一条非互补 DNA 链的 RuvC 结构域。Cas9 并非单独起作用，而是通过与 sgRNA 和靶 DNA 序列结合后，改变 Cas9 的结构，最终在指定位置断裂双链 DNA。CRISPR/Cas9 系统因其特异性靶向基因位点，已经广泛地应用于植物基因组编辑，如水稻、小麦、玉米等粮食作物。CRISPR/Cas9 通过农杆菌介导转化到植物细胞中，靶向植物的特定优良性状基因。对于水稻而言，该基因编辑技术解决水稻的细菌性枯萎病，改善其对除草剂的敏感性，提高二萜类化合物合成。此外，CRISPR/Cas9 已经在小鼠模型中构建成功，用于生成癌症的生殖细胞和体细胞基因敲除（KO）小鼠模型。例如，向小鼠的受精卵母细胞注射 sgRNA 和具有靶向 DNA 甲基化酶 Tet1 和 Tet2 的 Cas9 mRNA，使小鼠两个等位基因发生基因突变。

（二）锌指核酸酶

锌指核酸酶（ZFN）由两个结构域组成：具有 3~6 个重复锌指蛋白的 DNA 结合结构域和 FokⅠ 限制性内切酶衍生的核酸酶结构域。锌指蛋白参与转录调控和蛋白质-蛋白质相互作用，并且每个锌指蛋白识别一个 3 个碱基对序列，具有高度 DNA 结合特异性。为此，锌指被用作基因编辑工具，合成 3bp 组合的单体锌指，并且已经开发了各种技术来优化锌指序列的组装。FokⅠ核酸酶是一种限制性内切酶，由 DNA 识别和切割结构域组成。ZFN 的基因编辑过程通常分为锌指蛋白识别、FokⅠ酶切割及 DNA 修复（NHEJ）。在进行 ZFN 的基因编辑时需要先设计能够特异性靶向 DNA 的锌指蛋白。该锌指蛋白包含 3 个以上锌指结构域用于代替 FokⅠ酶天然 DNA 识别域，形成一个锌指核酸酶。锌指核酸酶识别目的 DNA 上游 5′基因序列，并切割目的 DNA，从而引起该特定位点的基因缺失，促使细胞激活非同源末端连接（NHEJ）和同源定向修复（HDR）以实现高效和精准的基因编辑。

锌指核酸酶在植物中的应用较少，大多使用在模式作物上。例如，玉米的 *IPK1* 基因编码肌醇五磷酸酶会被 ZFN 破坏，降低叶子中的植酸盐含量。锌指核酸酶在人体体内基因组编辑中也有涉及，通过一次性外周静脉注射提供患者缺陷特定蛋白质，用于治疗黏多糖贮积症和血友病等遗传病。

三、酶在 PCR 技术中的应用

DNA 聚合酶是生物催化合成脱氧核糖核酸（DNA）的一类酶的统称，最早由 Arthur Kornberg 在大肠杆菌中发现。当存在适量 DNA 和离子时，DNA 聚合酶可以催化 4 种脱氧核糖核苷三磷酸聚合，沿着 5′→3′方向合成新的 DNA 链，所形成的子代 DNA 链与亲代 DNA 链具有同样化学结构和物理化学性质，对细胞维持遗传信息的完整性具有重要的意义。在大肠杆菌中有 5 种不同的 DNA 聚合酶，分别称为 DNA 聚合酶Ⅰ、DNA 聚合酶Ⅱ、DNA 聚合酶Ⅲ、DNA 聚合酶Ⅳ和 DNA 聚合酶Ⅴ，其中 3 种 DNA 聚合酶性质比较见表 10-1。

表 10-1　大肠杆菌 3 种 DNA 聚合酶性质比较（王镜岩等，2002）

	DNA 聚合酶Ⅰ	DNA 聚合酶Ⅱ	DNA 聚合酶Ⅲ
结构基因[*]	pol（A）	pol（B）	pol（C）（DNA E）
不同种类亚基数目	1	≥7	≥10
相对分子质量	103 000	88 000[†]	830 000
3′→5′核酸外切酶	+	+	+
5′→3′核酸外切酶	+	−	−
聚合速度（核苷酸/min）	1000~1200	2400	15 000~60 000
持续合成能力	3~200	1500	≥500 000
功能	切除引物，修复	修复	复制

[*]对于多亚基酶，这里仅列出聚合活性亚基的结构基因

[†]仅聚合酶活性亚基。DNA 聚合酶Ⅱ与 DNA 聚合酶Ⅲ共有许多辅助亚基，其中包括 β、γ、δ、δ′、χ 和 ψ

聚合酶链反应（PCR）技术是一种在现代生物技术中发展最迅速、应用最广泛的分子生物学技术，合理选择一个耐热的 DNA 聚合酶是 PCR 技术的关键点之一。在 PCR 技术中，最初采用的 DNA 聚合酶是 Klenow 酶，这是一种被蛋白酶切开 DNA 聚合酶Ⅰ所得到的具有催化活性的大片段，但每一轮 PCR 循环都会使 Klenow 酶失活，使 PCR 过程烦琐而复杂。1988 年，Saiki 等将一种从嗜热水生菌（*Thermus aquaticus*）分离出的耐热型 DNA 聚合酶用于 PCR 技术，实现了 PCR 技术自动循环，被称为 *Taq* DNA 聚合酶，也是目前 PCR 技术中最常用的 DNA 聚合酶。继 *Taq* 酶之后，学者也在继续寻找高保真、性能好的 DNA 聚合酶，目前已陆续发现了 Pfu、Tgo 和 KOD 等耐热的有校正功能的 DNA 聚合酶。

本章小结

本章简单介绍了酶工程领域中相关酶的种类、基本概念和功能等基础知识，重点介绍了酶工程在医药、农业、食品工业、轻工化工、环保及能源开发和分子生物技术研究这 6 个领域中的最新应用进展。随着酶制备、酶和细胞固定化、酶分子改造等酶技术的不断发展，酶制剂的应用范围在不断扩大，具有广阔的应用前景。

复习思考题

1. 请简述酶在疾病诊断中的应用原理。
2. 酶在农业领域中主要有哪些应用？常见的农业用酶有哪些？有何共性？
3. 请简述酶制剂在啤酒、白酒、葡萄酒酿造中的应用。
4. 为什么说脂肪酶是洗涤剂工业应用中的良好候选酶？
5. 基因工程中常用到哪些工具酶？它们各有什么作用？

参 考 文 献

Aljabali A A A, El-Tanani M, Tambuwala M M. 2024. Principles of CRISPR-Cas9 technology: advancements in genome editing and emerging trends in drug delivery. Journal of Drug Delivery Science and Technology, 92: 105338.

Chergui D, Akretche-Kelfat S, Lamoudi L, et al. 2021. Optimization of citric acid production by Aspergillus niger using two downgraded Algerian date varieties. Saudi J Biol Sci, 28 (12): 7134-7141.

Chi H, Jiang, Q, Feng Y, et al. 2023. Thermal stability enhancement of l-asparaginase from corynebacterium glutamicum based on a semi-rational design and its effect on acrylamide mitigation capacity in biscuits. Foods, 12 (23): 4364.

De Oliveira P Z, Porto D S V L, Rodrigues C, et al. 2022. Exploring cocoa pod husks as a potential substrate for citric acid production by solid-state fermentation using Aspergillus niger mutant strain. Process Biochemistry, 113: 107-112.

Diankristanti P A, Ng I S. 2023. Microbial itaconic acid bioproduction towards sustainable development: insights, challenges, and prospects. Bioresource Technology, 384: 129280.

Fashi A, Delavar A F, Zamani A, et al. 2023. Solid state malic acid esterification on fungal α-amylase treated corn starch: Design of a green dual treatment. Food Chemistry, 410.

Fukuda D, Aso Y, Nolasco-Hipólito C. 2023. Genome and fermentation analyses of Enterococcus faecalis DB-5 isolated from Japanese Mandarin orange: An assessment of potential application in lactic acid production. Journal of Bioscience and Bioengineering, 136 (1): 20-27.

Green B W, Rawles S D, Gaylord T G, et al. 2023. Performance of phytase-treated fishmeal-free and all-plant protein diets in pond production of market sized hybrid striped bass. Aquaculture, 577: 740006.

Guo Y, Guan T, Yu Q, et al. 2024. ALS-linked SOD1 mutations impair mitochondrial-derived vesicle formation and accelerate aging. Redox Biol, 69: 102972.

Haokok C, Lunprom S, Reungsang A, et al. 2023. Efficient production of lactic acid from cellulose and xylan in sugarcane bagasse by newly isolated Lactiplantibacillus plantarum and Levilactobacillus brevis through simultaneous saccharification and co-fermentation process. Heliyon, 9 (7): e17935.

Haris S, Kamal-Eldin A, Ayyash M M, et al. 2023. Production of lactic acid from date fruit pomace using Lactobacillus casei and the enzyme Cellic CTec2. Environmental Technology & Innovation, 31: 103151.

Hedaiatnia S, Ariaeenejad S, Kumleh H H, et al. 2024. Lactic acid production enhancement using metagenome-derived bifunctional enzyme immobilized on chitosan-alginate/nanocellulose hydrogel. Bioresource Technology Reports, 25: 101749.

Kaesmacher J, Bellwald S, Dobrocky T, et al. 2020. Safety and efficacy of intra-arterial urokinase after failed, unsuccessful, or incomplete mechanical thrombectomy in anterior circulation large-vessel occlusion stroke. JAMA Neurol, 77 (3): 318-326.

Neog P R, Yadav M, Konwar B K. 2023. Cloning, expression, and characterization of a surfactant-stable alkaline serine protease (KNBSSP1) from Bacillus safensis PRN1 with remarkable applications in laundry and leather industries. Biocatalysis and Agricultural Biotechnology, 54: 102935.

Ohanian M, Rozovski U, Ravandi F, et al. 2015. Very high levels of lactate dehydrogenase at diagnosis predict central nervous system relapse in acute promyelocytic leukaemia. Br J Haematol, 169 (4): 595-597.

Sharma D, Sahu S, Singh G, et al. 2023. An eco-friendly process for xylose production from waste of pulp and paper industry with xylanase catalyst. Sustainable Chemistry for the Environment, 3: 100024.

Singh A K, Bilal M, Iqbal H M N, et al. 2021. Lignin peroxidase in focus for catalytic elimination of contaminants —A critical review on recent progress and perspectives. International Journal of Biological Macromolecules, 177: 58-82.

Stinson B M, Carney S M, Walter J C, et al. 2024. Structural role for DNA ligase Ⅳ in promoting the fidelity of non-homologous end joining. Nature Communications, 15 (1): 1250.

Tournier V, Topham C M, Gilles A, et al. 2020. An engineered PET depolymerase to break down and recycle plastic bottles. Nature, 580 (7802): 216-219.

Wakisaka N, Kobayashi W, Abe T, et al. 2024. Solution properties of laccase-treated pectic polysaccharides derived from steam-dried sugar beet pulp. Food Hydrocolloids, 150: 109712.

附录 中英文对照

Enzyme 酶

abzyme 抗体酶

acetylcholinesterase（AChE）乙酰胆碱酯酶

alcohol dehydrogenase（ADH）醇脱氢酶

alkaline phosphatase（ALP）碱性磷酸酶

alkaline phosphatase 枯草杆菌碱性磷酸酶

allosteric enzyme 别构酶

aminoacyl-tRNA synthetase 氨酰-tRNA 合成酶

amylase 淀粉酶

anaplastic lymphoma kinase（ALK）间变性淋巴瘤激酶

angiotensin converting enzyme（ACE）血管紧张素转换酶

aptazyme　DNA 适体酶

ATCase 天冬氨酸转氨甲酰酶

adenosine triphosphate（ATP）三磷酸腺苷

BAR 抗草酸激酶

bromelain（BRO）菠萝蛋白酶

carbonyl reductase（CR）羰基还原酶

carboxylesterase（CE）羧酸酯酶

cathepsin 组织蛋白酶

CDK 周期蛋白依赖性激酶

cellulase 纤维素酶

cytochrome oxidase 细胞色素氧化酶

CTP 胞苷三磷酸

deoxyribozyme，catalytic DNA，DNAzyme，Dz，DNA enzyme 脱氧核酶

DNA-dependent RNA polymerase （DDRP）依赖于 DNA 的 RNA 聚合酶

enzyme production by animal and plant cell culture 动植物细胞培养产酶

enzyme production by microbial fermentation 微生物发酵产酶

esterase 酯酶

exonuclease T（Exo T）核酸外切酶 T

glucoamylase 糖化酶

glucosamine-6-phosphate riboswitch　葡萄糖-6-磷酸胺开关核酶

glucose isomerase 葡萄糖异构酶

glucose oxidase（GOD，Gox）葡萄糖氧化酶

glycosidase 糖苷酶

GR/ IrxB 谷胱甘肽还原酶/硫氧蛋白还原酶

GST 谷胱甘肽 S-转移酶

hairpin ribozyme 发夹型核酶

haloalkane dehalogenase 卤代烷脱卤酶

hammerhead RNA 锤头型核酶

HDAC 组蛋白脱乙酰酶

HRP 辣根过氧化物酶

hydrolase 水解酶

immobilized enzyme 固定化酶

insulin-degrading enzyme（IDE）胰岛素降解酶

isomerase 异构酶

ketol-acid reductoisomerase（KARI）酮醇酸还原异构酶

laccase 漆酶

lactate dehydrogenase（LDH）乳酸脱氢酶

lactoperoxidase（LP）乳过氧化物酶

LacZ β-半乳糖苷酶

L-ASNase L-天冬酰胺酶

ligase 连接酶

lignin peroxidase（LiP）木质素过氧化物酶

lipase 脂肪酶

L-rhamnose isomerase（L-RI）L-鼠李糖异构酶

lyase 裂合酶

lysozyme 溶菌酶

metal-activated enzyme 金属活化酶；金属激活酶

metalloenzyme 金属酶

mixed function oxidase（MFO）混合功能氧化酶

monomeric enzyme 单体酶

nucleic acid enzyme 核酸类酶

oligomeric enzyme 寡聚酶

organophosphorus hydrolase（OPH）有机磷水解酶

oxidoreductase 氧化还原酶

papain 木瓜蛋白酶

pectinolytic enzyme/pectinase 果胶酶

PEG-SOD 聚乙二醇-超氧化物歧化酶

pepsin 胃蛋白酶

peptidase 肽酶

peptidyl-prolyl *cis-trans* isomerase（PPIase）肽基脯氨酰顺反异构酶

peptidyl transferase 肽酰转移酶

peptidyl-glycine hydroxylating monooxygenase（PHM）肽基-甘氨酸羟化单加氧酶

peptidylamidoglycolate lyase（PAL）肽酰胺乙二酸裂解酶

PLP 磷酸吡哆醛

pK_a 解离常数

polygalacturonase 合成多半乳糖醛酸酶

proteozyme，protein enzyme 蛋白类酶（P 酶）

protease 蛋白酶

protein disulfide isomerase（PDI）蛋白质二硫键异构酶

Pseudomonas aeruginosa D-arginine dehydrogenase（*Pa*DADH）铜绿假单胞菌的 D-精氨酸脱氢酶

restriction enzyme 限制性内切酶

RNA enzyme 核酸类酶（R 酶）

ribozyme，catalytic RNA，RNAzyme，Rz 核酶

RNA ligase RNA 连接酶

RNA polymerase RNA 聚合酶

RNase P 核糖核酸酶 P

ROAA 寡孢根霉 α-淀粉酶

ROAP 寡孢根霉碱性蛋白酶

subtilisin Carlsberg 枯草杆菌蛋白酶

succinate dehydrogenase 琥珀酸脱氢酶

superoxide dismutase（SOD）超氧化物歧化酶

synthetase 合成酶

tannase 单宁酶

TPP 硫胺素焦磷酸

transaminase 转氨酶

transferase 转移酶

translocase 转位酶

transposase 转座酶

triose-phosphate isomerase（TPI，TIM）丙糖磷酸异构酶

tyrosinase 酪氨酸酶

turnover number（TN）酶的转换数

urease 脲酶

urokinase（UK）尿激酶

viroid 类病毒核酶

xylanase and β-glucanase（XB）β-葡聚糖酶

xylanase 木聚糖酶

ZFN 锌指核酸酶

Microorganism 微生物

Acetobacter 醋酸杆菌属

Actinomyces 放线菌

Aspergillus niger 黑曲霉

Aspergillus oryzae 米曲霉

Bacillus subtilis 枯草杆菌

Candida antarctica 南极假丝酵母

Candida 假丝酵母属

Clostridium stercorarium 粪堆梭菌

Escherichia coli 大肠杆菌

Klebsiella aerogenes 产气克雷伯氏菌

Kluyveromyces polyspora 多孢克鲁维酵母

Monascus 红曲霉属

Mucor 毛霉属

Penicilium citrinum 橘青霉

Penicillium chrysogenum 产黄青霉

Penicillium 青霉菌属

Pichia pastoris 巴斯德毕赤酵母

Rhizopus 根霉属

Saccharomyces cerevisiae 酿酒酵母，啤酒酵母

Thermus aquaticus 嗜热水生菌

Trichoderma 木霉属

其他

（3R,5R）-6-cyano-3,5-dihydroxyhexanoate（3R,5R）-6-氰基-3,5-二羟基己酸叔丁酯

（S）-tetrahydrofuran-3-ol（S）-四氢呋喃-3-醇

4,4-dithiodipyridine（4-PDS）4,4-二硫二吡啶

6-APA 6-氨基青霉烷酸

7-ACA 7-氨基头孢烷酸

ACCC 中国农业微生物菌种保藏管理中心

acid-base tolerance 酸碱耐受性

acrylamide（AA）丙烯酰胺

activation energy（E_a）活化能

activator 激活剂

active center 活性中心

activity 酶活性

alectinib 阿来替尼

allolactose 别乳糖

allosteric site 别构位点

ampicillin 氨苄青霉素

amprenavir 安瑞那韦

amyloid β-protein（Aβ）β-淀粉样蛋白

ancestral sequence reconstruction（ASR）祖先序列重建

antibody directed enzyme prodrug therapy（ADEPT）酶促前药治疗

antisense strand 反义链

AOT 丁二酸乙基己基酯磺酸钠

aptamer 适配体

ara operon 阿拉伯糖操纵子

Arg 精氨酸

asexual evolution 无性进化

atorvastatin 阿托伐他汀

belinostat 贝利司他

benazepril 贝那普利

bepotastine 贝托斯汀

binding group 结合基团

biobrick 生物积块

bioengineering 生物工程

british antilewisite（BAL）二巯基丙醇

butanol 丁醇

CACC 中国抗生素微生物菌种保藏中心

cAMP acceptor protein 环腺苷酸受体蛋白

cAMP receptor protein（CRP）cAMP 受体蛋白

captopril 卡托普利

cata-bolite gene activator protein（CAP）分解（代谢）物基因激活蛋白

catabolite repression 分解代谢物阻遏

catalytic antibody 催化抗体

catalytic group 催化基团

CFCC 中国林业微生物菌种保藏管理中心

CGMCC 中国普通微生物菌种保藏管理中心

chidamide 西达本胺

chiral block 手性砌块

chiral compound 手性化合物

chirality 手性

CICC 中国工业微生物菌种保藏管理中心

citalopram 西酞普兰

citric acid（CA）柠檬酸

CMCC 中国医学细菌保藏管理中心

coding strand 编码链

corepressor 辅阻遏物

covalent affinity chromatography 共价亲和层析

crizotinib 克唑替尼

cryo-electron microscopy（Cryo-EM）冷冻电子显微镜技术

CTAB 十六烷基三甲基溴化铵

ctDNA 循环肿瘤 DNA

CVCC 中国兽医微生物菌种保藏中心

cyclicAMP（cAMP）环腺苷酸

cyclodextrin（CD）环糊精

Cys 半胱氨酸

D-allose D-阿洛糖

D-allulose D-阿洛酮糖

dansylchloride（DNS）丹磺酰氯（化学名为二甲氨基萘磺酰氯）

DEAE-Sephadex 二乙氨乙基葡聚糖凝胶

deep mutational scanning（DMS）深度突变扫描

DEPC 焦碳酸二乙酯

descendant 子孙

difficult-to-reduce 难还原

dissolved oxygen（DO）溶解氧

distillers dried grains with solubles（DDGS）干酒糟

DMF 二甲基甲酰胺

DMSO 二甲基亚砜

DNA ligase DNA 连接酶

DNA rearrangement DNA 重排

DNA shuffling DNA 改组

DNFB 2,4-二硝基氟苯

DORB 脱油米糠

double-reciprocal plot 双倒数作图法

downstream sequence 下游序列

dye-ligand affinity chromatography 染料亲和层析

EBFC 生物燃料电池

ECM 细胞外基质

ectodomain 结构域

EDTA 乙二胺四乙酸

electron multiplier 离子检测器

elongation factor 延伸因子

EM 电子显微镜

enalapril 依那普利

enantiomeric excess（e.e.）（S）-对映体过量

enantioselectivity 对映体选择性

enzyme application 酶的应用

Enzyme Commission（EC）酶学委员会

enzyme modification 酶的改性

enzyme production 酶的生产

enzyme-linked immunosorbent assay（ELISA）酶联免疫吸附测定

epimer 差向异构体

error-prone PCR 易错 PCR

essential group 必需基团

expert protein analysis system（ExPASy）蛋白质分析专家系统

feedback repression 反馈阻遏作用

felodipine 非洛地平

fermentation kinetics 发酵动力学

fermentation production 发酵生产

Ficoll 蔗糖聚合物

force field calculation 力场计算

fosinopril 福辛普利

G-3-P 3-磷酸甘油醛

gal operon 半乳糖操纵子

GDMCC 广东省微生物菌种保藏中心

glucose effect 葡萄糖效应

Gly-Gly-NH$_2$ 甘氨酰甘氨酸

GSH 谷胱甘肽

guanidine hydrochloride 盐酸胍

half-life 半衰期

hammerhead structure 锤头结构

hepatitis D virus（HDV）丁型肝炎病毒

high-throughput screening（HTS）高通量筛选

His 组氨酸

HNBB 2-羟基-5-硝基苄溴

HPLC 高效液相层析

Human Genome Project（HGP）人类基因组计划

hydrophobic chromatography 疏水层析

ibuprofen 布洛芬

Ile 异亮氨酸

immune affinity chromatography 免疫亲和层析

immunoglobulin G 免疫球蛋白 G

in vitro selection 体外选择

inborn error of metabolism（IEM）先天性代谢缺陷

induced-fit 诱导契合

inducible operon 诱导型操纵子

inhibitor 酶抑制剂

International Union of Biochemistry（IUB）国际生物化学协会

ion multiplier 离子倍增器

ionic liquid 离子液体

IPTG 异丙基硫代-β-D-半乳糖苷

isomer 异构体

itaconic acid（IA）衣康酸

iterative combinatorial mutagenesis 迭代组合诱变

IUBMB 国际生物化学与分子生物学联合会

Joint Commission on Biochemical Nomenclature（JCBN）生物化学命名联合委员会

kanamycin 卡那霉素

ketamine 氯胺酮

lac operon 乳糖操纵子

lactic acid（LA）乳酸

lactose intolerance（LI）乳糖不耐症

last common ancestor 最后共同祖先

leading substrate 领先底物

lectin affinity chromatography 凝集素亲和层析

Lineweaver-Burk plot 林-贝氏作图法

liquid fermentation 液体发酵

lisinopril 赖诺普利

lock and key model 锁钥模型

long primer PCR 大引物 PCR 法

loop 突环

lorlatinib 劳拉替尼

L-Phe-OH L-苯丙氨酸

L-Phe-OMe L-苯丙氨酸甲酯

LPS 脂多糖

Lys 赖氨酸

machine learning（ML）机器学习

melting temperature（T_m）解链温度

metal ion affinity chromatography 金属离子亲和层析

Michaelis-Menten equation 米氏方程

mid-infrared spectroscopy（MIR）中红外光谱

miRNA 小 RNA

MIU *O*-甲基异脲

moexipril 莫西普利

molecular chaperone 分子伴侣

molecular docking 分子对接

molecular dynamic simulation 分子动力学模拟

molecular dynamics（MD）分子动力学

molecular imprinting 分子印迹

molecule pair affinity chromatography 分子对亲和层析

Monte Carlo Simulated annealing 蒙特卡罗模拟退火

mPEG 单甲氧基聚乙二醇

multienzyme complex 多酶复合体

N-Ac-Trp-OEt *N*-乙酰-L-色氨酸乙酯

nadolol 纳多洛尔

naproxen 萘普生

near-infrared spectroscopy（NIR）近红外光谱

NEM *N*-乙基马来酰亚胺

NMR 核磁共振

nonaqueous enzymology 非水相酶学

non-canonical reaction 非天然反应

oculocutaneous albinism type Ⅰ 眼皮肤白化病 Ⅰ 型

oligonucleotide 寡核苷酸引物

omeprazole 奥咪拉唑

one-metal-hydroxide-ion 单金属氢氧化物离子模型

one-step cloning 一步克隆法

operon 操纵子

organic solvent tolerance 有机溶剂耐受性

overlap extension PCR 重叠延伸 PCR 法

panobinostat 帕比司他

particle size distribution（PSD）粒径分布

PCR 聚合酶链反应

PEG 聚乙二醇

perindopril 培哚普利

phenylketonuria（PKU）苯丙酮尿症

photo-induced cleavage 光裂解反应

photo polymerization 光聚合反应

photo-induced reaction 光诱导反应

phylogenetic analysis 系统发育分析

PMF 质子动力势

polarity scanning 极性扫描

polycistron 多顺反子

polyethylene terephthalate（PET）聚对苯二甲酸乙二醇酯

predict protein 预测蛋白

prelog 普雷洛格

prodrug 前药

promoter 启动子

propranolol 普萘洛尔

proteasome activator（PA）蛋白酶体激活因子

Pro 脯氨酸

pseudosubstrate 一类假底物

quadrupole mass analyzer 四极杆质量分析器

quantum mechanics 量子力学

quinapril 喹那普利

ramipril 雷米普利

regioselectivity 区域选择性

replication 复制

repressible operon 阻遏型操纵子

RNA 核糖核酸

robust 稳健

salbutamol 沙丁胺醇

SDS 十二烷基硫酸钠

selectivity 酶的选择性

sense strand 义链

sequence alignment 序列比对

sequential error-prone PCR 连续易错 PCR

sequential mechanism 序列机制

Ser 丝氨酸

SESA β-硫酸酯乙砜基苯胺

sexual evolution 有性进化

signal peptide 信号肽

site-directed mutagenesis 酶的定点突变

SMC 血管平滑肌细胞

solid state fermentation 固体发酵

specific growth rate 生长速率

spliceosome 剪接体

stability 稳定性

start point 转录起点

stereoselectivity 立体选择性

substance of very high concern（SVHC）高度关注物质

supercritical fluid 超临界流体

surface active agent 表面活性剂

systematic evolution of ligand by exponential enrichment，SELEX
指数富集配体系统进化技术

template strand 模板链

terminator 终止子

ternary complex 三元络合物

tetrahydrofuran-3-one 还原四氢呋喃-3-酮

TGF-β 转化生长因子-β

thalidomide 沙利度胺，又名"反应停"

thermostability 热稳定性

time-of-flight mass analyzer 飞行时间质量分析器

TMP 甲氧苄氨嘧啶

TNBS 2,4,6-三硝基苯磺酸

t-PA 组织型纤溶酶原激活物（一种丝氨酸蛋白酶）

tramadol 曲马多

trandolapril 群多普利

transcription attenuation 转录弱化

transcription unit 转录单位

transcription 转录

translation 翻译

transposon 转座子

TritonX-100 曲拉通

trp operon 色氨酸操纵子

Trp 色氨酸

Trx 硫氧还蛋白

Tween-80 吐温

UNEP 联合国环境规划署

upstream sequence 上游序列

VDUP1 维生素 D 上调蛋白 1

viroidlike satellite RNA 类病毒样卫星 RNA

virion 病毒体

volatile methylsiloxanes（VMS）环状挥发性甲基硅氧烷

vorinostat 伏立诺他

WHO 世界卫生组织

α-mating factor（MFα）α 交配因子